普通高等院校电气电子类规划系列教材

# 电测试技术

**主　编**　任良抒　吕晓琴

**副主编**　翟　旭　章春军

任彦仰　张江泉

西南交通大学出版社

·成　都·

## 内 容 提 要

全书共分十一章，系统地介绍了测量误差的基本理论与测量数据的处理方法，从电路参数测量、波形测量、电压测量、频率（时间）测量、功率（电能）测量、频域测量、数域测量、非电量测量等方面阐述了电测试技术的基本原理和方法，并对智能化仪器及虚拟测试做了较详尽介绍。本书以电测试技术为主线，在论述测试原理和方法的基础上，介绍了典型的测试仪器以及常用电工指示仪表，论述深入浅出，语言简练，通俗易懂。

本书可作为高等学校电类各专业的测量误教材，也可供从事电测试工作的工程技术人员参考。

图书在版编目（CIP）数据

电测试技术 / 任良抒，吕晓琴主编. 一成都：西南交通大学出版社，2012.2

普通高等院校电气电子类规划系列教材

ISBN 978-7-5643-1676-1

Ⅰ. ①电… Ⅱ. ①任… ②吕… Ⅲ. ①电测法－高等学校－教材 Ⅳ. ①TM93

中国版本图书馆 CIP 数据核字（2012）第 018443 号

普通高等院校电气电子类规划系列教材

**电测试技术**

主编 任良抒 吕晓琴

| | |
|---|---|
| 责任编辑 | 李芳芳 |
| 特邀编辑 | 胡芬蓉 |
| 封面设计 | 何东琳设计工作室 |
| 出版发行 | 西南交通大学出版社<br>（成都二环路北一段 111 号） |
| 发行部电话 | 028-87600564 87600533 |
| 邮政编码 | 610031 |
| 网址 | http://press.swjtu.edu.cn |
| 印刷 | 成都中铁二局永经堂印务有限责任公司 |
| 成品尺寸 | 185 mm × 260 mm |
| 印张 | 18 |
| 字数 | 446 千字 |
| 版次 | 2012 年 2 月第 1 版 |
| 印次 | 2012 年 2 月第 1 次 |
| 书号 | ISBN 978-7-5643-1676-1 |
| 定价 | 32.00 元 |

# 前　言

电测试被广泛用于工业农业生产、科学研究和人们的日常生活中，是一门随着科学技术的发展而发展的、非常重要的学科，它与自然科学的发展互相促进、互相推动，因而电测试技术的水平反映了一个国家的科学技术水平。随着科学技术的发展，电测试已从电工测量发展成为电子测量、计算机自动测试及虚拟测试，而目前国内的电测试教材大多将电气测量与电子测量分割开来，也很少涉及非电量测量，故已不适应高校电气类、自动化类专业测量课的需要，这是促使编者编写本书的主要原因。本书兼顾了电气测量、电子测量、非电量测量和计算机化自动测试等诸方面的内容，较全面系统地介绍了电测试技术的原理和方法。

本书内容包括五个方面：① 测量误差分析与测量数据处理；② 电测试指示仪表；③ 传感器及应用；④ 各种测试技术的基本原理和方法；⑤ 计算机化自动测试与虚拟测试。编者编写电测量指示仪表内容，不但考虑了因科学技术的发展而出现的新材料、新工艺、新技术的应用使电测量指示仪表具有新的生命力这一因素，而更重要的是考虑了目前电测量指示仪表仍被广为应用这一国情；考虑到自动智能测试已一统自然界所有被测量，本书以一定的篇幅编写了传感器及应用；而计算机化仪器、自动测试及虚拟测试，则是日新月异、突飞猛进的现代测试技术，因而用了较大的篇幅来介绍。其中各种测试技术是本书的重点。

本书由任良抒等负责编写，并由任良抒主审和统稿。参加编写的有任良抒（绪论和第一、三章）、吕晓琴（第二、八章）、翟旭（第十、十一章）、章春军（第六、七章）、任彦仰（第四、五章）和张江泉（第九章）。

本书内容新颖，叙述简练，概念清楚，原理简明。编写中力图做到：注重基本理论和概念，突出原理和方法，强调实用测试技术，充分体现本课程实践性强的基本特征。在使用对象上，本书适合作为电气类和自动控制类专业的测量课程教材，并可作为电子类专业及测控技术与仪器专业“电子测量”课程的教材，对第五方面内容还可作为少学时的“计算机化自动测试”或“智能仪器”的选修课教材。本书也可供电测试工作的工程技术人员参考。

本书是作者根据多年的教学经验，在历次电测课程讲义的基础上，参考国内外相关教材和资料编写而成的，在编写过程中得到了西南交通大学峨眉校区电气工程系和计算机与通信工程系的大力支持，并得到胡学林老师的关心。在此，编者谨向他们表示诚挚的谢意！

由于编者水平有限，书中难免存在疏漏之处，殷切希望读者批评指正。

编　者

2011 年 11 月

# 目 录

# 绪　论

## 一、测量及其意义

### 1. 测量的含义

测量就是人们借助于专门设备，通过实验的方法，对客观事物取得数量概念的过程。人类总是从感性开始来认识自然现象的，进而达到定量认识，使认识逐步深化，去认识客观事物的本质和规律，最终上升到理性认识。通过测量，人们对自然现象获得定性了解和定量掌握，总结出客观规律，上升为理论，再通过测量来检验这些理论是否正确。因此，测量是人类认识自然、改造自然不可缺少的重要手段。

广义地讲，测量就是为确定被测对象的量值而进行的实验过程，它需要借助专门的设备，将被测对象直接或间接地与同类已知量进行比较，从而获得用数值和量纲共同表示的测量结果。

### 2. 测量的意义

实践是检验真理的唯一标准，任何自然科学理论都必须通过测量来验证，比如欧姆定律 $R = U/I$，就得通过测量电阻 $R$ 两端的电压 $U$ 及通过电阻 $R$ 的电流 $I$ 才能得到验证；其次，测量是发现新问题，提出新理论的线索和依据。测量中出现的特殊现象，往往是给科学家带来重大发现的“机遇”，能够诱发他们的“灵感”，从中得出新理论；再次，测量是科学研究的重要组成部分，是人类社会实践活动之一，它推动着人类的科学进步。测量被广泛应用于自然科学的一切领域，大可大到宏观的宇宙，如对发射人造地球卫星和宇宙飞船的测控；小可小到微观的粒子，如纳米技术领域的测量；复杂可复杂到生命，这在生命科学和医学领域应用甚广。所以，著名科学家门捷列夫讲得非常精辟：“没有测量，就没有科学”。

随着科学技术和生产的发展，测量已发展成为一门较为完整的技术学科，对国民经济各个领域都至关重要。现代工业大生产有 20%～30% 的工时和费用用于测试方面，借助测量实现对生产质量的管理，提供最佳加工信息，达到最高的生产效率。

科学技术与测量犹如“矛”与“盾”，任何高、精、尖、新的科学技术，都有测量验证它的测量手段；而科学技术的发展，又更新测量技术，推动着测量技术的不断发展。

### 3. 测量的分类

在测量领域，被测对象种类繁多，所使用的方法也多种多样。人们通常将被测量分为电量和非电量两大类，因而相应的测量方法有电量的电测法、非电量的电测法与非电测量法。由于测量的分类法较多，按照不同的方式划分就有不同的结果，下面介绍主要的分类法。

（1）按测量的方法分

• 直接测量　在测量中直接得到被测结果，不需要通过任何函数关系进行辅助计算。比如用电压表测量电压，示值即为被测结果。

• 间接测量　在测量中直接得到的是某些量，而被测结果还需要按某种函数关系进行计算才能得到。比如用“伏安”法测欧姆电阻，直接测得量是用电压表测得的电阻两端的电压和用电流表测得的流过电阻的电流，被测电阻值需要按公式 $R=U/I$ 计算间接求得。

• 组合测量　它是以上两种测量方法的组合，得到被测量与另外几个量的联立方程组，求解的最有效方法是利用计算机。

（2）按测量的条件分

• 等精度测量　在多次测量中，每次测量不但测量仪器设备相同，而且测量的环境因素都不变，甚至包括测量人员都不更换。与之相反的，则是非等精度测量。

（3）按测量的性质分

• 时域测量　被测量随时间而变化，是时间的函数。例如，用示波器显示电压等波形。

• 频域测量　被测量随频率而变化，是频率的函数。例如，用频谱分析仪对信号进行频谱分析。

• 数域测量　被测量为数据流，主要是对数字仪器、微处理器、计算机等的测量。

随着科学技术的发展，还有一种较新的测量技术叫随机测量，但在性质上还是按照上述三种测量方式进行分类。

此外，根据被测量是否变化，测量还可分为动态测量和静态测量。前者是对动态特性进行测量，后者则是对静态特性进行测量。

#### 4. 测量的结果表示

尽管测量方法很多，但测量结果的表示形式有三种：一是表示成一定的数据；二是表示成一定的曲线；三是表示成一种图形。无论哪种形式，其中都应具备以下三点：

① 有一定的数字，其大小反映被测量的数量观念；

② 有量纲，它反映被测对象的物理属性；

③ 有误差，它反映被测结果的可信赖度。

## 二、电测及其特点

电测是测量领域的重要组成部分，它包括古典的电工测量技术和突飞猛进的电子测量技术，以及利用敏感元件对非电量进行测试的电测技术。所以，凡利用电技术进行的测量都可称之为电测，电测的核心是电子测量。

电测的内容一般包括以下几类参量：

① 电磁能量，即电流、电压、功率、电能、电（磁）场强度等；

② 电信号特征量，即频率、相位、波形参数、脉冲参数、失真度等；

③ 电路参量，即电阻、电容、电感和网络特性参数（如传递函数、增益、灵敏度、分辨率）及集成电路参数等；

④ 电子设备性能，即通频带、选择性、放大倍数、衰减量、灵敏度、信噪比等；

⑤ 特性曲线，即幅频特性、相频特性、器件特性等；

⑥ 非电参量，即温度、重量、压力、速度、位移、长度等。

上述各类参量测量中，传统观念通常是将利用常用电工仪表进行的测量称为电工测量技术。随着科学技术的迅猛发展，电子技术和计算机技术渗透到测试技术和自动控制工程中，使几乎所有电工测量中常用仪表的功能可通过电子仪器、数字仪表和智能仪器来实现，而且非电量的测量也通过各种功能的传感器由电测试来实现，且成为一种“潮流”。这些新的测试技术有如下显著特点：

① 测量频率范围宽。不但可以测直流，而且可以测 $10^{-5}\sim10^{12}$ Hz 的交流信号，如此宽的频率范围使电测的应用范围非常广泛。

② 测量量程大。量程是测量范围上限值与下限值之差。高灵敏度的数字电压表可测 nV 级到 kV 级的电压，量程达 11 个数量级。而数字式频率计的量程更宽，上、下限差近 17 个数量级。

③ 测量准确度高。电测的准确度比其他测量都要高很多。例如，发射人造卫星，若控制和遥测系统使最后级火箭的速度误差 2‰，则将使卫星偏离预定轨道一百多千米。特别是如今人类采用原子频标和原子秒作基础，使测量频率和时间的准确度达 $10^{-13}$ 数量级。

④ 测量速度快。由于电子测量是通过电子运动和电磁波的传播来进行信息传递，因而测量速度很快。比如，导弹防卫系统，首先要测出敌方导弹的飞行轨道参数等，通过计算机处理，然后确定发射拦截导弹的飞行参数和发射时间等。对现代工业来讲，高效的生产就离不开高速的检测和控制，而且高速检测与控制也是提高产品质量的需要。

⑤ 易于与计算机结合，形成自动化、智能化测量。这是因为电子测量得到的是电信号，容易通过 A/D、D/A 转换与计算机联机。计算机的问世是电子技术的一场革命，推动了现代科技的发展，使人类社会成为计算机的时代。特别是 20 世纪 70 年代后，超大规模集成电路和微处理器的出现，使电子测量跨入智能测量的时代，出现了灵巧多用、高性能、多功能的智能仪器。例如，将各种仪器通过接口母线与计算机相连，则构成自动化测试系统，在计算机控制下可实现一个庞大的测试任务。总而言之，计算机技术的出现给测量带来了革命性的改变，使电测的天地生机蓬勃，呈现出一个缤纷的世界，展示出神奇莫测而又无比辉煌的前景。

⑥ 易于实现遥测和长期不间断测量。随着传感器技术的发展，人类已可以对不便长期停留或无法达到的区域进行遥测，且电信号便于传输处理，这就大大拓展了电测的领域。这种测试技术在工业生产、军事和航天领域中应用广泛。

电测的这些优点，正是它得到广泛应用和迅猛发展的原因。需要指出的是，电测技术与自然科学技术的发展相互依赖、互相推动，只要科技发展了，测试技术就随之而发展。所以，一个国家的电测技术水平体现了这个国家的科学技术水平。也正因为如此，电测试技术具有无限生命力，拥有更加光辉灿烂的明天。

## 三、电测课程的任务

由前述可知，电测的内容十分广泛，涉及的领域较多，作为电测课程，不可能面面俱到都加以介绍。本课程的主要任务是使读者了解电测试的最基本原理和测量方法，具备一定的测量误差分析和数据处理能力，对新技术在电测中的应用有一定的了解。本教材从测试技术出发，对常用电子仪表的原理、使用方法和主要电路做概要介绍。

随着科学技术的发展，新的电磁材料的出现和新工艺的问世，使电工仪表在现代电测试技术中占有较为重要的地位，特别是它具有成本低、操作简便等优点，并且其测量准确度又能满足一般工程测量的要求，从而使常用电工仪表在工程上得到较为普遍的应用。鉴于此，本教材用一定的篇幅来介绍最常用的电工仪表的原理及其在测量中的应用。

当然，电测试技术的相当一部分内容是非电量的电测，考虑到强电专业实际应用的需要，本书用了一定的篇幅来介绍传感器及其应用，从而使本教材相对完整，形成了科学的课程内容体系。

本课程是一门理论性和实践性都很强的课程，在注重理论学习的同时要加强对动手能力、实践能力的培养，通过实验教学掌握电测的基本概念、基本原理、基本方法，通过分析和处理实验中出现的各种现象，在实践中培养创新能力，养成作为科技工作者应有的严谨科学态度和科学工作方法。

# 第一章　误差理论与数据处理

## 第一节　测量误差的基本概念

人类要认识自然、改造自然，就必须进行测量，但测量不可能准确得到被测物理量的真实大小，总是存在着误差。测量中存在误差是绝对的，而测量误差的大或小则是相对的。对于不同的测量，其测量误差的大小，也就是对测量准确度的要求，是各不相同的。若测量误差太大，其测量工作和测量结果不但毫无意义，甚至会给工作带来极大的危害。随着科学技术的发展和生产水平的提高，对减小测量误差提出了越来越高的要求，因此，控制测量误差的大小是衡量测试技术水平的重要标志，也是衡量科学技术水平的重要标志。

### 一、测量误差的定义

测量误差，就是测量示值与被测物理量真值间的差别。

所谓真值，是指被测物理量具有的真实大小。真值以一定时空条件而客观存在，具有不可知性，如重力加速度，在地球上不同地点，因空气密度和离地心远近的不同而略有不同，而且随着宇宙的演变和地球的变迁也会发生微弱变化，因而真值通常由计量或由理论给出，是一个近似值，只能是无限趋近。在实际测量中，常把用高一等级的计量标准所测得的量值作为实际值，用来代替真值使用。除此以外，还可以用已修正过的、多次测量的算术平均值来代替真值使用。

### 二、测量误差产生的原因

既然测量误差在测量中是绝对存在的，那么是什么原因导致这种存在的绝对性呢？这是因为人类对客观世界的认识是永无止境的，对客观世界客观规律的认识总存在局限性。也正因为如此，测量器具的不准确、测量手段的不完善、测量条件的变化，以及测量人员的疏忽或错误等，都会使测量值与被测真值不同而产生误差。所以，人们对测量误差的要求，一是越小越好，二是从误差的来源、测量数据的处理、制订测量方案等方面来尽可能地削弱误差。

### 三、测量误差的分类

测量误差的分类方法较多，主要有下述几种：

① 按误差表示方法分，有绝对误差和相对误差；

② 按误差性质分，有系统误差、随机误差和粗大误差；

③ 按误差来源分，有仪器误差、使用误差、人身误差、方法误差、理论误差、影响误差等。

## 四、测量误差的表示方法

上面已经讲过，测量误差有两种表示形式，即绝对误差和相对误差。

### 1. 绝对误差

绝对误差是指测量示值与被测物理量真值之差，可以表示为

$$\Delta x = x - x_0 \tag{1.1}$$

式中，$\Delta x$ 为绝对误差，$x$ 为测量示值，$x_0$ 为被测量的真值。

由于绝对误差是两个值之差，所以应注意：

① 绝对误差有单位，与被测物理量量纲相同；

② 绝对误差有大小和正负号，其中大小反映测量值偏离真值的程度，而正负号反映测量值偏离真值的方向；

③ 绝对误差不反映测量的准确程度。例如，测 5 V 电压得示值为 4.8 V，误差为 – 0.2 V；测 100 V 电压得示值为 99.8 V，误差为 – 0.2 V。这两个测量的误差均为 – 0.2 V，单从绝对误差上就看不出测量的准确程度。

对测量值进行修正可得到被测量的实际值，这个修正值可表示为

$$C = x_0 - x = -\Delta x \tag{1.2}$$

可见，修正值 $C$ 是绝对误差的相反数。对于较准确的测量仪器，在说明书中常以表格、曲线或公式的形式将修正值给出。在自动测量仪器中，可将修正值编程存储在仪器中，测量时仪器自动进行修正。

### 2. 相对误差

绝对误差的优点是直观，但不足之处就是不能反映测量的准确程度。为弥补这种不足，就提出了相对误差的概念。相对误差主要有下述三种形式。

（1）相对真误差

它是绝对误差与被测真值的比，通常用百分数表示为

$$\gamma = \frac{\Delta x}{x_0} \times 100\% \tag{1.3}$$

应注意：① 相对误差没有单位，因为它是同量纲值的比；② 相对误差也有正负号；③ 相对误差能反映出测量的准确程度。例如，前述介绍绝对误差时列举的两个测量：

测 5 V 电压 $\gamma = \frac{4.8-5}{5} \times 100\% = -4\%$

测 100 V 电压 $\gamma = \frac{99.8-100}{100} \times 100\% = -0.2\%$

可见，$-0.2\%$ 比 $-4\%$ 小得多，因而测 100 V 电压的准确度高。

另外，当误差较小、要求不太严格时，可用示值相对误差来表示，它定义为绝对误差与测量示值之比，即 $\gamma_x = \Delta x / x$，这是近似计算法。

（2）引用误差

相对误差可表示测量的准确程度，但用来衡量仪表的性能（即表示整个量程内的准确程度）则多有不便。因为在仪表的某一量程内测量时，随被测量的不同有不同的测量示值。若用示值相对误差表示，则相对误差因分母变化而变化。因此，在确定仪表的准确程度等级时，采用引用相对误差（也称为满度相对误差）的概念，即

$$\gamma_n = \frac{\Delta x}{x_m} \times 100\% \tag{1.4}$$

式中，$\gamma_n$ 为引用误差，$\Delta x$ 为仪表量程内的基本误差，$x_m$ 为仪表的量程。

为了保险起见，用最大引用误差来确定仪表的准确度更为合适，它定义为

$$\gamma_{nm} = \frac{\Delta x_m}{x_m} \times 100\% \tag{1.5}$$

式中，$\Delta x_m$ 为仪表在量程内不同刻度上的最大基本误差。

根据我国国标 GB 776—65《电气测量指示仪表通用技术条例》的规定，电气测量指示仪表按最大引用误差划分准确度的等级，即 $\gamma_{nm} = \pm a\%$，其等级 $a$ 分为 0.1、0.2、0.5、1.0、1.5、2.5、5.0 七个等级。由于仪表制造工业的发展，已有准确度为 0.05 级乃至于 0.02 级以上的高准确度仪表。对于 0.2 级仪表，它的最大引用误差在 $\pm 0.1\% \sim \pm 0.2\%$，其他等级类推。

值得注意的是，当选定仪表后进行测量时，最大示值相对误差可表示为

$$\gamma_x = \frac{\Delta x_m}{x} \times 100\% = \frac{\gamma_{nm} \cdot x_m}{x} \times 100\% = \frac{x_m}{x} \times (\pm a\%)$$

可见，一旦仪表的等级选定后（即 $a$ 一定），被测值越接近所选仪表的量程，其示值相对误差就越小。因此，我们在使用仪表测量时，在一般情况下应使测量的示值尽可能在仪表满刻度（量限）的 2/3 以上。根据被测量选择仪表，既要考虑所选仪表的等级，也要兼顾仪表的量程，进行合理选择。

（3）分贝误差

分贝误差也就是相对误差的对数表示，在电子学和声学中应用较广，如放大器增益测量就可用分贝误差来表示。假设被测网络传输函数（对于放大器，则称为增益或放大倍数）为 $A_0$，测量存在误差 $\Delta A$，测量值 $A = A_0 + \Delta A$，用分贝表示为

$$A[\text{dB}] = 20\lg(A_0 + \Delta A) = 20\lg A_0\left(1+\frac{\Delta A}{A_0}\right)$$

$$= 20\lg A_0 + 20\lg\left(1+\frac{\Delta A}{A_0}\right) = A_0[\text{dB}] + 20\lg(1+\gamma)\ (\text{dB})$$

可见，$A_0\,[\text{dB}] = 20\lg A_0$ dB 是传输函数的分贝表示部分，而另一部分则是分贝误差

$$\gamma[\mathrm{dB}] = 20\lg(1+\gamma)(\mathrm{dB}) \tag{1.6}$$

式（1.6）中，$\gamma = \Delta A/A_0$是传输函数的相对误差，可见分贝误差实质上是相对误差的另一种表示方式。

## 五、测量误差的性质

在测量误差的分类时已讲过，按误差性质分有系统误差、随机误差和粗大误差，下面就分别对其概念进行介绍。

### 1. 系统误差

在相同条件下多次测量同一量时，误差的绝对值和符号保持恒定或在条件改变时按一定规律变化的误差称为系统误差。系统误差简称“系差”，用$\varepsilon$来表示。

系统误差的产生原因是多方面的，常见的有：① 测量仪器设备在设计和制作上有缺陷，如刻度的偏差、零点不准等；② 测量时环境条件与仪器要求的不一致，如温度、湿度、电源、电压变化及周围电磁场的影响等带来的误差；③ 测量方法不完善，或依据的理论不严格，或采用了近似计算公式等，如利用电压表、电流表按伏安法测量电阻$R$值的方法误差；④ 测量设备的安装、放置和使用不当等引起的误差；⑤ 测量人员的不良习惯及生理上的限制等，如有的测量人员习惯于从左边或右边去读取指针式仪表的示值，这就必然造成误差。

系统误差的特点，就是当测量条件一经确定，系统误差就是一个客观上恒定的值，多次测量取平均值并不能改变其大小及符号，这种系统误差称为恒系差。但是，当测量条件改变时，系统误差往往是变化的，其规律有累进性的，也有周期性的，还有复杂规律变化的，这种随测量条件变化的系差称为变系差。

系统误差尽管产生的原因很多，但其特点要么是恒定的，要么是变化的。因此，系统误差是可以采用一定的技术措施来削弱或消除的，其削弱或消除系统误差的方法，将在后面予以讨论。

### 2. 随机误差

在相同条件下多次测量同一量时，误差的绝对值和符号均以不可预定的方式变化的误差称为随机误差。随机误差简称“随差”，用$\xi$表示，一般是绝对误差形式。

随机误差产生的原因，主要是那些对测量影响微小而又互不相关的多种因素共同造成的，也就是随机因素的影响。例如，仪器内部的器件噪声，电磁场微变，空气扰动，大地微振，测量人员感觉器官的各种无规律微小变化，等等。由于这些影响，尽管宏观上或平均意义上测量条件没变，如使用仪器的准确度相同、周围环境相同、测量人员同样细心工作等，但是只要测量装置灵敏度足够高，就会发现测量结果有上下起伏的变化，这就是随机误差造成的。

就一次测量而言，随机误差没有规律、不可预定、不能控制，也不能用实验的方法加以消除。但是，当测量次数足够多时，随机误差总体服从统计规律，在多数情况下接近正态分布，部分属均匀分布或其他分布。

随机误差的特点是：在多次测量中，随机误差的绝对值不会超过一定的界限，即有界性；

绝对值相等的正、负误差出现的机会相同，即对称性；随机误差的算术平均值随着测量次数的无限增加而趋于零，也就是说，多次测量中随机误差有相互抵消的特性，即抵偿性。

由于随机误差的上述特点，可以通过多次测量取平均值的方法来削弱随机误差对测量结果的影响。对随机误差的削弱或消除，只有通过数理统计来进行数据处理，而不能通过测试技术来进行。

### 3. 粗大误差

在一定测量条件下，测量示值明显偏离被测实际值所形成的误差称为粗大误差。粗大误差又叫疏失误差，是令人难以置信的误差。就其产生原因而言，有测量条件突然变化的客观原因，如测量过程中供电电源的瞬时跳变；也有测量人员疏忽的原因，如测错、读错、记错等。就其性质而言，粗大误差可能是过分大的系差，也可能是过分大的随差，因其误差值太大，分类时被单独划分为一类误差。粗大误差所对应的测量值称为坏值，在测量结果中应予以剔除。

## 六、误差对测量结果的影响及测量结果评价

对于测量误差，若系统误差、随机误差和粗大误差同时存在，其误差对测量结果的影响可用图 1.1 来表示。

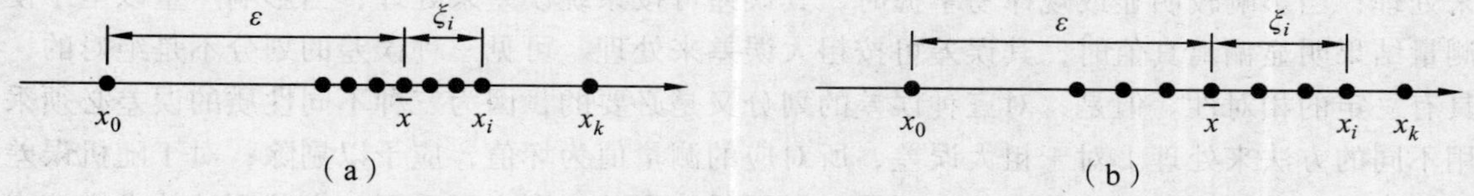


**图 1.1　三种误差同时存在的情况**

图 1.1 中，$x_0$ 表示真值，小黑点表示各次测量值 $x_i$，$\bar{x}$ 表示 $x_i$ 的平均值，$\xi_i$ 表示随机误差，$\varepsilon$表示系统误差（恒系差），$x_k$ 表示坏值。

由图可知，坏值 $x_k$ 的存在将严重影响平均值 $\bar{x}$（图中的 $\bar{x}$ 未考虑 $x_k$ 值影响），从而使 $\bar{x}$ 失去意义，因此整理测量数据时必须先将坏值 $x_k$ 剔除。剔除坏值后，测量值 $x_i$ 与平均值 $\bar{x}$ 的差就是随机误差 $\xi_i$。根据抵偿性，通过多次测量取算术平均值的方法可以消除随差 $\xi_i$ 的影响。算术平均值 $\bar{x}$ 与被测真值 $x_0$ 间存在一个恒定系差 $\varepsilon$，$\varepsilon$ 越小，则 $\bar{x}$ 离真值 $x_0$ 越近；$\varepsilon$ 为零时，$\bar{x}$ 将趋近于 $x_0$。

在图 1.1（a）、（b）中，系差 $\varepsilon$ 的大小是一样的，但图（a）比图（b）的测量值集中，也就是分散性要小，对应随机误差 $\xi_i$ 也小。

为了正确说明测量结果，分析测量误差情况，通常用正确度、精密度和准确度来评价。

• 正确度　指测量值与被测量真值的接近程度，也就是系统误差大小的程度。在图 1.1 中，系统误差 $\varepsilon$ 越小，测量平均值 $\bar{x}$ 就离真值 $x_0$ 越接近，正确度就越高。

• 精密度　指测量值重复一致的程度。相同条件下多次测量同一量，每次测量的值越接近，则测量的精密度就越高。因此，精密度表示测量结果中随机误差的离散程度。在图 1.1 中，图（a）的测量值比图（b）的测量值集中，则图（a）的随机误差分散小，精密度也就高。

• 准确度 反映系统误差和随机误差综合影响的程度，其中包括了正确度和精密度。

图 1.2 是射击靶牌时的弹着点情况，它形象直观地说明了正确度、精密度和准确度三个概念。其中，图（a）表明正确度高而精密度低，图（b）表明精密度高而正确度低，图（c）表明正确度和精密度都高，即准确度高。

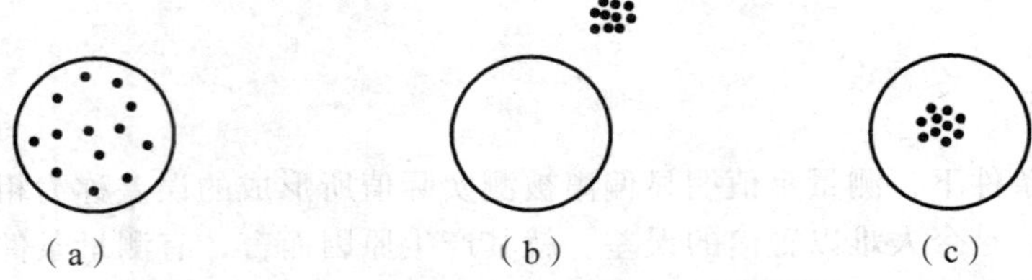


**图 1.2 射击靶牌时的弹着点情况**

最后应注意几点：

① 实际测量中，系统误差、随机误差和粗大误差并不是一成不变的，在一定条件下它们可以相互转化。例如，同一型号电阻在生产时，各电阻的大小不可能完全相等，这时的误差是随机误差，但当用这样的电阻进行测量时，电阻具有的误差对测量产生的误差就是系统误差。

② 对三种误差进行判别时，它们之间不存在严格的界限。随着人们对误差来源及变化规律认识的加深，对同一因素引起的误差可按不同误差来处理。例如，周围电磁场对测量的影响，当影响较小以至于与其他因素的影响不易区分或规律不易掌握时，其误差可按随机误差来处理；当影响较明显或规律易掌握时，其误差可按系统误差来处理；当影响严重以至于使测量结果明显偏离真值时，其误差可按粗大误差来处理。可见三种误差的划分不是绝对的，具有一定的相对性。但是，对三种误差的划分又是必要的，因为三种不同性质的误差必须采用不同的方法来处理。对于粗大误差，所对应的测量值为坏值，应予以剔除；对于随机误差的影响，应采用统计平均的方法来削弱；对于系统误差，则主要采用一定的测试技术措施来削弱或消除。影响严重以至于使测量结果明显偏离其真值时，其误差应按粗大误差来处理。

## 七、仪器误差

误差不仅仅是用来表示测量结果的准确程度，也常用来表示仪器的准确程度，如指针式仪表采用引用误差表示等级，电子仪器也用误差表示质量指标。国家标准 GB 6952—86《电子测量仪器误差的一般规定》中对工作误差、固有误差给出了统一的定义；而其他一些与工作条件相关的误差，如影响误差和稳定误差，可由产品标准给出。

固有误差是在基准工作条件下测得的仪器误差。基准工作条件通常是一组比较严格的条件，例如，一般规定温度为 20 °C ± 2°C，交流电源为 220（1 ± 2%）V、50（1 ± 1%）Hz，等等。固有误差大都能反映仪器本身的准确程度，同时在基准条件下也便于对仪器的检验与检定。

工作误差是在仪表标准或产品说明书所给出的额定工作条件下测定的仪器误差极限。额定工作条件包括仪器本身的全部使用范围和全部外部工作条件，因此存在这些条件最不利的组合，所以工作误差是误差的极限形式。采用工作误差的优点是，使用者可用其直接估算测量结果误差的最大范围，而缺点是仪器在实际使用中构成条件最不利组合的可能性很小，用其估算测量结果的误差会有些偏大。

影响误差是指某种因素（如温度、频率）的影响特别大，所产生的误差在工作误差中起主要作用，从而单独列出，也是一种误差极限。至于稳定误差，它是专门用来表示随时间变化的误差。

当然，少数仪器仍在按 20 世纪 60 年代的技术规范采用基本误差和附加误差的形式，因不太多见，所以这里不做介绍。

## 第二节　随机误差的统计特性及处理

随机误差是由多个微小因素共同影响的结果，具有随机性，没有确定的变化规律，它使测量数据产生分散。对一次测量而言，随机误差的大小和符号都不确定，没有规律，但同一条件下多次测量，则发现随机误差使测量数据的分布服从一定的统计规律。利用概率论和统计学来研究随机误差的统计规律，大多接近正态分布，因此我们主要以正态分布的随机误差来进行分析讨论。

### 一、随机误差的性质及特点

概率论中心极限定理指出：若构成随机变量总和的各独立随机变量足够多，且每个随机变量对总和的影响足够小，则随机变量总和的分布规律服从正态分布。多数情况下，测量中的随机误差正是由对测量值影响微小而又互相独立的多个随机因素造成的，也就是说，测量中的随机误差一般是多个因素造成的许多微小误差的总和。因此，可用概率密度函数来描述测量数据及随机误差的分布，即

$$p(x)=\frac{1}{\sqrt{2\pi}\sigma(x)}\mathrm{e}^{-[x-M(x)]^2/2\sigma^2(x)} \tag{1.7}$$

$$p(\xi)=\frac{1}{\sqrt{2\pi}\sigma(\xi)}\mathrm{e}^{-\xi^2/2\sigma^2(\xi)} \tag{1.8}$$

式中，$x$ 为各测量值，$\xi$ 为随机误差，$\sigma(x)$ 及 $\sigma(\xi)$ 为测量值及随机误差分布的标准差，$M(x)$ 是 $x$ 的数学期望值。

式（1.7）、式（1.8）的几何曲线如图 1.3 所示。

图 1.3　测量数据和随机误差的正态分布

由式（1.7）、式（1.8）及图 1.3 可见，测量值 $x$ 与随机误差的分布形状相同，分散程度完全一样，因而标准差 $\sigma(x)$ 与 $\sigma(\xi)$ 相等，唯一的不同就是横坐标差一个常数 $M(x)$。因此，我们只需讨论其中的一种，而对另一种只需把横坐标移动一个位置即可。

由图 1.3（a）可见，因随机误差影响使测量数据呈正态分布，而且是对称地分布在数学期望值两侧。由图 1.3（b）可见，绝对值小的随机误差出现的概率大；绝对值大的随机误差出现的概率小；绝对值相等的正、负随机误差出现的概率相等；绝对值很大的随机误差出现的概率趋于零。

## 二、数学期望值及标准差

前述中的数学期望值 $M(x)$ 及标准差 $\sigma(x)$ 是描述测量数据的重要概念，也是描述随机误差的重要概念，下面予以专门讨论。

### 1. 数学期望值 $M(x)$

我们将测量值分为离散和连续两种情况。若测量值在所在区间内连续，则测量值有无穷多个，每个值的概率趋于零。根据概率论的知识，测量值的数学期望值为

$$M(x)=\int_{-\infty}^{+\infty} xp(x)\mathrm{d}x \tag{1.9}$$

而测量值为离散时，每次测量值为 $x_i$，测量次数为 $n$，当 $n\to\infty$ 时，测量值的数学期望值为

$$M(x)=\sum_{i=1}^{\infty} x_i \frac{1}{n}=\frac{1}{n}\sum_{i=1}^{\infty} x_i \qquad (n\to\infty) \tag{1.10}$$

比较式（1.9）、式（1.10）可见，测量值由离散值变为连续值时，求和变成积分，每个测量值的概率由 $1/n$ 变为 $p(x)\mathrm{d}x$，而方法上没有实质性变化。只要连续测量得到无穷多个值或离散测量次数 $n\to\infty$，则数学期望值 $M(x)$ 就是被测量的真值 $x_0$，这正是数学期望值的意义。因实际测量中要做到无限次测量（$n\to\infty$）是不可能的，也是没有意义的，但在数学上则容易实现 $n\to\infty$，故将 $M(x)$ 称为数学期望值。

在实际测量中，不但测量值大都是离散的，而且测量次数 $n$ 也为有限次，则只能得到算术平均值

$$\bar{x}=\frac{1}{n}\sum_{i=1}^{n} x_i \tag{1.11}$$

由于有限次测量的数据带有随机性（相对于无穷多次测量数据的总体而言），因此我们称之为随机样本，简称样本。对每个样本取算术平均值后，其平均值 $\bar{x}$ 各不相等，也是随机的，但仍分布在数学期望值 $M(x)$ 附近。因进行平均值计算过程中，随机误差在很大程度上会互相抵消，则 $\bar{x}$ 的分布相对更集中了。可以证明，算术平均值 $\bar{x}$ 的数学期望值为

$$M(\bar{x})=M\left(\frac{1}{n}\sum_{i=1}^{n} x_i\right)=\frac{1}{n}M\left(\sum_{i=1}^{n} x_i\right)=\frac{1}{n}\cdot nM(x)=M(x) \tag{1.12}$$

式（1.12）说明，有限次测量样本的算术平均值的数学期望值等于被测量的数学期望值。但对于测量次数 $n\to\infty$ 时，有

$$\overline{x}=\frac{1}{n}\sum_{i=1}^{n}x_i=M(x)$$

则用 $\overline{x}$ 作为 $M(x)$ 的估计值是合适的，即有限次测量的 $\overline{x}$ 是被测量真值 $x_0$ 的最佳估计值。

**2. 标准差 $\sigma(x)$**

测量的数学期望值反映了测量值平均的情况，在实际测量中还需要知道测量值的离散程度，通常用测量值的标准差来反映测量值的离散程度。标准差的平方称为方差。测量值连续时方差为

$$\sigma^2(x)=\int_{-\infty}^{+\infty}[x-M(x)]^2p(x)\mathrm{d}(x)=\int_{-\infty}^{+\infty}\xi^2p(x)\mathrm{d}(x) \tag{1.13}$$

而当测量值离散时方差为

$$\begin{aligned}\sigma^2(x)&=\sum_{i=1}^{\infty}[x_i-M(x)]^2\frac{1}{n}=\frac{1}{n}\sum_{i=1}^{\infty}[x_i-M(x)]^2\\&=\frac{1}{n}\sum_{i=1}^{\infty}\xi_i^2\quad(n\to\infty)\end{aligned} \tag{1.14}$$

对方差开方就得到标准差。式（1.14）中对随机误差平方后再进行平均，一是不会使正、负方向的误差相互抵消（抵偿性），造成离散程度不能判断；二是个别较大误差经平方后在和式中占的比例更大，从而使方差对较大误差的反应较灵敏。

方差（或标准差）的意义在于反映测量值的离散程度。$\sigma(x)$ 越小，图 1.3 所示的 $p(x)$ 曲线变化越陡峭，测量值越集中，小误差出现的机会多，而大误差出现的机会少。反之则相反。

前述求数学期望值中已谈到，有限次样本的算术平均值 $\overline{x}$ 更集中地分布在 $M(x)$ 附近。当测量值服从正态分布时，它的平均值 $\overline{x}$ 也服从正态分布，但是 $\overline{x}$ 的离散程度更小，即 $\overline{x}$ 的标准差更小。可以证明 $n$ 次测量平均值 $\overline{x}$ 的方差为

$$\sigma^2(\overline{x})=\frac{1}{n}\sigma^2(x) \tag{1.15}$$

或

$$\sigma(\overline{x})=\frac{\sigma(x)}{\sqrt{n}} \tag{1.16}$$

可见，有限次测量次数 $n$ 越大，平均值 $\overline{x}$ 的标准差越小，平均值的离散程度也就越小，$\overline{x}$ 作为 $M(x)$ 的估计值，其精密度也得到提高。

有限次测量只能得到 $\overline{x}$ 而不能得到 $M(x)$，这时的误差常被称为残差或剩余误差，并用 $\upsilon$ 表示

$$\upsilon_i=x_i-\overline{x} \tag{1.17}$$

根据有限次测量的残差估计方差或标准差时

$$\hat{\sigma}^2(x)=\frac{1}{n-1}\sum_{i=1}^{n}\upsilon_i^2 \tag{1.18}$$

或
$$\hat{\sigma}(x)=\sqrt{\frac{\sum_{i=1}^{n}(x_i-\bar{x})^2}{n-1}}=\sqrt{\frac{\sum_{i=1}^{n}\upsilon_i^2}{n-1}} \tag{1.19}$$

这就是贝塞尔（Bessel）公式。

贝塞尔公式是根据有限的 $n$ 次测量值估计方差或标准差的一个非常有用的公式。在总体标准差 $\sigma(x)$ 不知道的情况下，可用估计值 $\hat{\sigma}(x)$ 来代替 $\sigma(x)$，因而算术平均值 $\bar{x}$ 的标准差估计值为

$$\hat{\sigma}(\bar{x})=\frac{\hat{\sigma}(x)}{\sqrt{n}} \tag{1.20}$$

## 三、测量结果的置信问题

### 1. 置信概率与置信区间

由于随机误差的影响，测量值总是偏离被测的数学期望值，而且偏离的大小和方向是随机的。尽管如此，实际测量中还是需要知道测量结果的可信程度。这里存在两方面的问题：一是已知某测量在一定条件下测量值的分布曲线，即已知数学期望值 $M(x)$ 及标准差 $\sigma(x)$，希望知道尚未测得的某一数据 $x$ 在 $M(x)$ 附近某一确定范围的可能性有多大；二是已知某测量条件下测量数据的分散情况，即已知标准差 $\sigma(x)$，在测得一个 $x$ 值后希望根据测量值 $x$ 估计被测数学期望值 $M(x)$ 在 $x$ 附近某一确定范围的可能性有多大。这里提到的可能性就是概率，这种概率被称为置信概率；而确定的范围就是区间，这个区间被称为置信区间，通常是以 $\sigma(x)$ 乘以一个正、负系数 $c$ 来确定，因而 $c$ 被称为置信系数。

可以这样讲，置信度就是对测量结果的信赖程度，它包含了测量值 $x$ 偏离数学期望值 $M(x)$ 的误差范围和 $x$ 存在于这种误差范围内的概率是多大（或可能性是多大），也就是包含了置信区间和置信概率。

以上讨论了求测量值 $x$ 处于区间 $[M(x)-c\sigma(x),\ M(x)+c\sigma(x)]$ 的概率及求 $M(x)$ 处于 $[x-c\sigma(x),\ x+c\sigma(x)]$ 的概率两种情况。从数学上讲，$[M(x)-c\sigma(x)]<x<[M(x)+c\sigma(x)]$ 与 $[x-c\sigma(x)]<M(x)<[x+c\sigma(x)]$ 是完全等价的。从测量值所处位置的实际意义来讲，它们分别代表测量值 $x$ 处于 $M(x)$ 附近某区间及 $M(x)$ 处于测量值 $x$ 附近某区间，但在相同测量条件下，这两种置信概率是相同的，图 1.4 说明了这一情况。在图中，对某量的测量值服从正态分布（若是其他分布也不影响问题的讨论），$x_1$、$x_2$ 为在 $M(x)$ 附近某区间 $M(x)\pm c\sigma(x)$ 内的测量值。我们可以看到，在 $x_1\pm c\sigma(x)$ 及 $x_2\pm c\sigma(x)$ 范围内一定包含着被测量的数学期望值 $M(x)$。反之，对于不在区间 $M(x)\pm c\sigma(x)$ 内的测量值 $x_3$，则 $M(x)$ 一定不在 $x_3$ 附近的确定范围 $x_3\pm c\sigma(x)$ 内。因此，

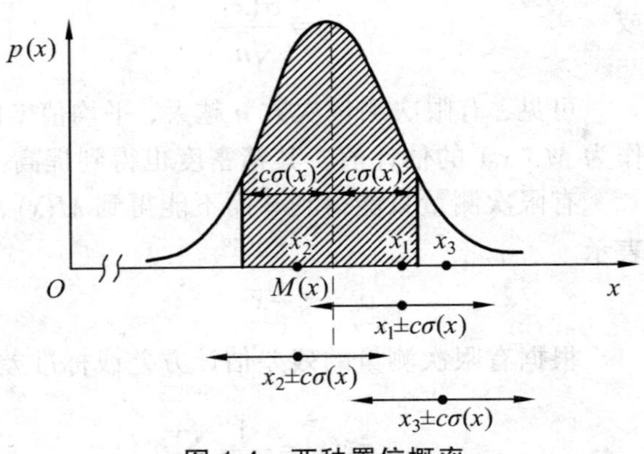


图 1.4 两种置信概率

这两种情况的置信概率相等，在实际计算中就不必加以区分。

### 2. 服从正态分布的测量值在对称区间的置信概率

若某测量值服从正态分布，则测量值在以 $M(x)$ 为中心的对称区间 $[M(x)-c\sigma(x), M(x)+c\sigma(x)]$ 内的置信概率可通过对概率密度函数积分来得到，即

$$p[M(x)-c\sigma(x)<x<M(x)+c\sigma(x)]=\int_{M(x)-c\sigma(x)}^{M(x)+c\sigma(x)}\frac{1}{\sqrt{2\pi}\sigma(x)}e^{-[x-M(x)]^2/2\sigma^2(x)}dx \quad (1.21)$$

做变量变换，令 $z=\dfrac{x-M(x)}{\sigma(x)}$，则

$$dz=\frac{dx}{\sigma(x)}$$

且 $x=M(x)\pm c\sigma(x)$ 时，有

$$z=\frac{M(x)\pm c\sigma(x)-M(x)}{\sigma(x)}=\pm c$$

从而式（1.21）变为

$$p[-c<z<c]=\int_{-c}^{c}\frac{1}{\sqrt{2\pi}}e^{-z^2/2}dz \quad (1.22)$$

可见，对不同的置信系数 $c$，就有不同的置信区间，也就有不同的置信概率。表 1.1 给出了最常用的置信系数 $c$ 和置信概率 $p$。

表 1.1 常用 $c$ 及对应 $p$ 的数值表

| $c$ | 0.670 | 1.000 | 1.645 | 1.960 | 2.000 | 2.576 | 2.807 | 3.000 | 3.291 | 3.500 |
|---|---|---|---|---|---|---|---|---|---|---|
| $p$ | 0.500 0 | 0.682 7 | 0.900 0 | 0.950 0 | 0.954 5 | 0.990 0 | 0.995 0 | 0.997 3 | 0.999 0 | 0.999 5 |

由表 1.1 可直观看到，对同一测量结果来说，所取得的置信区间越宽，则置信概率越大，反之则越小。例如，对于正态分布的随机误差（或测量值），不超过 $\pm 1\sigma(x)$ 的置信概率为 68.27%，不超过 $\pm 2\sigma(x)$ 的置信概率为 95.45%，不超过 $\pm 3\sigma(x)$ 的置信概率为 99.73%。误差不超过 $\pm 3\sigma(x)$ 的置信概率为 99.73%，这意味着 1 000 次测量中有 997 次还多的测量误差在 $\pm 3\sigma(x)$ 内，只有不足 3 次测量的误差会超过 $\pm 3\sigma(x)$，对于实际中的有限次测量（仅几十次）来说，其误差要超过 $\pm 3\sigma(x)$ 是很难发生的。因此，常以 $3\sigma(x)$ 作为正态分布随机误差的误差限，也是作为判断坏值的依据之一。

此外，从表 1.1 可知，置信系数 $c$ 在 3 以上的置信概率已接近 1。因此，对 $p(x)$ 曲线所包围的面积积分为 1，也就是总体概率为 100%。

最后还应指出，有限次测量的误差服从 t 分布，当测量次数 $n>20$，则接近正态分布，$n$ 越大越接近正态分布，当 $n\to\infty$ 时，t 分布与正态分布完全相同。一般测量次数 $n>20$ 以上就可以按正态分布处理。所以，可以认为 t 分布中包括了正态分布，正态分布只是 t 分布的一个

特例。此外，还有非正态分布，如均匀分布等。由于正态分布较普遍，故对 t 分布和均匀分布等就不再进行专门讨论。

## 四、异常数据的剔除

由于随机误差的影响，测量数据具有一定的分散性。在没有系统误差时，测量值分布在被测真值附近。当误差正态分布时，误差绝对值超过 $3\sigma(x)$ 的概率仅为 0.27%，可见大误差出现的可能性是非常小的。

对误差绝对值较大的测量值应视为可疑数据，它对测量平均值及标准差估计值都有较大影响。在遇到可疑异常数据时，最好能根据观察分析到的物理原因或技术原因决定其取舍。当这样做有困难时，就常采用统计学的方法来处理可疑异常数据。

用统计学方法处理异常数据，就是给定一个置信概率，找出相应的置信区间，只要在此区间外的数据就视为异常数据，应予以剔除。因实际测量中为有限次，常以算术平均值 $\overline{x}$ 代替被测数学期望值 $M(x)$，用标准差估计值 $\hat{\sigma}(x)$ 代替标准差 $\sigma(x)$，则凡是测量值 $x$ 在区间 $[\overline{x} - c\hat{\sigma}(x),\ \overline{x} + \hat{c}\sigma(x)]$ 以外的，即

$$|x_i - \overline{x}| = |\upsilon_i| > c\hat{\sigma}(x) \tag{1.23}$$

对应 $x$ 就为异常数据，应剔除。

在测量数据呈正态分布的情况下（测量次数足够多，一般 $n \geqslant 20$），习惯上取 $3\sigma(x)$ 作为判别异常数据的界限，称为莱特准则。莱特准则方法简单，使用方便，得到较多的应用。但是，莱特准则的适用范围有较大的局限性。首先，它不能用于非正态分布测量数据的判断，因为可以证明正常数据的边界大多在 $M(x) \pm 2\sigma(x)$ 附近，例如，均匀分布的边界为 $1.73\sigma(x)$，用 $3\sigma(x)$ 准则判断就不适合；其次，不适合于测量次数较少的情况，如 $n = 10$ 时，$\hat{\sigma}(x) = \dfrac{1}{3}\sqrt{\sum_{i=1}^{10}\upsilon_i^2}$，测量中不可能有任何一次测量值的残差 $\upsilon_i$ 会大于 $3\hat{\sigma}(x) = \sqrt{\sum_{i=1}^{10}\upsilon_i}$，所以对于 $n \leqslant 10$ 的情况，莱特准则就失去判断力，即使 $n$ 在 11～20 范围内，莱特准则也是不可靠的。

因此，应根据测量数据的分布情况，采用针对性判据，如均匀分布用 $1.73\hat{\sigma}(x)$ 判据。正态分布，在测量次数较少时用格拉布斯准则，它理论上严密，概率意义明确，实验证明判断效果较好；而测量次数较多时用肖维纳准则，它在工程上用得较多，这里不做细述。

在剔除坏值（异常数据）时应注意：一是要慎重，因为有时异常数据可能反映某一异常现象，轻易剔除可能放过发现问题或发现尚未发现的物理现象的机会；二是利用判据一次只能剔除一个坏值（若一次判断出多个坏值，应剔除最大误差对应的坏值），然后根据剩下数据重新计算平均值和估算标准差，并再次进行坏值判断与剔除，一直到没有需要剔除的坏值为止。

通过以上分析讨论我们可以看到，在系统误差已经消除（修正）或其影响可忽略的情况下，测量数据的处理可采用统计学方法进行。为了削弱随机误差的影响，提高测量结果的可靠性，人们往往增加测量次数（增大样本容量）。增加测量次数的结果是增大了人工计算处理数据的烦琐和困难，因而使用计算机来处理数据。图 1.5 给出了计算机处理无系统误差的测量数据的流程图。计算机处理数据的流程也是人工进行数据处理的步骤，因而这里对人工进行数据处理的步骤就不再叙述。

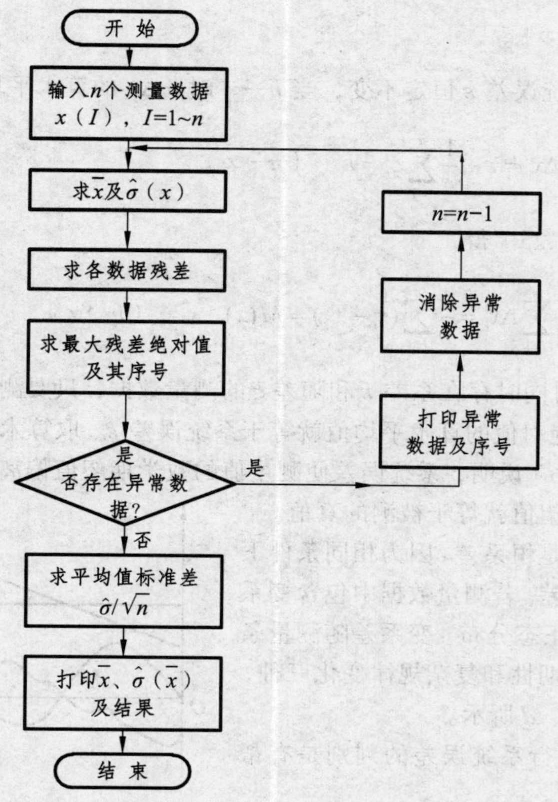


图 1.5　计算机处理无系统误差的测量数据的流程图

# 第三节　系统误差的判别及处理

系统误差是在相同条件下多次测量同一量时，误差的绝对值和符号保持恒定或在条件改变时按某种确定规律变化的误差。系统误差有恒系差和变系差，变系差是随测量条件变化而变化的误差。总的来说，当测量条件变化时，系统误差在客观上是有确定规律的，但这种变化规律往往很难掌握。同一条件下多次测量，用统计学的方法只能消除随机误差的影响，对系统误差不起作用。系统误差的发现，只有改变产生原因的条件才有可能，而这种产生原因的条件也是很难掌握的。对系统误差的消除或削弱，很难说有什么通用的处理方法，通常是针对具体测量条件采取一定的技术措施，这就取决于测试者的知识水平和实践经验及操作技巧。尽管如此，系统误差仍有一些基本的判别方法和削弱措施，下面就对此进行讨论。

## 一、系统误差的判别

实际测量中，测量误差包含了系统误差和随机误差，而同一条件下多次测量的误差一般不包含变系差，因此

$$\Delta x_i = \varepsilon + \xi_i \tag{1.24}$$

在相同条件下，系统误差 $\varepsilon$ 恒定不变，当 $n\to\infty$ 时，$\Delta x_i$ 的算术平均值为

$$\frac{1}{n}\sum_{i=1}^{n}\Delta x_i = \varepsilon + \frac{1}{n}\sum_{i=1}^{n}\xi_i = \varepsilon \quad (n\to\infty) \tag{1.25}$$

将 $\Delta x_i = x_i - x_0$ 代入式（1.25）得

$$\varepsilon = \frac{1}{n}\sum_{i=1}^{n}\Delta x_i = \frac{1}{n}\sum_{i=1}^{n}(x_i - x_0) = M(x) - x_0 \quad (n\to\infty) \tag{1.26}$$

式（1.25）说明，对同时存在系差 $\varepsilon$ 和随差 $\xi$ 的测量数据，只要测量次数足够多（理论上 $n\to\infty$），各次测量误差绝对值的算术平均值就等于系统误差 $\varepsilon$。取算术平均值后，随机误差的影响就可消除。式（1.26）说明，系统误差使测量值的数学期望值偏离其真值，若不存在系统误差，则测量的数学期望值就等于被测的真值。

这里讲的系统误差是恒系差，因为相同条件下测量的数据中没有变系差。若测量数据中包含变系差，则测量数据不再是正态分布。变系差随测量条件而变，有累进性、周期性和复杂规律变化三种，如图 1.6 中的曲线 $b$、$c$、$d$ 所示。

以上讨论对我们进行系统误差的判别是有帮助的。

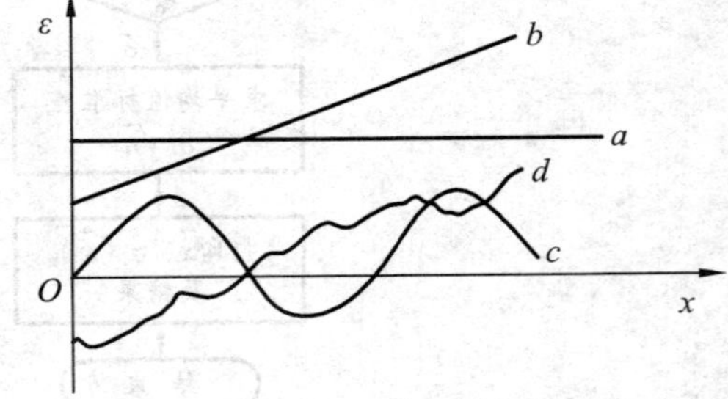


图 1.6　系统误差的特征

## 1. 恒系差的判别

如果被测的真值已知，又在同一条件下进行了多次测量，则可在求出数学期望值后按式（1.26）判别出恒系差。此外，还可通过校准、比对和改变测量条件等手段来判断恒系差的存在。

（1）校　准

一是用仪器仪表本身的校准装置进行自校，发现并消除之，如磁电系仪表的“机械调零”就可检查并消除因游丝疲劳使弹性系数变化产生的误差；二是用更高级别的仪表来校准所使用的测量仪表，通过给出的修正值对测量值进行修正，达到消除系统误差的影响，如仪表出厂鉴定和使用过程中定期送计量部门鉴定给出修正值，测量时据修正值进行修正。

（2）比　对

比对就是用多台同类、同型号仪器测量同一量，进行相互对比，从中发现系统误差的存在，这在研制仪器时常常用到。

（3）改变测量条件

通过对不同条件下测量得到的结果进行比较来发现系差，并消除。例如，用电工仪表进行测量时受到外磁场的影响，可将仪表的几何位置调转 180°，通过调转前后测量的两个结果可发现系差，并通过对两个测量值取平均值来消除系差。

## 2. 变系差的判别

变系差的判别往往比恒系差的判别要困难得多。从理论上找出误差与某个测量条件间的

函数关系，进而分析系差的大小，这是非常困难的，只能是给分析系差提供方向和线索。实际测量中，用观察和分析测量数据的方法来进行。通常有两种方法：一是当变系差明显大于随机误差时，通过有规律地变化某一测量条件进行测量，然后求出测量误差并画出曲线，再观察变化规律来判断是累进性的还是周期性的；二是当随机误差明显大于变系差时，变系差不太容易被发现，常用判别式进行。变系差判别式有下述两种。

（1）马利科夫判据（判别累进性变系差）

将 $n$ 个等精度测量的残差按先后顺序排列为 $\upsilon_1$，$\upsilon_2$，…，$\upsilon_n$，并将其前后分成两部分，再求其差值，则

$n$ 为偶数时
$$M=\sum_{i=1}^{n/2}\upsilon_i-\sum_{i=\frac{n}{2}+1}^{n}\upsilon_i \tag{1.27}$$

$n$ 为奇数时
$$M=\sum_{i=1}^{(n-1)/2}\upsilon_i-\sum_{i=\frac{n+3}{2}}^{n}\upsilon_i \tag{1.28}$$

若 $M$ 与残差比明显异于零，则测量值中含有累进性系差。通常 $M$ 的绝对值不小于最大残差的绝对值时，则可以认为有累进性系统误差。

（2）阿卑-赫梅特判据（判别周期性系差）

同样，对于残差序列 $\upsilon_1$，$\upsilon_2$，…，$\upsilon_n$，若

$$\left|\sum_{i=1}^{n}\upsilon_i\upsilon_{i+1}\right|>\sqrt{n-1}\hat{\sigma}(x) \tag{1.29}$$

则可以认为测量值中含有周期性变系差。

变系差的存在使测量值的分布偏离正态分布，因而存在变系差的测量数据原则上应舍弃不用，需要重新进行测量。此外，按正态分布规律进行异常数据检查，若发现应剔除的异常数据占的比例较大时，就应怀疑测量中含有变系差。

## 二、系统误差的消除

### 1. 消除系差的来源

测量前，充分估计可能产生系差的各种因素和各个环节，尽量发现并消除系差的根源或设法防止测量受这些根源的影响，这是消除和削弱系差最好和最积极的办法。

在测量中，尽力做到在方法上正确、严格，注意仪器的使用条件和正确操作，如仪器的放置位置、工作状态、使用频率范围、电源供给、接地方式、附件和导线的使用连接等都要符合规定，正确合理。

要注意环境对测量的影响，特别是温度、湿度和电磁场等对电测试的影响较大，应予以重视，采取必要的措施。此外，测试人员要加强学习，提高业务技术水平，增强责任心，而且不要疲劳测试。这些都是消除产生系差根源的工作。

### 2. 进行误差修正

对于恒系差，只要掌握了误差的大小和方向，就可以对测量数据进行修正。仪器仪表出

厂时或定期送计量部门鉴定时都会给出修正值表（修正公式或修正曲线），测量时可直接进行修正。应注意，修正值有一定误差，通过修正只能减小误差。

### 3. 采用典型测试技术消除或削弱系差

采用上述方法仍很难全部消除系差，在测量过程中还可采用一些专门的测试技术和测试方法。这些技术和方法往往要根据测量的具体条件和内容来决定，且种类较多，其中常见较典型的测试技术有下列几种。

（1）零示法及微差法

被测物理量与已知标准量对仪表的作用相平衡，使指示仪表指零，则被测量就等于已知标准量，这种方法就称为零示法。

图 1.7 是用零示法测未知电压 $U_x$ 的电路。图中 $E_s$ 是标准电池，$R_s$ 是标准可调电阻，若指零仪为检流计 G，测量时调节标准可调电阻的滑动触头，使检流计 G 指零，G 中没有电流流过，则有

$$U_x = \frac{R_2}{R_1 + R_2} \cdot E_s$$

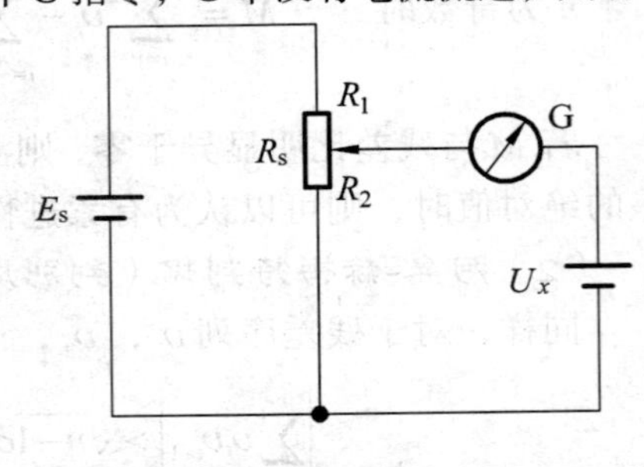

图 1.7　零示法测电压

测量中只需用 G 来判断电流的有无，而不需用 G 来读数，因此对 G 只要求灵敏度足够高即可；平衡时 G 中无电流，也就是无压降，则只要求标准电池 $E_s$ 稳定。从被测表达式中还可知，被测电压由标准电池和分压比决定，测量误差只取决于标准电池和分压器，而与测量指零仪表 G 无关，消除了测量仪表误差的影响。

零示法广泛用于电位差计、各类阻抗电桥、比较法测频技术等。指零仪除采用检流计外，还可采用电流表、电压表、耳机、示波器等。

所谓微差法，是指零示法中平衡不彻底，标准已知量 $s$ 与被测量 $x$ 对指示仪表的作用没有完全抵消而存在一个微差量 $\delta = x - s$，则

$$x = s + \delta$$

$$\gamma = \frac{\Delta x}{x} = \frac{\Delta s + \Delta\delta}{x} = \frac{\Delta s}{s+\delta} + \frac{\delta}{x} \cdot \frac{\Delta\delta}{\delta}$$

由于 $\delta$ 远小于 $s$，有 $s+\delta \approx s$，从而

$$\gamma = \frac{\Delta x}{x} \approx \frac{\Delta s}{s} + \frac{\delta}{x} \cdot \frac{\Delta\delta}{\delta} \tag{1.30}$$

式中，$\Delta s/s$ 是标准量的相对误差，一般很小；而 $\Delta\delta/\delta$ 是测量指示仪表的示值相对误差，因为 $\delta \ll x$，则 $\Delta\delta/\delta$ 对测量结果的影响被大大削弱，测量误差主要由标准量的误差 $\Delta s/s$ 决定。

可见，微差法是不完全的零示法，尽管不能像零示法那样完全消除测量指示仪表的影响，但有不需要标准量连续可调的优点，仍得到广泛应用。

（2）替代法

保持测量条件不变，用一个已知标准量代替被测量分别测一次，并调整标准量使替代后测量指示仪表示值与替代前相同，则被测量就等于标准量，这种方法称为替代法，也叫置换

法。由于替代前后测量指示仪表的状态和示值不变，则仪表误差及其他造成系统误差的因素对测量结果基本上不产生影响。

图 1.8 是替代法测电阻的电路。测量时，先将开关 K 合到 1，调 $R$ 使电流表Ⓐ指示一定示值，并记下这一示值，然后将开关 K 合到 2，在保持 $R$ 值不变的条件下调节标准电阻 $R_s$，使电流表Ⓐ的示值同前，这样，被测电阻 $R_x$ 就等于标准电阻 $R_s$ 的值。被测电阻的测量误差取决于标准电阻 $R_s$ 的准确度，对电源只要求稳定，几乎与指示电流表无关。

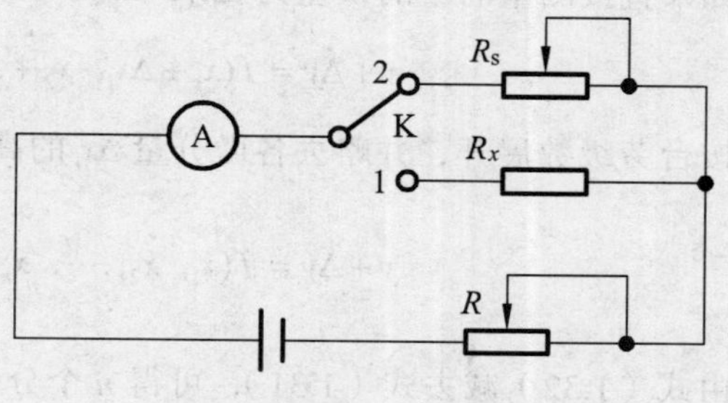

图 1.8 替代法测电阻

作为替代法测电阻，这里列举的是伏安法测量电路，也可采用电桥法测量电路。

（3）交换法

交换法又称为对照法或正负误差抵消法。当估计某些因素可能使测量结果产生单一方向的系统误差时，可通过交换测量系统中的仪器位置或改变测量方向进行两次测量，使两次测量中误差源对被测量的作用相反，也就是交换前后误差的方向相反。将两次测量结果取平均值，这就大大削弱了系统误差的影响。如前述中讲到的将电表调转 180° 来消除外磁场产生的系统误差就是一例。又如采用电桥法测量电阻时，将被测电阻放在不同的两个桥臂上进行测量，这种交换法也有助于系统误差的消除。

## 第四节 误差的合成与分配

在实际测量中，误差的来源是多方面的。例如，几个电阻串联或并联时，总电阻的误差与串联或并联中每个电阻的误差有关。又如伏安法测电阻，直接测量的是电阻两端的电压和通过电阻的电流，分别有测电压的误差和测电流的误差，而间接得到的电阻的误差与测电压误差和测电流误差有关。某误差不管是由若干因素产生的还是由间接测量产生的，只要这个误差与若干分项误差有关，则这个误差就称为总误差，而各分项误差则称为分误差。

实际工作中，需要从下面两方面考虑总误差与分误差的关系：

① 如何根据各分误差来确定总误差，即误差的合成问题；

② 当总误差被限定在一定范围后，如何确定各分项误差，即误差的分配问题。

误差的合成在实际测量工作中常常被用到，而误差的分配则主要在设计测量系统时和仪器设备的设计生产时用到。因此，作为测量，我们主要以讨论误差合成为主，而对误差的分配只简要介绍。

### 一、误差传递公式

由于总误差与各分项误差的函数关系是各种各样的，因此我们重点讨论普遍适用的公式——误差传递公式。

设直接测量的量为 $x_1$，$x_2$，…，$x_n$，而间接得到的量为 $y$，它们的函数关系为

$$y = f(x_1,\ x_2,\ \cdots,\ x_n) \tag{1.31}$$

如果直接测量的量的误差为 $\Delta x_1$，$\Delta x_2$，…，$\Delta x_n$，则

$$y+\Delta y = f(x_1+\Delta x_1,\ x_2+\Delta x_2,\ \cdots,\ x_n+\Delta x_n)$$

按台劳级数展开，并略去各微分量 $\Delta x_i$ 的高次项（包括交叉项），可得

$$y+\Delta y = f(x_1,\ x_2,\ \cdots,\ x_n) + \frac{\partial f}{\partial x_1}\Delta x_1 + \frac{\partial f}{\partial x_2}\Delta x_2 + \cdots + \frac{\partial f}{\partial x_n}\Delta x_n \tag{1.32}$$

由式（1.32）减去式（1.31），可得 $n$ 个分误差合成的总误差为

$$\Delta y = \frac{\partial f}{\partial x_1}\Delta x_1 + \frac{\partial f}{\partial x_2}\Delta x_2 + \cdots + \frac{\partial f}{\partial x_n}\Delta x_n = \sum_{i=1}^{n}\frac{\partial f}{\partial x_i}\Delta x_i \tag{1.33}$$

这就是绝对误差的传递公式。

对于相对误差则为

$$\gamma_y = \frac{\Delta y}{y} = \frac{\sum\limits_{i=1}^{n}\frac{\partial f}{\partial x_i}\Delta x_i}{f}$$

由于对复合函数 $\ln f$ 微分有

$$\frac{\mathrm{d}\ln f}{\mathrm{d}x} = \frac{1}{f}\cdot\frac{\mathrm{d}f}{\mathrm{d}x}$$

则可得总相对误差为

$$\gamma_y = \frac{\Delta y}{y} = \sum_{i=1}^{n}\frac{\partial \ln f}{\partial x_i}\Delta x_i \tag{1.34}$$

这就是相对误差的传递公式。

由式（1.33）和式（1.34）可知，若 $y = f(x_1,\ x_2,\ \cdots,\ x_n)$ 函数关系为和、差关系，则先按式（1.33）求总绝对误差较方便，这是因为和、差关系的 $\frac{\partial f}{\partial x_i}=1$ 的原因；若 $y=f(x_1,\ x_2,\ \cdots,\ x_n)$函数关系为积、商或乘方、开方关系，则先按式（1.34）求总相对误差较方便，这是因为这类关系取自然对数后变为和、差关系，使微分变得较简便。

例如，欲测一较大电流 $I$，但电流表量程有限，因此采用结点电流法测得其他支路电流后得 $I = I_1 + I_2 + I_3 - I_4$，直接测量 $I_1 \sim I_4$ 均有误差 $\Delta I_1 \sim \Delta I_4$，则被测电流的误差为

$$\begin{aligned}\Delta I &= \frac{\partial I}{\partial I_1}\Delta I_1 + \frac{\partial I}{\partial I_2}\Delta I_2 + \frac{\partial I}{\partial I_3}\Delta I_3 + \frac{\partial I}{\partial I_4}\Delta I_4 \\ &= \Delta I_1 + \Delta I_2 + \Delta I_3 - \Delta I_4\end{aligned}$$

$$\gamma = \frac{\Delta I}{I} = \frac{1}{I}(\Delta I_1 + \Delta I_2 + \Delta I_3 - \Delta I_4)$$

又如，欲测电流流过电阻产生的热量 $Q = 0.24I^2Rt$，限于条件，只有通过测量 $I$、$R$ 及 $t$ 来间接测量热量 $Q$，若直接测量误差为 $\gamma_I$、$\gamma_R$、$\gamma_t$，则间接测量 $Q$ 的误差为

$$\begin{aligned}\gamma &= \frac{\partial \ln Q}{\partial I}\Delta I + \frac{\partial \ln Q}{\partial R}\Delta R + \frac{\partial \ln Q}{\partial t}\Delta t \\ &= 2\frac{1}{I}\Delta I + \frac{1}{R}\Delta R + \frac{1}{t}\Delta t = 2\gamma_I + \gamma_R + \gamma_t\end{aligned}$$

$$\Delta Q = Q \cdot \gamma = 0.24I^2Rt(2\gamma_I + \gamma_R + \gamma_t)$$

由上例可见，应根据间接测量函数关系式来选择相对误差或绝对误差的传递公式，以使得由分误差求总误差时更便捷些。

## 二、误差的合成

误差传递公式是误差的合成与分配的重要公式，下面我们讨论误差的合成问题。

### 1. 系统误差的合成

（1）恒系差的合成

恒系差具有恒定的大小和确定的符号，因而采用代数合成

$$\varepsilon_y = \sum_{i=1}^{n} \frac{\partial f}{\partial x_i}\varepsilon_i \tag{1.35}$$

$$\frac{\varepsilon_y}{y} = \sum_{i=1}^{n} \frac{\partial f}{\partial x_i} \cdot \frac{\varepsilon_i}{y} \tag{1.36}$$

例如，有 5 个 1 000 Ω的电阻串联，若各电阻的系统误差分别为 $\varepsilon_1 = -4\ \Omega$，$\varepsilon_2 = 5\ \Omega$，$\varepsilon_3 = -3\ \Omega$，$\varepsilon_4 = 6\ \Omega$，$\varepsilon_5 = 4\ \Omega$，则串联后总电阻为

$$R = R_1 + R_2 + R_3 + R_4 + R_5 = 5\ 000 \quad (\Omega)$$

串联后的绝对误差

$$\varepsilon_R = \sum_{i=1}^{5} \frac{\partial R}{\partial R_i}\varepsilon_i = \varepsilon_1 + \varepsilon_2 + \varepsilon_3 + \varepsilon_4 + \varepsilon_5 = (-4) + 5 + (-3) + 6 + 4 = 8 \quad (\Omega)$$

串联后的相对误差

$$\gamma_R = \frac{\varepsilon_R}{R} \times 100\% = \frac{8}{5\ 000} \times 100\% = 0.16\%$$

（2）变系差的合成

变系差就是只知道误差的大体范围，而不能具体掌握误差的大小和符号，也就是在某一范围内不能确定的系差。我们把非确定系差可能变化的最大幅度称为系统不确定度，因而变

系差合成的结果就是总的系统不确定度，用$\phi$表示。系统不确定度的合成方法有两种：

① 绝对值合成。

从最不利的角度出发，认为各分项误差有可能同时取正值或同时取负值，故总合后的不确定度为各分项不确定度的绝对值的和，即

$$\phi_y = \pm\sum_{i=1}^{n}\left|\frac{\partial f}{\partial x_i}\phi_i\right| \tag{1.37}$$

$$\frac{\phi_y}{y} = \pm\sum_{i=1}^{n}\left|\frac{\partial f}{\partial x_i}\cdot\frac{\phi_i}{y}\right| \tag{1.38}$$

由于变系差是一个误差范围，反映系统不确定度，用$\phi$表示，以区别于恒系差$\varepsilon$。

例如，三只电阻 $R_1 = 60（1 \pm 10\%）\Omega$，$R_2 = 150（1 \pm 10\%）\Omega$、$R_3 = 200（1 \pm 5\%）\Omega$，将三只电阻串联后，总电阻的不确定度为

$$\begin{aligned}\phi_R &= \pm\left(\left|\frac{\partial R}{\partial R_1}\phi_{R1}\right| + \left|\frac{\partial R}{\partial R_2}\phi_{R2}\right| + \left|\frac{\partial R}{\partial R_3}\phi_{R3}\right|\right) = \pm(|\phi_{R1}| + |\phi_{R2}| + |\phi_{R3}|)\\ &= \pm(60\times 10\% + 150\times 10\% + 200\times 5\%)\\ &= \pm(6 + 15 + 10) = \pm 31 \quad (\Omega)\end{aligned}$$

可见，用绝对值合成法求出的总合后的不确定度是很大的，虽然比较安全，但偏于保守，在分项数较多时更是如此。绝对值合成法实际上是假设各分项误差同符号并取得最大值，因而获得的是最大误差或误差限。实际中，各分项不确定度同时取正号或取负号的概率为$(1/2)^n$（$n$为相互独立的分项数），分项数$n$越大，这种概率就越小，而各分项在取同符号时又同时取最大值的可能性就更小了。因此，一般情况下因正、负误差抵消的结果，使总合的不确定度小于绝对值合成的结果。绝对值合成通常仅用于分项数目较小时对总合不确定度的估计。

② 均方根合成。

绝对值合成法取得的总合的最大误差偏于保守，适合于分项数目较少的情况。当分项数目较多时，用均方根合成法更为合理。均方根合成法中用得比较多的是比较广义的均方根合成法，这种比较广义的均方根合成法为

$$\phi_y = \pm\sqrt{\sum_{i=1}^{n}\left(\frac{\partial f}{x_i}\phi_i\right)^2} \tag{1.39}$$

这种均方根合成，实际上是认为各分项误差的分布形状相同，且总合后误差的分布形状未变，这是按随机误差方法来处理变系差，因为变系差只反映出误差范围，而不能确切反映误差的大小和方向。实际上，各分项误差的分布形状各不相同，且总合后也不是正态分布的。理论上，应根据分项误差的分布和总合的误差分布进行合成，也就是在式（1.39）中应引入总合系数$K_y$和各分项系数$K_i$。那么，作为各分项与总合误差分布形状都相同的特例，式（1.39）是 $K_y=K_i$ 的结果。在实际中，具体掌握各分项误差的分布是很难的，而由不同形状的分布规律总合后，其分布规律更是相当复杂，严格地讲，不确定度的讨论还应在各分项及总合不确定度的置信概率都完全相同下进行，这就更难实现了，也没有实际意义，故这里不拟详述。

但需要说明的是，分项数目较多，且各分项对总合的影响相差不大，则总合后的分布将接近正态分布，按式（1.39）估计的总合不确定度可能偏小，有一定的冒险性，但因计算简便而常被采用。

### 2. 随机误差的合成

随机误差总在一定范围内随机变化，因此随机误差的最大幅度称为随机不确定度。随机误差与系统误差不同，它符合统计规律，分项的分布是正态分布的，则总合后的分布也是正态分布的，因此按几何形式总合起来，也就是按均方根合成。

由各分项随机误差可得总合的随机误差

$$\xi_y = \sum_{i=1}^{n} \frac{\partial f}{\partial x_i} \cdot \xi_i \tag{1.40}$$

而对于方差，有

$$\sigma_y^2 = \sum_{i=1}^{n} \left( \frac{\partial f}{\partial x_i} \right)^2 \cdot \sigma_i^2 \tag{1.41}$$

标准差为

$$\sigma_y = \sqrt{\sum_{i=1}^{n} \left( \frac{\partial f}{\partial x_i} \right)^2 \sigma_i^2} \tag{1.42}$$

注意：上式中 $n$ 是分项数，而不是测量次数，应用中不要混淆。

### 3. 含不同性质误差的不确定度合成

若误差中同时含有系统误差和随机误差，首先应将误差中确定性系差（恒系差）、不确定性系差（变系差）和随机误差进行分离，先将确定性系差按式（1.35）进行总合，然后对不确定性系差和随机误差计算总合的不确定度。

在讨论系统不确定度的合成时，实质上是把不确定系统误差仿照处理随机误差的方法来处理的，因此，对于同时包含不确定性系差和随机误差的情况，也完全可以采用类似处理来估计总合的不确定度，即

$$\phi_y = \pm \sqrt{\sum_{i=1}^{n} \left( \frac{\partial f}{\partial x_i} \phi_i \right)^2 + \sum_{i=1}^{n} \left( \frac{\partial f}{\partial x_i} \sigma_i \right)^2} \tag{1.43}$$

某些资料中，总合不确定度里还包含了确定性系差的影响，即

$$\phi y = \sum_{i=1}^{n} \frac{\partial f}{\partial x_i} \varepsilon_i \pm \sqrt{\sum_{i=1}^{n} \left( \frac{\partial f}{\partial x_i} \phi_i \right)^2 + \sum_{i=1}^{n} \left( \frac{\partial f}{\partial x_i} \sigma_i \right)^2} \tag{1.44}$$

这里的 $n$ 是分项数，$i$ 代表各分项，$\varepsilon$、$\phi$ 分别代表恒系差和变系差。若某项中不含恒系差、变系差或随机误差，可将其视为“0”代入公式进行总合。

上述误差合成的讨论中，我们是按误差的性质不同分别进行合成的。由于误差通常是一个范围，因而将不同性质的误差合成为不确定度，归在一起，有利于测量结果的表示。

## 三、误差的分配

根据给定的总误差来确定各项分误差，这在制订测量方案和设计仪器时经常遇到。当分项较多，误差的分配方案在理论上是非常多的，我们只能在某些条件下进行分配，下面介绍常见的误差分配原则。

### 1. 等准确度分配原则

等准确度分配是指分配给各分项的误差彼此相同，即

$$\varepsilon_1 = \varepsilon_2 = \cdots = \varepsilon_n$$

$$\sigma_1 = \sigma_2 = \cdots = \sigma_n$$

根据式（1.35）和式（1.42），可分配给各分项的系统误差和随机误差分别为

$$\varepsilon_i = \frac{\varepsilon_y}{\sum_{i=1}^{n}\frac{\partial f}{\partial x_i}} \tag{1.45}$$

$$\sigma_i = \frac{\sigma_y}{\sqrt{\sum_{i=1}^{n}\left(\frac{\partial f}{\partial x_i}\right)^2}} \tag{1.46}$$

等准确度分配通常用于各分项性质相同（量纲相同）、大小相近的情况。

### 2. 等作用分配原则

等作用分配是指各分项误差对误差总合的作用是相同的，而分配的各分项误差在数值上不一定相同，即

$$\frac{\partial f}{\partial x_1}\varepsilon_1 = \frac{\partial f}{\partial x_2}\varepsilon_2 = \cdots = \frac{\partial f}{\partial x_n}\varepsilon_n$$

$$\left(\frac{\partial f}{\partial x_1}\right)^2\sigma_1^2 = \left(\frac{\partial f}{\partial x_2}\right)^2\sigma_2^2 = \cdots = \left(\frac{\partial f}{\partial x_n}\right)^2\sigma_n^2$$

根据式（1.35）和式（1.42），可分配给各分项的系统误差和随机误差分别为

$$\varepsilon_i = \frac{\varepsilon_y}{n(\partial f/\partial x_i)} \tag{1.47}$$

$$\sigma_i = \frac{\sigma_y}{\sqrt{n}(\partial f/\partial x_i)} \tag{1.48}$$

除了上述两种误差分配原则外，还可根据微小误差准则，抓住主要误差进行分配，即忽略对综合影响小的分项，只保证主要项的误差小于总合的误差即可。

还应注意，上述误差分配适用于等精度测量，对于非等精度测量可通过加“权”进行类似的误差分配，限于篇幅，这里不详细叙述。

# 第五节　测量数据处理

实际测量获取数据之后，还需要对其进行计算、分析和整理，有时还需要把数据归纳成一定的表达式，或制成表格及曲线等，这就是数据处理。下面介绍数据处理的相关基本知识。

## 一、有效数字及数字舍入规则

### 1. 有效数字

测量中，由于测量误差的存在和测量仪器设备分辨力有限等原因，获得的数据通常是一个近似数。当我们用这样的数表示一个量时，为了表示得确切，通常规定误差不得超过末位单位数字的一半，则这个近似数从它左边第一个不为零的数字起到右面最后一位数字都被称为有效数字。例如：

5.06　　　　极限误差≤0.005，三位有效数字；

$33\times10^4$　　　　极限误差≤$0.5\times10^4$，两位有效数字；

0.006 7　　　　极限误差≤0.000 05，两位有效数字；

82.300　　　　极限误差≤0.000 5，五位有效数字。

在有效数字中，只有最右一位才存在不超过该位单位数一半的误差，其余都是准确的。同时要注意：① 对数字末尾的零，若不为有效数字，则应用指数形式写出，例如，上例中 $33\times10^4$，若写成 330 000，则有效数字就不是两位，而是六位，对应的极限误差≤0.5，所以 $33\times10^4$ 与 330 000 的有效数字是不同的；② 数字左边的零不是有效数字，例如，上例中 0.006 7 为两位有效数字；③ 数字中间和右边的零都是有效数字，例如，上述 5.06 为三位有效数字，82.300 为五位有效数字。

### 2. 数字舍入规则

对于数字，只需要 $n$ 位有效数字时，则对超过 $n$ 位的数字按下面的舍入规则进行处理：

对于保留有效数字末位单位后面的数字，若大于末位单位的 0.5 个单位，则向有效数字末位进一；若小于末位单位的 0.5 个单位，则有效数字末位不变；若恰为末位单位的 0.5 个单位，则对有效数字末位凑偶，即末位为偶数或零时就只舍不进，而末位为奇数时则进一使之成为偶数。简言之：小于 5 舍，大于 5 入，等于 5 时凑偶数。

可见，上述舍入规则不同于传统的“四舍五入”规则。传统的“四舍五入”对有效数字末位后一位的 5 只入不舍，在大量的数字运算中会造成数据的舍入误差。而上述凑偶规则，有效数字末位为奇数和偶数的概率相同，因而对末位后一位的 5 进行入和舍的概率相同，当舍入次数足够多时，舍入误差就会抵消。

例如，对 55.78、35.251、83.035、34 050、27.35 各数保留三位有效数字：

55.78→55.8（因 0.08>0.05，则末位进 1）；

35.251→35.3（因 0.051>0.05，则末位进 1）；

83.035→83.0（因 0.035<0.05，则舍掉）；

34 050→$340\times10^2$（因三位有效数末位为 0，而其后的数字为末位单位的 0.5，则舍掉）；

27.35→27.4（因三位有效数末位为 3，是奇数，而其后一位是末位单位的 0.5，则末位进 1）。

## 二、等精度测量的数据处理

在对随机误差的分析处理中，我们已介绍了只含随机误差的计算机数据处理流程图，这里我们对既含有随机误差又含有系统误差的数据处理步骤予以介绍。

对测量数据按先后顺序排列，然后按下列步骤处理：

① 根据 $\bar{x}=\dfrac{1}{n}\sum\limits_{i=1}^{n}x_i$ 求算术平均值。

② 计算各测量值的残差 $\upsilon_i=x_i-\bar{x}$。

③ 将残差求和，若 $\sum\limits_{i=1}^{n}\upsilon_i\neq0$，则应重复①～②步骤。注意，在 $\upsilon_i$ 值很小时，$\sum\limits_{i=1}^{n}\upsilon_i$ 是否为零应与 $\upsilon_i$ 比较，若 $\sum\limits_{i=1}^{n}\upsilon_i$ 值比 $\upsilon_i$ 小一个数量级以上，就可以认为 $\sum\limits_{i=1}^{n}\upsilon_i=0$。

④ 根据贝塞尔公式计算标准差的估计值 $\hat{\sigma}(x)=\sqrt{\dfrac{1}{n-1}\sum\limits_{i=1}^{n}\upsilon_i^2}$。

⑤ 判断坏值，对正态分布用莱特准则进行判断，若有 $|\upsilon_i|>3\hat{\sigma}$ 者，则对应 $x_i$ 为坏值，应予以剔除，然后重复①～④步骤。注意，一次只能剔除一个坏值（最大误差对应的坏值）。

⑥ 变系差判别，用马列科夫判据判断有无累进性变系差，用阿卑-赫梅特判据判断有无周期性变系差。注意，对含有变系差的测量数据原则上不能用，需要重新测量。

⑦ 计算算术平均值的标准差 $\hat{\sigma}(\bar{x})=\dfrac{1}{\sqrt{n}}\hat{\sigma}(x)$。

⑧ 写出测量结果的报道式 $x=\bar{x}\pm3\hat{\sigma}(\bar{x})$。

写测量结果报道式还应注明置信概率。例如，上述报道式的概率为 99.73%，若测量次数较少，不属正态分布，取随机不确定度为 $3\hat{\sigma}(\bar{x})$ 就欠妥。由于我们讨论仅限于正态分布，故用 $3\hat{\sigma}(\bar{x})$。

在实际测量工作中，为了削弱随机误差的影响以提高测量的可靠性，人们往往增加测量次数，也就是增大样本容量。但是，增加测量次数会带来数据处理工作的增大，因而需采用计算机来进行数据处理。

## 三、回归分析与测量数据的图解表示

测量的直接结果是一个或几个量的数值，但测量工作的目的有时还不仅仅限于此，而是为了获取两个变量或几个变量间的数量或函数关系以及对应的关系曲线。常用的方法有列表法和回归分析法。

所谓列表法，就是将测量的自变量和因变量的值一一对应列表，再观察变量间的数量关系及其大致的变化趋势。当然这只适用于简单的大致关系，如周期性变化或递增、递减变化关系。对于列表中没有的数据，根据需要可采用内插法计算得到。

所谓回归分析法，就是从测量一组离散数据出发，运用“最小二乘法”原理，求出两个变量间的最佳关系及最佳关系曲线。在曲线拟合过程中，得出两个变量的函数关系或近似函数关系式。这种根据测量数据来分析物理量间相互关系的方法就是回归分析法，下面我们就对最小二乘法、回归分析法进行讨论。

### 1. 最小二乘法

回归分析中的基本问题是：若有一组测定值$(x_1,\ y_1)$，$(x_2,\ y_2)$，…，$(x_n,\ y_n)$，我们希望用函数式

$$y=f(x,\ c_1,\ c_2,\cdots,\ c_n) \tag{1.49}$$

去表达$(x_1,\ y_1)$，…，$(x_n,\ y_n)$之间的特殊关系，而函数$f$是确定的，我们的任务是确定常数$c_1$，$c_2$，…，$c_n$，以使测量值最接近于式（1.49）所描绘的曲线。

若已选定了常数$c_1$，$c_2$，…，$c_n$，则将各组测定值带入式（1.49），将发现方程

$$f(x_i,\ c_1,\ c_2,\cdots,\ c_n)-y_i\neq 0$$

也就是说，将每一组数据代入式（1.49）都会有误差，即

$$f(x_i,\ c_1,\ c_2,\cdots,\ c_n)-y_i=\xi_i \tag{1.50}$$

式中，$\xi_i$表示回归分析产生的误差，其数值大小取决于回归方程的类型。

可以证明，对一组非等精度测量结果$(x_1,\ y_1)$，$(x_2,\ y_2)$，…，$(x_n,\ y_n)$来说，当方程式（1.50）的解$c_1$，$c_2$，…，$c_n$能使

$$\sum_{i=1}^{n}\omega_i\xi_i^2=\min \tag{1.51}$$

则称该近似为最佳近似，式中$\omega_i$为权重系数。

在实际测量中，由于$y$的真值$f(x,\ c_1,\ c_2,\cdots,\ c_n)$不易求得，因此常用残差$\upsilon_i=y_i-\hat{y}$来代替随机误差$\xi_i$，其中$\hat{y}=f(x,\ \hat{c}_1,\ \hat{c}_2,\ \cdots,\ \hat{c}_n)$，其物理意义如图1.9所示。于是式（1.51）变为

$$\sum_{i=1}^{n}\omega_i\upsilon_i^2=\min \tag{1.52}$$

若$n$次测量为等精度测量，则可设各权重$\omega_1=\omega_2=\cdots=\omega_n=1$，式（1.52）变为

$$\sum_{i=1}^{n}\upsilon_i^2=\min \tag{1.53}$$

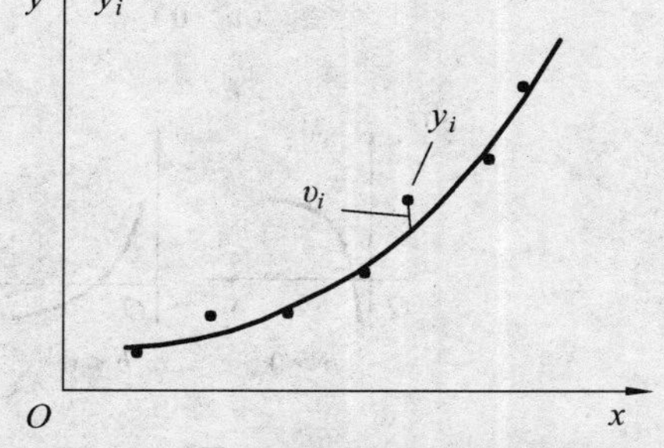

图1.9　最小二乘法中所用的残差

用上述二式确定常数值$c_1$，$c_2$，…，$c_n$的方法被称为最小二乘法，它可使式中残差的二次方的和最小。需要说明的是，最小二乘法严格说来只适用于残

差（或随机误差）服从正态分布的情况，通常对于误差接近于正态分布规律的情况也可以使用。

### 2. 回归分析法

如果对每一个 $x_i$ 能够测出足够多（理论上为无穷多）个 $y_i$，并求出数学期望值 $M(y_i)$，则就消除了随机误差的影响。选取不同的 $x_i$ 并求出对应的 $M(y_i)$ 后，即可得出比较理想的曲线或关系式。用这种方式得到的曲线称为 $y$ 对 $x$ 的回归曲线。描述该曲线的方程称为回归方程。

在对应于每个 $x_i$ 只测一次或有限次 $y_i$ 的情况下，随机误差是不可避免的，这时应该用最小二乘法原理来估计回归方程中的参数，这样得到的参数只是依赖于样本的一种估计值，分析结果受到测量误差的影响。严格说来这样的回归方程应称为样本回归方程，在下面的讨论中，为简单起见，仍称之为回归方程。

根据一组测量数据求回归方程，应解决以下两个问题：

① 确定数学表达式（即回归方程）的类型；

② 确定数学表达式（即回归方程）中的参数和常数项 $c_1$，$c_2$，…，$c_n$ 的数值。

回归方程的类型一般要结合专业知识来选择，当从理论上不能确定函数应属何种类型时，可参考图 1.10 所示的常见曲线的函数形式来确定与实测结果相近的形式。当能同时用几

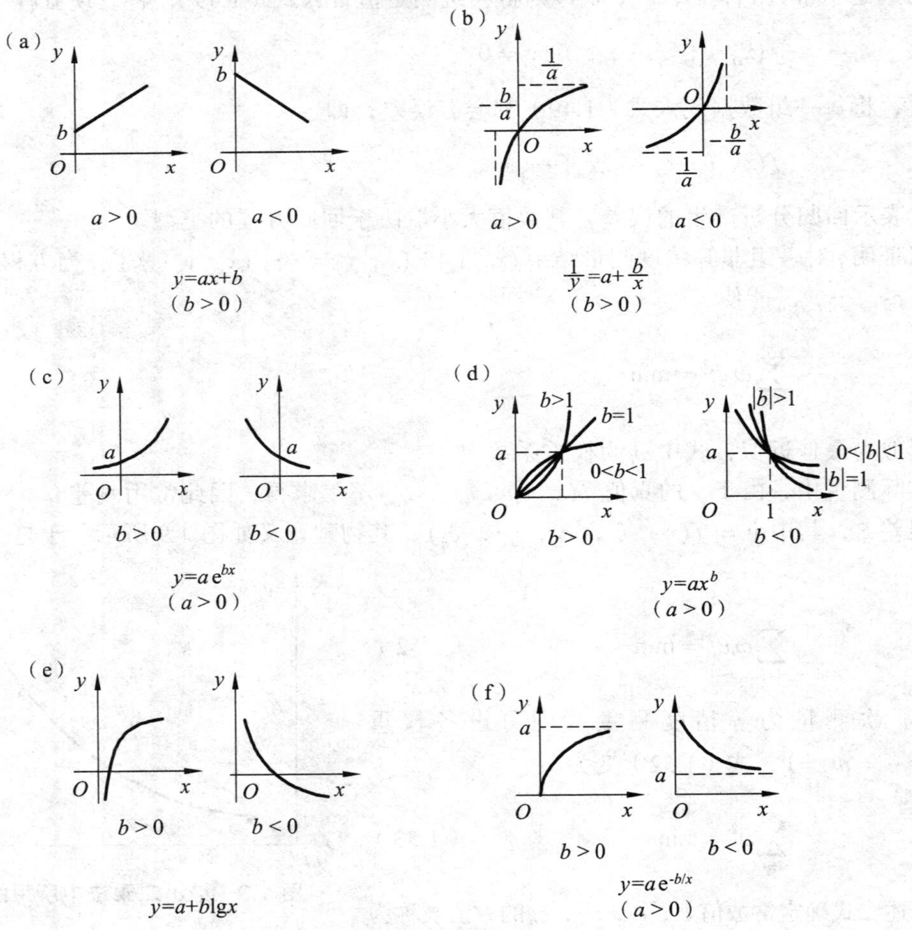


**图 1.10 几种常见曲线的函数形式**

种曲线来近似时，可比较各方法的残差，并取残差平方和最小的那种函数形式。如果找不到相近的函数关系式，可用幂级数的前 $n$ 次，即

$$y = a_0 + a_1 x + a_2 x^2 + \cdots + a_{n-1} x^{n-1} + a_n x^n$$

去逼近，只要在所讨论的范围内幂级数是收敛的，这种逼近则是允许的。

确定了回归方程形式之后，根据最小二乘法原理即可求出方程中各参数和常数的估计值；将各实测 $x$ 值代入回归方程，求出 $y$ 值，再令其与实测 $y$ 值之差的加权平方和为最小，即可解出各待定参数。对于等精度测量，只需满足

$$\sum_{i=1}^{n}[y_i - f(x_i,\ c_1,\ c_2,\cdots,\ c_n)]^2 = \min$$

解下面的联立方程就可求出回归方程中各待定参数 $c_1$，$c_2$，…，$c_n$

$$\left.\begin{aligned}
&\frac{\partial \sum_{i=1}^{n}[y_i - f(x_i,\ c_1,\ c_2,\cdots,\ c_n)]^2}{\partial c_1} = 0 \\
&\frac{\partial \sum_{i=1}^{n}[y_i - f(x_i,\ c_1,\ c_2,\cdots,\ c_n)]^2}{\partial c_2} = 0 \\
&\qquad\vdots \\
&\frac{\partial \sum_{i=1}^{n}[y_i - f(x_i,\ c_1,\ c_2,\cdots,\ c_n)]^2}{\partial c_n} = 0
\end{aligned}\right\} \tag{1.54}$$

（1.54）的方程式称为正规方程。

对于实践中大量存在的线性关系以及通过适当变换可转化为线性关系的情况，回归方程的类型为 $y = c_1 + c_2 x$，解此情况下的正规方程，得

$$\left.\begin{aligned}
c_2 &= \frac{n\cdot\sum x_i \cdot y_i - \sum x_i \cdot \sum y_i}{n\cdot \sum x_i^2 - \left(\sum x_i\right)^2} = \frac{\sum x_i y_i - n\overline{x}\cdot\overline{y}}{\sum x_i^2 - n(\overline{x})^2} \\
c_1 &= \left(\frac{\sum y_i}{n}\right) - \left(\frac{\sum x_i}{n}\right)\cdot c_2 = \overline{y} - \overline{x}\cdot c_2
\end{aligned}\right\} \tag{1.55}$$

式（1.55）是在求取线性方程参数 $c_1$、$c_2$ 估计值时常用的公式。

**例 1** 根据表 1.2 所列的实验数据，用回归分析法求 $x$ 与 $y$ 的近似关系式。

**表 1.2 例 1 的实验数据**

| $x$ | 1 | 3 | 8 | 10 | 13 | 15 | 17 | 20 |
|---|---|---|---|---|---|---|---|---|
| $y$ | 3.0 | 4.0 | 6.0 | 7.0 | 8.0 | 9.0 | 10.0 | 11.0 |

**解** 将实验数据标于图 1.11 上，从图中可看到 $y$ 与 $x$ 的关系近似于线性，选择回归方程类型为 $y = c_1 + c_2 x$。将测量数据代入式（1.55），得 $c_1 = 2.66$ 和 $c_2 = 0.422$，从而得到 $y$ 与 $x$ 的关系式为

$$y = 2.66 + 0.422x$$

对某些非线性关系，常可通过适当变化转换为线性关系，这样就可直接利用式（1.55）求出线性关系中的参数 $c_1$ 和 $c_2$，然后再经变换，即可找出原非线性关系的表达式。

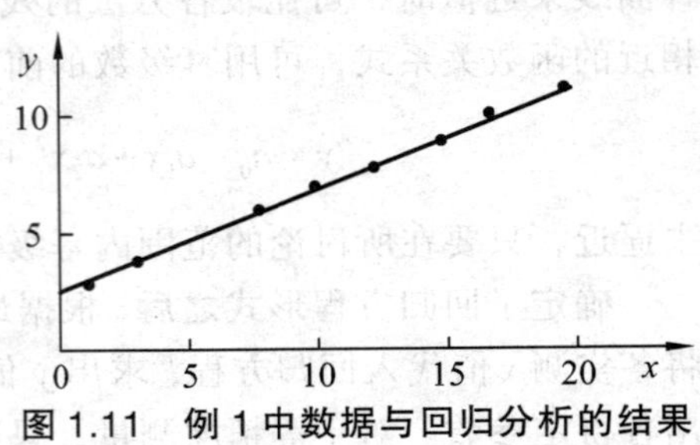

图 1.11　例 1 中数据与回归分析的结果

**例 2**　在不同温度下测量得到某晶体管的 $h_{fe}$ 值如表 1.3 所示，试用回归分析法求此晶体管 $h_{fe}$ 与温度 $t$ 的近似关系式。

表 1.3　例 2 的测量数据

| $t$（°C） | 0 | 30 | 60 | 90 | 120 |
|---|---|---|---|---|---|
| $h_{fe}$ | 20.0 | 28.0 | 37.5 | 51.0 | 68.0 |

**解**　将测量数据逐点标于图 1.12 中，发现 $h_{fe}$ 与 $t$ 有近似于指数的关系，因此选择回归方程类型为

$$h_{fe} = c_1 \cdot e^{c_2 t}$$

将上式两边取自然对数，得

$$\ln h_{fe} = \ln c_1 + c_2 \cdot t$$

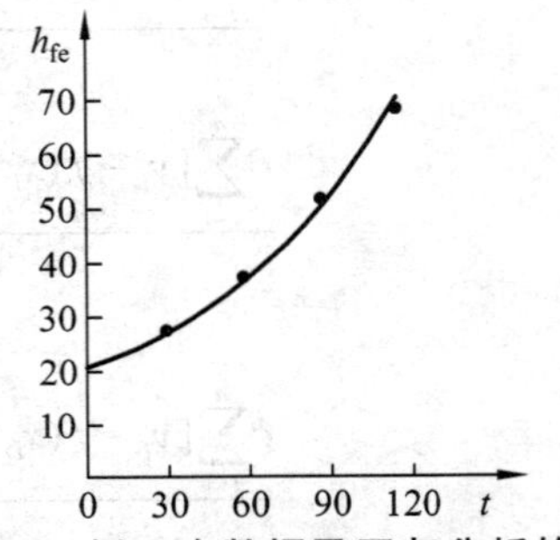

图 1.12　例 2 中数据及回归分析的结果

很明显，$\ln h_{fe}$ 与 $t$ 有线性关系，可用式（1.55）求得 $\ln c_1$ 与 $c_2$。根据题中给出的 $h_{fe}$ 值求出相应的 $\ln h_{fe}$ 值如表 1.4 所示。

表 1.4　例 2 的转换数据

| $h_{fe}$ | 20.0 | 28.0 | 37.5 | 51.0 | 68.0 |
|---|---|---|---|---|---|
| $\ln h_{fe}$ | 3.00 | 3.33 | 3.62 | 3.93 | 4.22 |

把表 1.4 中各数据代入式（1.55），有

$$c_2 = \frac{5 \cdot \sum t_i \cdot \ln h_{fei} - \sum t_i \cdot \sum \ln h_{fei}}{5 \cdot \sum t_i^2 - \left(\sum t_i\right)^2} = \frac{5 \times 1\ 177.2 - 300 \times 18.1}{5 \times 27\ 000 - 300^2} = 0.010\ 1$$

及
$$\ln c_1 = \frac{\sum \ln h_{fei}}{5} - \left(\sum \frac{t_i}{5}\right) \cdot c_2 = 3.62 - 0.606 = 3.014$$

得
$$c_1 = 20.37$$

因此，用回归分析法求得的近似关系式为

$$h_{fe} = 20.37 e^{0.010\ 1t}$$

将此分析结果得到的关系画于图 1.12 中，可看到它很好地逼近了原测量数据。

对图 1.10 中其余几种非线性的回归方程，一般也应像例 2 那样将其转换为线性关系，然后可直接利用式（1.55）求解。例如，对幂函数 $y=ax^b$，可通过取对数变为 $\lg y=\lg a+b\lg x$，令 $y'=\lg y$ 及 $x'=\lg x$，则 $y'$ 与 $x'$ 之间为线性关系 $y'=\lg a+bx'$。又如，对双曲线函数关系 $\frac{1}{y}=a+\frac{b}{x}$，可令 $y'=\frac{1}{y}$ 及 $x'=\frac{1}{x}$，则有线性关系 $y'=a+bx'$。

将非线性关系变换为线性关系还有一个优点：如经变换后发现 $y'$ 与 $x'$ 有明显的非线性，则说明回归方程形式选择不当，应另行选择。另一个需引起注意的问题是，在把非线性关系转换为线性关系时，用最小二乘法原理给出的回归分析结果仅仅是变换后数据 $y'$ 的加权残差平方和为最小，如例 2 中是 $\ln h_{fe}$ 的残差平方和最小，严格说来，这并不能保证 $y$ 的残差平方和最小，但一般二者相差不大，用此类变换方法通常能给出满意的结果。

回归分析法对于测量数据的分析整理和寻求各物理量之间的内在联系及经验公式，以及通过实验确定某些物理常数等，都是非常有用的方法。随着计算机的普遍应用，回归分析中计算比较繁冗的缺点就显得不那么突出了。由于计算机可根据求出的回归方程由一个相关量迅速给出另一个相关量的估计值，以及配合打印机后可直接给出回归方程的曲线，所以结合计算机的回归分析法得到了广泛应用。

对于并不要求将相关量之间的关系用数学关系式表示，而只需画出大致关系曲线时，就可根据测量数据直接画图。此时应该注意的问题是，由于测量误差的存在，不应把各数据连成折线，也不应画出一个弯曲过多的曲线来通过各点，而应该以随机误差规律为指导，画出一条具有平均效果的平滑连续曲线。在此曲线经过的地方应尽量使所有的数据点相接近，且在分段连接点处不应有斜率的突然变化。

当数据分散程度较大时，徒手描绘拟合曲线较困难，此时应该采用分组平均作图法。具体做法是：按横坐标将测量数据每 2 ~ 4 个数据一组分为 $m$ 组，求出各组数据几何重心的坐标 $(\overline{x}_1, \overline{y}_1)$, $(\overline{x}_2, \overline{y}_2)$, …, $(\overline{x}_m, \overline{y}_m)$，然后根据这 $m$ 个几何重心坐标绘图，这样可削弱随机误差的影响，并使绘图变得容易些。图 1.13（a）是 20 个原始测量结果的分布情况，而图 1.13（b）是用分组平均法（分组为 6 组）绘出的图形。

从减小随机误差影响的角度出发，尚有其他方法可用于测量数据的绘图过程，其具体方法的选择需考虑准确度的要求及计算能力等因素。

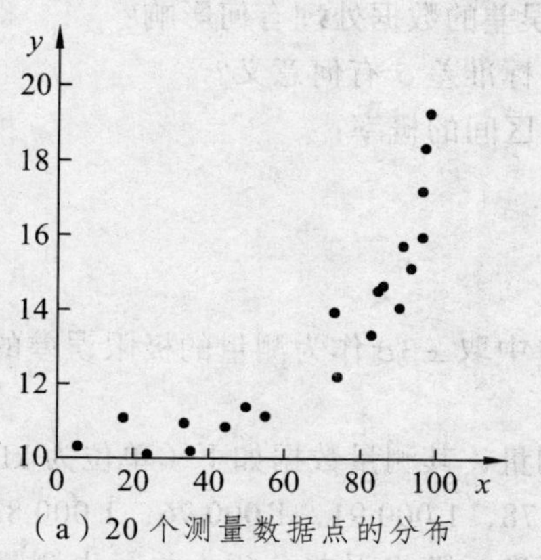

（a）20 个测量数据点的分布

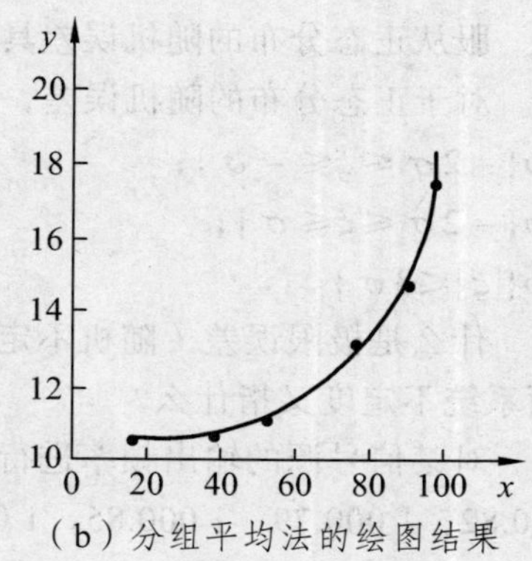

（b）分组平均法的绘图结果

图 1.13　分组平均绘图法

# 习 题 一

1.1 什么是测量？测量结果包含哪些内容？

1.2 什么是真值？测量中能否获得真值？为什么？

1.3 简述测量误差的来源、分类及其常用表示方法。

1.4 QS18A 型交流电桥测量电感的技术指标如下：

100 μH ~ 1.1 H 量程挡：±1%（示值）±0.001 H；

1 H ~ 11 H 量程挡：±2%（示值）±0.1%（满度值）。

① 若被测电感值分别为 0.1H、1H、2H、10H，试求它们的绝对误差和相对误差；

② 根据计算结果，对测量作出评价。

1.5 区别“误差”与“修正值”两个概念，指出它们在测量中的意义。

1.6 用内阻为 $R_V$ 的电压表测量题 1.6 图所示电路中 $A$、$B$ 两点间的电压 $U_{AB}$。设 $R_1=\frac{1}{2}R_2$，$R_2=R_V$，在忽略电压表的等级误差的条件下：

① 测量的相对真误差和示值相对误差各为多少？

② 说明产生误差的原因及误差的性质。

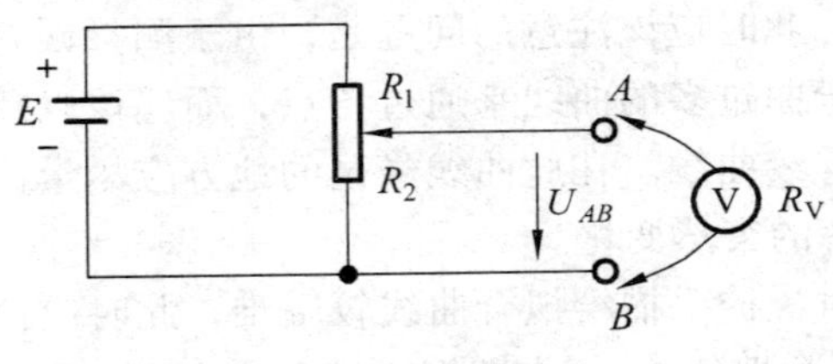


题 1.6 图

1.7 欲测量 10 V 左右的电压，现有两只表，其中一只表量程为 150 V，0.5 级；另一只表量程为 15 V，2.5 级，问选哪一只表测量更合适？

1.8 什么是测量的系统误差和随机误差？它们与正确度、精密度、准确度各有什么关系？

1.9 恒系差和变系差有什么不同？它们对随机误差的数据处理有何影响？

1.10 服从正态分布的随机误差具有什么特点？标准差 $\sigma$ 有何意义？

1.11 对于正态分布的随机误差，求出下列所给区间的概率：

① $p\{-2\sigma\leqslant\xi\leqslant-\sigma\}$；

② $p\{-2\sigma\leqslant\xi\leqslant\sigma\}$；

③ $p\{|\xi|\leqslant3\sigma\}$。

1.12 什么是极限误差（随机不定度）？在测量中取 $\pm3\sigma$ 作为测量的极限误差的条件是什么？而系统不定度又指什么？

1.13 对某信号源的输出频率进行 8 次等精度测量，其测量数据如下（单位为 kHz）：

1 000.82，1 000.79，1 000.85，1 000.84，1 000.78，1 000.91，1 000.76，1 000.82

设系统误差已消除且测量数据正态分布，试对数据进行随机误差分析，并写出测量结果报道式。

1.14 对某电压在等精度条件下进行多次测量，得平均值为 10 V，标准误差为 0.01 V。若测量值正态分布且含有 0.2 V 的恒系差，问消除系差后的值在 9.78 ~ 9.81 V 的概率有多大？

1.15 对某电阻进行 10 次等精度测量所得的值（单位 kΩ）为：

99.32，99.34，99.35，99.33，99.31，99.32，99.35，99.33，99.33，99.34

① 用马利科夫及阿卑-赫梅特判据判别是否存在变系差；

② 用莱特准则判别是否有“坏值”。

1.16 在某次测量中，对实际值为 102 Ω 电阻的测量值为 100 Ω，且测量值在 100 Ω 附近的标准差为 0.5 Ω。若将 6 个这样的电阻（测量值为 100 Ω）串联，问总电阻的确定性系差和标准差各是多少？

1.17 用两种方法测量由 $U_1$ 与 $U_2$ 反向串联的输出电压 $U_{ab}$，如题 1.17 图所示。若图（a）采用量程为 100 V、0.2 级的电压表测量，得 $U_1 = 98$ V、$U_2 = 93.8$ V；图（b）采用量程为 5 V、0.5 级的电压表测量，得结果为 3.8 V。试求两种方法测 $U_{ab}$ 的最大绝对误差和最大相对误差。

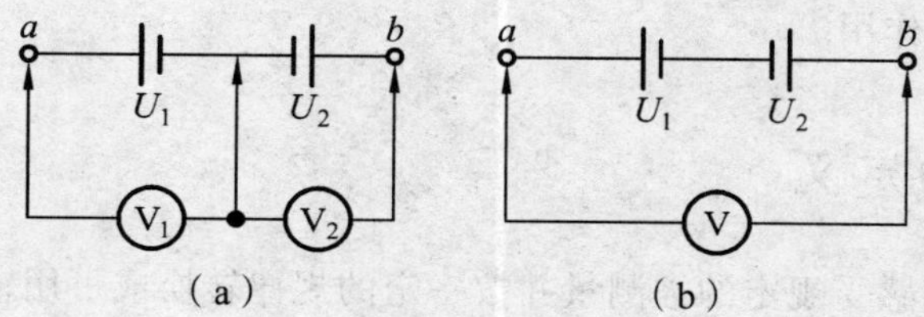


**题 1.17 图**

1.18 已测定两个电阻：$R_1 = (10.0 \pm 0.1)\ \Omega$，$R_2 = 1\,000\ (1 \pm 1\%)\ \Omega$。试求两个电阻串联及并联的相对误差，并讨论串、并联时哪个电阻对总电阻的误差影响大？

1.19 电流通过电阻，其发热的关系式为 $Q = 0.24I^2Rt$。已知 $\gamma_I = \pm 1\%$、$\gamma_R = \pm 1\%$、$\gamma_t = \pm 0.5\%$，求测量值 $Q$ 的误差。

1.20 $RC$ 文氏电桥振荡电路的振荡频率为 $f = \dfrac{1}{2\pi RC}$。由于 $R$、$C$ 的稳定性不好，其相对误差表示的系统不定度为 $\Phi_R = \dfrac{\Delta R}{R} = \pm 5 \times 10^{-5}$，$\Phi_C = \dfrac{\Delta C}{C} = \pm 1 \times 10^{-5}$。试用绝对值合成和均方根合成的方法求测量频率 $f$ 的系统不定度 $\Phi_f$。

1.21 对下列数字进行四舍五入处理，保留三位有效数字：

54.79，86.372 4，500.028，21 000，0.003 125，3.175，43.52

# 第二章 传感器及应用

## 第一节 概 述

传感器技术与通信技术、计算机技术构成了信息技术的三大支柱，它们分别构成了信息技术系统的“感官”、“神经”和“大脑”，是现代信息系统和各种装备不可缺少的信息采集手段，也是采用微电子技术改造传统产业的重要方法，对提高经济效益、科学研究与生产技术的水平有着举足轻重的作用。

### 一、传感器的定义

传感器是一种能够感受规定的被测量并按一定的规律转换成可用输出信号的测量装置。换句话说，能把被测非电量（物理量、化学量、生物量等）信息转换为电信号输出的装置称为传感器。

传感器是一个测量装置，通过感受外界信息，并将信息转换成易于传输和处理的电信息。在某些学科领域也称为变换器、换能器、转换器、变送器、发送器等。

### 二、传感器的组成

传感器一般由敏感元件、转换元件及测量电路和辅助电源组成，如图 2.1 所示。

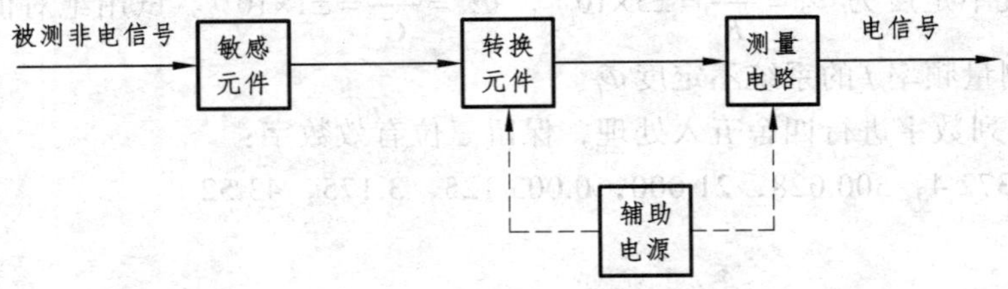


图 2.1　传感器组成框图

① 敏感元件　直接感受被测量的变化，输出与被测量成确定关系的某一物理量。

② 转换元件　将敏感元件输出的物理量转换成适于传输或测量的电信号。

③ 测量电路　又称信号调节与转换电路。它将转换元件输出的电信号进行转换和处理，如放大、滤波、线性化、补偿等，以便于显示、记录、处理和控制。常用的测量电路有电桥、变阻器、振荡器、放大器等。

④ 辅助电源　为转换元件和测量电路提供电源（有些传感器不具备）。

## 三、传感器的分类

传感器的分类方法有很多，归纳起来一般有以下几种。

① 按工作机理分，有物理型、化学型、生物型传感器等。

② 按被测量性质（或输入量）分，有位移传感器、速度传感器、力传感器、温度传感器、湿度传感器等。

③ 按结构分，有结构型、物理型和复合型传感器。

结构型传感器是依靠传感器结构参数的变化，如形状、尺寸等，利用某些物理规律，包括力场的运动定律、电磁场的电磁定律等，实现信号的变换，从而检测出被测量。这类传感器的性能与它的结构材料没有多大关系。

物理型传感器是利用物质定律构成的，性能随材料的不同而异。如热电偶传感器是利用金属导体材料的温差电动势效应和不同金属导体间的接触电动势效应实现对温度的测量。

复合型传感器是结构型传感器和物理型传感器的组合，同时具备二者的特征。

④ 按能量转换关系分，有能量控制型和能量转换型传感器。

能量控制型传感器是指在信息变换过程中，由外部电源供给能量，如电阻、电感、电容等电参数传感器，以及霍尔传感器等。

能量转换型（又叫发电型）传感器，主要由能量变换元件构成，不需要外电源。如基于压电效应、热电效应、光电效应等的传感器都属于此类传感器。

# 第二节 电阻传感器及应用

电阻传感器，按工作原理分有电位计式、热电阻式、电阻应变式等。

电阻应变式传感器是通过将被测量（如力、位移、加速度等）转换成电阻变化的传感器，具有测量精度高、灵敏度高、结构简单、体积小、使用方便等优点，应用广泛。电阻应变式分金属电阻应变式和半导体应变式两类，后者具有灵敏度系数高（为金属应变片的几十倍）、频率响应宽、横向效应小、体积小等优点，但也存在温度稳定性差、大应变时非线性的缺点。下面介绍金属电阻应变片及其应用。

## 一、金属电阻应变片的结构与工作原理

### 1. 金属电阻应变片的工作原理

金属导体在外力作用下发生机械变形时，其电阻值也随之发生变化的现象，称为电阻应变效应。

如图 2.2 所示，一根长为 $l$、截面面积为 $A$ 的金属电阻丝，在其未受力时，原始电阻值为

$$R=\rho\frac{l}{A} \tag{2.1}$$

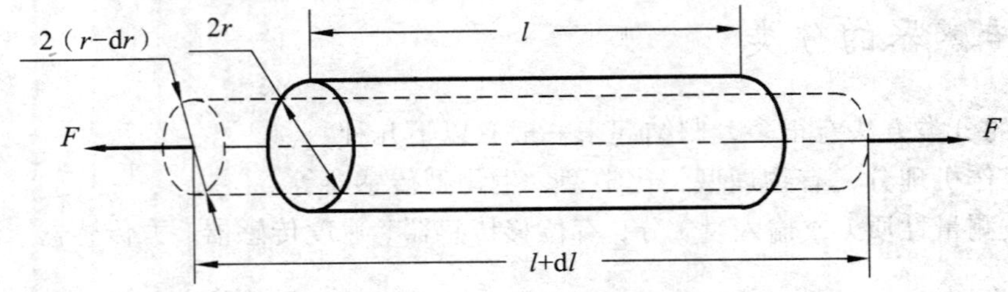


**图 2.2 导体受拉伸后的参数变化**

当电阻丝受到拉力 $F$ 作用时，电阻丝会发生变形，长度将伸长 $\mathrm{d}l$，横截面面积相应减小 $\mathrm{d}A$，电阻率变化 $\mathrm{d}\rho$，从而引起电阻值相对变化量为

$$\frac{\mathrm{d}R}{R}=\frac{\mathrm{d}l}{l}-\frac{\mathrm{d}A}{A}+\frac{\mathrm{d}\rho}{\rho} \tag{2.2}$$

式中，$\frac{\mathrm{d}A}{A}=\frac{2\pi r\mathrm{d}r}{\pi r^2}=\frac{2\mathrm{d}r}{r}$。其中 $\frac{\mathrm{d}R}{R}$ 为金属电阻应变片的电阻值相对变化量；$\frac{\mathrm{d}l}{l}=\varepsilon$ 为金属电阻应变片的长度相对变化量，即轴向（纵向）应变，简称应变；$\frac{\mathrm{d}r}{r}$ 为金属电阻应变片的半径相对变化量，即径向（横向）应变；$\frac{\mathrm{d}\rho}{\rho}$ 为金属电阻应变片的电阻率相对变化量。

当电阻丝轴向伸长时，必然沿径向缩小，两者之间的关系为

$$\frac{\mathrm{d}r}{r}=-\mu\frac{\mathrm{d}l}{l}=-\mu s \tag{2.3}$$

式中，$\mu$ 为电阻丝材料的泊松比，金属材料为 0.3 ~ 0.5。

则金属电阻应变片的电阻值相对变化量为

$$\frac{\mathrm{d}R}{R}=\varepsilon+2\mu\varepsilon+\frac{\mathrm{d}\rho}{\rho}=\left(1+2\mu+\frac{\mathrm{d}\rho/\rho}{\varepsilon}\right)\varepsilon=K_0\varepsilon \tag{2.4}$$

式中，$K_0$ 为电阻丝的应变灵敏度系数，是单位应变所引起的电阻值相对变化。影响 $K_0$ 的因素：材料几何尺寸变化，即 $1+2\mu$；材料电阻率变化，即 $\frac{\mathrm{d}\rho/\rho}{\varepsilon}$。大量实验证明，在弹性极限内，灵敏度系数 $K_0$ 为常数，一般为 1.6 ~ 3.6。

### 2. 金属电阻应变片的结构

金属电阻应变片可以分为丝式应变片、箔式应变片和薄膜式应变片三种类型。

（1）金属丝式应变片

金属丝式应变片的结构如图 2.3 所示。

金属丝式应变片由敏感栅、基底、覆盖层、引线等组成。其中，敏感栅是应变片的最主要部分，它是应变片中实现“应变/电阻”转换的传感元件，一般采用的栅丝直径为 0.015 ~ 0.05 mm。图中，$L$ 为栅长，$b$ 为栅宽。基底固定敏感栅及引线的几何形状和相对位置，并准确地将试件应变传递到敏感栅，因此基底厚度要求较薄，一般为 0.02 ~ 0.4 mm。覆盖层起着防潮、防尘、防蚀、防损等作用，以保护敏感栅。引线与敏感栅输出端焊接，常用直径为 0.1 ~

0.15 mm 的镀锡铜线。黏结剂将敏感栅、基底及覆盖层黏结在一起，在使用应变片时也采用黏结剂将应变片与被测件黏牢。

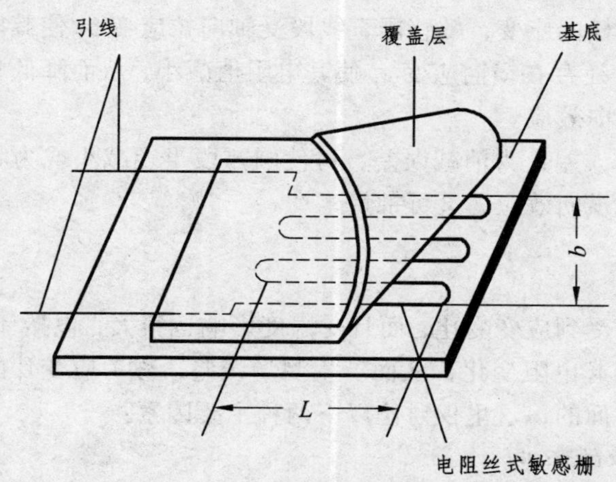


**图 2.3　金属丝式应变片的基本结构**

（2）金属箔式应变片

如图 2.4 所示，金属箔式应变片是用栅状金属箔片代替栅状金属丝。金属箔片通过照相制版或光刻腐蚀技术制作加工在一块绝缘基底上，厚度只有 0.01 ~ 0.1 mm。与金属丝式应变片相比，金属箔式应变片具有横向效应小、散热性好、允许电流大、灵敏度高、寿命长、便于批量生产等优点。

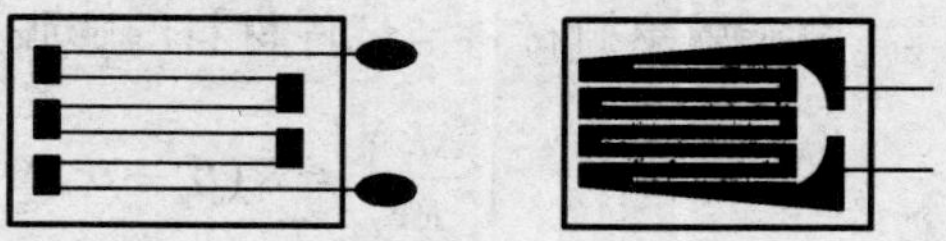

**图 2.4　金属箔式应变片**

（3）金属薄膜式应变片

金属薄膜式应变片采用真空蒸镀、沉淀或溅射的方法，将金属敏感材料直接镀制在弹性基片上，加上保护盖板和引线构成金属薄膜式应变片。金属薄膜式应变片具有灵敏度系数高、允许通过电流密度大、可靠性高、工作适应范围广、成本低等优点，是一种很有前途的新型电阻应变片。

## 二、电阻应变片的特性

### 1. 灵敏系数

金属应变丝的电阻相对变化与它所感受的应变之间具有线性关系，用灵敏系数 $K_0$ 表示。当金属丝做成应变片后，实验表明，金属应变片的电阻相对变化与应变 $\varepsilon$ 在很大范围内仍然为线性关系，即

$$\frac{\mathrm{d}R}{R}=K\varepsilon \tag{2.5}$$

式中，$K$ 为应变片的灵敏系数。必须指出，应变片的灵敏系数 $K$ 小于电阻丝的灵敏系数 $K_0$。原因是在单向应力产生应变时，$K$ 除受到敏感栅结构形状、成型工艺、黏结剂和基底性能的影响外，还受到敏感栅圆弧部分横向效应的影响。

### 2. 横向效应

金属应变片敏感栅由直线段及两端的半圆弧组成。测试应变时，粘贴在试件表面的应变片同时承受轴向应变和横向应变，敏感栅直线段受轴向拉应变 $\varepsilon_X$ 使其电阻值增加，而半圆弧段除轴向拉应变 $\varepsilon_X$ 外，还存在横向应变 $\varepsilon_Y$ 使其电阻值减小，从而降低整个电阻应变片的灵敏度。这就是应变片的横向效应。

横向效应导致测量误差，为消减误差，可使圆弧段半径减小或为零。实际中，通常采用箔式应变片，既可消除横向效应，又可批量生产。

### 3. 温度效应

应变片的阻值不仅受到应变变化，而且受温度影响也很大，包括环境温度和测试件温度。应变片由于温度变化引起电阻变化，从而产生测量误差，称为应变片的温度效应。温度对电阻应变片的影响是多方面的，这里仅讨论以下两种主要因素：

（1）电阻温度系数的影响

应变片敏感栅材料的电阻温度系数 $\alpha_t$，当环境温度变化 $\Delta t$，则应变片电阻相对变化为

$$\left(\frac{\Delta R}{R}\right)_1 = \alpha_t \Delta t \tag{2.6}$$

（2）敏感栅材料与试件材料的膨胀系数的影响

由于敏感栅材料与试件材料的膨胀系数不同，当环境温度变化 $\Delta t$ 时，引起电阻相对变化

$$\left(\frac{\Delta R}{R}\right)_2 = K(\beta_{\mathrm{g}} - \beta_{\mathrm{s}})\Delta t \tag{2.7}$$

式中，$K$ 为应变片灵敏系数，$\beta_{\mathrm{g}}$ 与 $\beta_{\mathrm{s}}$ 分别为试件材料膨胀系数和敏感栅材料膨胀系数。

结合以上两种因素，可得由于环境温度变化引起的总的电阻相对变化为

$$\frac{\Delta R}{R} = \left(\frac{\Delta R}{R}\right)_1 + \left(\frac{\Delta R}{R}\right)_2 = \alpha_t \Delta t + K(\beta_{\mathrm{g}} - \beta_{\mathrm{s}})\Delta t \tag{2.8}$$

相应的，由温度变化引起的总的附加应变为

$$\varepsilon_{\mathrm{t}} = \frac{\Delta R}{R} \Big/ K = \frac{\alpha_t}{K}\Delta t + (\beta_{\mathrm{g}} - \beta_{\mathrm{s}})\Delta t \tag{2.9}$$

如要消除此项误差，则需采取一定的温度补偿措施。

## 三、测量电路

金属应变片把应变转换为电阻的变化，还需测量电路把电阻的变化转换为电压或电流的变化，以方便显示与记录，通常有直流电桥和交流电桥两种。下面仅对直流电桥进行介绍。

### 1. 直流电桥测量电路

基本直流电桥电路如图 2.5（a）所示。电桥输出电压（直流电桥可参见第四章）：

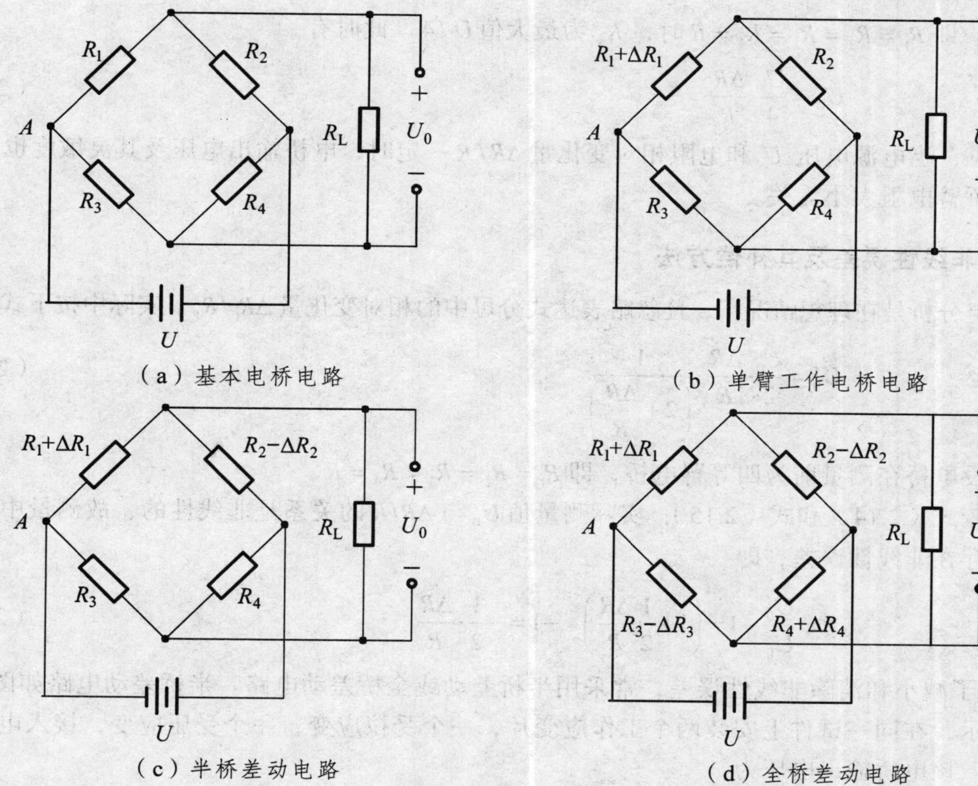


（a）基本电桥电路

（b）单臂工作电桥电路

（c）半桥差动电路

（d）全桥差动电路

**图 2.5 直流电桥**

$$U_0 = U\left(\frac{R_1}{R_1+R_2}-\frac{R_3}{R_3+R_4}\right) \tag{2.10}$$

测量电路如图 2.5（b）所示，第一桥臂 $R_1$ 为应变片，承受应变时产生 $\Delta R_1$ 的电阻变化，其他桥臂电阻固定不变，电桥输出电压为

$$U_0 = U\left(\frac{R_1+\Delta R_1}{R_1+\Delta R_1+R_2}-\frac{R_3}{R_3+R_4}\right)=\frac{U\left(\dfrac{\Delta R_1}{R_1}\cdot\dfrac{R_4}{R_3}\right)}{\left(1+\dfrac{\Delta R_1}{R_1}+\dfrac{R_2}{R_1}\right)\left(1+\dfrac{R_4}{R_3}\right)} \tag{2.11}$$

设 $n=R_2/R_1=R_4/R_3$，略去分母中的 $\Delta R_1/R_1$，则有

$$U_0 \approx U\cdot\frac{n}{(1+n)^2}\cdot\frac{\Delta R_1}{R_1} \tag{2.12}$$

上式中，定义单臂工作电桥电压灵敏度 $K_v$ 为

$$K_v = \frac{U_0}{\dfrac{\Delta R_1}{R_1}} = \frac{nU}{(1+n)^2} \tag{2.13}$$

式（2.13）说明，电桥电压灵敏度正比于电桥供电电压，电桥电压越高，电压灵敏度越高，但电桥电压的提高受到应变片允许功耗的限制。同时电桥电压灵敏度是桥臂电阻比 $n$ 的函数，

当$n=1$，即$R_1=R_2=R_3=R_4=R$时，$K_v$为最大值$U/4$，此时有

$$U_0=\frac{U}{4}\cdot\frac{\Delta R}{R} \tag{2.14}$$

可见，当电源电压 $U$ 和电阻相对变化量$\Delta R/R$一定时，电桥输出电压及其灵敏度也是定值，与桥臂电阻大小无关。

### 2. 非线性误差及其补偿方法

以上分析是在理想情况下，且忽略表达式分母中的相对变化量$\Delta R_1/R_1$。实际中按下式计算

$$U_0'=\frac{U}{2}\cdot\frac{\Delta R}{R}\cdot\frac{1}{\left(2+\frac{\Delta R}{R}\right)} \tag{2.15}$$

其中假设电桥在测量前为四等臂电桥，即$R_1=R_2=R_3=R_4=R$。

比较式（2.14）和式（2.15），实际测量值$U_0'$与$\Delta R/R$的关系是非线性的，故测量中不可避免会存在非线性误差，即

$$\gamma=\frac{U_0'}{U_0}-1=\left(1+\frac{1}{2}\frac{\Delta R}{R}\right)^{-1}-1=-\frac{1}{2}\cdot\frac{\Delta R}{R} \tag{2.16}$$

为了减小和消除非线性误差，常采用半桥差动或全桥差动电路。半桥差动电路如图 2.5（c）所示，在同一试件上安装两个工作应变片，一个受拉应变，一个受压应变，接入电桥相邻桥臂。该电桥输出电压为

$$U_0=U\left(\frac{R_1+\Delta R_1}{R_1+\Delta R_1+R_2-\Delta R_2}-\frac{R_3}{R_3+R_4}\right) \tag{2.17}$$

若$\Delta R_1=\Delta R_2$，$R_1=R_2=R$，$R_3=R_4=R$，则

$$U_0=\frac{U}{2}\cdot\frac{\Delta R}{R} \tag{2.18}$$

可见，$U_0$与$\Delta R/R$呈线性关系。半桥差动电路无非线性误差，电压灵敏度$K_v$为$U/2$，是单臂工作电桥电路的 2 倍。此电路还具有温度补偿作用。

全桥差动电路如图 2.5（d）所示。在同一试件上安装四个工作应变片，两片受拉应变，两片受压应变，将两个应变符号相同的应变片接在相对桥臂上。若同样采用等臂电桥，且$\Delta R_1=\Delta R_2=\Delta R_2=\Delta R_3=\Delta R$，则输出电压为

$$U_0=U\frac{\Delta R}{R} \tag{2.19}$$

可见，全桥差动电路无非线性误差，输出电压灵敏度是单臂工作电桥电路的 4 倍，是半桥差动电路的 2 倍。

## 四、电阻应变式传感器的应用

### 1. 应变式力传感器

被测物理量为荷重或力的应变式传感器统称为应变式力传感器，主要有柱式、梁式、环

式、框式等，下面介绍柱式和梁式力传感器。

（1）柱（筒）式力传感器

柱式力传感器是称重（或测力）传感器应用较普遍的一种形式，分为柱式和筒式两种，如图 2.6（a）、（b）所示。应变片对称地贴在应力均匀的圆柱表面的中间部分，可对称地贴多片。贴片在圆柱面上的位置及其在桥路中的连接如图 2.6（c）和（d）所示。

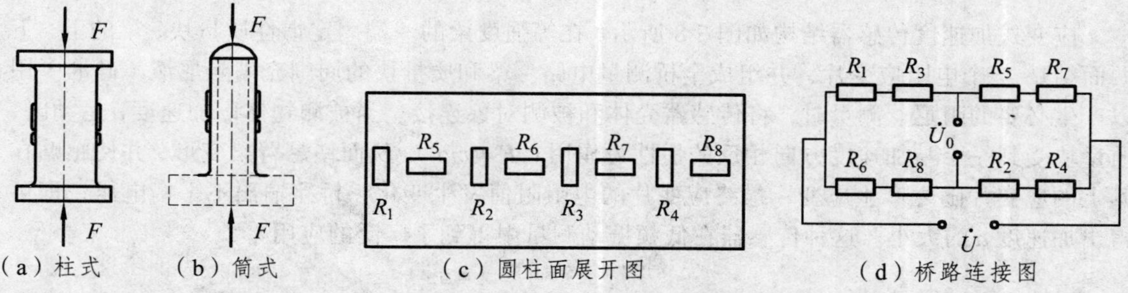


图 2.6 圆柱（筒）式应变力传感器

在外力 $F$ 作用下产生的轴向应变为

$$\varepsilon = \frac{\Delta l}{l} = \frac{F}{SE} \tag{2.20}$$

式中，$S$ 为圆柱的横截面面积，$E$ 为弹性元件的弹性模量。

（2）梁式力传感器

梁式力传感器有等截面悬臂梁应变式力传感器、等强度悬臂梁应变式力传感器、双端固定梁应变式力传感器等。如图 2.7（a）所示为双端固定梁应变式力传感器。梁的两端固定，中间加载荷，应变片粘贴在中间位置，并按图 2.7（b）接成全桥测量电路。

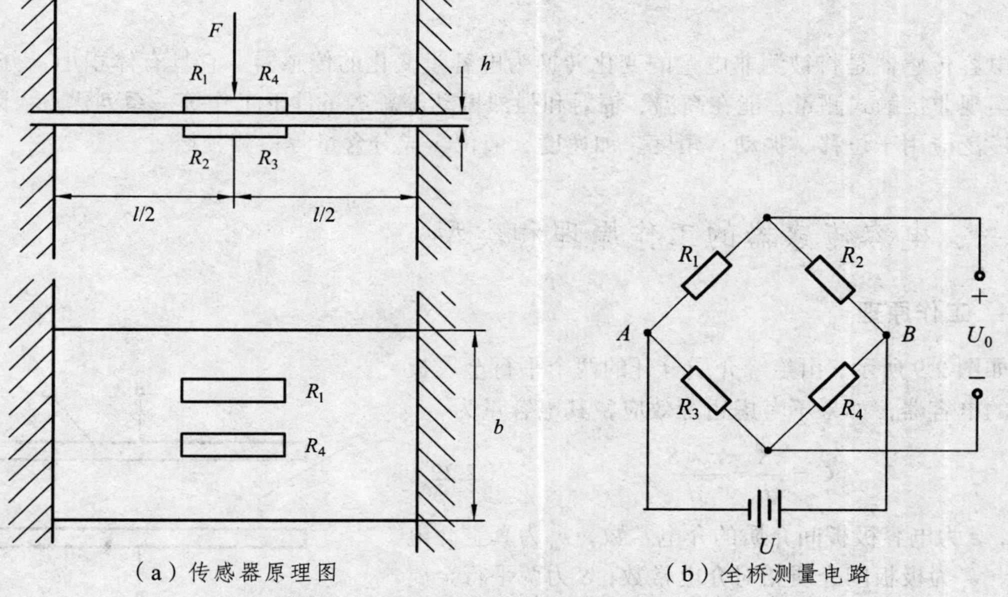


图 2.7 双端固定梁应变式力传感器

双端固定梁的应变为

$$\varepsilon=\frac{3lF}{4bh^2E} \tag{2.21}$$

### 2. 应变式加速度传感器

应变式加速度传感器结构如图 2.8 所示。在等强度梁的一端固定惯性质量块，梁的上、下两面粘贴 4 个电阻应变片，并组成全桥测量电路。梁和质量块的周围充满阻尼液（硅油）用以产生必要的阻尼。测量时，将传感器壳体和被测对象连接。当被测物体以加速度 $a$ 运动时，质量块受到一个与加速度方向相反的惯性力作用（$F=ma$），从而使悬臂梁变形，并使粘贴在其上的应变片随之产生应变，最终应变片的电阻阻值发生变化，桥路输出不平衡电压，即可得出加速度 $a$ 的大小。这种传感器在低频振动测量中得到了广泛的应用。

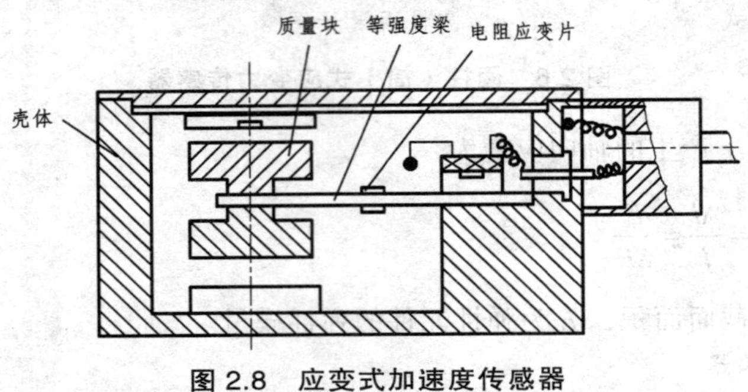


图 2.8 应变式加速度传感器

## 第三节 电容传感器及应用

电容传感器是将被测非电量的变化转换为电容量变化的传感器。它具有体积小、分辨率高、实现非接触式测量，能在高温、辐射和强烈振动等恶劣条件下工作等一系列优点。因此，它被广泛应用于位移、振动、角度、加速度、液位、成分含量等检测领域。

### 一、电容传感器的工作原理和类型

#### 1. 工作原理

如图 2.9 所示，由绝缘介质分开的两个平行金属板组成的电容器，如果不考虑边缘效应，其电容量为

$$C=\frac{\varepsilon S}{d}=\frac{\varepsilon_0\varepsilon_r S}{d} \tag{2.22}$$

式中，$\varepsilon$ 为电容极板间介质的介电常数，$\varepsilon_0$ 为真空介电常数，$\varepsilon_r$ 为极板间介质相对介电常数；$S$ 为两平行金属板所覆盖的面积；$d$ 为两平行金属板间的距离。

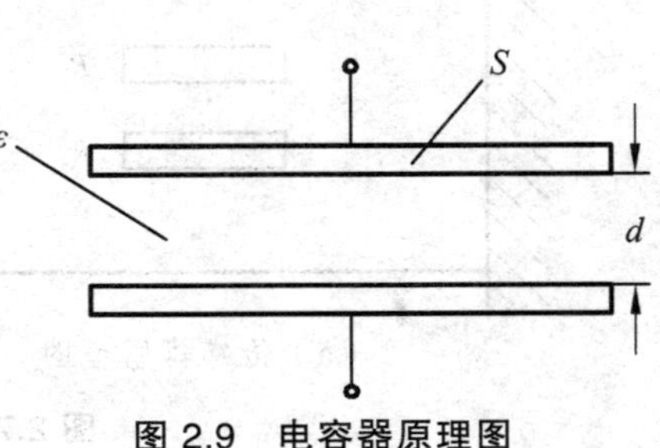


图 2.9 电容器原理图

由上式可知，当 $d$、$S$ 和 $\varepsilon$ 中任一个参数发生变化时，电容量 $C$ 都随之改变，从而完成由被测量到电容量的转换。因此电容式传感器可分为变极距型、变面积型、变介质型三种类型。

## 2. 结构类型

（1）变极距型电容传感器

变极距型电容传感器原理如图 2.10 所示。它有一个固定极板和可动极板，而 $\varepsilon$ 和 $S$ 为常数，当动极板因测量移动时，极板间距离 $d$ 变化。设极距由初始值 $d_0$ 减小了 $\Delta d$，电容量由初始值 $C_0$ 变化了 $\Delta C$，则有

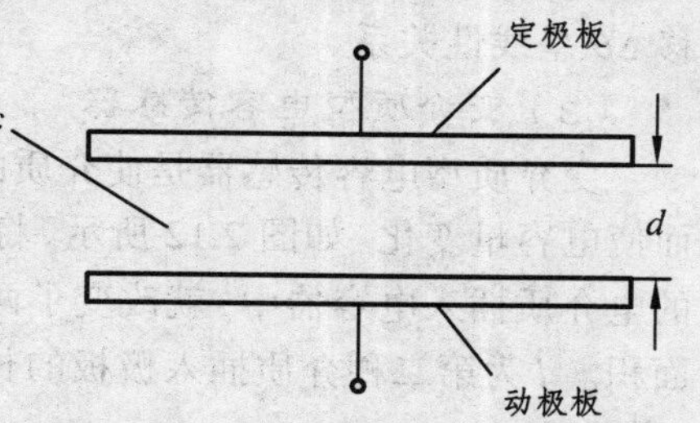


图 2.10　变极距型电容传感器原理图

$$C = C_0 + \Delta C = \frac{\varepsilon S}{d_0 - \Delta d} = \frac{C_0}{1 - \dfrac{\Delta d}{d_0}} = \frac{C_0\left(1 + \dfrac{\Delta d}{d_0}\right)}{1 - \left(\dfrac{\Delta d}{d_0}\right)^2} \tag{2.23}$$

可以看出，只有在 $\Delta d / d_0 << 1$ 时，电容量 $C$ 才与极距变化量 $\Delta d$ 近似呈线性关系，即变极距型电容传感器在小测量范围内才有近似的线性输出。初始极距 $d_0$ 越小，灵敏度越高，但极距过小会增加非线性误差，并且容易引起电容器击穿或短路。

（2）变面积型电容传感器

图 2.11（a）所示为线位移式平板电容传感器原理图。$b$ 为极板宽度，$l$ 为极板长度，$\Delta l$ 为极板水平位移。当被测量变化导致动极板移动，引起两极板间覆盖面积 $S$ 的变化，从而导致电容量变化。当两极板覆盖面积 $S$ 减小时，忽略边缘效应，其电容量变化为

$$\Delta C = C_0 - C = \frac{\varepsilon bl}{d} - \frac{\varepsilon b(l - \Delta l)}{d} = \frac{\varepsilon b \Delta l}{d} \tag{2.24}$$

由式（2.24）可见，电容变化量 $\Delta C$ 与水平位移距离 $\Delta l$ 呈线性关系。减小极距 $d$，或增大极板宽度 $b$ 可提高灵敏度。

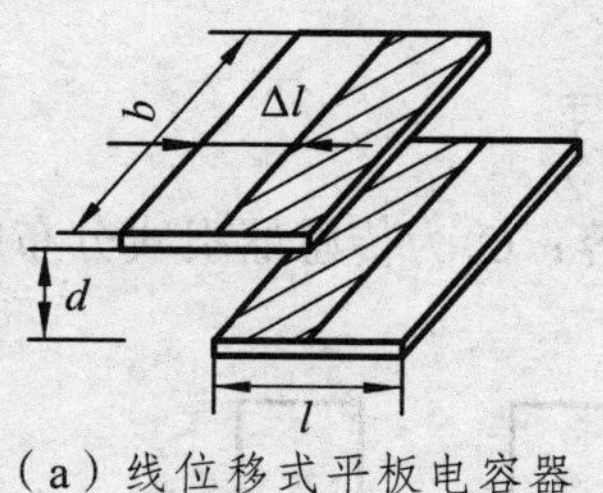


（a）线位移式平板电容器

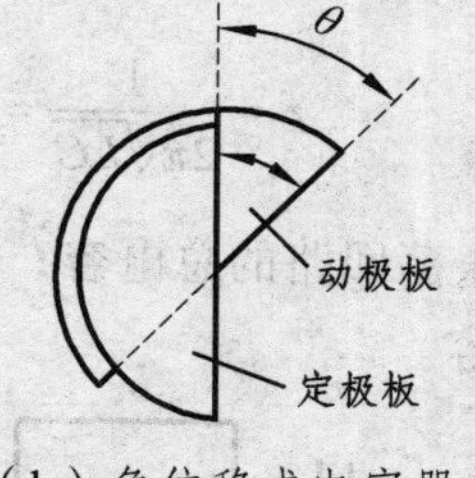


（b）角位移式电容器

图 2.11　变面积型电容传感器原理图

图 2.11（b）为角位移式电容传感器。当动极板向外转 $\Delta\theta$ 角，两极板覆盖面积 $S$ 减小，电容量变化为

$$\Delta C = C_0 - C = \frac{\varepsilon S}{d} - \frac{\varepsilon S\left(1 - \dfrac{\Delta\theta}{\pi}\right)}{d} = C_0 \frac{\Delta\theta}{\pi} \tag{2.25}$$

可见，角位移式电容传感器电容变化量$\Delta C$与角位移$\Delta\theta$呈线性关系。

（3）变介质型电容传感器

变介质型电容传感器是使介质的介电常数变化，从而使电容量变化。如图 2.12 所示，将相对介电常数为$\varepsilon_2$的电介质插入电容器中，就改变了两种介质的极板覆盖面积。$l$为第二种介质插入极板的长度，则传感器总电容量$C$为

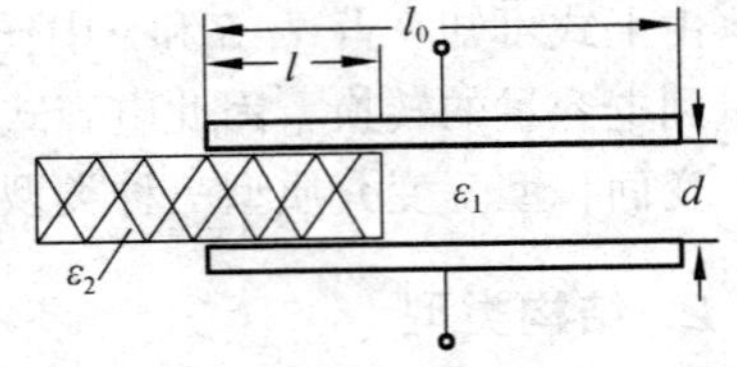


图 2.12 变介质型电容传感器原理图

$$C = C_1 + C_2 = \frac{\varepsilon_0\varepsilon_1 b(l_0 - l)}{d_0} + \frac{\varepsilon_0\varepsilon_2 bl}{d_0} \tag{2.26}$$

式中，$b$和$l_0$为极板的宽度和长度；$d_0$为极距；$\varepsilon_0$为真空介电常数。

$l=0$时传感器初始电容$C_0 = \dfrac{\varepsilon_0\varepsilon_1 bl_0}{d_0}$，随着$l$的增加，电容相对变化量为

$$\frac{\Delta C}{C} = \frac{C - C_0}{C_0} = \frac{\varepsilon_2 - \varepsilon_1}{\varepsilon_1}\cdot\frac{l}{l_0} \tag{2.27}$$

可见，电容变化量与电介质介电常数$\varepsilon_2$的移动量$l$呈线性关系。

## 二、电容传感器的测量电路

电容传感器的测量电路就是把电容量转换为电压或电流的电路。常用的测量电路主要有调频电路、运算放大器电路、电桥电路、脉冲宽度调制电路等。

### 1. 调频电路

调频电路原理如图 2.13 所示。把电容式传感器作为振荡器谐振回路的一部分。当输入量导致电容量发生变化时，振荡器的振荡频率就发生变化。通过鉴频器将频率的变化转换为电压振幅的变化，再经放大后用仪器记录或仪表指示。$LC$振荡器的振荡频率为

$$f = \frac{1}{2\pi\sqrt{LC}} = \frac{1}{2\pi\sqrt{L(C_1 + C_2 + C_0 + \Delta C)}} \tag{2.28}$$

式中，$C$为振荡回路的总电容；$C_1$为振荡回路固有电容；$C_2$为传感器引线分布电容；$C_0+\Delta C$为传感器电容。

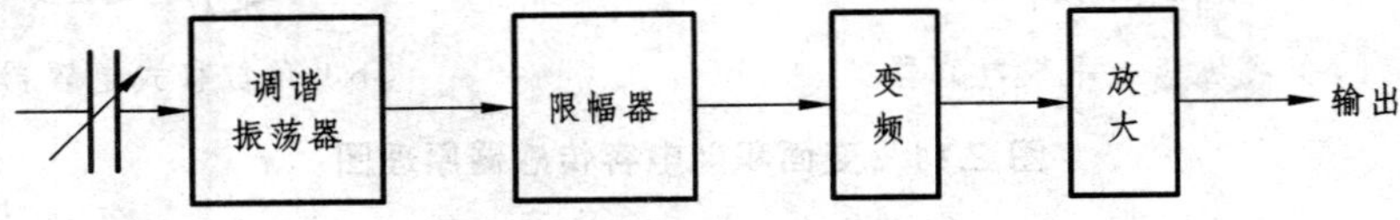


图 2.13 调频电路原理图

当被测非电量信号为 0 时，$\Delta C = 0$，振荡器有一个固有频率$f_0$为

$$f_0 = \frac{1}{2\pi\sqrt{L(C_1 + C_2 + C_0)}} \tag{2.29}$$

当被测非电量信号不为 0 时，$\Delta C \neq 0$，振荡器频率有相应变化，此时频率为

$$f = f_0 \mp \Delta f = \frac{1}{2\pi\sqrt{L(C_1 + C_2 + C_0 \pm \Delta C)}} \tag{2.30}$$

调频电容传感器测量电路具有较高的灵敏度，可以测量高至 0.01 μ m 级位移变化量。

### 2. 运算放大器电路

如图 2.14 所示，由运算放大器工作原理可得

$$U_o = -\frac{C_0}{C_x} U_i \tag{2.31}$$

如果传感器是平板变极距电容，则 $C_x = \frac{\varepsilon S}{d}$，可得

$$U_o = -\frac{C_0 U_i}{\varepsilon S} d \tag{2.32}$$

上式表明，输出电压与极距 $d$ 呈线性关系。

### 3. 电桥电路

图 2.15 为变压器交流电桥电路（交流电桥可参见第四章），将电容传感器的两个电容作为交流电桥的两个桥臂，通过电桥把电容的变化转换成输出电压的变化。其空载输出电压为

$$\dot{U}_o = \frac{\dot{U}}{Z_1 + Z_2} Z_2 - \frac{\dot{U}}{2} = \frac{\dot{U}}{2} \cdot \frac{Z_2 - Z_1}{Z_1 + Z_2} \tag{2.33}$$

其中，$Z_1 = \frac{1}{\mathrm{j}\omega C_1}$，$Z_2 = \frac{1}{\mathrm{j}\omega C_2}$，代入式（2.33），得

$$\dot{U}_o = \frac{\dot{U}}{2} \cdot \frac{C_1 - C_2}{C_1 + C_2} = \frac{\dot{U}}{2} \cdot \frac{\Delta C}{C_0} \tag{2.34}$$

式中，$C_1$ 和 $C_2$ 为差动电容传感器，$C_1 = C_0 + \Delta C$，$C_2 = C_0 - \Delta C$，$C_0$ 为电容传感器平衡状态的初始电容值。

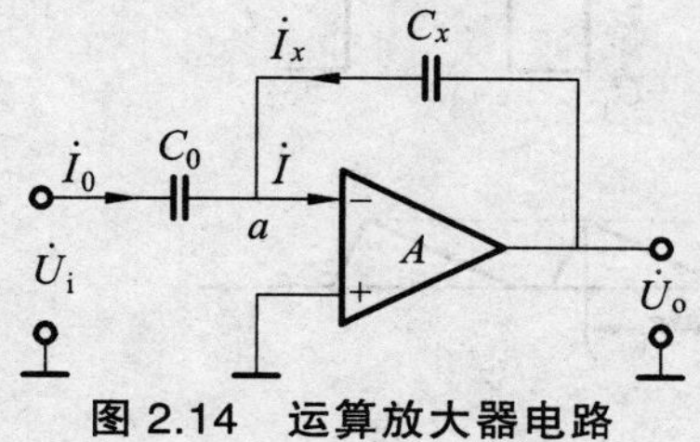

图 2.14　运算放大器电路

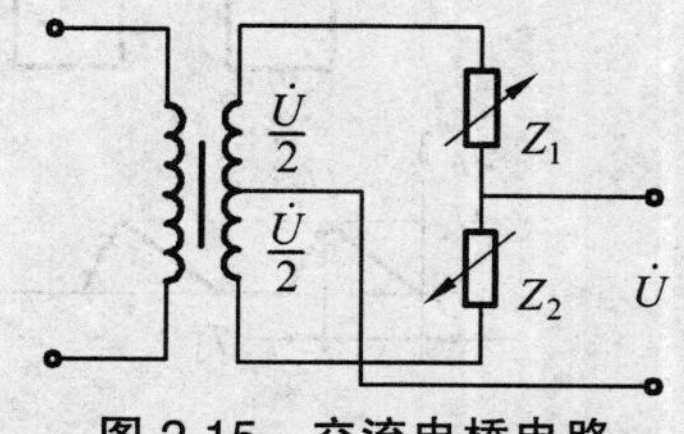

图 2.15　交流电桥电路

### 4. 脉冲宽度调制电路

差动脉宽调制电路原理如图 2.16 所示。$C_{x1}$ 和 $C_{x2}$ 为两个差动电容传感器，$U_r$ 为参考直流

电压。线路由两个电压比较器 $A_1$、$A_2$，一个双稳态触发器，两个充放电回路 $R_1$、$C_1$ 和 $R_2$、$C_2$ 组成。当双稳态触发器处于某一状态，$Q=1$，$\bar{Q}=0$，$A$ 点高电位通过 $R_1$ 对 $C_{x1}$ 充电，时间常数 $\tau_1=R_1C_{x1}$，直至 $F$ 点电位高于参考电位 $U_r$，比较器 $A_1$ 输出正跳变信号。同时，因 $\bar{Q}=0$，电容器 $C_{x2}$ 上已充电电压通过 $D_2$ 迅速放电至零电平。$A_1$ 输出正跳变信号激励触发器翻转，使 $Q=0$，$\bar{Q}=1$，于是 $A$ 点为低电位，$C_{x1}$ 通过 $D_1$ 迅速放电，而 $B$ 点高电位通过 $R_2$ 对 $C_{x2}$ 充电，时间常数 $\tau_2=R_2C_{x2}$，直至 $G$ 点电位高于参考电位 $U_r$，比较器 $A_2$ 输出正跳变信号，使触发器翻转。如此重复便产生振荡信号。电路各点波形如图 2.17 所示。图 2.17（a）为差动电容 $C_{x1}=C_{x2}$ 时各点波形，图 2.17（b）为差动电容 $C_{x1}\neq C_{x2}$ 时各点波形。

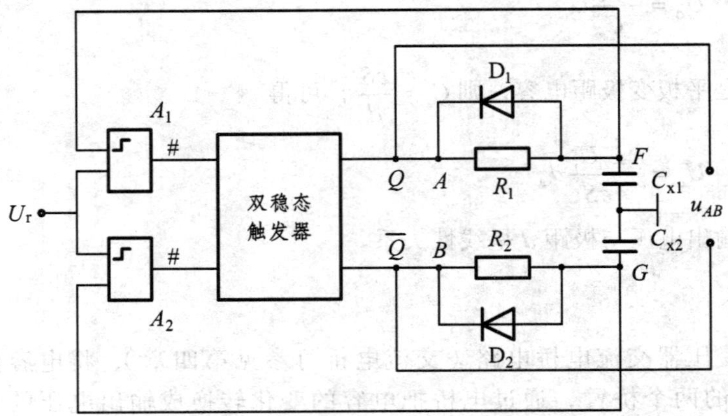


图 2.16 差动脉宽调制电路原理图

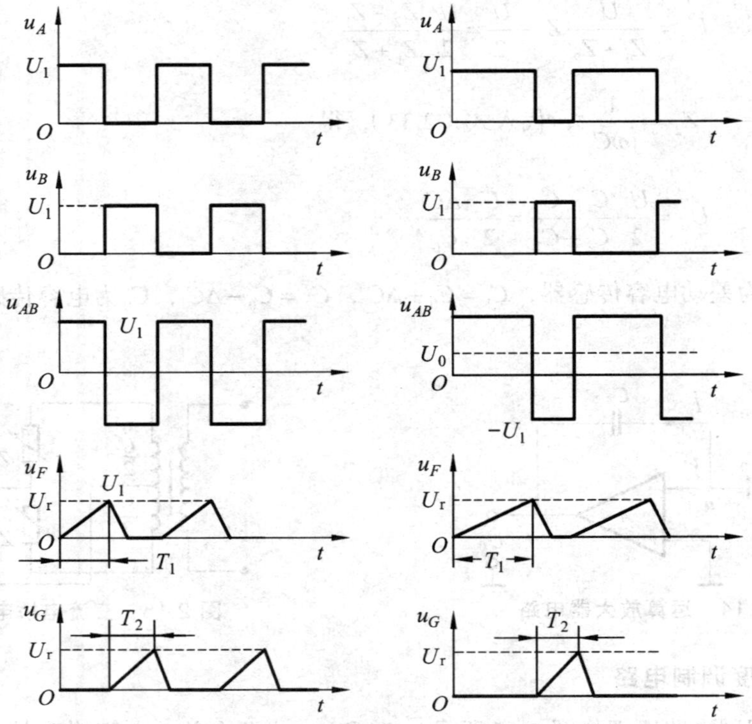


图 2.17 脉宽调制电路各点电压波形

$U_0$为电压$u_{AB}$经低通滤波器滤波后得到，即

$$U_0 = U_A - U_B = U_1 \cdot \frac{T_1 - T_2}{T_1 + T_2} \tag{2.35}$$

式中，$U_1$为触发器输出高电平；$T_1$、$T_2$为$C_{x1}$、$C_{x2}$充电至$U_r$时所需时间，分别为

$$T_1 = R_1 C_{x1} \ln \frac{U_1}{U_1 - U_r} \tag{2.36}$$

$$T_2 = R_2 C_{x2} \ln \frac{U_2}{U_2 - U_r} \tag{2.37}$$

将$T_1$、$T_2$代入式（2.35），考虑$R_1 = R_2$，得

$$U_0 = \frac{C_{x1} - C_{x2}}{C_{x1} + C_{x2}} U_1 \tag{2.38}$$

由上式可知，输出直流电压与传感器电容差值成正比。差动脉宽调制电路能适用于任何差动式电容传感器，具有线性特性。

## 三、电容传感器的主要性能

### 1. 静态灵敏度

静态灵敏度是指当被测量变化缓慢时电容变化量与引起其变化的被测量变化之比。对于变极距型电容传感器，由式（2.23）可知，其静态灵敏度$k$为

$$k = \frac{\Delta C}{\Delta d} = \frac{C_0}{d_0} \cdot \frac{1}{1 - \frac{\Delta d}{d_0}} \tag{2.39}$$

因为$\Delta d / d_0 << 1$，将上式按泰勒级数展开得

$$\frac{\Delta C}{C_0} = \frac{\Delta d}{d_0}\left[1 + \frac{\Delta d}{d_0} + \left(\frac{\Delta d}{d}\right)^2 + \left(\frac{\Delta d}{d_0}\right)^3 + \cdots\right] \tag{2.40}$$

输出电容的相对变化量$\Delta C / C_0$与输入位移$\Delta d$之间呈非线性关系。略去高次非线性项，则可得近似线性关系为

$$\frac{\Delta C}{C_0} \approx \frac{\Delta d}{d_0} \tag{2.41}$$

灵敏度为

$$k_c = \frac{\Delta C / C_0}{\Delta d} = \frac{1}{d_0} \tag{2.42}$$

式（2.41）和（2.42）说明，变极距型电容传感器只有在$\Delta d / d_0$很小，即在小测量范围内

时，才有近似的线性关系。灵敏度 $k_c$ 与初始极距 $d_0$ 呈反比关系，可用减小极距的办法来提高灵敏度，但极距过小会影响传感器的特性。

对于如图 2.11（a）所示平板变面积型电容传感器，忽略边缘效应，由式（2.24）可得静态灵敏度为

$$k=\frac{\Delta C}{\Delta l}=\frac{\varepsilon b}{d}=\frac{C_0}{l} \tag{2.43}$$

由式（2.43）可知，灵敏度为常数，增大极板宽度 $b$ 和减小极距 $d$ 都可以提高静态灵敏度。虽然极板原始覆盖长度 $l$ 与灵敏度无关，但 $l$ 不能太小，否则边缘效应将影响传感器的特性。

### 2. 非线性

对于变极距型电容传感器，若只考虑式（2.40）中前两项，则

$$\frac{\Delta C}{C_0}=\frac{\Delta d}{d_0}\left(1+\frac{\Delta d}{d}\right) \tag{2.44}$$

其非线性误差为

$$\gamma=\frac{\left|\frac{\Delta d}{d_0}\left(1+\frac{\Delta d}{d_0}\right)-\frac{\Delta d}{d_0}\right|}{\left|\frac{\Delta d}{d_0}\right|}\times 100\%=\left|\frac{\Delta d}{d_0}\right|\times 100\% \tag{2.45}$$

因此，要提高变极距型电容传感器的灵敏度，需减小初始极距 $d_0$，但非线性误差却随之增大。实际应用中，既要提高灵敏度，又要减小非线性误差，可采用差动式结构。

## 四、电容传感器的应用

### 1. 电容式差压传感器

图 2.18 为电容式差压传感器结构示意图，它由两个凹形玻璃圆盘和一个金属膜片组成。图中所示金属膜片为动电极，两个在凹形玻璃上的金属镀层为固定电极，构成差动电容器。

当两边的压力 $P_1$ 与 $P_2$ 相等时，膜片处于中间位置，与左右固定电极间距相等，即 $C_{x1}=C_{x2}$。当被测压力或压力差作用于膜片并产生位移时，所形成的两个电容器的电容量，一个增大，一个减小，即 $C_{x1}<C_{x2}$ 或 $C_{x1}>C_{x2}$。该电容值的变化经测量电路转换成与压力或压力差相对应的电流或电压的变化。

这种传感器灵敏度高，常用于气、液的压力或压差及液位和流量的测量。

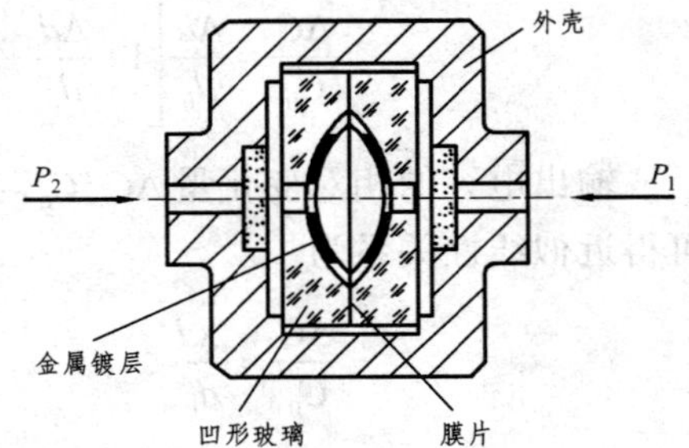


**图 2.18 电容式差压传感器结构图**

### 2. 电容式测厚传感器

电容式测厚传感器结构如图 2.19 所示。电容测厚传感器是用来对金属带材在轧制过程中厚度的检测。其工作原理是在被测带材的上下两侧各置放一块面积相等且与带材距离相等的

电容极板，把两块电容极板用导线连接起来成为一个极，金属带材构成另一极，这样电容极板与带材就构成了两个并联电容器 $C_1$、$C_2$，其总电容 $C_x = C_1 + C_2$。

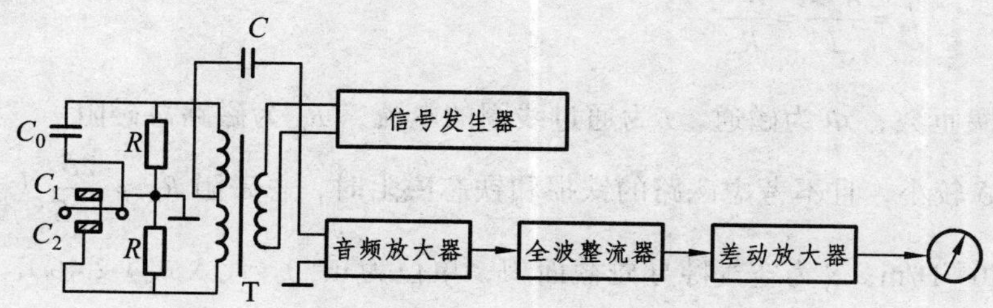


图 2.19　电容式测厚传感器结构图

测量电桥的两臂为变压器副边的两个线圈，另外两桥臂由标准电容 $C_0$ 和带材与极板形成的被测电容 $C_x$ 及 $R$ 组成。当带材厚度合格时，电容传感器的电容量 $C_x = C_0$，电桥输出电压为零。如果带材的厚度发生变化，将引起电容量 $C_x$ 的变化，交流电桥输出电压就不为零，经放大后由电压表指示出测量结果。

# 第四节　电感传感器及应用

电感传感器是利用电磁感应原理，将被测非电量转换成线圈自感或互感的变化，进而由测量电路转换为电压或电流变化的转换装置。它常用来测量位移、振动、压力、流量、密度等物理量。电感式传感器种类很多，本节主要介绍自感式、互感式（差动变压器式传感器）和电涡流式传感器以及它们的应用。

## 一、自感式传感器

### 1. 工作原理

自感式传感器工作原理如图 2.20 所示。它由线圈、铁芯和衔铁组成，衔铁和铁芯之间有气隙，其厚度为 $\delta$，传感器的运动部分与衔铁相连。当衔铁移动时，引起磁路中磁阻变化，从而导致电感线圈的电感值变化。测出电感量的变化量，就能确定衔铁位移量的大小和方向。

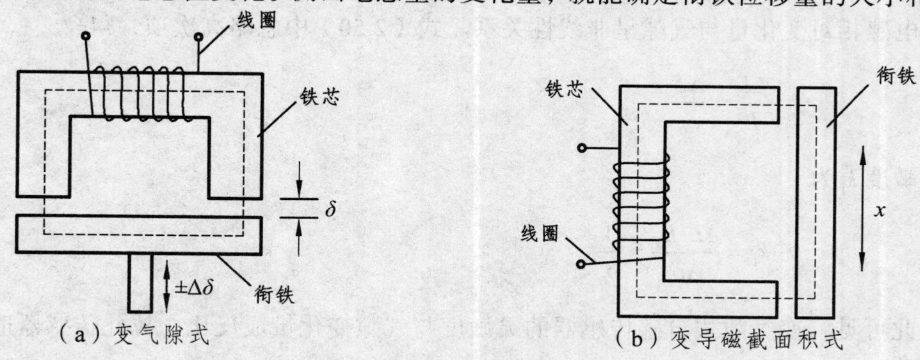


图 2.20　自感式传感器原理图

根据电感的定义，线圈的自感量为

$$L=\frac{W\Phi}{I}=\frac{W^2}{R_m} \tag{2.46}$$

式中，$W$ 为线圈匝数，$\Phi$ 为磁通，$I$ 为通过线圈的电流，$R_m$ 为磁路总磁阻。

如果气隙 $\delta$ 较小，且不考虑磁路的铁损和铁芯磁阻时，总磁阻 $R_m\approx\frac{2\delta}{\mu_0 S}$（$\mu_0$ 为空气磁导率，$\mu_0=4\pi\times10^{-7}$ H/m；$S$ 为空气隙导磁截面积，单位为 $m^2$）。代入式（2.46），得

$$L=\frac{W^2\mu_0 S}{2\delta} \tag{2.47}$$

由式（2.47）可知，当线圈匝数为常数时，改变气隙 $\delta$ 或气隙导磁截面面积 $S$ 均可改变线圈自感量 $L$，且 $L$ 与 $\delta$ 成反比关系，与 $S$ 正比关系。若保持 $S$ 不变，则构成变气隙式自感传感器，如图 2.20（a）所示；若保持 $\delta$ 不变，则构成变截面积式自感传感器，如图 2.20（b）所示。

设传感器初始气隙为 $\delta_0$，初始电感为 $L_0$，固定 $S$ 不变，当衔铁上移 $\Delta\delta$ 时，则 $\delta=\delta_0-\Delta\delta$，代入式（2.47）得

$$L=L_0+\Delta L=\frac{N^2\mu_0 S}{2(\delta_0-\Delta\delta)}=\frac{L_0}{1-\frac{\Delta\delta}{\delta_0}} \tag{2.48}$$

当 $\Delta\delta<<\delta$ 时，式（2.48）可用泰勒级数展开为

$$L=L_0+\Delta L=L_0\left[1+\frac{\Delta\delta}{\delta_0}+\left(\frac{\Delta\delta}{\delta_0}\right)^2+\cdots\right] \tag{2.49}$$

则电感的相对增量为

$$\frac{\Delta L}{L}=\frac{\Delta\delta}{\delta_0}\left[1+\frac{\Delta\delta}{\delta_0}+\left(\frac{\Delta\delta}{\delta_0}\right)^2+\cdots\right] \tag{2.50}$$

因此，电感相对变化量与气隙呈非线性关系。式（2.50）中忽略高次项，得

$$\frac{\Delta L}{L}\approx\frac{\Delta\delta}{\delta_0} \tag{2.51}$$

灵敏度 $k_1$ 为

$$k_1=\frac{\Delta L/L_0}{\Delta\delta}=\frac{1}{\delta_0} \tag{2.52}$$

由此可见，变气隙式自感传感器的灵敏度与气隙变化量成反比，故此传感器适用于测量微小位移场合。

### 2. 测量电路

自感式传感器测量电路分为调幅、调相和调频电路，实际常使用的是调幅电路。下面介绍交流电桥调幅电路和变压器电桥调幅电路。

电桥电路是自感传感器的主要测量电路。图 2.21（a）所示为交流电桥电路，电感传感器线圈一般接成差动式，有阻抗 $Z_1$、$Z_2$。图 2.21（b）所示为变压器电桥电路，除传感器的 $Z_1$、$Z_2$ 线圈阻抗外，另外两桥臂为变压器次级线圈的 1/2 阻抗。

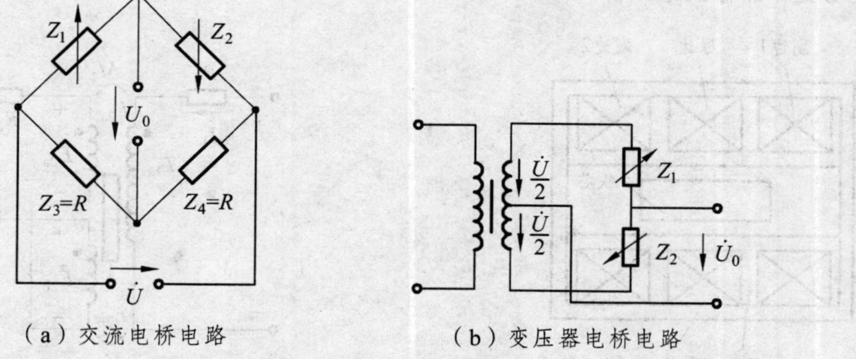

（a）交流电桥电路　　（b）变压器电桥电路

**图 2.21　电桥电路原理图**

当负载阻抗为无穷大时，桥路输出电压为

$$\dot{U}_0 = \frac{\dot{U}}{Z_1 + Z_2} Z_2 - \frac{\dot{U}}{2} = \frac{\dot{U}}{2} \cdot \frac{Z_2 - Z_1}{Z_1 + Z_2} \tag{2.53}$$

当传感器的衔铁处于中间位置，即 $Z_1 = Z_2$，此时有输出电压 $U = 0$，电桥平衡。当衔铁偏离中间位置时，设 $Z_1 = Z + \Delta Z$，$Z_2 = Z - \Delta Z$，代入式（2.53）可得

$$\dot{U}_0 = -\frac{\dot{U}}{2} \cdot \frac{\Delta Z}{Z} \tag{2.54}$$

同理，当衔铁移动方向相反时，有 $Z_1 = Z - \Delta Z$，$Z_2 = Z + \Delta Z$，则

$$\dot{U}_0 = \frac{\dot{U}}{2} \cdot \frac{\Delta Z}{Z} \tag{2.55}$$

可知，测量电路输出电压的大小与衔铁位移大小有关，输出电压的极性与衔铁位移方向有关。由于输出电压是交流电压，交流电压表指示无法判断位移方向，必须配合相敏检波电路来解决。

## 二、互感式传感器

互感式传感器是将被测量的变化转换为线圈互感变化的装置。根据其工作原理特点，又称为差动变压器式传感器。差动变压器按其结构的不同，分为变气隙式、变面积式和螺管式。下面介绍应用最广泛的螺管形差动变压器。

### 1. 工作原理

螺管形差动变压器结构如图 2.22 所示。它由初级线圈、两个次级线圈、动铁芯、骨架和壳体组成。原、副边线圈绕于骨架上，动铁芯插入线圈中央。副边两个线圈反相串接，构成差动式。图 2.23 为忽略铁损、导磁体磁阻和线圈分布电容的理想条件下差动变压器的原理图。图中 $\dot{U}_1$、$\dot{I}_1$ 为初级线圈激励电压、电流，$R_1$ 和 $L_{1a}$ 为初级线圈损耗电阻和电感，$M_1$、$M_2$ 为初级线圈与两次级线圈间的互感系数，$R_{2a}$、$R_{2b}$ 和 $L_{2a}$、$L_{2b}$ 为两次级线圈的损耗电阻和电感，$\dot{U}_2$ 为差动变压器输出电压。

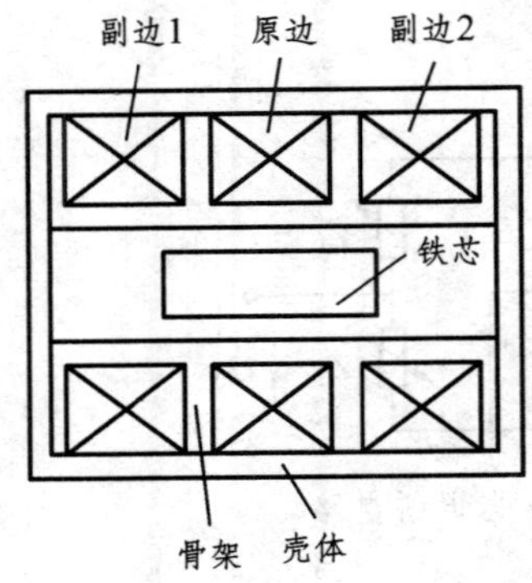


图 2.22 差动变压器结构图

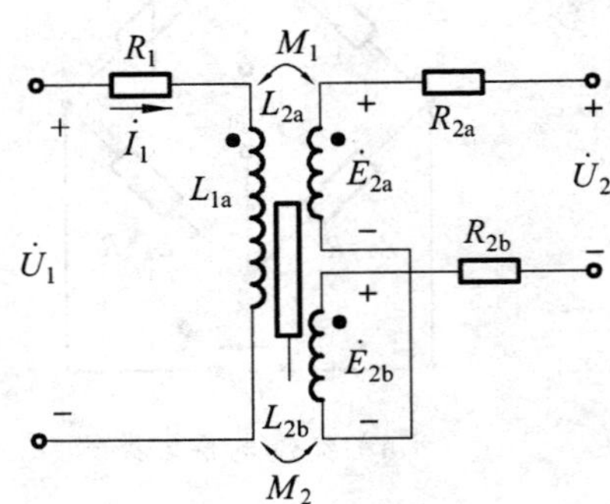


图 2.23 差动变压器原理图

当初边绕组加以交流正弦电压 $\dot{U}_1$ 时，在两个次级绕组中会产生感应电动势 $\dot{E}_{2a}$ 和 $\dot{E}_{2b}$。如图 2.23 所示，当次级线圈开路时，有

$$\dot{I}_1 = \frac{\dot{U}_1}{R_1 + j\omega L_{1a}} \tag{2.56}$$

式中，$\omega$ 为激励电压角频率。根据电磁感应原理，两个次级绕组中的感应电动势为

$$\left.\begin{aligned}\dot{E}_{2a} &= -j\omega M_1 \dot{I}_1 \\ \dot{E}_{2b} &= -j\omega M_2 \dot{I}_1\end{aligned}\right\} \tag{2.57}$$

输出电压为

$$\dot{U}_2 = \dot{E}_{2a} - \dot{E}_{2b} = -j\omega(M_1 - M_2)\frac{\dot{U}_1}{R_1 + j\omega L_{1a}} \tag{2.58}$$

输出电压有效值为

$$U_2 = \frac{\omega(M_1 - M_2)}{\sqrt{{R_1}^2 + (\omega L_{1a})^2}} U_1 \tag{2.59}$$

从式（2.59）可以看出，当激磁电压的幅值 $U_1$ 和角频率 $\omega$、初级线圈损耗电阻 $R_1$ 和电感 $L_{1a}$ 为定值时，差动变压器输出电压仅仅是初级绕组与两个次级绕组间互感之差的函数。

差动变压器的输出电压与互感有关。当铁芯处于初始平衡位置时，两互感系数 $M_1 = M_2$，因而 $\dot{U}_2 = 0$，差动变压器输出电压为零。

当铁芯向上移动时，初级线圈与两次级线圈间的互感系数发生了变化，有 $M_1 > M_2$，感应电动势 $\left|\dot{E}_{2a}\right| > \left|\dot{E}_{2b}\right|$。设 $M_1 = M + \Delta M$，$M_2 = M - \Delta M$，则输出电压为 $\dot{U}_2 = -2j\omega\Delta M\dot{I}_1$。同理，当铁芯向下移动时，有 $M_1 < M_2$，则输出电压 $\dot{U}_2 = 2j\omega\Delta M\dot{I}_1$。

总之，输出电压 $\dot{U}_2$ 随铁芯偏离中心位置而变化，与铁芯位移大小和方向同时有关。实际中当铁芯处于中间平衡位置时，$U_2 \neq 0$，而是 $U_x$，称为零点残余电压。零点残余电压的存在会影响传感器的测量结果，故在实际使用中应设法减少零点残余电压。

### 2. 测量电路

由上面的分析可知，差动变压器的输出是交流电压。若用交流电压表测量，只能反映铁芯位移的大小，不能反映移动的方向。为了达到能辨别移动方向和消除零点残余电压的目的，实际测量时，常采用差动整流电路和相敏检波电路。下面介绍电压输出的全波差动整流电路。

（1）差动整流电路

差动整流电路是将两个次级输出电压分别整流，然后将整流的电压或电流的差值作为输出。电压输出的全波差动整流电路如图 2.24 所示。

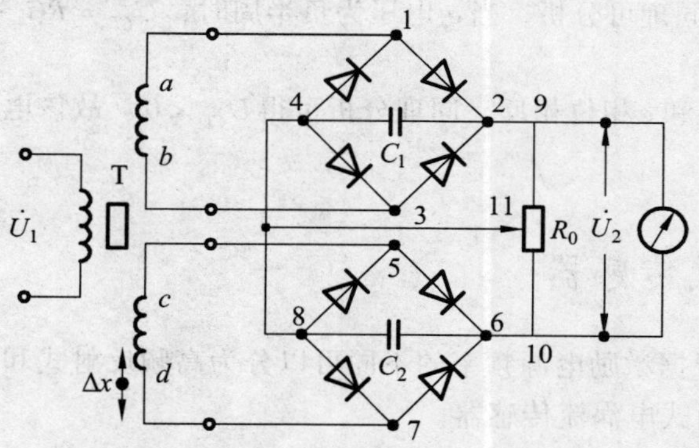


图 2.24　全波差动整流电路

假设某瞬间两次级线圈电压相位关系为 $a$ 和 $c$ 正、$b$ 和 $d$ 负，则上线圈电流流向为 $a \to 1 \to 2 \to 9 \to 11 \to 4 \to 3 \to b$，电容 $C_1$ 两端的电压为 $U_{24}$；下线圈电流流向为 $c \to 5 \to 6 \to 10 \to 11 \to 8 \to 7 \to d$，电容 $C_2$ 两端的电压为 $U_{68}$。故差动变压器的输出电压为

$$U_2 = U_{24} - U_{68} \tag{2.60}$$

同理，当某瞬间两次级线圈电压相位关系为 $a$ 和 $c$ 负、$b$ 和 $d$ 正，分析可得差动变压器的输出电压表达式仍为式（2.60）。

当铁芯在中心位置时，因为 $U_{24} = U_{68}$，所以 $U_2 = 0$。当铁芯向上移动时，因为 $U_{24} > U_{68}$，故 $U_2 > 0$；当铁芯向下移动时，则有 $U_2 < 0$。$U_2$ 的正负表示了铁芯位移的方向。

（2）相敏检波电路

相敏检波电路如图 2.25 所示。图中 $e_r$ 和 $e$ 同频，经过移相器使两者保持同相或反相，且满足 $e_r > e$。电路中 $R_1 = R_2 = R$，$C_1 = C_2 = C$，输出电压为 $U_{CD}$。电位器 $R_P$ 用于调节电路平衡。

当铁芯在中间时，$e = 0$，只有 $e_r$ 起作用。设 $e_r$ 电压为 $A$ 正、$B$ 负，则 $D_1$ 和 $D_2$ 导通，电阻 $R_1$ 和 $R_2$ 流过电流分别为 $i_1$ 和 $i_2$，方向如图 2.25 所示，调节 $R_P$ 使 $U_{CB} = U_{DB}$，故输出电压 $U_{CD}$=0。同理，当 $e_r$ 电压为 $A$ 负、$B$ 正时，输出电压 $U_{CD}$ 仍为零。

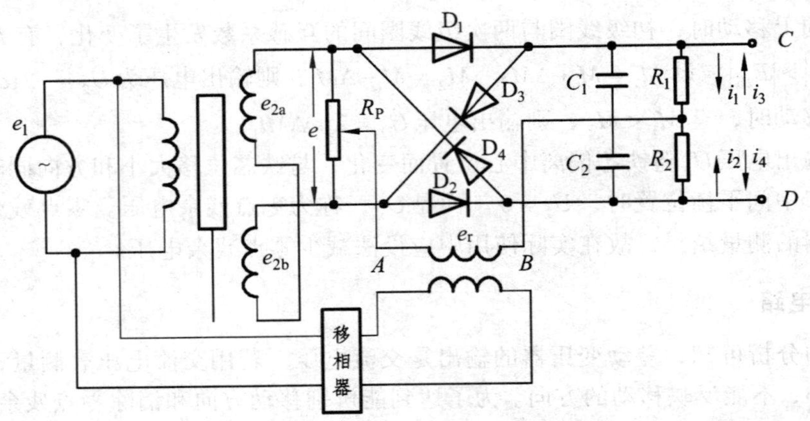


图 2.25 二极管相敏检波电路

若铁芯上移，$e \neq 0$。设 $e_r$ 和 $e$ 同相位，由于 $e_r > e$，故 $e_r$ 为正半周时，$D_1$ 和 $D_2$ 仍导通。此时 $D_1$ 回路内总电势为 $e_r + e/2$，而 $D_2$ 回路内总电势为 $e_r - e/2$，故回路电流 $i_1 > i_2$，输出电压 $U_{CD} = R(i_1 - i_2) > 0$。同理可分析，当 $e_r$ 电压为负半周时，$U_{CD} = R(i_4 - i_3) > 0$。因此，铁芯上移时输出电压 $U_{CD} > 0$。

当铁芯下移时，$e_r$ 和 $e$ 相位相反，同理分析可得 $U_{CD} < 0$。故该电路可以判别铁芯位移的大小和方向。

## 三、电涡流式传感器

电涡流式传感器根据激励电源频率的不同可以分为高频反射式和低频透射式。下面介绍应用较广泛的高频反射式电涡流传感器。

### 1. 工作原理

高频反射式电涡流传感器主要由产生交变磁场的通电线圈和置于线圈附近的金属导体组成，金属导体也可以是被测对象本身，如图 2.26（a）所示。高频电流 $\dot{I}_1$ 通入线圈，产生高频

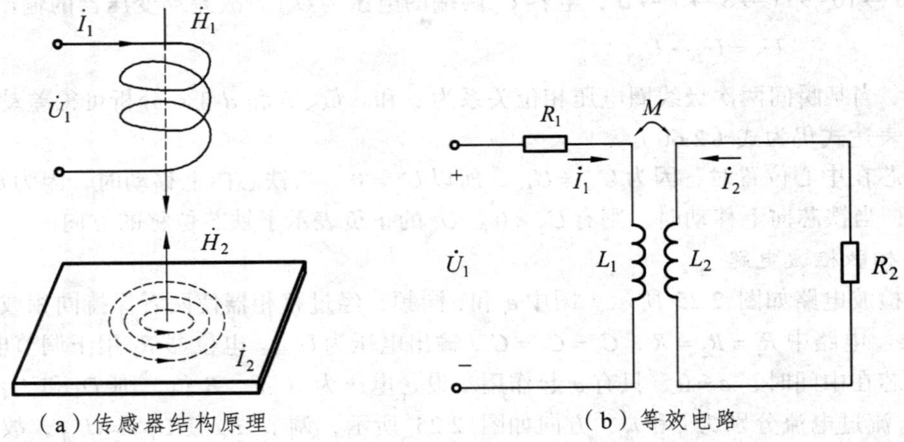


图 2.26 电涡流式传感器原理图

交变磁场 $H_1$。如果被测金属导体置于该磁场范围之内，便在金属板表面产生电涡流 $\dot{I}_2$。此电涡流也将产生一个新的磁场 $H_2$，$H_2$ 和 $H_1$ 方向相反。由于磁场 $H_2$ 的反作用使通电线圈的等效阻抗、电感量、品质因数发生变化。传感器线圈等效阻抗的变化与金属导体的电阻率 $\rho$、磁导率 $\mu$、厚度 $t$、线圈与金属导体间的距离 $x$ 以及线圈激励电流的大小和角频率 $\omega$ 等参数有关。如果固定其中某些参数，就能通过线圈阻抗的变化来测量另外一些参数。

为了简化问题，我们把金属导体理解为一个短路线圈，并用 $R_2$、$L_2$ 表示其等效电阻和等效电感，$M$ 表示它与通电线圈之间的互感系数。假设通电线圈的电阻与电感分别为 $R_1$ 和 $L_1$，其等效电路如图 2.26（b）所示。

经推导，电涡流线圈受被测金属导体影响后的等效阻抗 $Z$ 为

$$Z=\frac{\dot{U}_1}{\dot{I}_1}=\left(R_1+R_2\frac{\omega^2M^2}{R_2^2+\omega^2L_2^2}\right)+\mathrm{j}\omega\left(L_1-\frac{\omega^2M^2}{R_2^2+\omega^2L_2^2}L_2\right)=R+\mathrm{j}\omega L \tag{2.61}$$

式中，$R$ 为电涡流线圈工作时的等效电阻，$L$ 为电涡流线圈工作时的等效电感。

由上式可知，电涡流传感器的等效电阻、等效电感都是互感系数 $M$ 平方的函数，而互感系数又是线圈与金属导体之间距离 $x$ 的非线性函数。

### 2. 测量电路

用于电涡流式传感器的测量电路主要有调幅电路和调频电路。

（1）调幅电路

调幅式测量电路如图 2.27 所示。线圈等效电感 $L$ 和电容 $C$ 组成并联谐振回路，石英晶体振荡器给谐振回路提供高频激励信号，$R$ 为耦合电阻，用来降低传感器对振荡器工作的影响。

无被测导体时，调整 $LC$ 回路的并联谐振频率使其等于石英晶体振荡器频率，此时 $LC$ 回路的阻抗 $Z$ 最大，输出电压的幅值也最大。

工作时，传感器接近被测导体，两者之间的距离 $x$ 发生变化，导致线圈等效电感 $L$ 变化，谐振回路的谐振频率和等效阻抗也因此变化。回路失谐而偏离激励频率，最终使输出电压发生变化。由输出电压的变化来表示传感器与被测导体间距离 $x$ 的变化，从而实现对位移量的测量。

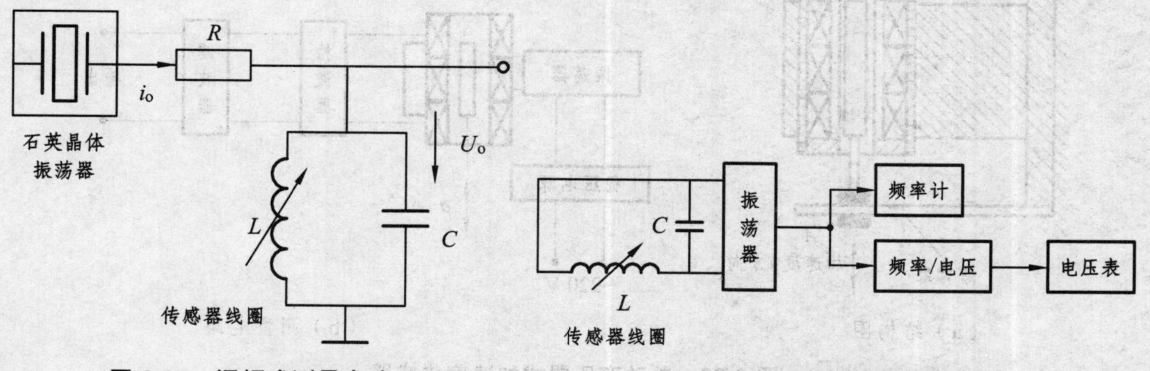


图 2.27　调幅式测量电路　　图 2.28　调频式测量电路

（2）调频电路

调频式测量电路如图 2.28 所示。传感器线圈接入 $LC$ 振荡回路。当传感器与被测导

体距离 $x$ 改变时，传感器的电感变化，从而导致振荡频率的变化。该变化的频率是距离 $x$ 的函数，可用数字频率计直接测量频率，或者通过“频率/电压”变换后用数字电压表来测量。

## 四、电感式传感器的应用

### 1. 自感式传感器的应用

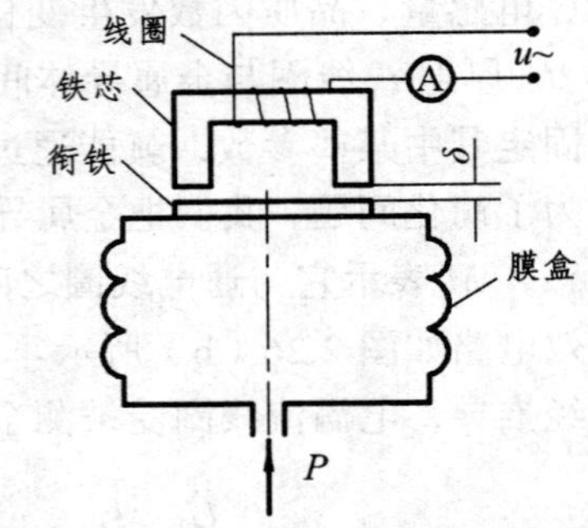

图 2.29 变隙式自感压力传感器结构图

图 2.29 为变隙式自感压力传感器结构图。它由膜盒、衔铁、铁芯及线圈组成。衔铁与膜盒的上端相连。当压力进入膜盒，膜盒顶端在压力的作用下产生与之大小成正比的位移，从而带动衔铁也发生位移，使气隙发生变化，流过线圈的电流也就发生相应的变化。电流表的指示值反映了被测压力的大小。

### 2. 差动变压器的应用

图 2.30 所示为差动变压器式加速度传感器结构图和测量电路框图。传感器由悬臂梁和差动变压器组成。测量时，将悬臂梁底座及差动变压器的线圈骨架固定，而将衔铁的 $A$ 端与被测振动体相连，此时传感器作为加速度测量中的惯性元件，其位移与被测加速度成正比，使加速度的测量转变为位移的测量。当被测体带动衔铁以 $\Delta x$ 振动时，差动变压器的输出电压也按相同的规律变化，输出电压值的变化间接地反映了被测加速度的变化。

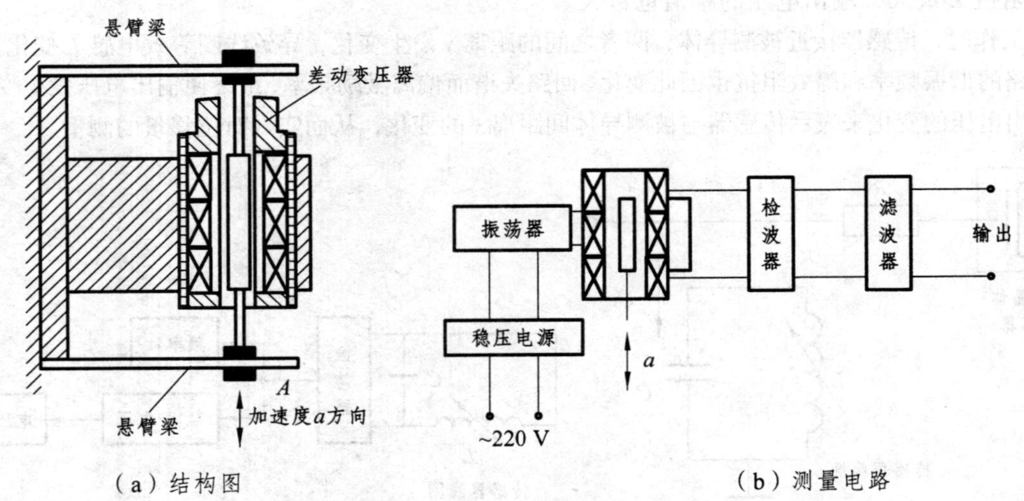

（a）结构图　（b）测量电路

图 2.30 差动变压器式加速度传感器

### 3. 电涡流式传感器的应用

图 2.31 所示为高频反射式电涡流测厚计原理图，可以实现无接触地测量金属板的厚度或

非金属板的镀层厚度。金属板上、下两侧对称地设置了两个特性完全相同的电涡流传感器 $S_1$ 和 $S_2$，$S_1$、$S_2$ 与被测金属板之间的距离分别为 $x_1$ 和 $x_2$，板厚 $\delta = x-(x_1+x_2)$。当两个传感器在工作时分别测得距离 $x_1$ 和 $x_2$，将其转换为电压值后相加，再与两个传感器间距 $x$ 对应的设定值相减，就得到与金属板厚度相对应的电压值。

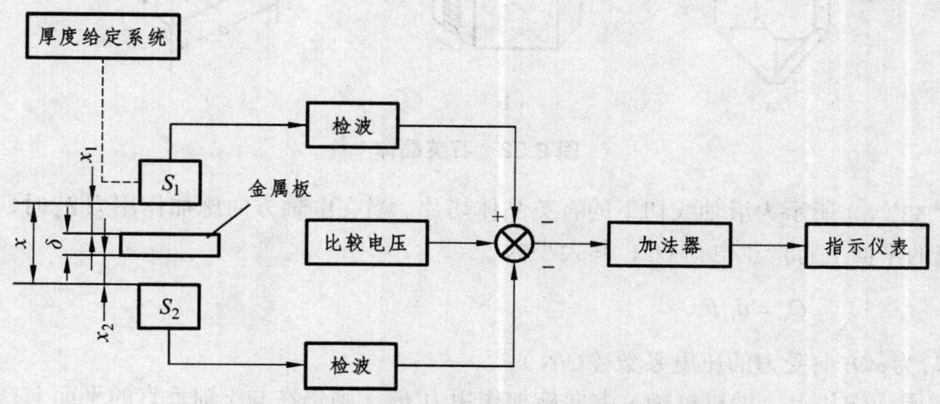


图 2.31　高频反射式电涡流测厚计原理图

# 第五节　压电传感器及应用

压电传感器是以某些物质受力后在其表面产生电荷的压电效应为转换原理的传感器。它可以测量最终能变换为力的各种物理量，如力、压力、加速度等。压电式传感器具有体积小、重量轻、频带宽、灵敏度高等优点。

## 一、压电效应

某些物质，当沿着一定方向对其施力而使它变形时，其内部就产生极化现象，同时在它的两个表面上产生符号相反的电荷，当外力去掉后，又重新恢复到不带电状态，这种现象称为压电效应。当作用力方向改变时，电荷的极性也随之改变。这种机械能转为电能的现象，称为“正压电效应”。相反，当在物质极化方向施加电场，这些物质也会产生机械变形，这种现象称为“逆压电效应”。具有压电效应的材料称为压电材料，压电材料可以分为两大类：压电晶体和压电陶瓷。

### 1. 石英晶体的压电效应

图 2.32（a）、（b）所示为天然结构的石英晶体外形，它是一个正六面体。石英晶体各个方向的特性是不同的。其中纵向轴 $z$ 称为光轴，经过六面体棱线并垂直于光轴的 $x$ 称为电轴，与 $x$ 和 $z$ 轴同时垂直的轴 $y$ 称为机械轴。通常把沿电轴 $x$ 方向的力作用下产生电荷的压电效应称为“纵向压电效应”，把沿机械轴 $y$ 方向的力作用下产生电荷的压电效应称为“横向压电效应”。而沿光轴 $z$ 方向的力作用时不产生压电效应。

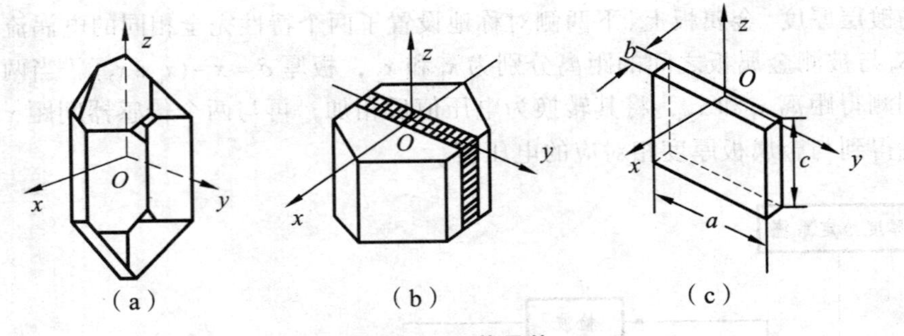


图 2.32 石英晶体

图 2.32（c）所示为沿轴线切下的石英晶体切片。当在电轴方向施加作用力 $F_x$ 时，在与电轴 $x$ 垂直的平面上将产生电荷 $Q_x$，其大小为

$$Q_x = d_{11}F_x \tag{2.62}$$

式中，$d_{11}$ 为 $x$ 方向受力的压电系数（C/N）。

若在同一切片上，沿机械轴 $y$ 方向施加作用力 $F_y$，则仍在与 $x$ 轴垂直的平面上产生电荷 $Q_y$，其大小为

$$Q_y = d_{12}\frac{a}{b}F_y = -d_{11}\frac{a}{b}F_y \tag{2.63}$$

式中，$d_{12}$ 为 $y$ 轴方向受力的压电系数，$d_{12} = -d_{11}$；$a$、$b$ 分别为石英晶体的长度和宽度。

晶体切片上电荷的符号与受力方向的关系如图 2.33 所示。

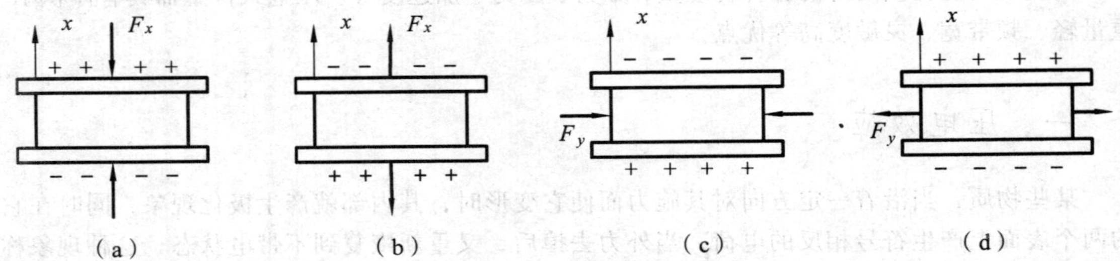


图 2.33 石英晶体切片上电荷符号与受力方向

## 2. 压电陶瓷的压电效应

压电陶瓷是人工制造的多晶体，它是具有电畴结构的压电材料。电畴是分子自发形成的区域，它有一定的极化方向。在无外电场作用时，各个电畴在晶体中无规则排列，它们的极化效应互相抵消。因此，在原始状态压电陶瓷呈现中性，不具有压电效应，如图 2.34（a）所示。当在一定的温度条件下，对压电陶瓷进行极化处理，即以强电场使电畴规则排列，这时压电陶瓷就具有了压电性，如图 2.34（b）所示。在极化电场去除后，电畴基本上保持不变，留下了很强的剩余极化，如图 2.34（c）所示，这时的材料才具有压电特性。由于存在极化强度，在压电陶瓷极化方向两端便出现束缚电荷。由于束缚电荷的作用，在陶瓷极化方向两端很快吸附一层来自外界的自由电荷。无外力作用时，束缚电荷和自由电荷在数量上相等，极性相反，对外不显电性。

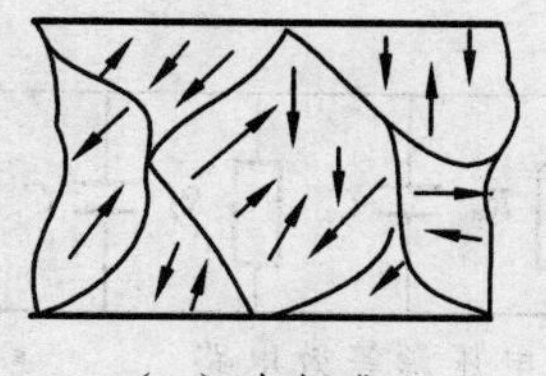

(a) 未极化

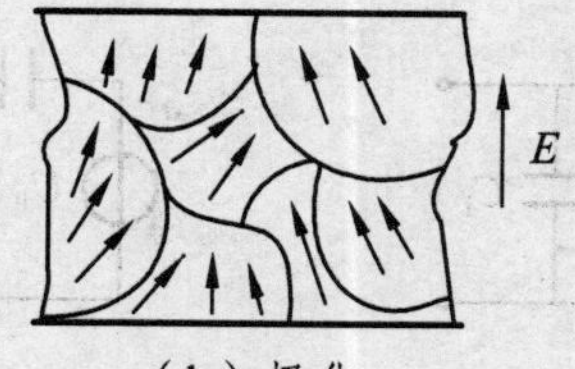


(b) 极化

(c) 极化后

**图 2.34 压电陶瓷的极化**

如果在压电陶瓷片上施加一个与极化方向平行的外力，陶瓷片将产生压缩变形，片内束缚电荷的距离变小，极化强度变弱。原来吸附在极板上的自由电荷，一部分被释放而出现放电现象。当压力撤销后，陶瓷片恢复原状，片内的正、负电荷之间的距离变大，极化强度也变大，因此电极上又吸附部分自由电荷而出现充电现象。这就是压电陶瓷的正压电效应。

## 二、压电传感器的等效电路

压电传感器在受外力作用时，在两个电极表面将要聚集电荷，且电荷量相等、极性相反。这时它相当于一个以压电材料为电介质的电容器，其电容量为

$$C_a = \frac{\varepsilon_r \varepsilon_0 S}{h} \tag{2.64}$$

式中，$\varepsilon_0$ 为真空介电常数，$\varepsilon_r$ 为压电材料的相对介电常数，$h$ 为压电元件的厚度，$S$ 为压电元件极板面积。

两极板间电压为

$$U = \frac{Q}{C_a} \tag{2.65}$$

因此，可以把压电式传感器等效成一个与电容相并联的电荷源，如图 2.35（a）所示，也可以等效为一个与电容相串联的电压源，如图 2.35（b）所示。

由等效电路可知，只有在外电路负载为无穷大且内部无漏电时，电压源才能保持长期不变。如果负载不是无穷大，则电路就会按指数规律放电。这对于静态信号以及低频准静态信号测量极为不利，必然带来误差。事实上，压电传感器内部不可能没有泄漏，外电路负载也不可能无穷大，只有外力以较高频率不断地作用，传感器的电荷才能得以补充，从这个意义上讲，压电传感器不适宜静态测量。

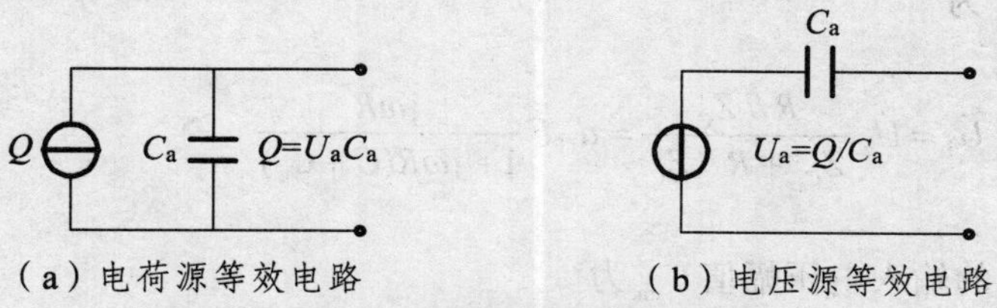


（a）电荷源等效电路　（b）电压源等效电路

**图 2.35 压电式传感器的等效电路**

压电式传感器与测量仪表连接时，还必须考虑电缆电容 $C_c$、放大器的输入电阻 $R_i$ 和输入电容 $C_i$ 以及传感器的泄漏电阻 $R_a$。图 2.36 画出了压电式传感器完整的等效电路。

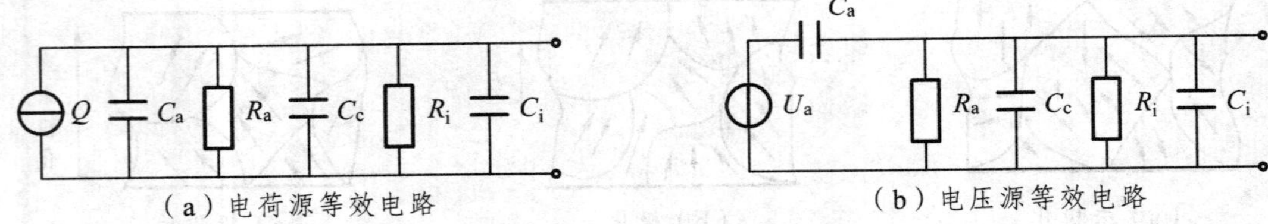


**图 2.36 压电式传感器的实际等效电路**

在压电式传感器的实际使用中，常采用两片或两片以上同型号的压电元件组合在一起。有两种接法，如图 2.37 所示。图 2.37（a）所示为并联接法，电容量增加了 1 倍，输出电压与单片时相同，极板上的电荷量为单片时的 2 倍。图 2.37（b）所示为串联接法，电容量为单片电容的一半，输出电压为单片电压的 2 倍，输出总电荷量等于单片电荷。

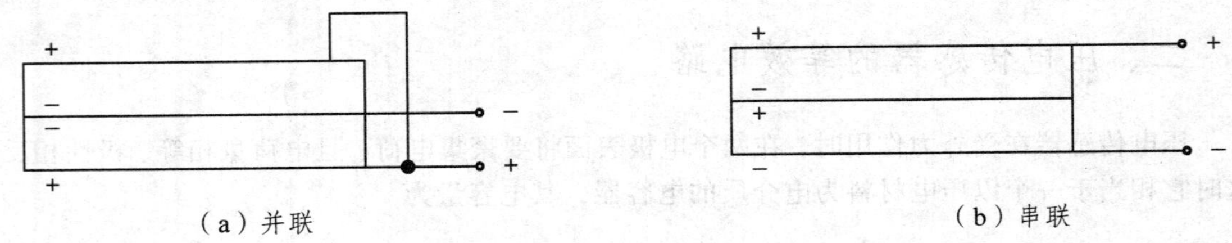


**图 2.37 压电元件的连接方式**

## 三、压电传感器的测量电路

压电传感器本身的内阻抗很高，而输出能量较小，因此它的测量电路通常需要接入一个高输入阻抗前置放大器。通过放大器，一是把它的高输出阻抗变换为低输出阻抗，二是放大传感器输出的微弱信号。由压电传感器的等效电路可知，其输出可以是电压信号，也可以是电荷信号，因此前置放大器也有两种形式：电压放大器和电荷放大器。

### 1. 电压放大器

电压放大器电路如图 2.38 所示。在图 2.38（b）中，电阻 $R=\dfrac{R_a R_i}{R_a+R_i}$，电容 $C=C_c+C_i$，而传感器开路电压 $U_a=\dfrac{Q}{C_a}$，若压电元件受沿电轴方向正弦力 $F=F_m\sin\omega t$ 的作用，则送到放大器的输入电压 $\dot{U}_i$ 为

$$\dot{U}_i=\dot{U}_a\frac{R//Z_C}{Z_{C_a}+R//Z_C}=d_{11}\dot{F}\frac{j\omega R}{1+j\omega R(C+C_a)} \tag{2.66}$$

因此，前置放大器的输入电压幅值 $U_{im}$ 为

$$U_{im}=\frac{d_{11}F_m\omega R}{\sqrt{1+(\omega R)^2(C_c+C_i+C_a)^2}} \tag{2.67}$$

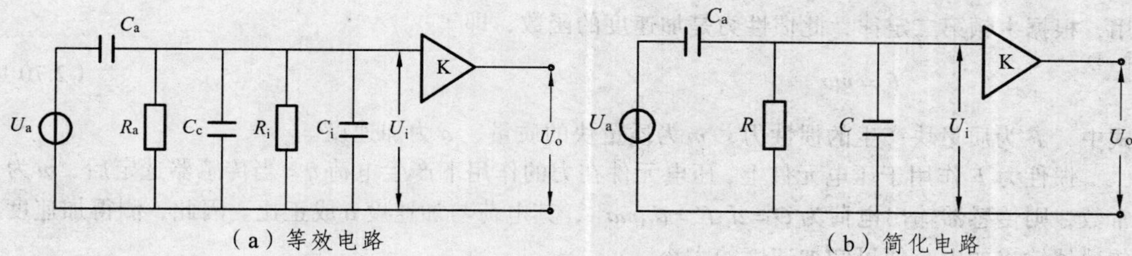


图 2.38 电压放大器电路

由式(2.67)可以看出，当作用在压电元件上的力是静态力时，$\omega=0$，前置放大器的输入电压等于 0，这就从原理上决定了压电式传感器不能测量静态物理量。而当 $(\omega R)^2(C_c+C_i+C_a)^2>>1$ 时，前置放大器输入电压幅值与压电元件上的作用力的频率无关，因此压电式传感器的高频响应特性好，输出电压不受频率限制，故特别适用于高频交变力的测量。

### 2. 电荷放大器

图 2.39 是电荷放大器电路图。图中 $C_f$ 为放大器的反馈电容，$A$ 为运算放大器的增益。如果忽略电阻 $R_a$、$R_i$ 的影响，根据运算放大器的基本特性，可以求得电荷放大器的输出电压为

$$U_0=\frac{-QA}{C_a+C_c+C_i+(1+A)C_f} \tag{2.68}$$

当 $A>>1$，且满足 $(1+A)C_f>(C_a+C_c+C_i)$ 时，有

$$U_0\approx-\frac{Q}{C_f} \tag{2.69}$$

由上式可见，电荷放大器的输出电压 $U_0$ 只与输入电荷量和反馈电容有关，而与电缆电容 $C_c$ 无关。

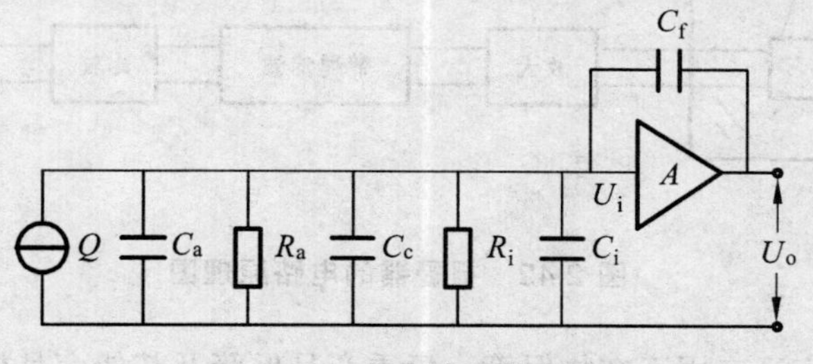


图 2.39 电荷放大器电路

## 四、压电传感器的应用

### 1. 压电式加速度传感器

图 2.40 是一种压电式加速度传感器的结构图。它主要由压电元件、质量块、预压弹簧、基座及外壳等组成。整个部件装在外壳内，并由螺栓加以固定。当加速度传感器和被测物一起受到冲击振动时，压电元件受质量块惯性力的作

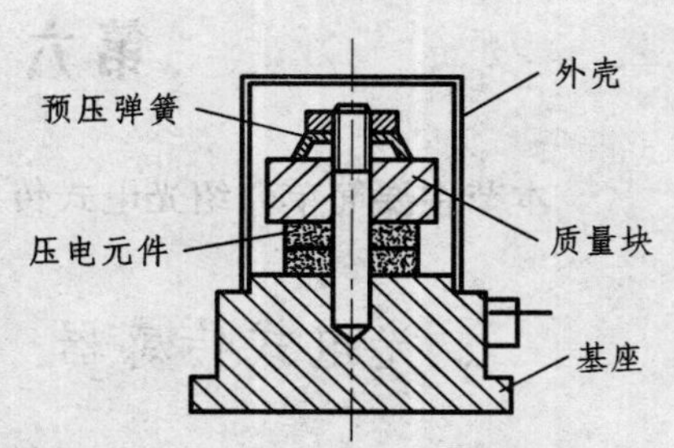


图 2.40 压电式加速度传感器

用，根据牛顿第二定律，此惯性力是加速度的函数，即

$$F = ma \tag{2.70}$$

式中，$F$为质量块产生的惯性力，$m$为质量块的质量，$a$为加速度。

惯性力$F$作用于压电元件上，压电元件在力的作用下产生电荷$q$。当传感器选定后，$m$为常数，则传感器输出电荷为$Q = d_{11}F = d_{11}ma$，其电荷与加速度$a$成正比。因此，测得加速度传感器输出的电荷便可知加速度的大小。

**2. 压电式报警器**

BS-D2 压电式传感器是专门用于检测玻璃破碎的一种传感器，它利用压电元件对振动敏感的特性来感知玻璃受撞击和破碎时产生的振动波。其外形及内部电路如图 2.41 所示。

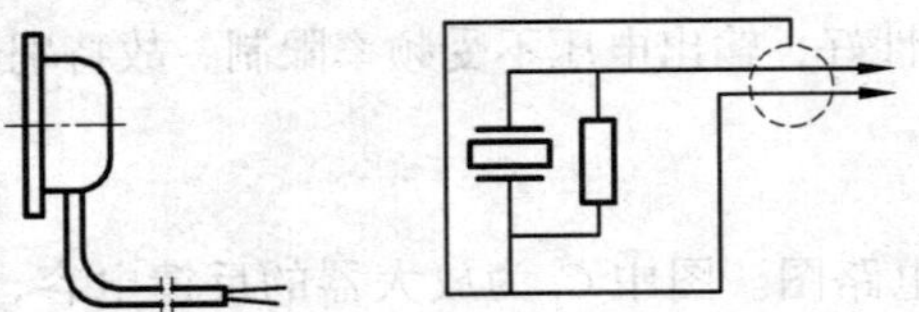

图 2.41 BS-D2 压电式传感器外形及内部电路

报警器的电路原理如图 2.42 所示。使用时把压电式传感器贴在玻璃上，然后通过电缆和报警器相连。当玻璃打碎的瞬间，压电薄膜感受到剧烈振动，表面产生电荷$Q$，在两个输出引脚之间产生窄脉冲报警电压信号，经放大、滤波、比较等处理后提供给报警系统。只有当传感器输出信号高于设定的阈值，才会驱动报警执行机构工作。

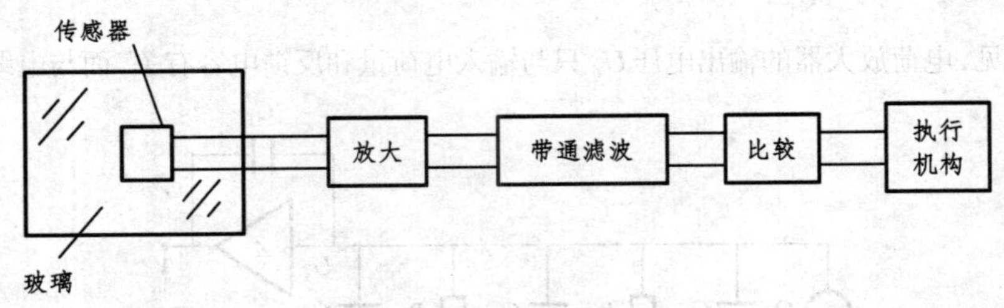


图 2.42 报警器的电路原理图

玻璃破碎报警器广泛应用于文物保管、贵重商品保管及其他商品柜台保管等场合。

## 第六节 其他传感器及应用

本节主要简单介绍光电式传感器、热电式传感器、智能传感器及其应用。

### 一、光电式传感器

光电式传感器是将光信号转换成电信号的光敏器件，它的转换原理基于光电效应。光电

式传感器由光源、光通路、光电元件和测量电路四部分组成。

### 1. 光电效应和光电器件

光电效应一般分为外光电效应、内光电效应。

（1）外光电效应

在光线照射下，物体内电子逸出物体表面向外发射的现象叫做外光电效应。在光的照射下，物质的电子吸收光子能量后，一部分用于克服物质对电子的束缚，另一部分转化为逸出电子的动能。只有当光子的能量大于电子逸出功时，物质内的电子才能脱离原子核的吸引向外逸出。基于外光电效应工作原理制成的光电器件，一般都是真空或充气的光电器件，如光电管和光电倍增管。

（2）内光电效应

在光线照射下，物体的导电性能发生变化或产生光生电动势的效应称为内光电效应，因此，内光电效应又分为光电导效应和光生伏特效应。基于光电导效应工作原理制成的光电器件有光敏电阻。基于光生伏特效应工作原理制成的光电器件有光敏二极管、光敏三极管和光电池。

光敏电阻结构和接线如图 2.43 所示。当无光照射时，光敏电阻具有很高的阻值；当受到一定波长范围的光照射时，电阻值急剧降低，光线越强电阻值越低；当光照停止，电阻恢复原值。

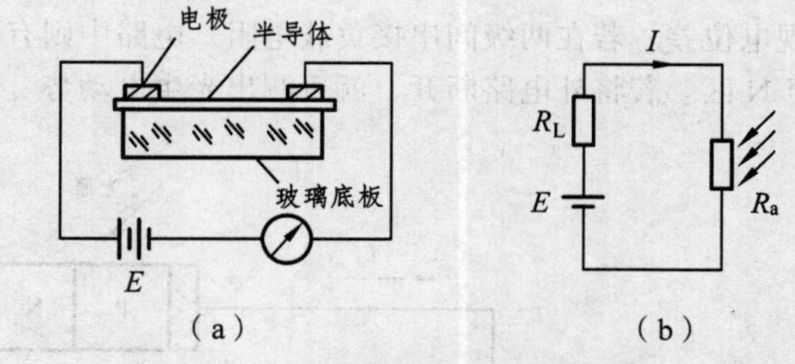


图 2.43 光敏电阻结构与接线

光敏二极管与普通二极管的不同之处在于 PN 结装在透明管壳的顶部，可以直接受到光照。光敏二极管在电路中一般处于反向工作状态，其符号和工作电路如图 2.44 所示。当无光照时，由于二极管反向偏置，所以反向电流很小，这时的电流称为暗电流，相当于普通二极管的反向饱和漏电流，二极管处于截止状态；当有光照时，在 PN 结附近产生电子-空穴对，使少数载流子的浓度增加，并在 PN 结形成的电场作用下作定向运动而形成光电流，光电流与光照度成正比，二极管处于导通状态。

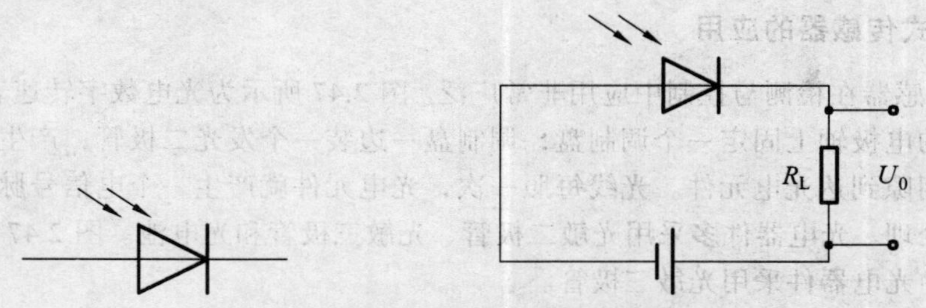


图 2.44 光敏二极管符号与工作电路

光敏三极管有 PNP 型和 NPN 型两种，其结构与一般三极管很相似，基区面积做得较大，发射区面积较小，入射光主要被基区吸收。当集电极加上正电压，基极开路时，集电极处于反向偏置状态。当光线照射在基区时，会产生电子-空穴对，增加了少数载流子的浓度，使集电极反向饱和电流大大增加，这就是光敏三极管集电极的光生电流。该电流注入发射极进行放大成为光敏三极管集电极与发射极间的电流，这就是光敏三极管的光电流。

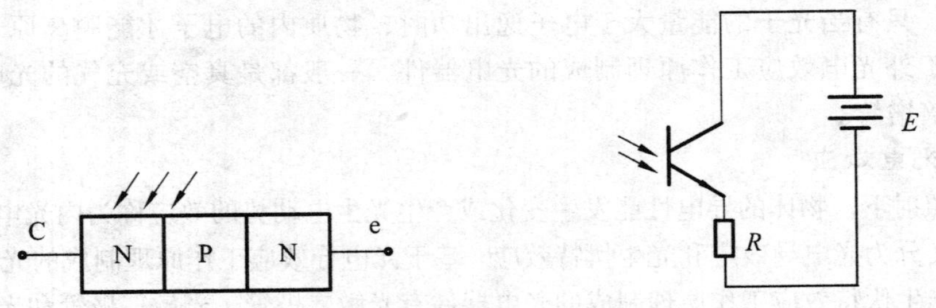


图 2.45 光敏三极管电路图

光电池的符号和原理图如图 2.46 所示。当光照到 PN 结时，如果光子能量足够大，将在 PN 结内激发出电子-空穴对，在内电场的作用下，在 N 区聚积负电荷，P 区聚积正电荷，这样 N 区和 P 区之间出现电位差。若在两级间串接负载电阻，电路中则有电流流过，电流的方向由 P 区流经外电路至 N 区。若将外电路断开，就可测出光生电动势。

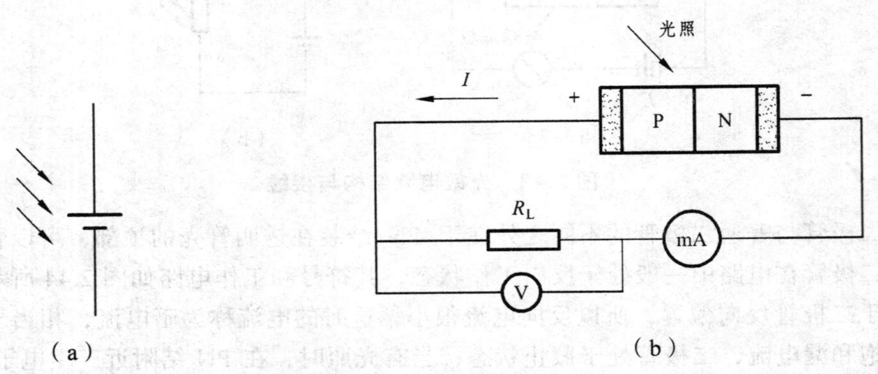


图 2.46 光电池符号和原理图

### 2. 光电式传感器的应用

光电式传感器在检测与控制中应用非常广泛。图 2.47 所示为光电数字转速表工作电路图。在被测转速的电极轴上固定一个调制盘；调制盘一边装一个发光二极管，产生的恒定光透过调制盘的齿间隙到达光电元件。光线每照一次，光电元件就产生一个电信号脉冲，经放大器整形后计数处理。光电器件多采用光敏二极管、光敏三极管和光电池。图 2.47（b）为光电转换电路，图中光电器件采用光敏三极管。

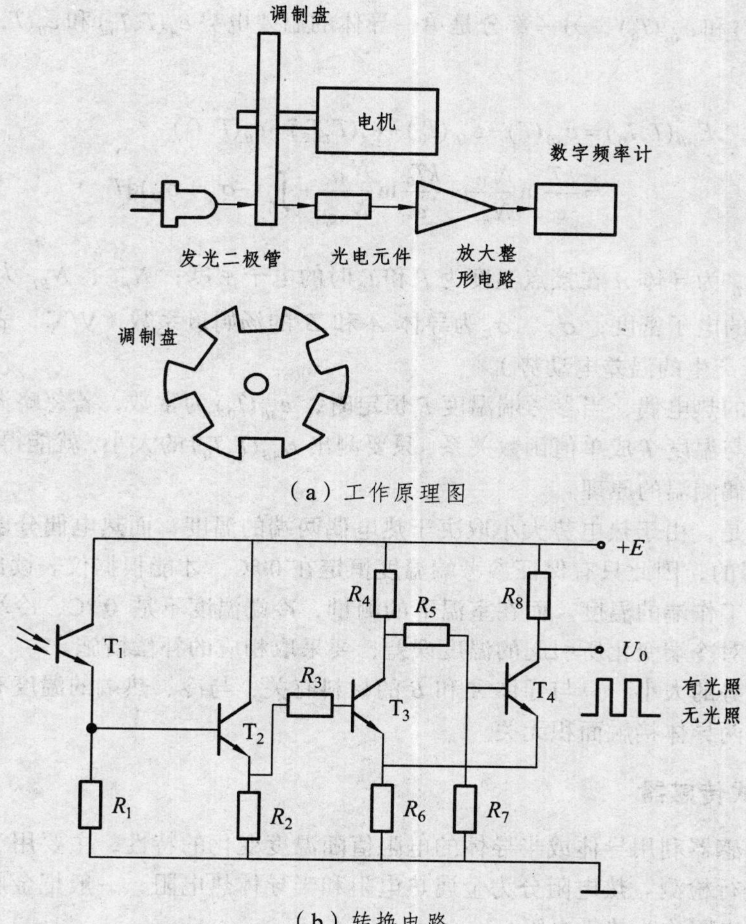


（a）工作原理图

（b）转换电路

**图 2.47　光电数字转速表**

## 二、热电式传感器

热电式传感器是将温度变化转换为电量变化的传感装置，而将温度转换为电势大小的热电式传感器叫做热电偶，将温度转换为电阻大小变化的热电式传感器叫做热电阻。

### 1. 热电偶传感器

当有两种不同的导体或半导体 $A$ 和 $B$ 组成一个回路，只要两端接点处的温度不同，一端温度为 $T$（称为工作端或热端），另一端温度为 $T_0$（称为自由端、参考端或冷端），则回路中将产生一个电动势，这种现象称为“热电效应”。两种导体组成的回路称为“热电偶”，其两种导体称为“热电极”，产生的电动势则称为“热电势”，如图 2.48 所示。

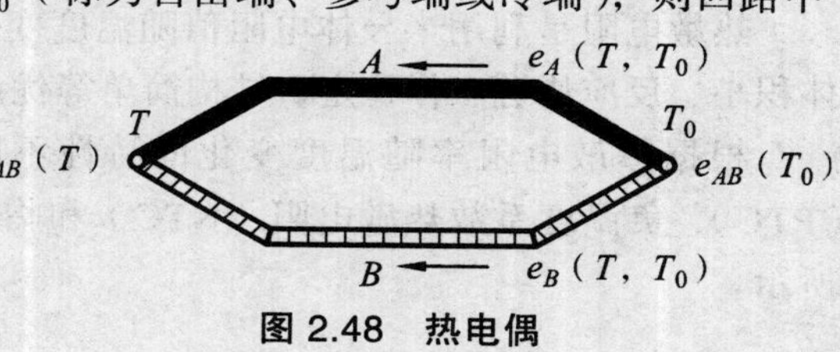


**图 2.48　热电偶**

热电势由两部分组成，一部分是两种导体

的接触电势 $e_{AB}(T)$ 和 $e_{AB}(T_0)$，另一部分是单一导体的温差电势 $e_A(T,T_0)$ 和 $e_B(T,T_0)$。回路总的热电势为

$$\begin{aligned}E_{AB}(T,T_0)&=e_{AB}(T)-e_{AB}(T_0)-e_A(T,T_0)+e_B(T,T_0)\\&=\frac{kT}{e}\ln\frac{N_{AT}}{N_{BT}}-\frac{kT_0}{e}\ln\frac{N_{AT_0}}{N_{BT_0}}+\int_{T_0}^{T}(-\sigma_A+\sigma_B)\mathrm{d}T\end{aligned} \tag{2.71}$$

式中，$N_{AT}$、$N_{AT_0}$ 为导体 $A$ 在接点温度为 $T$ 和 $T_0$ 时的电子密度；$N_{BT}$、$N_{BT_0}$ 为导体 $B$ 在接点温度为 $T$ 和 $T_0$ 时的电子密度；$\sigma_A$、$\sigma_B$ 为导体 $A$ 和 $B$ 的汤姆逊系数（V/℃，表示在导体两端温差为 1 °C 时所产生的温差电动势）。

对于已选定的热电偶，当参考端温度 $T_0$ 恒定时，$e_{AB}(T_0)$ 为常数，若忽略温差电势，则总的热电动势就只与温度 $T$ 成单值函数关系，只要测出 $E_{AB}(T,T_0)$ 的大小，就能得到被测温度 $T$，这就是利用热电偶测温的原理。

需要说明的是，由于热电势大小取决于热电偶两端的温度，而热电偶分度是以参考端温度为 0 °C 时测得的，因此只有保证参考端温度恒定在 0 °C，才能根据仪表读出的热电势值，查分度表，得出工作端的温度。而在室温下的测量，冷端温度不是 0 °C，冷端环境温度会带来测量误差，故对冷端变化所引起的温度误差，要采取相应的补偿措施。

热电偶热电势的大小，只与导体 $A$ 和 $B$ 的材料有关，与冷、热端的温度有关，而与导体的粗细、长度及两导体接触面积无关。

### 2. 热电阻式传感器

热电阻式传感器利用导体或半导体的电阻值随温度变化的特性，主要用于对温度和与温度有关的参数进行检测。热电阻分为金属热电阻和半导体热电阻，一般把金属热电阻称为热电阻，半导体热电阻称为热敏电阻。

#### （1）金属热电阻

金属热电阻是利用金属导体的电阻值随温度变化的特性，测温范围在 – 200 °C ~ 600 °C。它随温度变化的特性可表示为

$$R_t=R_0[1+\alpha(t-t_0)] \tag{2.72}$$

式中，$R_t$、$R_0$ 为热电阻在 $t$ °C 和 0 °C 时的电阻值，$\alpha$ 为热电阻的电阻温度系数（1/ °C）。

由上式可见，只要保持 $\alpha$ 不变，金属电阻 $R_t$ 将随温度线性地增加。但是，绝大多数金属导体的 $\alpha$ 不是常数，它也随温度变化而变化，只能在一定的温度范围内，近似地看作一个常数。不同的金属导体，$\alpha$ 保持常数所对应的温度范围也不同。

#### （2）热敏电阻

热敏电阻是利用半导体电阻值随温度变化而显著变化的一种热敏元件，具有灵敏度高、体积小、反应快、工作稳定、结构简单等优点。

根据热敏电阻率随温度变化的特性不同，热敏电阻基本可分为正温度系数热敏电阻（PTC）、负温度系数热敏电阻（NTC）和临界温度系数热敏电阻（CTR），其特性如图 2.49 所示。

PTC 电阻率随温度升高而减小，但过某一温度后急剧增加，是以钛酸钡掺和稀土元素烧结而成的半导体陶瓷元件。NTC 电阻率随温度升高而均匀减小，一般采用负电阻温度系数很大的固体多晶半导体氧化物混合烧结而成。CTR 是当温度接近某一数值时，电阻率下降而产生突变的电阻，是以三氧化二钒与钡、硅等氧化物，在磷、硅氧化物的弱还原气体中混合烧结而成。

在温度测量中，主要采用 NTC 和 PTC 型热敏电阻，CTR 型热敏电阻主要用于温控开关。

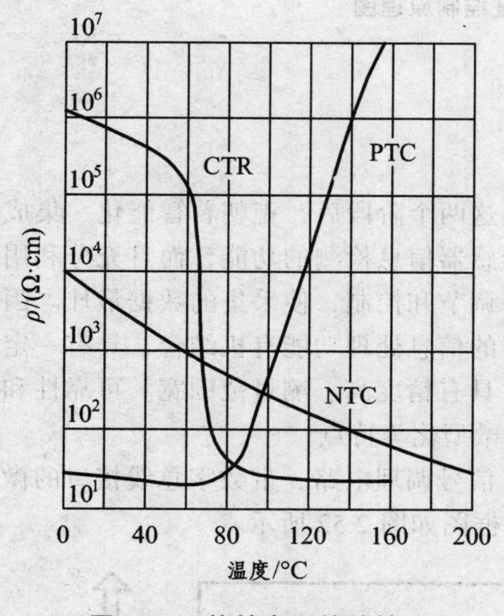


图 2.49 热敏电阻的特性

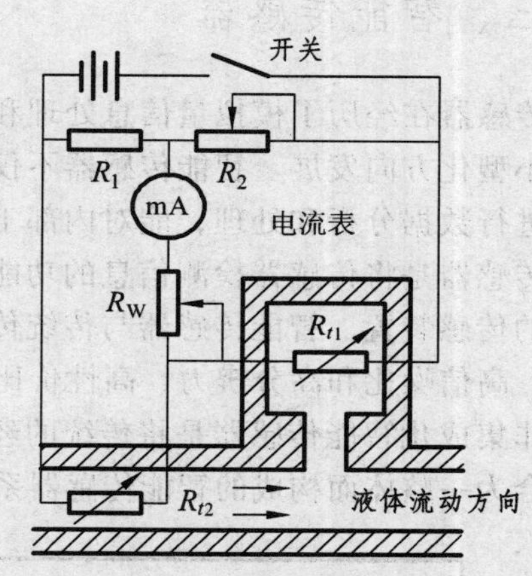


图 2.50 热电阻流量计

### 3. 热电式传感器的应用

（1）热电阻流量计

热电阻流量计如图 2.50 所示。$R_{t1}$ 和 $R_{t2}$ 为两个铂热电阻探头，$R_{t2}$ 放在被测介质中，其耗散的热量与被测介质的平均流速成正比。$R_{t1}$ 放在温度与被测介质相同但不受介质流速影响的通室中。

$R_{t1}$ 和 $R_{t2}$ 接在电桥的两个相邻桥臂上。被测介质处于静止状态时，将电桥调制平衡状态。当介质以平均速度流动时，介质流动带走热量，$R_{t2}$ 的温度下降，导致其电阻值降低，电桥失去平衡，检流计进行指示。如果将检流计按平均流速或流量标定，则构成了直流式热电阻流速表或流量计。

（2）热敏电阻温度控制

如图 2.51 所示为热敏电阻温度控制原理图。$R_T$ 为热敏电阻。当实际温度比设定温度低时，$R_T$ 阻值较小，$T_1$ 和 $T_2$ 导通，继电器 K 吸合，电热丝通电加热；当实际温度比设定温度高时，$R_T$ 阻值较大，$T_1$ 和 $T_2$ 截止，继电器 K 断开，电热丝断电停止加热。D 为继电器 K 提供放电回路，保护三极管 $V_2$。

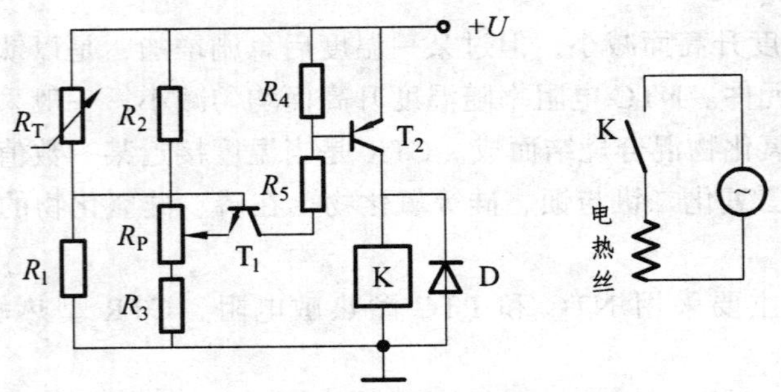


图 2.51 热敏电阻温度控制原理图

## 三、智能传感器

传感器在经历了模拟量信息处理和数字量交换这两个阶段后，正朝着智能化、集成一体化、小型化方向发展。智能传感器不仅具备传统传感器信息检测的功能，而且充分利用微处理器进行数据分析和处理，能对内部工作过程进行调节和控制，使采集的数据最佳。因此，智能传感器是将传感器检测信息的功能与微处理器的信息处理功能有机结合，具有一定人工智能的传感装置。智能传感器与传统传感器相比，具有精度高、测量范围宽、可靠性和稳定性好、高信噪比和高分辨力、高性价比、小型化和微型化等特点。

非集成化智能传感器是将传统的经典传感器、信号调理电路、带数字总线接口的微处理器组合为一整体而构成的智能传感器系统，其结构框图如图 2.52 所示。

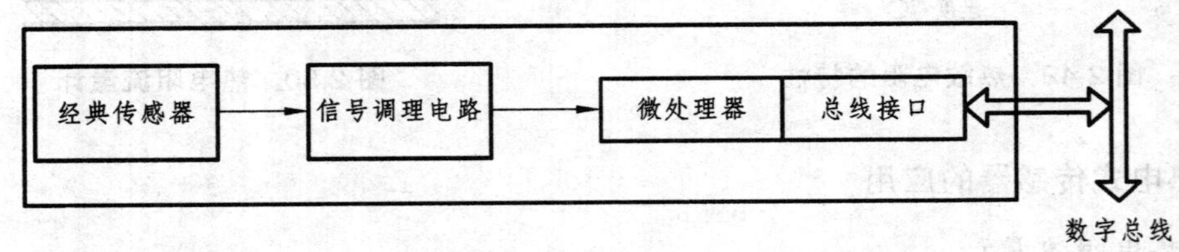


图 2.52 非集成化智能传感器框图

集成化智能传感器系统是采用微机加工技术和大规模集成电路工艺技术，利用硅作为基本材料来制作敏感元件、信号调理电路、微处理器单元，并把它们集成在一块芯片上而构成的，故又称为集成智能传感器。混合实现方式智能传感器是根据需要，将系统的敏感单元、信号调理电路、微处理器单元、数字总线接口等，以不同的组合方式集成在两块或三块芯片上，并装在一个外壳里。

智能传感器是应现代自动化系统发展要求而提出来的，是传感器发展历程中的一次革命，它是传感器技术发展的大趋势。

# 习 题 二

2.1 什么叫应变效应？利用应变效应解释金属电阻应变片的工作原理。

2.2　在一悬臂梁上、下两面各贴一应变片，组成直流半桥[电路参见图 2.5（c）]。该梁在外力作用下产生的应变分别为$1\,000\mu\varepsilon$和$-1\,000\mu\varepsilon$。已知：应变片灵敏系数$K=2$，应变片空载电阻$R_0=120\,\Omega$，电桥电源电压$U=5\ \text{V}$。试求：

① 电阻的变化量$\Delta R$值是多少？

② 电桥的输出电压$U_o$值是多少？

2.3　根据电容式传感器的工作原理不同可分为几种类型？各有什么特点？适用于什么场合？

2.4　有一平面直线位移型差动传感器，其测量电路采用变压器交流电桥，结构组成如题 2.4 图所示。电容传感器起始时$b_1=b_2=b=20\ \text{mm}$，$a_1=a_2=a=10\ \text{mm}$，极距$d=2\ \text{mm}$，极间介质为空气，测量电路$u_i=3\sin\omega t\ \text{V}$，且$u=u_i$。试求当动极板上输入一位移量$\Delta x=5\ \text{mm}$时，电桥输出电压$u_o$。

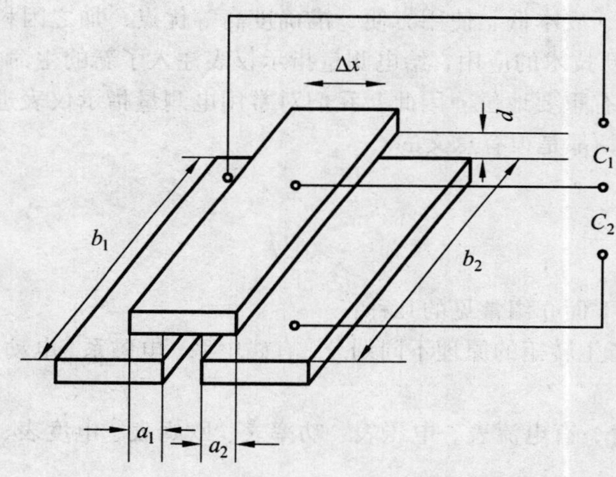


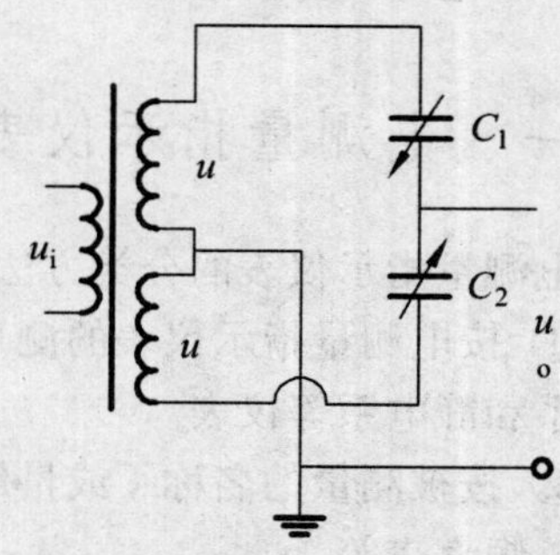


**题 2.4 图**

2.5　试比较自感式传感器与差动变压器式传感器的异同。

2.6　简述何谓电涡流效应？怎样利电用涡流效应进行位移测量？

2.7　什么是正压电效应？什么是逆压电效应？石英晶体和压电陶瓷的正压电效应有何不同之处？

2.8　为什么压电传感器通常用来测量动态参量？

2.9　用一压电传感器测一正弦变化的力，采用电荷放大器（电路参见图 2.39），压电元件用两片压电陶瓷并联，压电系数为$190\times10^{-12}$（C/N），电荷放大器中的运放为理想运放，反馈电容为 3 800 pF，实际测得放大器输出电压为$10\sin\omega t$（V），试求此时的作用力$F$。

2.10　什么是光电效应？有哪几种光电效应？

2.11　比较金属热电阻和半导体热敏电阻有何不同？

# 第三章 电测量指示仪表

## 第一节 概 述

电测量指示仪表也称为直读仪表，是测量电磁量的指针式仪表。其特点是先将被测电磁量转换为可动部分的角位移，然后通过可动部分的指针在标尺上的指示位置直接读出被测量的值。因电测量指示仪表具有结构简单、成本低、使用方便、准确度高等优点，加之因科学技术迅猛发展出现了新材料、新工艺、新技术的应用，给电测量指示仪表注入了新的生命力，在准确度要求不是很高的现场测量中占有重要地位。因此，我们对常用电测量指示仪表进行学习，无论对工程测量还是实验室测量，都是很有意义的。

### 一、电测量指示仪表的分类

电测量指示仪表的分类方法很多，下面介绍常见的几种：

① 按电测量指示仪表的测量机构产生转矩的原理不同划分，有磁电系、电磁系、电动系、感应系和静电系等仪表。

② 按被测量的名称（或量纲）划分，有电流表、电压表、功率表、欧姆表、电度表、相位表、频率表等。

③ 按电测量指示仪表的准确度等级划分，有 0.1、0.2、0.5、1.0、1.5、2.5、5.0 七个等级。

此外，还可按使用条件、防外电磁场性能等方法进行分类。

### 二、电测量指示仪表的组成

电测量指示仪表的组成如图 3.1 所示。从图中可以看出，整个指示仪表由测量线路和测量机构两部分组成。

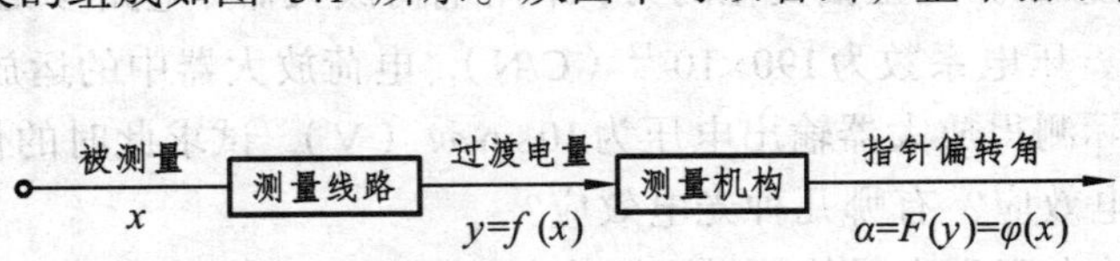

被测量 $x$ → [测量线路] → 过渡电量 $y=f(x)$ → [测量机构] → 指针偏转角 $\alpha=F(y)=\varphi(x)$

图 3.1 测量指示仪表的组成

测量线路是将被测量 $x$ 变换成适应测量机构的过渡电量 $y$，如衰减器、整流器等；而测量机构是将过渡电量 $y$ 转变为转动体及指针的角位移。后者是电测量指示仪表的核心，前者则是根据被测量的不同而配制的，由需要而定，并非是所有电测量指示仪表都有。

## 三、测量机构的组成与原理

### 1. 组 成

测量机构由驱动装置、控制装置、阻尼装置三大部分组成。对于不同原理的测量机构，这些装置的结构是不相同的，这在后面的内容中加以介绍。

### 2. 原 理

无论哪种测量机构，其原理都可归结为以下几方面：

① 被测量经测量线路转换后作用于驱动装置，驱动装置产生转动转矩，使转动部分转动，从而使指针偏转。

② 转动部分的转动使控制装置产生一个反转矩，阻止转动部分转动。

③ 当转矩与反转矩平衡时，转动部分停止转动，平衡在一定的偏转角上，指针在刻度盘上指示出确定值。

④ 因转动体具有一定的惯量，在平衡位置处转动体会左右摆动，则阻尼装置产生阻尼力矩，使转动体在平衡位置处不晃动。可见，阻尼装置的作用就是使指针较快地稳定在平衡位置处，便于读数，缩短测量时间。

## 四、电测量指示仪表的主要技术性能

### 1. 灵敏度

仪表指针（即可动部分）偏转角的变化量与被测量变化量之比称为仪表的灵敏度，表示为

$$s=\frac{\mathrm{d}\alpha}{\mathrm{d}x}\left(\text{或}s=\frac{\Delta\alpha}{\Delta x}\right) \tag{3.1}$$

式中，如果被测量 $x$ 与偏转角 $\alpha$ 成正比关系，则 $s$ 为常数，标尺刻度是均匀的。这时，灵敏度为 $s=\frac{\alpha}{x}$。

仪表的灵敏度取决于仪表的结构和线路。通常将灵敏度的倒数称为仪表常数，用 $c$ 来表示。应注意，仪表灵敏度反映了仪表测量微小量的能力。

### 2. 准确度

准确度就是仪表的等级。选用仪表的等级要与进行测量所要求的准确度相适应。通常 0.1 级、0.2 级仪表用作标准仪表，校准测量用的工作仪表。一般实验室采用 0.5 级～2.5 级仪表，配电盘采用的仪表等级更低一些。关于准确度，在第一章介绍误差时已讲过。

### 3. 仪表的功耗

测量时，仪表要消耗一定的电能量，这不但引起仪表内部元件发热，产生误差，而且因影响被测电路的原有工作状态而产生误差。因此，降低仪表的功耗，在一定程度上不但可以

提高仪表的准确度，也会提高仪表的灵敏度，扩大使用范围。

### 4. 仪表的阻尼时间

仪表的阻尼时间是指被测量开始变化到使指针距离平衡位置小于标尺全长的 1% 时所需的时间。为了读数迅速，阻尼时间越短越好。

此外，仪表的技术性能还包括绝缘性能、耐压能力，等等。

最后还要说明一点，仪表的正确使用是很重要的，因使用不当不但会带来附加误差，严重的还会影响仪表和测试人员的人身安全。表 3.1 为仪表上常见的一些标志符号，反映了仪表的主要技术特性，供读者学习使用时参考。

**表 3.1 仪表刻度上的标志符号**

| 分类 | 符号 | 名称 | 分类 | 符号 | 名称 |
|---|---|---|---|---|---|
| 电流种类 | | 直流表 | 作用原理 | | 磁电式仪表 |
| | | 交流表 | | | 电动式仪表 |
| | | 交直流表 | | | 铁磁电动式仪表 |
| | | 三相交流表 | | | 电磁式仪表 |
| 测量对象 | A | 电流表 | | | 电磁式仪表（有磁屏蔽） |
| | V | 电压表 | | | 整流式仪表 |
| | W | 功率表 | 防御能力 | Ⅲ | 防御外磁场能力第Ⅲ等级 |
| | kW·h | 电度表 | 使用条件 | B | 使用条件 B |
| 准确度 | 0.5 | 0.5 级 | 工作位置 | | 水平使用 |
| | 0.5 | | | | |
| 绝缘试验 | 2 kV | 试验电压 2 kV | | | 垂直使用 |
| | 2 | | | | |

# 第二节　磁电系仪表

磁电系仪表（国标 GB 776—65《电气测量指示仪表通用使用条件》中定名为动磁系仪表），因准确度高、承载能力强、受外界干扰小等优点，应用广泛。它可以测直流电压和电流，配以整流环节可测交流电压和电流，加变换电路还可测功率、频率、相位等；采用特殊结构可构成检流计，并可构成欧姆表；通过传感器还可测非电量。磁电系仪表问世最早，由于近年来磁性材料的发展使它的性能日益提高，成为最有发展前景的指示仪表之一。

## 一、磁电系测量机构

磁电系测量机构是磁电系仪表的核心。根据结构的不同分动磁式和动圈式，而动圈式又分外磁式、内磁式、内外磁结合式三种结构。为便于介绍原理，我们以外磁式结构来分析。

### 1. 结　构

图 3.2 就是外磁式磁电系测量机构的结构简图，因永久磁铁在可动线圈的外面，所以叫外磁式。整个结构分为两大部分，即固定部分和可动部分。固定部分由永久磁铁 1、极掌 2、固定在支架上的圆柱形铁芯 3 组成，构成固定的磁路。磁铁由矫顽力和剩磁都很大的硬磁材料制成，而极掌和铁芯则用磁导率高的软磁材料制成，且铁芯在极掌间形成磁场均匀的环形气隙。可动部分由绕在铝框架 4 上的可动线圈 5、线圈两端的半轴 8、与转轴相连的指针 7、游丝 6 和与半轴相连的对指针进行机械调整的调零器等组成。

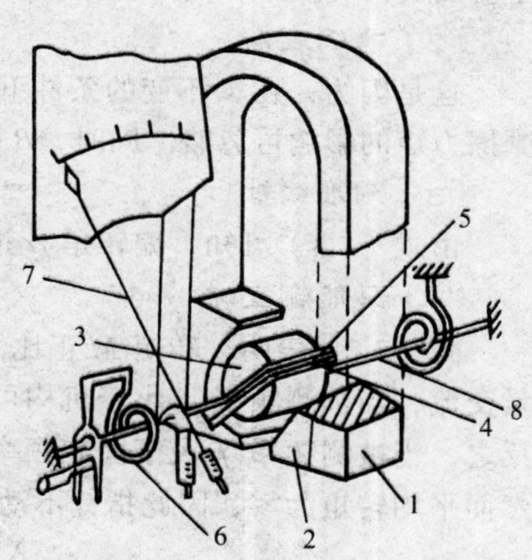

图 3.2　外磁式磁电系测量机构

### 2. 工作原理

磁电系测量机构的工作原理是，通电动圈在永磁场中受到电磁力的作用产生转矩，使转动体转动，而转动使游丝变形产生反转矩，当二转矩平衡时，指针指示一定的数值。简言之，磁电系测量机构是基于通电导体（动圈）在磁场中受到电磁力作用的原理而制成的。

设气隙磁感应强度 $B$ 均匀，动圈匝数为 $W$，动圈围成的面积为 $S$，流入动圈的电流为 $I$，则通电线圈与磁场作用产生的转矩为

$$M = BSWI \tag{3.2}$$

动圈在转矩 $M$ 作用下转动，使固定在转轴上的游丝变形产生反转矩

$$M_f = N\alpha \tag{3.3}$$

式中，$\alpha$ 为转动部分的偏转角，$N$ 为游丝的弹性系数。

当 $M = M_f$ 时，反转矩与转矩平衡，转动部分停止转动，指针指示一定值。阻止可动部分在平衡位置处摆动的主要是电磁阻尼（支承线圈的铝框在平衡处摆动切割永磁场感应电势，

产生感生电流，再与磁场作用产生力矩阻止摆动）；其次是空气对框架的阻尼。当然，铅框上的线圈与外电路构成闭合回路后，同样也会产生电磁阻尼力矩，但很微弱。

### 3. 技术性能

（1）电流灵敏度高

由 $M=M_f$ 可得

$$\alpha=\frac{BSW}{N}I=s_I I \tag{3.4}$$

则电流灵敏度为

$$s_I=\frac{BSW}{N}=\frac{\alpha}{I} \tag{3.5}$$

可见，电流灵敏度是由内部结构决定的常数，外部表现为在一定电流作用下偏转角的大小。因机构气隙小，其 $B$ 较大，则电流灵敏度较高。

（2）准确度高

这是因为，在 $s_I$ 不变的条件下，$B$ 高必然 $N$ 也高，$N$ 高的定位力矩就大，则轴与轴承的摩擦力矩的影响可忽略。同时，$B$ 高可忽略外磁场的影响，所以准确度高。

（3）刻度线性

由式（3.4）可知，偏转角 $\alpha$ 正比于电流 $I$，标尺盘刻度均匀。

（4）只能测直流

式（3.2）表明，转矩 $M$ 正比于电流 $I$，电流改变方向，转矩也必然改变方向。若用于测量交流，当被测频率 $f$ 小于机构可动部分的固有频率，指针将随电流而变，从而左右摆动；反之，当被测频率 $f$ 大于固有频率，转动部分跟随不上电流的变化，只能随平均转矩变化，然而平均转矩为零，因此指针不动。

## 二、磁电系电流表

磁电系测量机构直接用来测电流时，因动圈导线细，电流过大生热，易烧坏绝缘。同时，被测电流通过游丝流入动圈，大电流生热易导致游丝弹性系数 $N$ 变化，影响性能。所以，测量机构仅限于测几十微安到几十毫安的电流，超过这个电流时必须加分流器。

由此可见，磁电系电流表由测量机构与分流器并联而成，如图 3.3 所示。图中 $R_g$ 为机构的等效电阻，$R_p$ 为分流电阻。测量时，被测电流大部分通过分流电阻，测量机构中只有少部分电流。

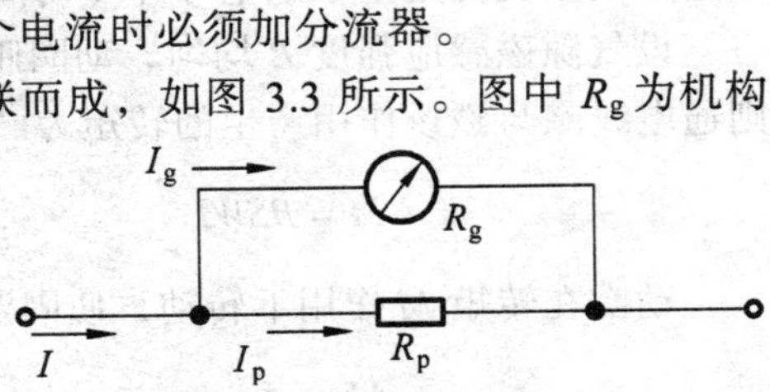

图 3.3 磁电系电流表的组成

由分流公式得

$$I_g=\frac{R_p}{R_g+R_p}I$$

即

$$I=\frac{R_g+R_p}{R_p}I_g=nI_g \tag{3.6}$$

可见量程扩大了 $n$ 倍，$n$ 被称为分流系数，即

$$n=\frac{I}{I_g}=\frac{R_g+R_p}{R_p} \tag{3.7}$$

由式（3.6）可得

$$R_p=\frac{R_g}{n-1} \tag{3.8}$$

**例 1**　一表头内阻 $R_g=1\ \text{k}\Omega$，量限为 50 μA，今改为测量上限为 2.5 A 的电流表，求分流电阻的值。

**解**

分流系数　$n=\dfrac{I}{I_g}=\dfrac{2.5}{50\times10^{-6}}=50\ 000$

分流电阻　$R_p=\dfrac{R_g}{n-1}=\dfrac{1\ 000}{50\ 000-1}=0.02$（Ω）

随着被测电流的增大，因机构电流是限定的，则分流电阻的电流增大，使得分流电阻值减小，从而使分流电阻的几何尺寸增大，不能内置，需单独制成分流器装置，被称为外附分流器。外附分流器有定值、有限互换、专用三种，它有两对接头，粗的一对叫电流头，与负载串联；细的一对叫电位头，与测量仪表并联。外附分流器额定值不用电阻表示，而以通入额定电流下的额定电压表示，有 30 mV、45 mV、75 mV、100 mV、150 mV、300 mV 六种。

实际工作中，一个量程的电流表应用起来常受到限制，通常是采用多量程电流表，其电路如图 3.4 所示。这种多量程电流表的分流是采用环形分流器，换挡过程中表头回路电阻固定，阻尼状态不变，且换挡接触电阻不在分流器回路而不影响仪表的准确度，仪表的温度误差不随量限变化。但任一分流电阻值有变化都会影响其他量限，所以调整较麻烦。根据图 3.4 可计算 $r_1\sim r_n$ 的阻值。

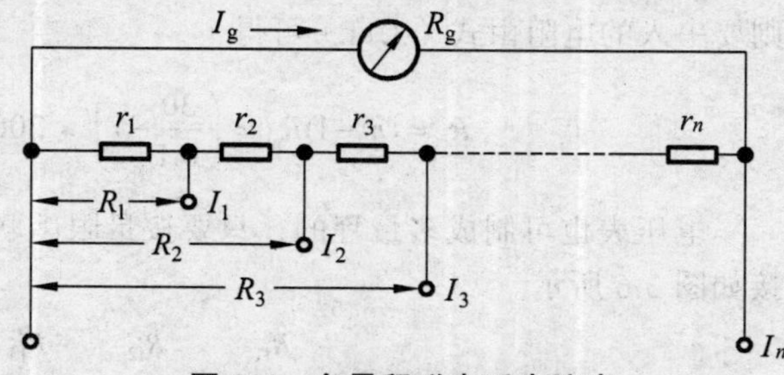

图 3.4　多量程磁电系电流表

在使用电流表时，只能将其串于被测电路中，切不可与被测电路并联。选用电流表，除选择等级和量限外，还要注意选择内阻，其阻值越小越好，因为这样可减小测量的方法误差。磁电系电流表只能测直流电流。

## 三、磁电系电压表

由于 $I_gR_g$ 为表头的电压降，则磁电系测量机构也可用来测量电压。但是，表头只能测毫伏级的电压，作电压表时必须加分压电阻来扩程。测量机构指针的偏转角 $\alpha$ 与电流成正比，而 $R_g$ 为定值，必然有 $\alpha$ 与机构两端的电压成正比。测量机构通过串分压电阻构成电压表，如图 3.5 所示。图中的

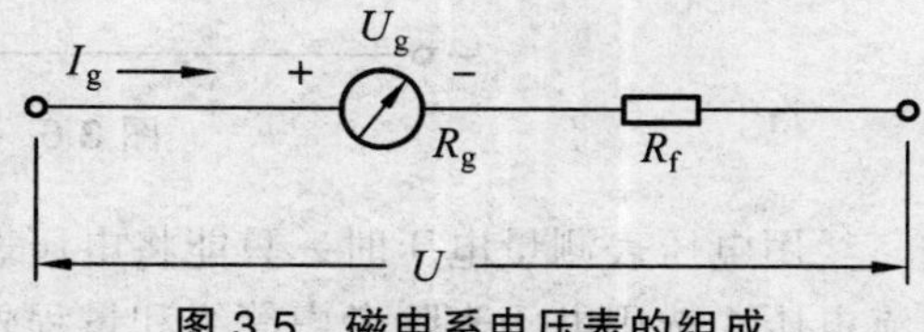

图 3.5　磁电系电压表的组成

$R_f$为与机构串联的分压电阻，$U_g$是机构两端的电压。

由于

$$\alpha = s_I I_g = s_I \frac{U_g}{R_g} = s_U U_g$$

机构的电压灵敏度为

$$s_U = \frac{s_I}{R_g} \tag{3.9}$$

串电阻构成电压表，则

$$U = I_g(R_g + R_f) = \frac{U_g}{R_g}(R_g + R_f) = mU_g$$

可见电压量程的扩大倍数为

$$m = \frac{U}{U_g} = \frac{R_g + R_f}{R_g} \tag{3.10}$$

同时，由式（3.10）可得

$$R_f = (m-1)R_g \tag{3.11}$$

**例 2** 一满刻度偏转电流 $I_g = 500\ \mu A$、内阻 $R_g = 200\ \Omega$的磁电系测量机构，要制成 30 V 量程的电压表，应串入多大的分压电阻？

**解** 因为机构满偏转时的端压为

$$U_g = I_g R_g = 500 \times 10^{-6} \times 200 = 0.1 \quad (V)$$

则要串入的电阻由式（3.11）可得

$$R_f = (m-1)R_g = \left(\frac{30}{0.1} - 1\right) \times 200 = 59\ 800 \quad (\Omega)$$

电压表也可制成多量程的，只要按量限串联不同的分压电阻即可。多量程分压电阻的连接如图 3.6 所示。

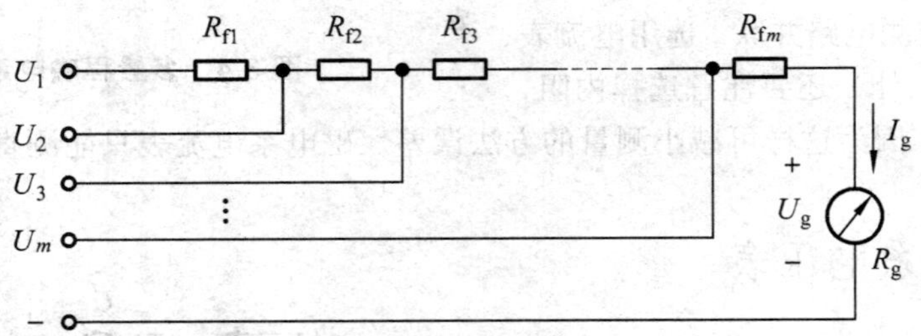


图 3.6 多量程磁电系电压表

用电压表测量电压时，只能将电压表并联于被测电路两端。磁电系电压表只能用于测直流电压。选用电压表除考虑等级和量程外，还要考虑电压表的内阻，内阻越大，对被测电路影响越小，测量的误差就越小。还应注意，电压表刻度盘上常标明电压表内阻参数“Ω/V”，如某电压表标明 50 kΩ/V，则 10 V 挡的内阻为 10 × 50 kΩ，100 V 挡的内阻为 100 × 50 kΩ。可见这个参数越大，说明该电压表并联到被测电路上对电路的分流作用就越小。

## 四、磁电系欧姆表

欧姆电阻，就是直流电阻，一个无源量，其阻值不随其端压的变化而变化。磁电系测量机构构成测量电阻的欧姆表，为把无源的被测电阻转化为通入测量机构的电流，测量线路除了要有电阻之外，还要有电源。图 3.7 为欧姆表的简单原理电路。图中电源为干电池，端电压为 $U$，电源与测量机构以及可变电阻 $R$ 相串联，在 $a$、$b$ 两个端钮上接入被测电阻 $R_x$。

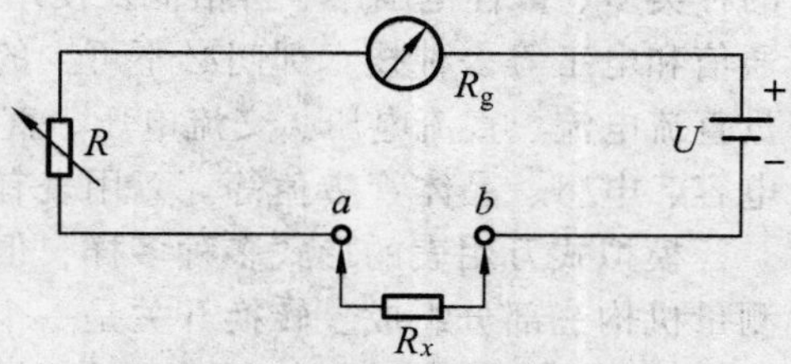

$a$、$b$ 间短路（即 $R_x = 0$），则

$$I = \frac{U}{R + R_g}$$

测量机构指针按 $\alpha = s_I I$ 偏转。调 $R$ 使电流达最大值 $I_g$，则指针指在满偏转 $\alpha_m$ 处，对应刻度为电阻“0”。

图 3.7 欧姆表的原理电路

$a$、$b$ 间开路（即 $R_x = \infty$），则

$$I = 0$$

这时，$\alpha = s_I I = 0$，指针不偏转，对应刻度为电阻“∞”。

$a$、$b$ 间接中心值电阻（即 $R_x = R + R_g$），有电流

$$I = \frac{U}{R_g + R + R_x} = \frac{U}{2(R_g + R)} = \frac{1}{2} I_g$$

这时的指针偏转角

$$\alpha = s_I I = \frac{1}{2} s_I I_g = \frac{1}{2} \alpha_m$$

所以，在指针半偏转角处刻度为中值电阻 $R_0$，并且由此处的刻度值便可知欧姆表的内阻值。

$a$、$b$ 间接任意电阻 $R_x$，电流为

$$I = \frac{U}{R + R_g + R_x} \tag{3.12}$$

由于 $U$ 值不变，$I$ 值与 $R_x$ 值一一对应，则偏转角 $\alpha$ 也按 $\alpha = s_I I$ 关系与 $R_x$ 值一一对应。由式（3.12）可知，$I$ 与 $R_x$ 间是非线性关系，则 $\alpha$ 与 $R_x$ 间也是非线性关系。所以，欧姆表的标尺刻度盘按电阻刻度是非线性的（刻度不均匀），如图 3.8 所示。其中心位置（中值电阻）左半段电阻由 $R_0 \to \infty$，分布甚密不易读数；右半段电阻由 $R_0 \to 0$，分布稀疏。

应当注意，欧姆表常有多个倍率，因此有多个中值电阻，如 MF10 型万用表在 × 1 挡的中值电阻是 13 Ω，在 × 10 挡的中值电阻是 130 Ω，在 × 1 000 挡的中值电阻是 13 kΩ。

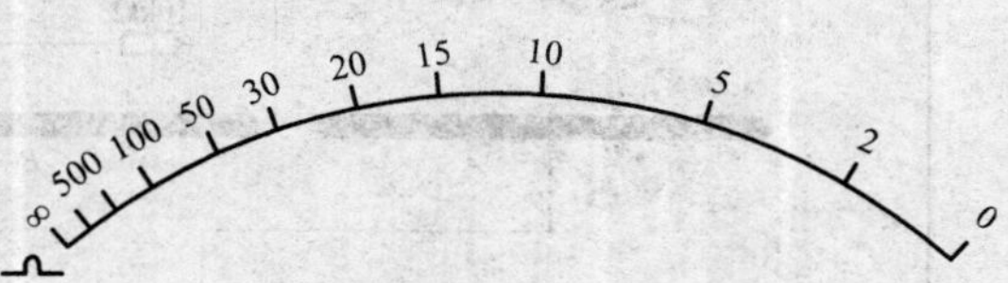

图 3.8 欧姆表的刻度盘

可以证明，欧姆表指针在中心位置时测量误差最小，在使用中应选择倍率，使指针尽可能指在中心位置附近。

欧姆表的用途主要是测电阻。应注意被测电路必须是无源的，对储能元件（如电感、电容）要事先放电，被测电路也不能与其他部件构成回路。对欧姆表应先进行机械调零（一般调好后不需要每次测量都调）和电气调零，前者是将二表笔（$a$、$b$ 端子）断开，调机构的游丝使指针不偏转（指在“∞”位置）；后者是将二表笔（$a$、$b$ 端子）短接，调 $R$ 使指针最大偏转（指在“0”位置）。欧姆表还可用来判断电容好坏和二极管、三极管的电极等。

## 五、万用表

万用表又叫繁用表，是一种可以测量多种电参量的多量限便携式仪表。由于它具有测量的种类多、量程范围广、价格低及使用和携带非常方便等一系列优点，万用表已成为无线电、通信和电工等多种技术部门必不可少的测试工具，得到极为广泛的应用。一般万用表可以测量直流电流、直流电压、交流电压、直流电阻、音频电平等。有的万用表还可以测交流电流、电容、电感、晶体管 $\beta$ 值等。万用表有数字式和模拟式，这里介绍模拟式。

模拟式万用表的形式多种多样，但其构成原理基本相同，主要由转换开关、测量线路和测量机构三部分组成。转换开关是一个多刀多掷的机械联动开关，实现对不同测量线路的选择。测量线路的作用如前所述，是把被测量转换成适合于测量机构直接测量的直流电流。测量机构亦称表头，一般采用磁电系测量机构，其灵敏度通常用偏转电流来衡量，满偏转电流越小，表头的灵敏度就越高，测量电压时的内阻就越大。

图 3.9 为 MF9 型万用表的原理电路，可测量直流电流、直流电压、交流电压、直流电阻和音频电平。下面就对它的各种测量电路进行简要的介绍。

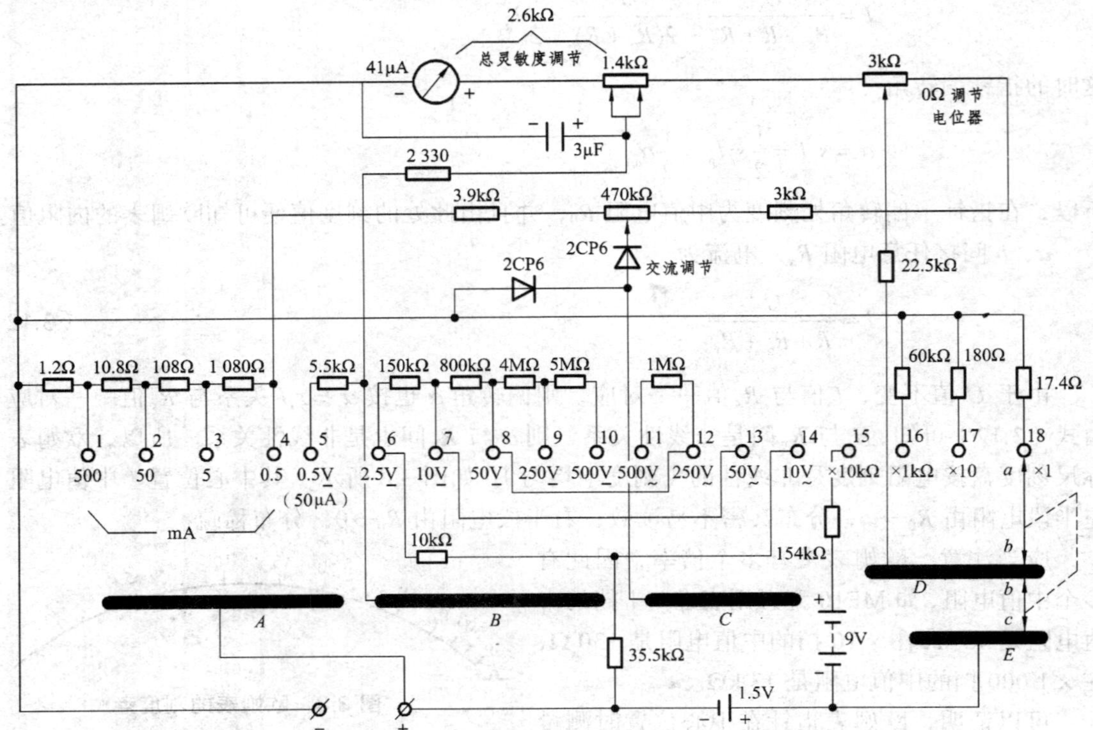


图 3.9 MF9 型万用表的原理电路

### 1. 直流电流挡

万用表的直流电流挡就是一个多量限的直流电流表，如图 3.10 所示。利用转换开关的动触点 *a*、*b*，分别将固定触点 1 ~ 5 接到金属片 *A* 上，可得 5 个不同的量限。其中 0.5 ~ 500 mA 四个量限采用的是环形闭路式分流电路，而最小量限 0.05 mA 挡则是直流电压最小量限 0.5 V 挡。

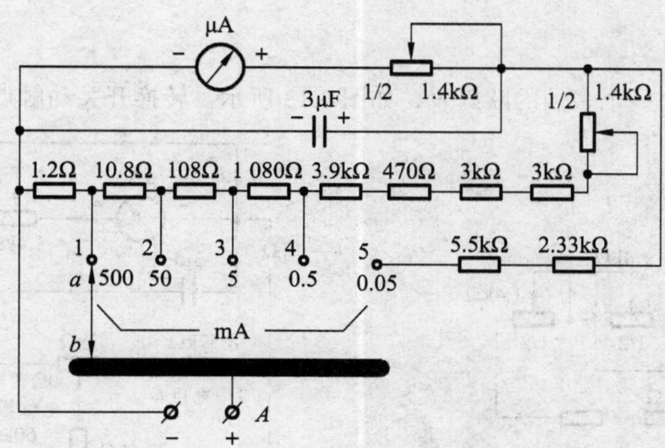


图 3.10 万用表的直流电流挡电路

### 2. 直流电压挡

此挡是一个多量程的直流电压表，如图 3.11 所示。转换开关的活动触点 *a*、*b* 分别将固定触点 5 ~ 10 接到金属片 *A* 或 *B* 上，可得 0.5 ~ 500 V 内 6 个不同的量限。只有 0.5 V 是单独配用附加电阻的，其余各个量限是采用多量限共用附加电阻的线路。比较图 3.10 和图 3.11，可见表头的并联部分电阻未变，再串分压电阻，这就相当于一个灵敏度较低而内阻较小的表头与附加电阻串联，其好处是可以使直流电压挡与交流电压挡共用一些附加电阻元件。

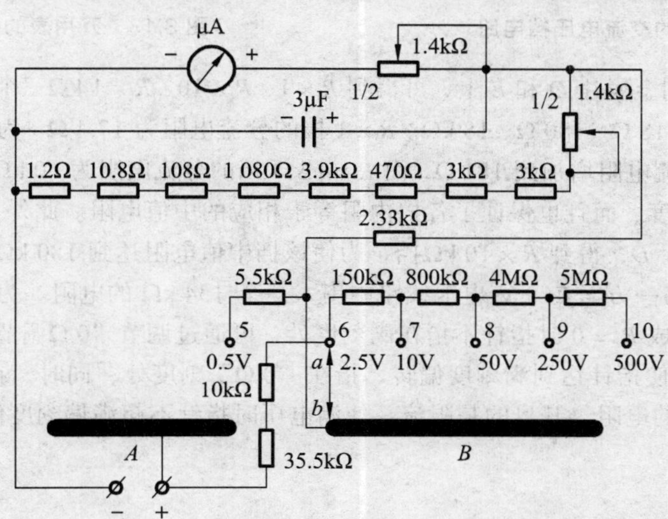


图 3.11 万用表的直流电压挡电路

### 3. 交流电压挡

交流电压挡是一个多量限的整流式交流电压表，如图 3.12 所示。转换开关的动触点 $a$、$b$ 分别将固定触点 11～14 接到金属片 $C$ 上，就成为具有 4 个量限的交流电压表线路。线路中采用半波整流。标尺按正弦交流电压有效值刻度。表头并联 3 μF 电容的目的是为平滑整流输出的脉动电流（即滤波），使万用表测量低频交流电压时指针不至于抖动。

### 4. 电阻挡

万用表电阻挡是一个多挡的欧姆表，如图 3.13 所示。转换开关动触点 $a$、$b$、$c$ 分别将固

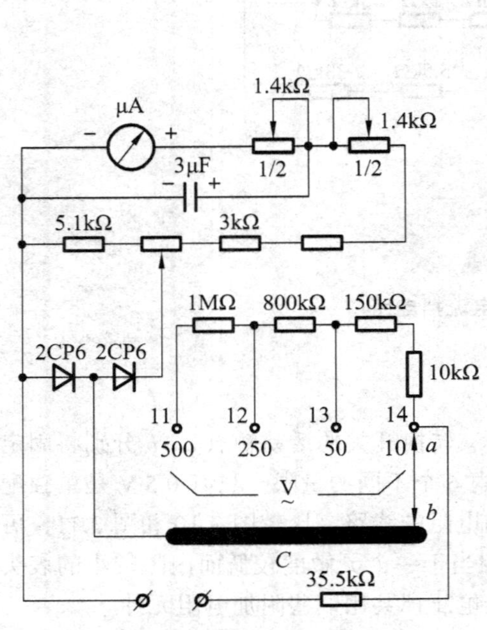


图 3.12　万用表的交流电压挡电路

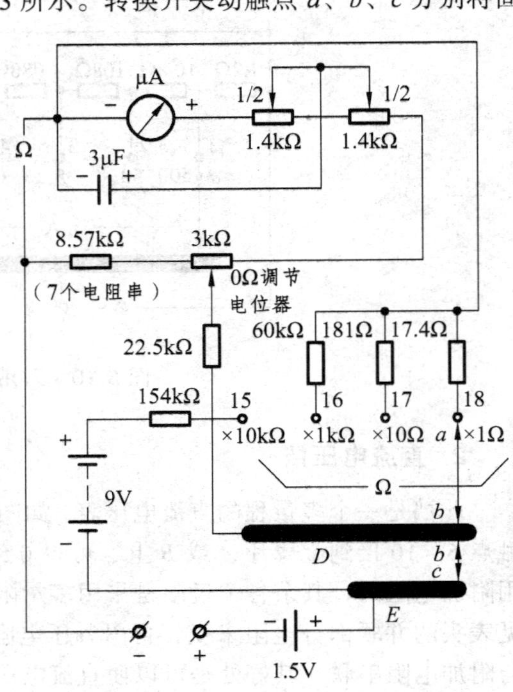


图 3.13　万用表的欧姆挡电路

定触点 16～18 接到金属片 $D$ 和 $E$ 上，可得到 $R\times1$、$R\times10$、$R\times1$ kΩ三个测量电阻挡。各挡的中值电阻分别为 18 Ω、180 Ω、18 kΩ。$R\times1$ 挡的分流电阻为 17.4 Ω。为了提高电路的灵敏度，$R\times10$ 挡的分流电阻增加到 181 Ω，而 $R\times1$ kΩ 挡的分流电阻为 60 kΩ。各分流电阻不但改变了电路的灵敏度，而且也保证了各挡内阻等于相应的中值电阻。此外，动触点 $a$、$b$ 将图中 15 端接通金属片 $D$，得到 $R\times10$ kΩ挡，为使该挡中值电阻达到 180 kΩ，一方面提高电压到（9 + 1.5）V，另一方面在 9 V 电池线路中串入一个 154 kΩ 的电阻。为防止电池使用或久置后的端压降低造成 $R_x=0$ 时指针不指在满刻度处，可通过调节“0 Ω调节器”改变表头并联电阻的分流作用，使指针达到满刻度偏转，指在“0 Ω”刻度处；同时，在“0 Ω调节器”支路中串有 22.5 kΩ 的电阻，其目的是限流，使满电压时指针不超满偏刻度值。

### 5. 电平测量

万用表的刻度盘上一般有分贝刻度标尺，是用来测量电平的。

人对声音的敏感程度，只有当声音的功率增加十倍时听起来声响才增加一倍。因此，人的听觉不是与声音的功率成正比，而是与声音功率的常用对数成正比。此外，多数放大器的功率放大倍数为各级功率放大倍数的乘积，数字太大，读起来很不方便，采用对数将相乘变为相加，使数字变小，读起来方便。再者，在传输理论中，电压或电流的衰减与线路长度具有指数关系，所以在测量一个通信系统各部分电能传输的增益和衰减时，一般都采用对数形式来表达。

分贝是测量增益和衰减的单位，一般用符号 dB 表示，规定为：当输出功率 $P_2$ 为输入功率 $P_1$ 的 10 倍时，通过这个系统的增益为 1“贝尔”，它的 1/10 称为“分贝尔”，简称“分贝”。按此规定，系统功率增益分贝数为

$$A = 10\lg\frac{P_2}{P_1} \quad (\text{dB}) \tag{3.13}$$

式中，$P_1$、$P_2$ 为系统输入、输出功率。

在实际测量中，因测相应的电压 $U_1$ 和 $U_2$ 较方便，根据 $P = \frac{U^2}{R}$，在电阻一定的情况下，式（3.13）可改写为

$$A = 20\lg\frac{U_2}{U_1} \quad (\text{dB}) \tag{3.14}$$

式中，$U_1$、$U_2$ 为系统输入、输出电压。

然而，在通信系统中，“电平”是用对数来表示功率的参数，即系统中某处的电平值，等于该处测得的功率与零电平标准的功率之比的对数值，电平的单位为分贝。所谓零电平，就是规定为 600 Ω 电阻产生 1 mW 的功率时的电平，且这时的分贝数定为零分贝。对应于零电平的电压 $U_0$ 为

$$U_0 = \sqrt{PR} = \sqrt{0.001 \times 600} = 0.775 \quad (\text{V})$$

那么，式（3.13）中的 $P_1$ 用代表零电平标准的功率 $P_0$ 来代表，有 $A = 10\lg\frac{P_2}{P_0}$；而式（3.14）中的 $U_1$ 用代表零电平标准对应的电压 $U_0$ 来代表，有 $A = 20\lg\frac{U_2}{0.775}$。在应用中，我们以 $U$ 代表电压，则电平表示为

$$A = 20\lg\frac{U}{0.775} \quad (\text{dB}) \tag{3.15}$$

万用表的电平刻度，通常以交流电压最低量限（一般是 10 V 挡）作为分贝刻度标尺的刻度基准，在各电压对应处刻度 $20\lg\frac{U}{0.775}$ 的分贝值（或者说在各分贝值处对应刻度电压值 $U = \lg^{-1}\left[\frac{A}{20} + \lg 0.775\right]$）。这样，在 $U = 0.775$ V 处对应为 0 dB，而大于 0.775 V 对应为正分贝，小于 0.775 V 对应为负分贝。

关于万用表分贝刻度尺的应用应注意以下几点：

① 用万用表分贝标尺可方便地测量一个系统电平的衰减或增益。例如，欲测 $A=20\lg\frac{U_1}{U_2}$，则对 $U_1$ 直接测出 $A_1=20\lg\frac{U_1}{U_0}$，对 $U_2$ 直接测出 $A_2=20\lg\frac{U_2}{U_0}$，然后 $A=A_1-A_2$ 得结果。这样，本应测出电压后进行的对数运算就变成了测出电平后的减法运算。

② 若被测电平的电路电阻为 600 Ω，通过测量可直接得到电平分贝值结果。若被测电平的电路电阻不是 600 Ω，则万用表测量示值 $A'$（dB）就不是实际电平值，实际被测电平值应经过换算得到，即

$$A=A'+10\lg\frac{600}{R}\quad(\text{dB})\tag{3.16}$$

式中，$A'$为分贝测量示值，$R$ 为被测电路实际电阻。

③ 若采用分贝标尺的非标定基准量限（如 50 V 挡）进行测量，其示值也不是实际电平值，实际被测电平为

$$A=A'+20\lg\frac{\text{转换开关所指量限}}{\text{分贝标尺的基准量限}}\quad(\text{dB})\tag{3.17}$$

式中，$A'$为分贝测量示值。

例如，对以 10 V 挡作为分贝标尺基本量限的万用表，当用 50 V 挡进行电平测量，在分贝标尺刻度上读得测量示值为 10 dB 时，则实际被测电平为 10 dB + 14 dB 即 24 dB。

由上述分析可以看出，电平测量其实是对电压的测量，只是标尺按电平刻度而已。

最后，关于万用表的正确使用应注意，除选择合适的量程外，测电流应串于被测电路，测电压应并于被测电路；用欧姆挡测量时要注意，“+”端表笔与内部电池负极相连，“-”端表笔与内部电池正极相连，这便于对晶体管三个极的判别；同时还应注意，用欧姆挡测晶体管参数时要用低压高倍率挡（如 $R\times100$ 或 $R\times1\ \text{k}\Omega$挡），以免测量时因电压太高或电流太大烧坏管子。

## 六、检流计

检流计用来检测电路中的微小电流，需要很高的灵敏度。前述磁电系测量机构，动圈固定在铝框上以保证活动部分有良好的阻尼，但影响了灵敏度；活动部分采用轴承支撑，又存在摩擦，也影响灵敏度。因此，要测量微小电流，就得在结构上采取措施，进一步提高灵敏度。

### 1. 检流计的结构特点

图 3.14 是检流计的结构示意图，图中，1 是动圈，2 是悬丝（并引入电流），3 是电流引线（导流丝），4 是反射小镜。它的基本原理与磁电系测量机构相同，只是结构的不同使其灵敏度大为提高。它的特点是：

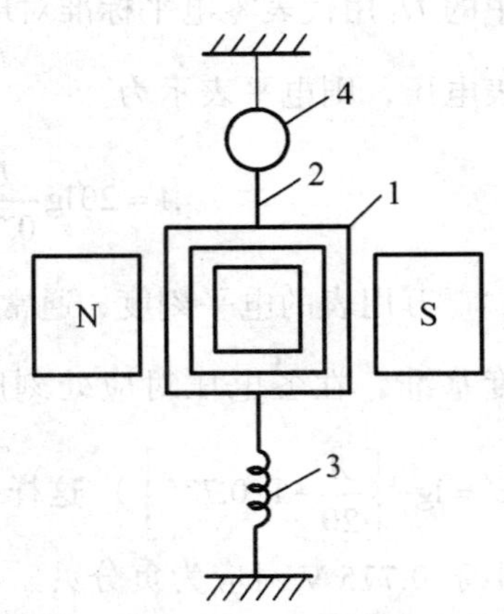

图 3.14 检流计的结构示意图

① 采用悬丝（吊丝或张丝）悬挂动圈，不但消除了磁电系测量机构可动部分轴承支撑的摩擦，而且悬丝（黄金或紫铜制成，宽约 1 mm，厚仅几十分之一毫米，刚性小）的扭矩远远小于游丝的反作用力矩，故具有很高的灵敏度。

② 采用无骨架动圈，缩小气隙增加 $B$，还可增加动圈匝数，从而使灵敏度增加。

③ 采用光反射读数装置，不但提高灵敏度，还可改善活动部分的运动特性。用一灯光照射在小镜 4 上，小镜反射光标投向固定标尺上，当动圈转动带动小镜偏转，反射光标就在标尺上移动。在同样的偏转角度下，标尺距小镜越远，则光标在标尺上移动的直线距离就越长。所以，小镜的微小偏转，标尺上的光标就有较大的移动。

光标指示检流计的灵敏度很高，有不同的结构形式。将装置固定在墙上的称为墙式检流计，如 AC4 型检流计；将装置固定在仪表内部，经多次反射（提高灵敏度）在标尺上指示偏转的称为便携式检流计，如 AC10 型检流计。

### 2. 检流计的特性及参数

对于检流计，重要的不仅是它的灵敏度，还有它活动部分的运动特性（即阻尼）。若只是灵敏度很高而阻尼不够，则测量时振荡过程时间长，使测量时间增加。

检流计的阻尼力矩是电磁阻尼。因无固定动圈的铝框，当可动部分在磁场中运动时，动圈中有感应电流，再与磁场作用而产生电磁阻尼。这样，与动圈形成闭合回路的外电阻会影响感应电流的大小，也就影响了阻尼力矩。

由理论力学可知，物体绕轴转动时，动力矩应等于所有阻力矩的和。动力矩根据磁电系测量机构可知为 $BSWI$，阻力矩包括悬丝产生的反转矩 $N\alpha$ 和电磁阻尼力矩 $\rho\dfrac{\mathrm{d}\alpha}{\mathrm{d}t}$（阻尼系数 $\rho=\dfrac{(BSW)^2}{R_0+R}$，其中，$R_0$ 为检流计动圈等的电阻，$R$ 为外电路电阻）以及惯性矩 $J\dfrac{\mathrm{d}^2\alpha}{\mathrm{d}t^2}$（$J$ 为转动惯量，$\dfrac{\mathrm{d}^2\alpha}{\mathrm{d}t^2}$ 为角加速度），则活动部分的运动方程式为

$$J\frac{\mathrm{d}^2\alpha}{\mathrm{d}t^2}+\rho\frac{\mathrm{d}\alpha}{\mathrm{d}t}+N\alpha=BSWI \tag{3.18}$$

式（3.18）为常系数二阶微分方程，依微分方程理论可知有三种解，也就是活动部分有三种运动状态，它是阻尼影响的结果。因阻尼系数 $\rho=\dfrac{(BSW)^2}{R_0+R}$，在检流计结构一定时，$\rho$ 只随外电路电阻 $R$ 而变。当活动部分从一侧以最快速度达到平衡位置时，活动部分的运动状态称为临界阻尼状态，这时动圈回路电阻（$R_0+R$）称为检流计的临界电阻，此时的外电路电阻 $R$ 称为检流计的外临界电阻，用 $R_k$ 表示。

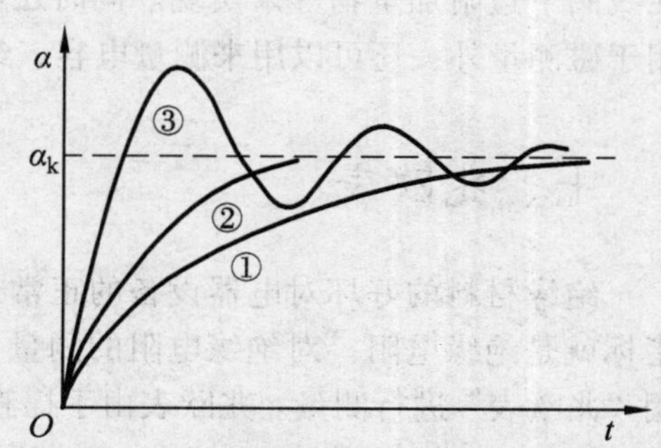

图 3.15　检流计活动部分的运动特性

分析可知，三种运动状态为：

① 当外电路电阻 $R<R_k$，动圈回路感应电流大，阻尼大，活动部分工作在过阻尼状态，即活动部分缓慢趋于稳定为止，如图 3.15 中曲线①所示。

② 当外电路电阻 $R=R_k$，动圈回路感应电流最佳，阻尼最佳，活动部分工作在临界阻尼状态，即活动部分以最短时间趋于稳定为止，如图 3.15 中曲线②所示；

③ 当外电路电阻 $R>R_k$，动圈回路感应电流小，阻尼小，活动部分工作在欠阻尼状态，即活动部分做衰减周期振荡，逐渐趋于稳定，如图 3.15 中曲线③所示。

检流计的主要技术指标是：

① 内阻 $R_0$，它包括了动圈、悬丝、导流丝的电阻。

② 外临界电阻 $R_k$，它是检流计工作于临界阻尼时外电路的电阻。

③ 电流灵敏度 $s_I$（但检流计铭牌上标的是电流常数 $c_I$），它是 $c_I$ 的倒数，即

$$s_I=\frac{1}{c_I}=\frac{\Delta\alpha}{\Delta I}$$

④ 自然振荡周期和阻尼时间。

自然振荡周期是指欠阻尼状态下活动部分在稳定位置附近的振荡周期，这种欠阻尼是指阻尼极小或检流计处于开路状态。

阻尼时间是指检流计在临界阻尼状态下，由最大偏转状态切断电源开始，到指示器回到零位时所需要的时间。

自然振荡周期和阻尼时间是衡量检流计的主要技术参数。

### 3. 检流计的使用注意事项

① 检流计必须轻拿轻放，防止机械振动，避免悬丝振断，搬动时应将止动器锁上或用导线将端子短接。

② 按规定工作位置放置，调节检流计水准器使之严格处于水平位置。

③ 需按外临界电阻值选择适当的外电路电阻，使检流计工作在微欠阻尼状态，并合理选择检流计灵敏度或电流常数，在测量中逐步提高。在被测量的大致范围未知时，不要贸然提高灵敏度，应串入保护电阻或并联分流电阻。

④ 不许用万用表、欧姆表或电桥测量检流计内阻，以免通入过大电流烧坏检流计。

在我们结束检流计的讨论时，需要再简要介绍一下冲击检流计。冲击检流计是活动部分具有较大惯性的磁电系检流计，微小短暂脉冲电流或电量通过检流计时，虽受力矩作用，但因惯性大，活动部分来不及偏转，脉冲电流过后才偏转，并在到达最大偏转角 $\alpha_m$ 之后，经过一段欠阻尼状态的运动过程，最后恢复到原来位置。增大转动惯量可通过增加线圈的宽度和在线圈下边附加重物等来实现。同时还需要减小悬丝的刚性，以增加灵敏度。冲击检流计除用于磁测量外，还可以用来测量电容、绝缘电阻等。

## 七、兆欧表

绝缘材料的好坏对电器设备的正常运行和安全用电有重大影响，而绝缘材料性能的重要指标就是绝缘电阻。对绝缘电阻的测量，如采用欧姆表，因其电池电压太低而不可行，应采用“兆欧表”进行测量。兆欧表由手摇直流发电机提供电源，额定电压通常有 100 V、250 V、500 V、1 000 V、2 500 V、5 000 V，所以也称为“摇表”。下面进行概要介绍。

### 1. 兆欧表的结构及工作原理

兆欧表主要由一台手摇发电机和磁电系比率表组成，如图 3.16 所示。它没有产生反作用力矩的游丝，有互成$\theta$角的两个动圈 1、2，动圈 1 产生转矩，动圈 2 产生反转矩。铁芯开有缺口，所以磁路气隙的磁场是不均匀的。此外，3 是永久磁铁，4 是极掌。

图 3.17 是兆欧表的原理电路。被测绝缘电阻 $R_x$ 接于兆欧表的“线”和“地”之间。在“线”端钮外面有一个铜质圆环，叫保护环，又叫屏蔽接线端钮，直接与手摇发电机 F 的负端相连。发电机 F 并联两条支路：动圈 1、$R_c$ 和被测 $R_x$，动圈 2 和内附电阻 $R_v$。因此，动圈 1 中的电流 $I_1=\dfrac{U}{R_c+R_x}$，动圈 2 中的电流 $I_2=\dfrac{U}{R_v}$。

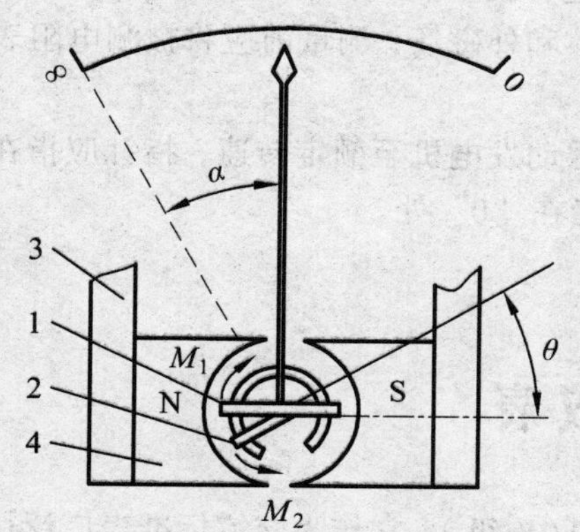


图 3.16　兆欧表的结构示意图

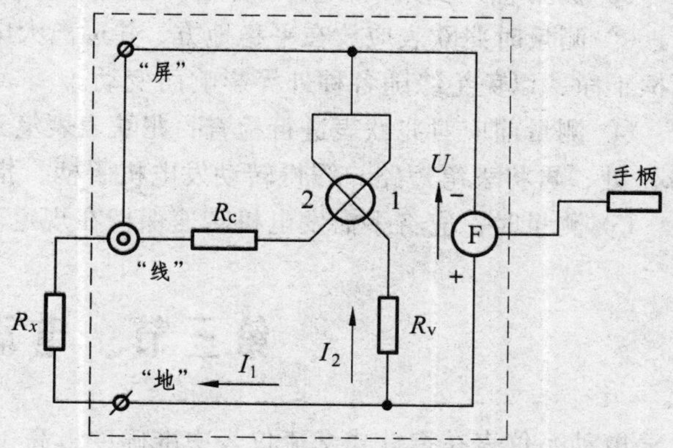


图 3.17　兆欧表的原理电路

动圈在磁场中的转矩，不但与动圈中的电流有关，而且与动圈转动的角度有关，因为气隙中的磁场分布不均匀，所以动圈 1 产生转矩 $M_1=I_1F_1(\alpha)$，动圈 2 产生反转矩 $M_2=I_2F_2(\alpha)$，它们都是活动部分转角$\alpha$的函数。

当转矩 $M_1$ 与反转矩 $M_2$ 相等时，活动部分平衡在一定位置上，即

$$I_1F_1(\alpha)=I_2F_2(\alpha)$$

或
$$\frac{I_1}{I_2}=\frac{F_2(\alpha)}{F_1(\alpha)}=F_3(\alpha)$$

则
$$\alpha=F\left(\frac{I_1}{I_2}\right) \tag{3.19}$$

可见，活动部分的偏转角$\alpha$取决于动圈 1 中电流 $I_1$ 与动圈 2 中电流 $I_2$ 的比值，故兆欧表又常被称为比率表。

由于电流的比值$\dfrac{I_1}{I_2}=\dfrac{R_v}{R_c+R_x}$，则偏转角$\alpha$是被测电阻 $R_x$ 的函数，与电压 $U$ 无关，这是与欧姆表不同的地方。同时，因比率表无产生反作用力矩的游丝，在不使用时指针将停留在标尺的任意位置上，这也是与欧姆表不同的地方。

理论上，$U$变化时，$I_1$ 与 $I_2$ 按同样的比例变化，电流比值不变，偏转角$\alpha$只与 $R_x$ 相关。

实际上，向动圈引入电流的导流丝总存在一定的残余力矩，因而产生影响，使偏转角 $\alpha$ 与电压 $U$ 有关，因此要求手摇发电机达到一定转速，不宜太慢或太快。由于是测绝缘电阻，所以手摇发电机的电压通常在数百伏及以上。

### 2. 兆欧表的使用

使用兆欧表测量时，若操作不当或接线错误，不但影响测量结果，还会危及人身安全，因此必须注意：

① 正确选择兆欧表的电压及测量范围。选择兆欧表的电压不能高于被测绝缘电阻所能承受的电压，量程范围应满足被测阻值的需要且不至于产生较大的读数误差。

② 被测电阻必须断开电源，并在接地或短路放电后再进行测量，以保证人身和设备的安全。

③ 测量时兆欧表应放在平稳地方，并远离大电流导体和外磁场；测量前应将被测电阻表面擦干净，以免绝缘随各种外界影响而变动。

④ 测量前应对兆欧表进行检查：兆欧表表笔开路，摇动发电机至额定转速，指针应指在“∞”处；再将表笔短路，缓慢转动发电机手柄，指针应指在“0”处。

⑤ 测量时，应将手摇发电机转速保持在规定范围内。

# 第三节　电动系仪表

电动系仪表在指针式交流仪表中准确度最高（可达 0.05 级），它作为交流标准表广泛用于交流精密测量。电动系仪表可交、直流两用，不但可做成交、直流两用的电流表、电压表和功率表，还可以做成功率因数表、相位表和频率表，其上限频率可达 10 kHz。因此，电动系仪表在电工仪表中占有重要地位。

## 一、电动系测量机构

电动系测量机构与磁电系测量机构有些类似，不同的是由固定线圈产生磁场，而不是由永久磁铁产生，其原理结构示意图如图 3.18 所示。

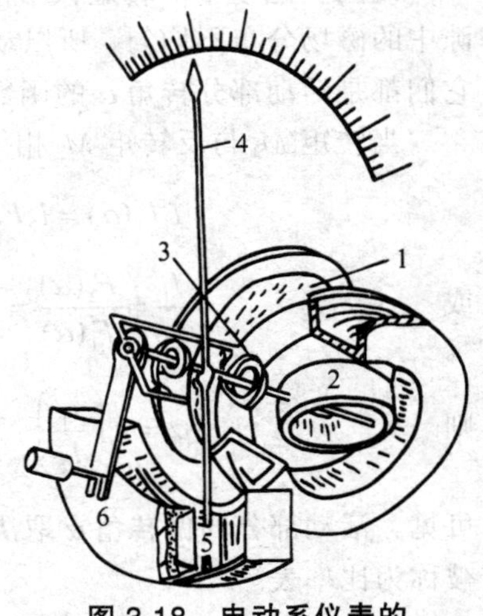


图 3.18　电动系仪表的结构示意图

### 1. 结　构

由图 3.18 可见，固定线圈 1 由两段线圈构成，空间上并排（同轴线），以便使两部分之间获得较均匀的磁场，而电路上可通过串、并联获得两个量限。动圈 2 固定在轴上，位于两定圈之间。游丝 3 产生反作用力矩，也是动圈的导流线。阻尼叶片 5 和阻尼箱 6 产生空气阻尼。

### 2. 工作原理

电动系测量机构的工作原理与磁电系机构也有些相似，只是转矩由通电动圈与通电定圈产生的磁场相互作用来产生。也就是说，电动系测量机构的工作原理基于通电导体间有电动力的作用。

设定、动圈中通入直流 $I_1$、$I_2$，定、动圈的自感为 $L_1$、$L_2$，定、动圈间的互感为 $M_{12}$，则系统的储能为

$$Q=\frac{1}{2}L_1I_1^2+\frac{1}{2}L_2I_2^2+M_{12}I_1I_2$$

$L_1$、$L_2$ 是定、动圈的自感，只与自身结构有关，结构一定便为常量。而定、动圈间互感 $M_{12}$ 在结构一定的条件下与定、动圈间的相互位置有关（当线圈轴线重合时 $M_{12}$ 最大，而垂直时 $M_{12}$ 最小），即 $M_{12}$ 是动圈转动角的函数。因此，转动力矩为

$$M=\frac{\mathrm{d}Q}{\mathrm{d}\alpha}=I_1I_2\frac{\mathrm{d}M_{12}}{\mathrm{d}\alpha} \tag{3.20}$$

在转矩 $M$ 作用下动圈转动，使固定在轴与固定部分之间的游丝变形，产生反转矩

$$M_{\mathrm{f}}=N\alpha \tag{3.21}$$

当 $M=M_{\mathrm{f}}$ 时，转动平衡，指针偏转角 $\alpha$ 为

$$\alpha=\frac{1}{N}\cdot\frac{\mathrm{d}M_{12}}{\mathrm{d}\alpha}I_1I_2 \tag{3.22}$$

如结构一定，$M_{12}$ 随 $\alpha$ 的变化规律是确定的，因此 $\frac{1}{N}\cdot\frac{\mathrm{d}M_{12}}{\mathrm{d}\alpha}$ 为常数，用 $k$ 来表示，则

$$\alpha=kI_1I_2 \tag{3.23}$$

如果机构定、动圈通入交流

$$i_1=I_{1\mathrm{m}}\sin\omega t\ ,\qquad i_2=I_{2\mathrm{m}}\sin(\omega t-\varphi)$$

则瞬时转矩为

$$m=\frac{\mathrm{d}M_{12}}{\mathrm{d}\alpha}i_1i_2$$

它是随时间而变的。由于测量机构转动部分有惯性，所以转动体的偏转取决于平均转矩

$$M=\frac{1}{T}\int_0^T m\mathrm{d}t=\frac{\mathrm{d}M_{12}}{\mathrm{d}\alpha}I_1I_2\cos\varphi$$

当 $M=M_{\mathrm{f}}$ 时，指针偏转角为

$$\alpha=\frac{1}{N}\cdot\frac{\mathrm{d}M_{12}}{\mathrm{d}\alpha}I_1I_2\cos\varphi=kI_1I_2\cos\varphi \tag{3.24}$$

式中，$I_1$、$I_2$ 是 $i_1$、$i_2$ 的有效值，$\varphi$ 是 $i_1$ 与 $i_2$ 的相位差。

可见，当电动系测量机构通入正弦交流时，其活动部分的偏转角与定、动圈中交流电流有效值及它们之间的相位差的余弦值的乘积成正比。交流和直流的结果只差一个 $\cos\varphi$ 因子。

### 3. 技术性能

电动系测量机构具有以下主要特性：

① 可测交流和直流量；

② 刻度非线性，偏转角正比于定、动圈中电流之积（交流为有效值，并与 $\cos\varphi$ 有关）；

③ 准确度高，可达 0.1 级，甚至 0.05 级，因为不存在铁磁材料的磁滞和涡流损耗；

④ 频率范围在十几赫兹至数千赫兹，工频时误差最小，频率较高时（如 1 000 Hz）必须进行补偿。

此外，电动系测量机构过载能力较差，且气隙大而磁场弱，需要采用屏蔽措施或无定向式结构，以防外磁场干扰产生误差。

## 二、电动系电流表

电动系测量机构的定、动圈串联，就构成了电动系电流表，如图 3.19 所示。

直流时 $I_1 = I_2 = I$，则有

$$\alpha = kI_1I_2 = kI^2 \tag{3.25}$$

交流时，$i_1 = i_2 = i$，有效值 $I_1 = I_2 = I$，相位差 $\varphi = 0$，则有

$$\alpha = kI_1I_2\cos\varphi = kI^2 \tag{3.26}$$

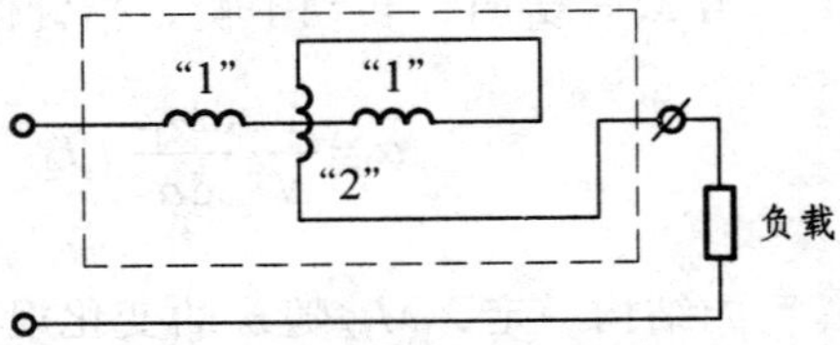

图 3.19 电动系电流表

可见，电动系电流表测交、直流时具有相同结果，即偏转角 $\alpha$ 正比于电流的平方（交流时为有效值），刻度非线性。

由于动圈用较细导线绕制，且电流通过游丝引入，因而容许电流不大。电动系电流表的扩程，通常将动圈并联分流电阻并通过定圈的串、并联来实现。图 3.20 所示为 D26-A 型电动系电流表线路，通过铜片的不同连接改变定圈的串、并联来获得两个量程。当两个定圈“1”串联时，可获 0.5 A 量限，这时动圈“2”串电阻 $R_3$ 后与 $R_1$、$R_2$ 支路并联，如图 3.20（a）所示。当两个定圈“1”并联时可获 1 A 量限，这时动圈“2”串 $R_3$、$R_1$ 后与 $R_2$ 并联，如图 3.20（b）所示。图中 $R_3$、$C$ 为频率补偿元件，补偿动圈电感随频率而变化的阻抗；“*”为公共端。

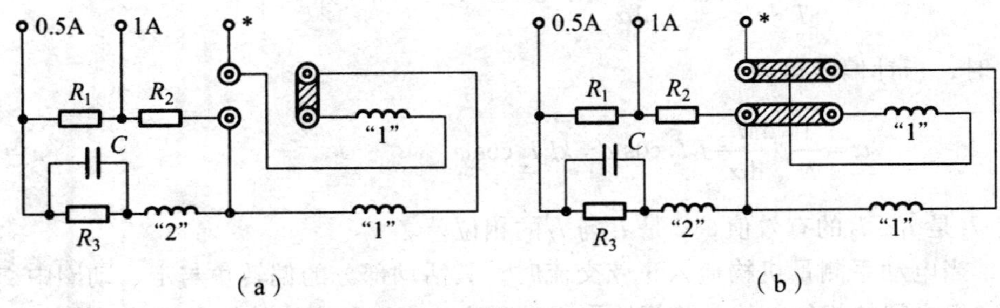


图 3.20 DA-26 型电流表的线路图

## 三、电动系电压表

电动系测量机构的定、动圈串联后与一附加电阻 $R_f$ 串联，便构成了电动系电压表，如图 3.21 所示。

直流时，定、动圈中为同一电流，在忽略线圈等效电阻的情况下，电流 $I_1 = I_2 = \dfrac{U}{R_f}$，则偏转角为

$$\alpha = kI_1I_2 = \frac{k}{R_f^2}U^2 = k_v U^2 \qquad (3.27)$$

式中，$k_v = \dfrac{k}{R_f^2}$。

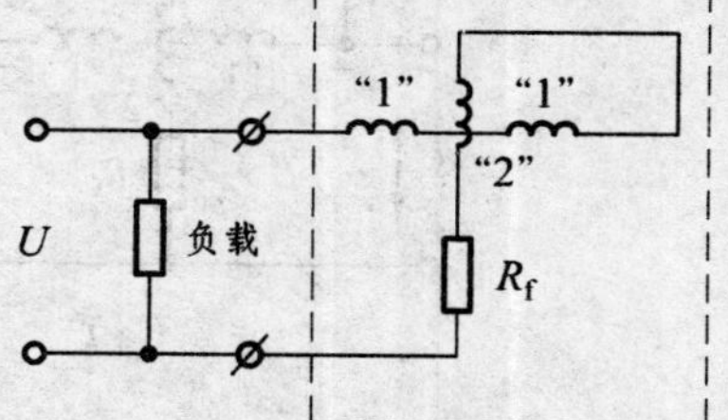


图 3.21　电动系电压表

交流时，定、动圈中也为同一电流，且定、动圈中电流相位差为零，在忽略线圈等效电阻及等效电感的情况下，电流 $I_1 = I_2 = \dfrac{U}{R_f}$，则偏转角 $\alpha$ 为

$$\alpha = kI_1I_2\cos\varphi = k\frac{U^2}{R_f^2} = k_v U^2 \qquad (3.28)$$

可见，电动系电压表测交、直流时结果相同，即偏转角 $\alpha$ 正比于电压的平方，刻度非线性。

多量限电动系电压表是通过改变附加电阻值来实现的。图 3.22 给出了 D26-V 型电动系电压表的线路图，由图可知，附加电阻为三个电阻串联，通过抽头来实现三个量程，当附加电阻越大，其量限也越大。

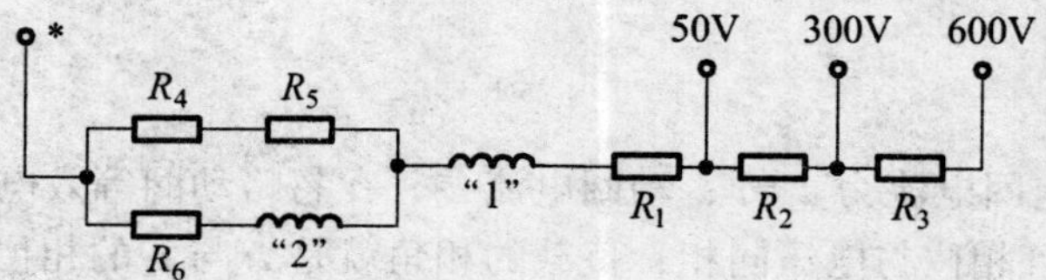


图 3.22　D26-V 型电压表的线路图

## 四、电动系功率表

用来直接测量功率的仪表称为功率表。

### 1. 结　构

功率，直流时就是电压和电流的乘积，交流时为有效值相乘再乘上功率因数值。电动系测量机构有两个线圈，只要使机构中的一线圈通入负载电流，另一线圈通入与负载电压有关的电流，就可对功率进行测量。在功率表里，固定线圈用较粗的导线绕成，让负载电流通过，所以叫电流线圈；活动线圈用细线绕制，让与负载电压成正比的电流通过，所以叫电压线圈。电流线圈与负载串联，电压线圈串一附加电阻后与负载并联。可动部分的转动方向与这两个

电流的方向有关，使其正转（顺时针方向转）的两端定为同名端，用“*”表示。原理电路如图 3.23 所示，其中图（b）为 GB 312—64 规定的符号。

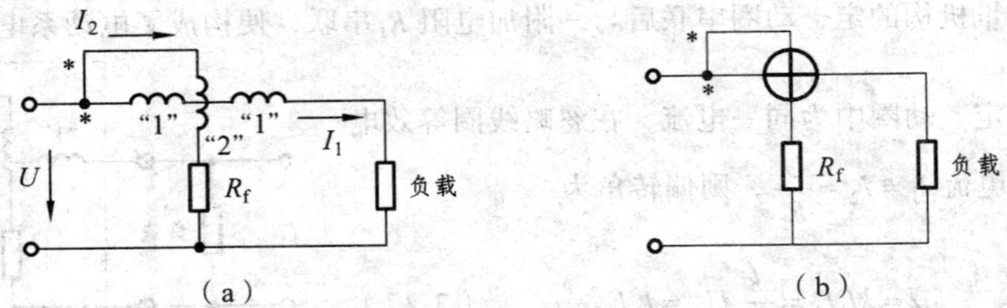


图 3.23 功率表的原理电路

## 2. 原　理

由图 3.23 可知，电流线圈与负载串联，电流线圈的电流就是负载电流。电压线圈与 $R_f$ 串联后再与负载并联。

测直流功率时，定圈电流为

$$I_1 = I$$

动圈电流（当忽略动圈等效电阻时）为

$$I_2 = \frac{U}{R_f}$$

则仪表的偏转角为

$$\alpha = kI_1I_2 = kI\frac{U}{R_f} = k_pIU = k_pP \tag{3.29}$$

式中，$k_p = \dfrac{k}{R_f}$。

测交流功率时，定圈电流为 $i_1=i$；动圈电流 $i_2$，在忽略动圈等效电阻和等效电感的条件下由电压和 $R_f$ 决定，且相位与电压同相；负载的相角就是 $i_1$ 与 $i_2$ 的相位差，则有

$$\alpha = kI_1I_2\cos\varphi = kI\frac{U}{R_f}\cos\varphi = k_pIU\cos\varphi = k_pP \tag{3.30}$$

由式（3.29）和式（3.30）可知，无论是测交流还是测直流电路的功率，偏转角$\alpha$均与被测功率成正比，即刻度是线性的；并且由此可知，电动系功率表在同一刻度下可测交流功率和直流功率。电动系功率表还能测非正弦电路的有功功率。

通常实验室用功率表都制成多量限的。电流量限由二定圈的串或并来决定，并联时比串联时要大一倍。电压量限由动圈串的附加电阻多抽头决定。多量程功率表的测量线路如图 3.24 所示。

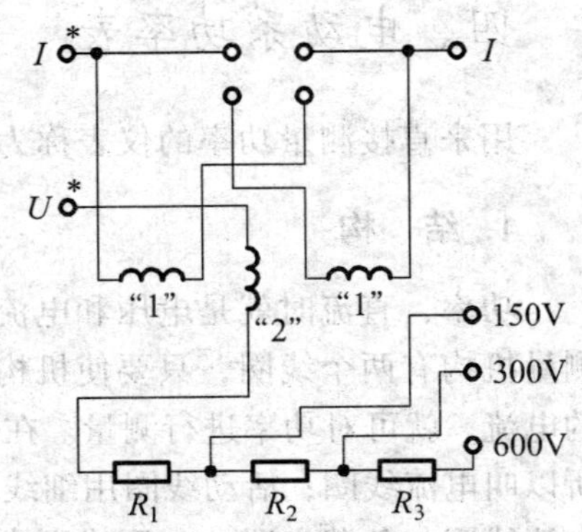


图 3.24 功率表的测量线路图

### 3. 功率表的读数

功率表一般为多量程的，表面的标尺刻度通常不标明瓦特数，而只有分格数。在不同的电压、电流量程下，每一分格代表不同的瓦特数。通常把一格所代表的瓦特数称为功率表的分格常数，用 $C$ 来表示

$$C=\frac{U_{\max}I_{\max}\cos\varphi_{\max}}{\alpha_{\max}} \tag{3.31}$$

式中，$U_{\max}$ 为功率表的电压量程；$I_{\max}$ 为功率表的电流量程；$\alpha_{\max}$ 为功率表刻度的满刻度格数；$\cos\varphi_{\max}$ 为功率表制造时刻度的额定功率因数，普通功率表的 $\cos\varphi_{\max}=1$。

用功率表进行测量时，只要求得分格常数 $C$ 和测量时读得的格数 $\alpha$，则被测功率为

$$P=C\alpha \tag{3.32}$$

### 4. 功率表的使用

（1）正确选择量限

选择量程是保证仪表安全的重要条件。测直流功率时，指针不满偏转，其电压和电流不会超过量限。但测交流功率时，因功率不但与电压、电流有关，而且与被测电路的功率因数有关。若功率因数太低，可能出现电压、电流已接近量限而指针离满刻度还远的情况，这时不能为了使指针趋于满刻度而使电压、电流超量限。

（2）正确接线

要做到正确接线，应做到两个方面：一是电流线圈应串于被测电路，电压线圈应并于被测电路；二是按照功率表的同名端接线规则，即将电压、电流线圈的同名端接在同一极上，这样才能保证电磁力方向，使指针正向偏转。

图 3.25 是功率表的两种正确接线，图（a）接线方式适用于负载阻抗远大于电流线圈阻抗的情况，图（b）接线方式适用于负载阻抗远小于功率表电压支路阻抗的情况。前者叫功率表电压支路前接，后者叫功率表电压支路后接。所以，为了减少测量误差，应根据负载阻抗的大小和功率表的参数来选择正确的功率表接线方式。

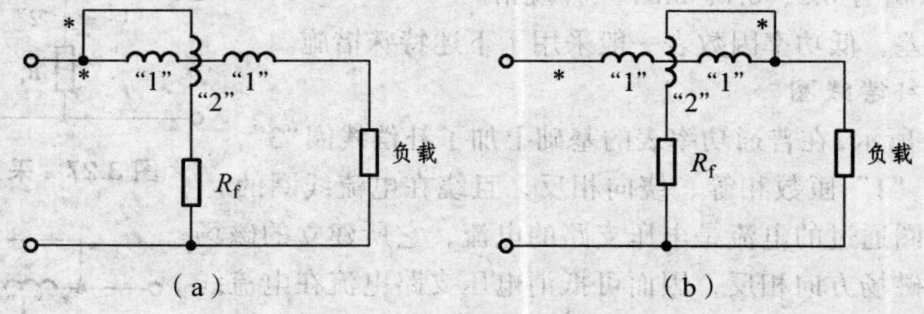


**图 3.25　功率表的正确接线**

图 3.26 为几种错误的接线方式。图（a）、（b）电路的电流线圈接反，使指针反方向偏转，易损坏指针。图（c）、（d）电路的电压支路接反，且 $R_f$ 的位置错误，不但出现指针反偏转，而且易损坏绝缘，因为被测电路的电压几乎全部降在 $R_f$ 上，使定、动圈间电位差太大，而定、

动圈相距又很近，故易击穿。图（e）、（f）电路也是电压支路接反，且电流线圈也接反，尽管指针正偏，但易损坏绝缘。

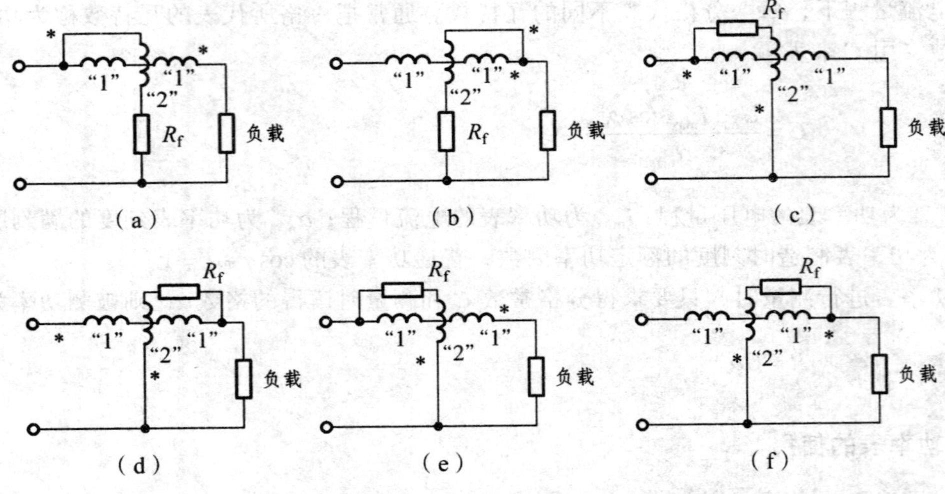


图 3.26 功率表的错误接线

需要指出的是，尽管功率表的接线正确，由于负载影响也会出现指针反偏转，这主要出现在三相低功率因数负载电路的情况。这时，需改变其中一个线圈中电流的方向使之正转。实际中，因装有电压线圈的“换向开关”，所以只改变电压线圈的电流方向，而不改变 $R_f$ 的位置，这时功率表的指针正偏转，但读数代表负值。

### 5. 低功率因数功率表

用普通功率表测低功率因数电路的功率时，将产生不能允许的误差，原因有三个：① 电压线圈的等效电感不可忽略带来的角度误差；② 功率表本身损耗与被测小功率（因为 $\cos\varphi$ 太低）相比不可忽略产生的误差；③ 尽管电压、电流接近额定值，而 $\cos\varphi$ 太低使 $P$ 值太小，功率表示值太小，从而产生读数误差。因此，测量低功率因数电路的功率时，必须采用低功率因数功率表。通常，低功率因数表的 $\cos\varphi_{\max}$ 值有 0.2、0.1、0.05 三种规格。

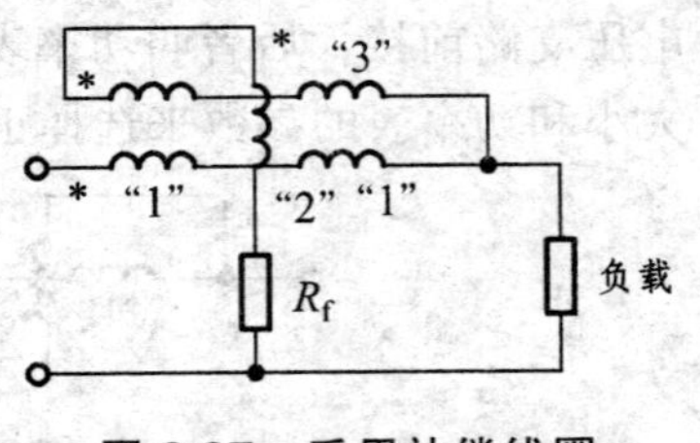


图 3.27 采用补偿线圈

为消除误差，低功率因数表一般采用了下述特殊措施。

（1）采用补偿线圈

由图 3.27 所示，在普通功率表的基础上加了补偿线圈“3”，它与电流线圈“1”匝数相等、绕向相反，且绕在电流线圈的外面。补偿线圈通过的电流是电压支路的电流，它所建立的磁场与电流线圈的磁场方向相反，因而可抵消电压支路电流在电流线圈中产生的磁场，基本上消除了功率表消耗功率所带来的误差。

（2）采用补偿电容

由图 3.28 可知，将电压支路上的附加电阻 $R_f$ 分段，其中一部分并联补偿电容 $C$。选择适当的参数，可实现电压支路成为纯阻性，消除动圈等效电感产生的角度误差。

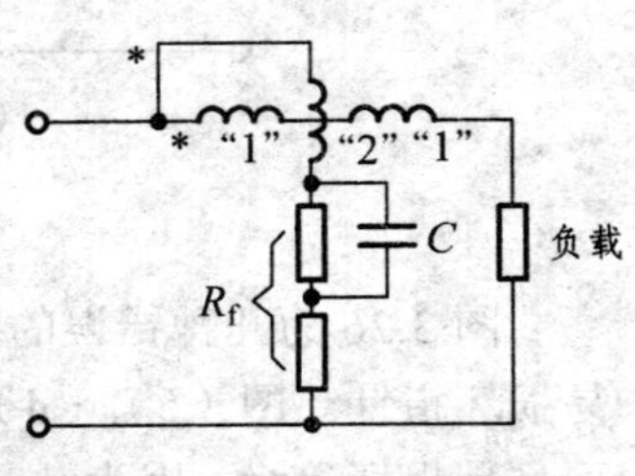


图 3.28 采用电容补偿

## 五、电动系其他仪表

在电动系测量机构的基础上稍加改动，便可构成电动系相位表、电动系频率表，下面予以简要介绍。

### 1. 电动系相位表

电动系相位表结构上与电动系测量机构略有不同，从而工作原理也有差别。固定线圈与电动系测量机构相同，也是分为两段，在空间上并排。动圈则不同，是结构和匝数尺寸都相同并互成 $\gamma$ 角（小于 90°）的两个线圈，一个通电后与定圈磁场作用产生转矩，另一个则通电后与定圈磁场作用产生反转矩，所以不存在游丝。

分析可得，在相位表测量线路接线正确的条件下，有

$$\frac{I_1\cos(\alpha'-\varphi)}{I_2\cos\varphi}=\frac{\cos(\gamma-\alpha)}{\cos\alpha} \tag{3.33}$$

式中，$\varphi$ 为被测相位，$\alpha'$ 为二动圈支路感性阻抗角，$\alpha$为偏转角，$I_1$ 和 $I_2$ 分别为二动圈中的电流有效值（电路图省略未画）。

当选择动圈支路参数满足 $I_1=I_2$ 和 $\alpha'=\gamma$ 时，偏转角 $\alpha$ 为

$$\alpha=\varphi \tag{3.34}$$

相位表无游丝，在未测量时指针在任意位。通常中心角定为零，则可测超前和滞后角。式（3.34）说明相位表为线性刻度。当相位表作为功率因数表时，按 $\cos\varphi$ 刻度，是非线性的。

相位表的接线与功率表相同，定圈串于被测电路，动圈并于被测电路，也要求将同名端接在电源同一极性上。

### 2. 电动系频率表

电动系频率表在结构上类似于电动系相位表，但它的二动圈不是互成 $\gamma$ 角，而是互成 90°。在工作原理上也是基本相同的。

最后再指出，电动系相位表和频率表，一旦结构决定后，其测量范围也就定了。一般电动系相位表用于测工频电路的相位，电动系频率表也只能测音频范围内的频率。

# 第四节　电磁系仪表

电磁系仪表是测量交流电压与交流电流最常用的一种仪表。它具有结构简单、过载能力强、造价低廉及交直流两用等一系列优点，在实验室和工程中应用十分广泛。

## 一、电磁系测量机构

电磁系测量机构有吸入式和排斥式两种。下面对排斥式测量机构加以说明。

### 1. 结　构

如图 3.29 所示，固定部分由固定线圈 1 和固定铁片 2 组成，可动部分由可动铁片 3、指针 4、平衡块 5、阻尼片 6 和游丝 7 组成。

### 2. 工作原理

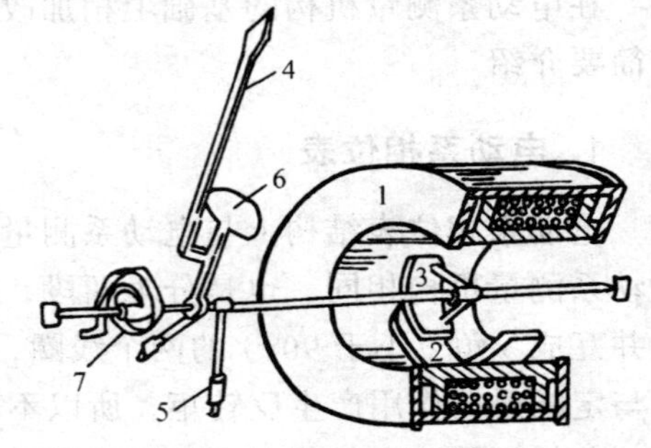

图 3.29　电磁系测量机构

测量时，被测电流通入线圈产生磁场，使定、动铁片被同时磁化，且同一侧的磁化极性一样。于是定、动铁片互相排斥，使可动部分发生偏转。动铁片转动，线圈的“铁芯”变化，则线圈的电感发生变化，即线圈电感是转动体偏转角的函数。

直流时的力矩为

$$M=\frac{\mathrm{d}Q}{\mathrm{d}\alpha}=\frac{1}{2}\cdot\frac{\mathrm{d}L}{\mathrm{d}\alpha}I^2 \tag{3.35}$$

交流时，磁场的方向随电流方向的改变而改变，但两铁片同侧的磁化极性同时改变，同样产生排斥力，即转动力矩方向不变，这时的瞬时转矩为

$$m=\frac{1}{2}\cdot\frac{\mathrm{d}L}{\mathrm{d}\alpha}i^2$$

因转动部分的惯性，转动部分随平均转矩转动，其平均转矩为

$$M=\frac{1}{T}\int_0^T m\mathrm{d}t=\frac{1}{2}\cdot\frac{\mathrm{d}L}{\mathrm{d}\alpha}I^2 \tag{3.36}$$

在 $M$ 转矩作用下转动部分转动，游丝变形产生反转矩

$$M_{\mathrm{f}}=N\alpha \tag{3.37}$$

当 $M=M_{\mathrm{f}}$ 时，转动部分停止转动。在平衡位置处，阻尼片产生空气阻尼阻止指针摆动。

### 3. 性能指标

（1）使用范围

可测交、直流量。

（2）刻度性能

由式（3.35）、式（3.36）、式（3.37）可得

$$\alpha=\frac{1}{2}\cdot\frac{\mathrm{d}L}{\mathrm{d}\alpha}\cdot\frac{1}{N}I^2=KI^2 \tag{3.38}$$

式中，常数 $K=\frac{1}{2}\cdot\frac{\mathrm{d}L}{\mathrm{d}\alpha}\cdot\frac{1}{N}$（严格讲，交、直流时的 $\frac{\mathrm{d}L}{\mathrm{d}\alpha}$ 不相同，因交流时有涡流和磁滞损耗）。

可见，偏转角正比于被测电流的平方，刻度非线性。

（3）抗干扰性能

因磁场较弱需采用屏蔽措施。

（4）准确度不高

因定、动片是铁磁物质，存在磁滞和涡流损耗。因铁磁物质交、直流时的 $\frac{dL}{d\alpha}$ 不相同，则交、直流时的刻度性能有异，因而一般交、直流不互换使用。当定、动片采用坡莫合金时，可改善这方面的性能。

此外，灵敏度较低，过载能力强（因为线圈固定，可选用较粗的导线）。

## 二、电磁系电流表

电磁系测量机构的线圈固定，可用粗导线绕制，允许电流较大。低量限表用的导线细，匝数多；高量限表用的导线粗，匝数少。一般利用测量机构本身可测量的最大电流约为 200 A，所以在工程中应用较多。

电磁系电流表可分为安装式和便携式两种。安装式多做成单量限，而便携式多做成多量限。多量限的获得，是采用将固定的线圈分段成多段绕组，然后通过它们的串、并联来改变电流的量限。对于两个线圈，并联比串联扩大量程一倍，这时匝数不变，即磁场不变，刻度也不变，只需乘以两倍关系即可。交流电流表，还可采用电流互感器扩程。

## 三、电磁系电压表

电磁系电压表是由固定线圈和附加电阻串联组成。它同样有安装式和便携式两种。安装式一般只有一个量程。为保证使用安全和体积不至于过大，最高量限为 600 V。便携式多用于实验室，制成多量程的。多量程电压表由多个附加电阻串联，通过抽头来实现。

# 第五节 感应系仪表

感应系仪表是利用导体在交流磁场中产生感应电流并受到作用力的原理制成的,主要用途是计量负载所消耗的电能，即作为电度表。它只能在交流电路中使用，准确度较低。

## 一、感应系仪表的结构与工作原理

### 1. 结 构

适用于电度表的是三磁通型结构。图 3.30 为三磁通式感应系仪表的简图。铝盘上方为电压磁铁，其绕组并在负载两端，称为电压绕组；铝盘下方是电流磁铁，其绕组与负载串联，称为电流绕组。只有铝盘是可动的，其余均为固定的。图中，1 为电流线圈，2 为电压线圈，3 为铝盘，4 为磁极。

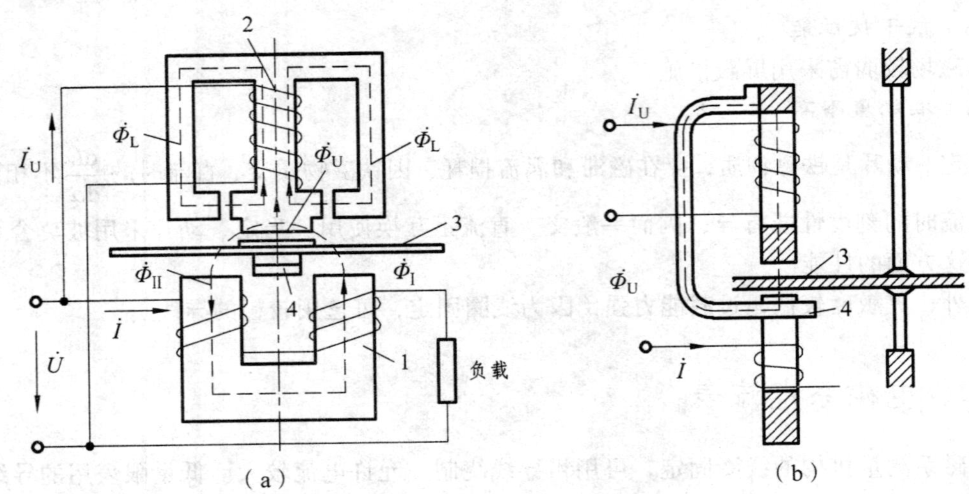


图 3.30 三磁通结构感应系仪表的结构

## 2. 原　理

（1）三磁通的产生

当绕组中通有交流电流时，在铁芯中产生交变磁通，磁通路径见图 3.30 中所示。电流绕组产生的磁通从两个不同的地方穿过铝盘，一次穿进，一次穿出，分别记为 $\Phi_I$ 和 $\Phi_{II}$。电压绕组产生的磁通有两部分：一部分是 $\Phi_L$，它不穿过铝盘，直接在铝盘上方构成回路；另一部分是 $\Phi_U$，它穿过铝盘经磁铁 4 构成回路。$\Phi_{II}$ 与 $\Phi_I$ 相差 180°，而 $\Phi_U$ 因电压线圈感性（匝数多）较 $\Phi_I$ 滞后 $\psi$，则三个磁通随时间形成移动磁场。铝盘切割磁力线，产生涡流，并与磁场作用产生转矩，使铝盘向移动磁场方向转动。

（2）感生电流的产生

穿过铝盘的三个磁通 $\Phi_I$、$\Phi_{II}$、$\Phi_U$ 的大小和方向均随时间而变，即是交变磁场，从而在铝盘中感应涡流 $i_{eI}$、$i_{eII}$ 和 $i_{eU}$，它们与各自对应的磁通符合右手定则，如图 3.31 所示。

（3）转矩的产生

电流磁通产生的涡流 $i_I$（$i_{eI}=i_{eII}=i_I$）与电压磁通 $\Phi_U$ 作用产生转矩

$$m_{ti}=K\Phi_U i_I$$

电压磁通产生的涡流 $i_{eU}$（$i_{eU}=i_U$）与电流磁通 $\Phi_I$、$\Phi_{II}$ 作用产生转矩

$$m_{tu}=K\Phi_I i_U$$

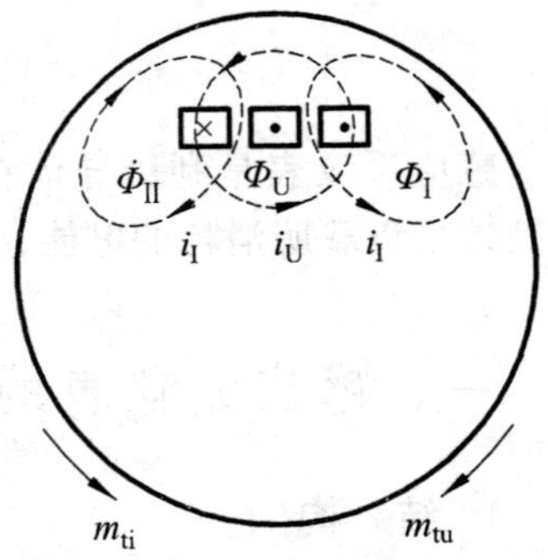


图 3.31 感生电流及转矩

由左手定则可判断出 $m_{ti}$ 方向为逆时针方向，而 $m_{tu}$ 则为顺时针方向。总转矩为

$$m_t=m_{ti}-m_{tu} \tag{3.39}$$

分析可知，平均转矩为

$$M=\frac{1}{T}\int m_t \mathrm{d}t=K\frac{U_m I_m}{2}\cos\varphi=KP \tag{3.40}$$

式中，$I_m$、$U_m$分别为电流、电压的最大值；$\varphi$是电压与电流间的相位差。

式（3.40）说明，铝盘上平均转矩与负载的平均功率成正比。上述机构中，若给活动部分安装游丝产生反作用力矩来平衡转矩 $M$，则指针的偏转和负载的功率成正比，从而构成感应系功率表。若不装游丝，让铝盘在转矩 $M$ 作用下转动（通过控制装置均匀转动），对功率进行累计，则构成感应系电度表。

## 二、感应系电度表简介

电度表是用来测量电能的，俗称火表。目前应用最为广泛的是电气机械式中的感应系电度表。它的结构特点是，驱动装置同前，另加有两部分装置：一是控制装置，用固定的永磁体与转动的铝盘作用产生电磁反转矩，以控制铝盘均匀转速；二是积分装置，由蜗轮蜗杆机构和字轮组成，目的是累计转速，以达到测电能的目的。

感应系电度表的主转矩如前所述。在转矩 $M$ 作用下铝盘转动，切割永磁场，铝盘中产生感生电流，此电流再与永磁场作用，就产生了控制转矩，这个转矩与铝盘的转速 $\omega$ 成正比，即

$$M_r=K_r\omega \tag{3.41}$$

当 $M=M_r$ 时，铝盘匀速转动。由式（2.39）、式（2.40）得

$$P=\frac{K_r}{K}\omega=C\omega$$

在 $T$ 时间内有

$$PT=C\omega T$$

也就是有

$$Q=PT=C\omega T=Cn \tag{3.42}$$

式中，$n=\omega T$ 为铝盘在 $T$ 时间内转动的圈数。式（3.42）表明，对铝盘转动圈数的累计可得到电能。

实际中将比例常数 $C$ 的倒数称为电表的常数，并标在仪表的面板上，这个参数表述为

$$N=\frac{1}{C}=\frac{n}{Q}\quad [\mathrm{rad/(kW\cdot h)}]$$

以上是针对感应系单相电度表的原理进行介绍的，对于感应系三相电度表等这里就不再介绍了。

# 习　题　三

3.1　磁电系表头的作用力矩、反作用力矩、阻尼力矩分别由什么部件产生？并简述电磁阻尼力矩产生的原理。

3.2 磁电系表头为什么只能测直流量？

3.3 一磁电系表头的内阻为 150 Ω，其额定电压降为 45 mV，现将它改为 150 mA 的电流表，应采用多大的分流电阻？若将其改为 30 V 的电压表，分压电阻又该取多大？

3.4 一只毫安表的表头满刻度电流为 1 mA，表头内阻为 100 Ω，求测量上限。

3.5 在题 3.5 图中，按图中给定的参数计算 $R_1$、$R_2$之值。若 $R_1$、$R_2$的误差均为 ±1%，求扩程后满偏电流 $I_1$、$I_2$的最大相对误差分别为多少？

3.6 如题 3.6 图所示多量限电流表，已知 150 mA 挡的总分电流电阻为 4 Ω，而 15 mA 量程时表头支路总电阻为 5 960 Ω。问：

① 表头的满偏电流为多少？

② 15 mA 挡的总分流电阻为多大？

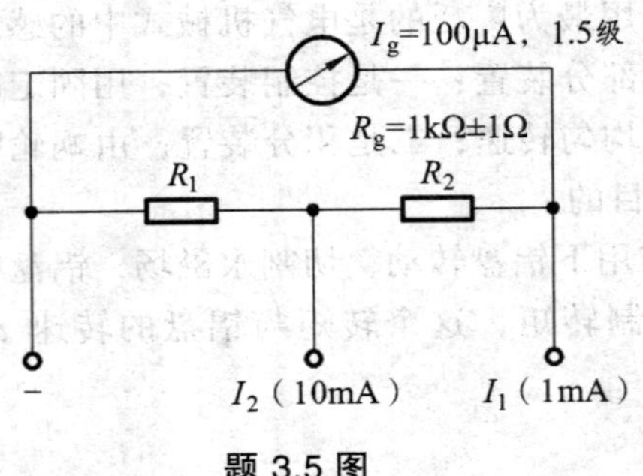


题 3.5 图

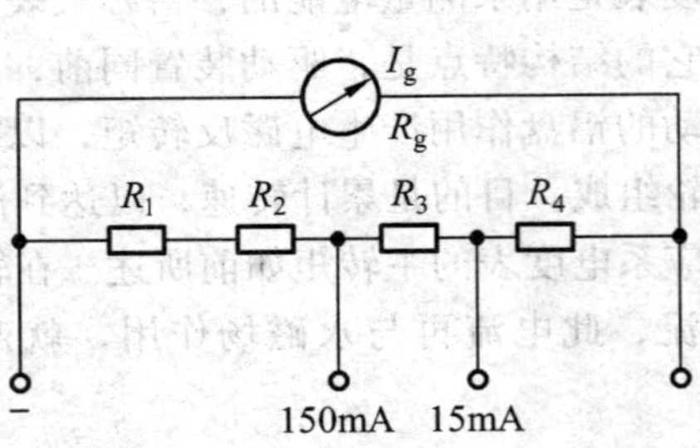

题 3.6 图

3.7 电压表内阻参数指什么？它与电压表满偏电流间有何联系？

3.8 对于题 3.8 图所示的两量程电压表，若 $R_1$、$R_2$ 的误差均为 ±1%，在图中所给的参数条件下，求满偏电压 $U_1$、$U_2$ 的最大相对误差各为多少？

3.9 某欧姆表的中值电阻分别为 10 Ω、100 Ω、1 kΩ、10 kΩ，今欲测量 750 Ω 的电阻，欧姆表宜选哪一挡？此时欧姆表的等效内阻有多大？

3.10 万用表"Ω"挡的欧姆调零（电气调零）与表头调零（机械调零）是否一样？应如何使用？

3.11 在题 3.11 图中，$U_x$ 和 $I_x$ 分别用两只 MF-30 型万用表的 1 V 及 5 mA 挡去测量，得测量的示值为 $U_x$ = 0.98 V、$I_x$ = 4.9 mA。若所选电流挡的最大压降为 0.75 V，电压挡的内阻参数为 490 kΩ/V，试求测量 $R_x$ 的方法误差，并对测量电路提出改进办法。

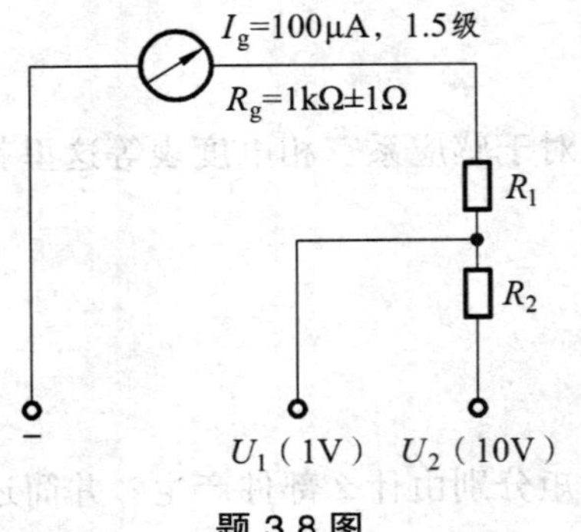


题 3.8 图

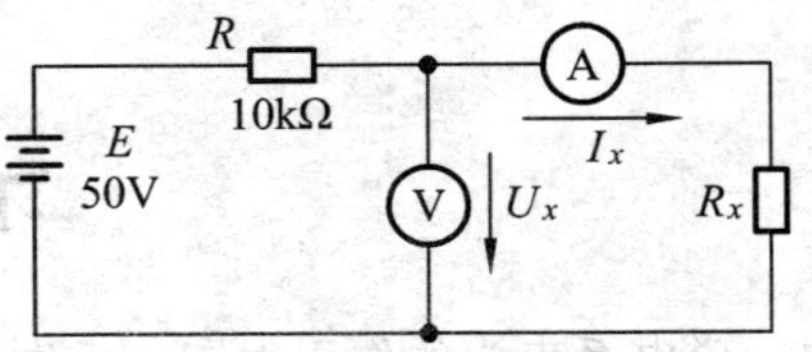

题 3.11 图

3.12　给题 3.12 图示电路增加一个 20 mA 电流量程和一个 100 V 电压量程，线路应如何变动？（提示：根据图中挡位规律分析得出）

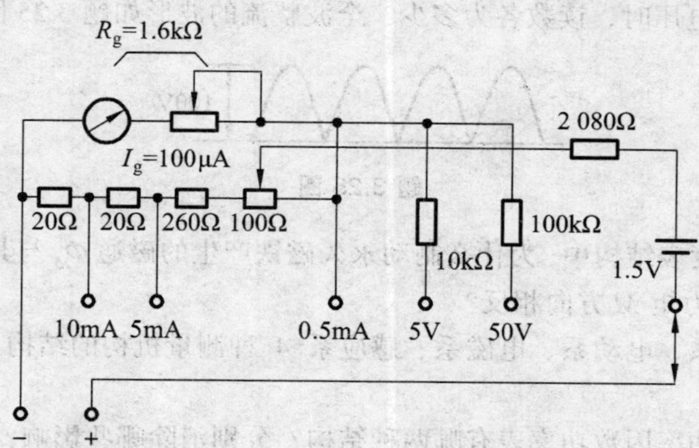


题 3.12 图

3.13　磁电系检流计与磁电系测量机构在结构上有什么不同？为什么？用于测量时检流计的活动部分（或指针）有哪几种运动状态？

3.14　用万用表的交流电压挡的 250 V 量程挡测电平，写出分贝表达式，当测 220 V 的交流电压时，指针的分贝数是多少？实际的分贝数又是多少（万用表分贝刻度以交流 10 V 挡为基准）？

3.15　电动系测量机构为什么能测交、直流量？

3.16　电动系电压表、电流表、功率表，它们的刻度特性如何？

3.17　电动系功率表有哪几种正确和错误的接线？请画出电路，并说明理由。

3.18　有一感性负载，其功率为 500 W，电压为 220 V，功率因数为 0.85，需用功率表去测量消耗的功率。现有一多量限功率表，电压量限有 150 V、300 V 两挡；电流量限有 2.5 A、5 A 两挡。试问：

① 测此负载功率，电压、电流应取哪个量限？

② 此时功率量限是多少？

③ 若此表刻度有 150 格，测量时指针指在何处？

④ 画出接线图。

3.19　若在电动系功率表的电流线圈中通以 2.5 A 的直流电流，在电压线圈上加一全波整流电压，用电动系电压表测得该电压为 50 V，设功率表线圈的感抗可忽略，问该功率表的示值应是多少？

3.20　电动系频率表和电动系相位表在结构上有什么不同？而相位表作为功率因数表时，应该如何改进？

3.21　在电动系功率表的电流线圈中通以频率为 50 Hz、有效值为 5 A 的正弦交流电流，在电压线圈支路上加频率为 150 Hz、有效值为 150 V 的正弦交流电压，功率表的示值是多少？

3.22　一功率表的电压量限为 300 V、电流量限为 2.5 A、满刻度为 150 格。有人将它的两电压端并联到 220 V 电源上去测电压，问这时功率表的指针应偏转多少格？

3.23　为什么电磁系仪表一般只适合于工频测量？

3.24 为什么电磁系电压表的内阻不会太大?

3.25 现在有 4 只电压表分别为磁电系、电磁系、电动系、全波整流系仪表，用来测量全波整流电路的输出电压时，读数各为多少？全波整流的波形如题 3.25 图所示。

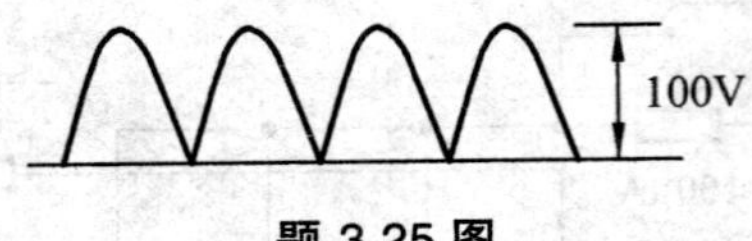


题 3.25 图

3.26 在单相电度表结构中，为什么制动永久磁铁产生的磁通 $\Phi_M$ 与其感应电流 $i_M$ 相互作用得到的转矩与转动力矩 $M$ 方向相反?

3.27 试对磁电系、电动系、电磁系、感应系 4 种测量机构的结构、工作原理及特性进行比较。

3.28 电动系低功率因数功率表有哪两种结构？分别消除哪些影响?

# 第四章　电路参数测量

模拟电路参数包括电阻 $R$、电感 $L$、电容 $C$，以及由这三个基本参数导出的时间常数 $\tau$、介质损耗 $D$（$D=\tan\delta$）、品质因数 $Q$。模拟电路参数的测量方法较多，本章从常用方法入手，然后重点介绍利用电桥进行的比较测量方法。

## 第一节　电路参数测量方法

### 一、直读法

用直读式仪表进行测量，可从表上直接读出结果。例如，用欧姆表或万用表的欧姆挡测电阻（绝缘电阻用兆欧表进行测量），这种测量方法简单、方便，在实际工程中被广为应用，其误差的产生主要是由于电源电压的不稳定和刻度不均匀。

对于测电感和电容，也可采用欧姆表的原理，只要仪表内部能提供一个稳定的交流电源即可。

### 二、比较法

比较法也就是电桥法，可测电阻、电感、电容等电路参数，这种方法的测量精度高，但操作烦琐。因此，随着计算机的广泛应用，已出现了智能测试阻抗的新型仪器。

### 三、间接测量法

**1. 伏安法**

所谓伏安法，就是将被测量置于有源电路中，用电压表、电流表测出被测阻抗的端电压和其中的电流，然后依欧姆定律计算阻抗的一种测量方法。

（1）测电阻

伏安法测电阻的电路如图 4.1 所示。图（a）为电压表前接，电流表示值为 $I_x$，电压表示值包含 $U_x$ 和 $I_xR_A$ 两部分，则计算出的电阻值 $R'_x$ 中包含了电流表内阻 $R_A$，即

$$R'_x=\frac{U_x+I_xR_A}{I_x}=R_x+R_A \tag{4.1}$$

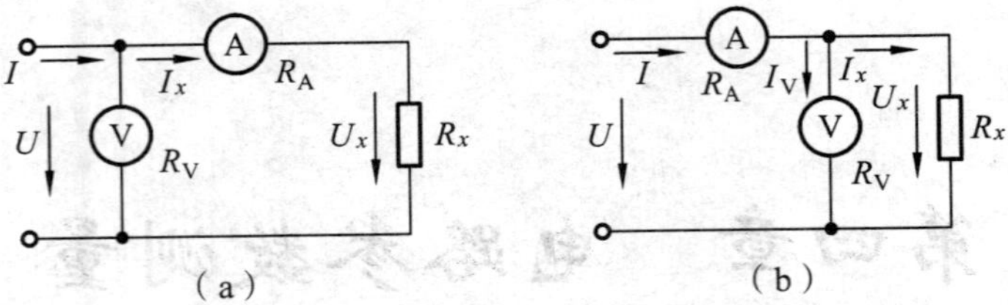


**图 4.1 伏安法测电阻**

测量的方法误差为

$$\gamma = \frac{R_x' - R_x}{R_x} \times 100\% = \frac{R_A}{R_x} \times 100\% \tag{4.2}$$

图 4.1（b）为电压表后接，电压表示值为 $U_x$，电流表示值包含 $I_x$ 和 $I_V$ 两部分，计算出的电阻值 $R_x''$ 中包含了并联电压表的内阻 $R_V$，即

$$R_x'' = \frac{U_x}{I_x + I_V} = \frac{1}{\frac{I_x}{U_x} + \frac{I_V}{U_x}} = \frac{R_x \square R_V}{R_x + R_V} \tag{4.3}$$

测量的方法误差为

$$\gamma = \frac{R_x'' - R_x}{R_x} \times 100\% = \frac{\frac{R_x R_V}{R_x + R_V} - R_x}{R_x} \times 100\% = \frac{-R_x}{R_x + R_V} \times 100\% \tag{4.4}$$

由式（4.2）可知，电压表前接的方法误差为正，表明测量结果比实际值大；同时 $R_x$ 比 $R_A$ 大得越多，其方法误差就越小，因而电压表前接适合于测大电阻。由式（4.4）可知，电压表后接的方法误差为负，表明测量结果比实际值小；同时 $R_x$ 比 $R_V$ 小得越多，其误差就越小，因而电压表后接适合于测小电阻。

伏安法测电阻是一种间接测量法，电阻值由电压和电流两个量决定。因此，它的缺点表现在测量的精度受到限制。但是，它具有能在工作状态下对被测电阻进行测量的优点，在某些情况下具有实际意义，如在工作状态下测非线性电阻等。

（2）测电感或电容

伏安法测电感或电容，在原理上与伏安法测电阻有相同点。下面我们以测量电感为例。

加直流电源，测出电感的端电压和其中的电流。由于电感在直流时不起感抗作用，则电压降在电感的等效电阻上。据测出的 $U$、$I$ 可计算出电感的等效电阻 $R_x$，即

$$R_x = \frac{U}{I} \tag{4.5}$$

加交流电源，电感及其等效电阻均起作用，测出电压有效值 $U$ 和电流有效值 $I$，有

$$|Z_x| = \frac{U}{I} \tag{4.6}$$

则被测电感为

$$L_x = \frac{\sqrt{|Z_x|^2 - R_x^2}}{2\pi f} \tag{4.7}$$

式中，$f$为交流电源频率。

用伏安法测电感或电容的特点是，设备简单，只需要交、直电源和能测交、直流的电压表和电流表即可。伏安法测电感的优点还表现在，能测铁芯类电感，因为随电流的不同其铁芯电感也会不同。伏安法测量时，只要调整电源来满足电感电流要求即可。

### 2. 三表法

三表法是指用电压表、电流表、功率表测量交流电路参数 $L$、$C$、$R$、$M$ 等，测量电路如图 4.2 所示。图中 $Z_x$ 为被测阻抗。

当不计仪表本身的内阻时，有

$$R_x = \frac{P}{I^2} \tag{4.8}$$

$$X_x = \sqrt{Z_x^2 - R_x^2} = \sqrt{\left(\frac{U}{I}\right)^2 - \left(\frac{P}{I^2}\right)^2} \tag{4.9}$$

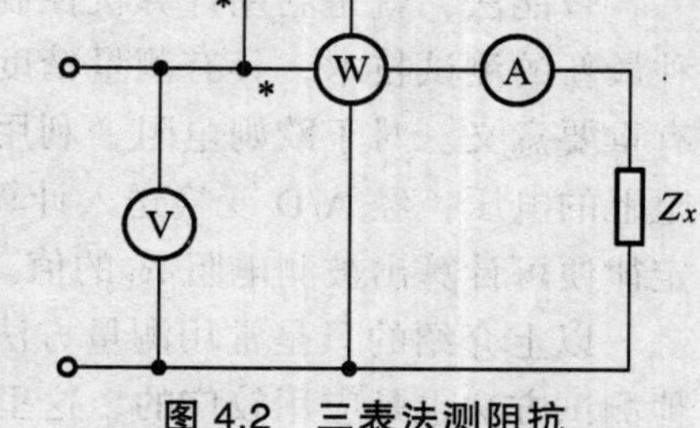

图 4.2 三表法测阻抗

式中，$U$、$I$、$P$ 分别为 V、A、W 的示值。

若被测量为电感，则

$$L_x = \frac{1}{2\pi f}\sqrt{\left(\frac{U}{I}\right)^2 - \left(\frac{P}{I^2}\right)^2} \tag{4.10}$$

若被测量为电容，则

$$C_x = \frac{1}{2\pi f\sqrt{\left(\frac{U}{I}\right)^2 - \left(\frac{P}{I^2}\right)^2}} \tag{4.11}$$

当考虑仪表内阻的影响时，也有电压表前接（见图 4.2）和后接（电路未画出）之分，这里不再讨论。

## 四、谐振法

谐振法是利用电谐振原理进行的测量（用谐振法测量的仪器，常称 Q 表），适于测量电感和电容。谐振法有串联、并联谐振两种测量电路。图 4.3 所示为并联谐振测电容的测量电路。

未接入 $C_x$ 时，调 $C_s$ 使电路谐振。设标准电容 $C_s$ 为 $C_{s1}$ 值时谐振，则有

$$f = \frac{1}{2\pi\sqrt{L_s C_{s1}}} \tag{4.12}$$

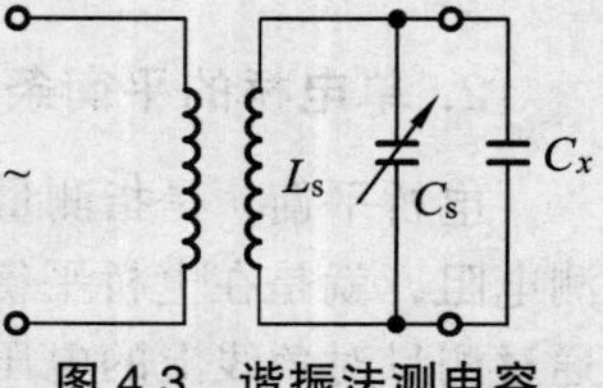

图 4.3 谐振法测电容

接入 $C_x$ 后，电路失谐，再调 $C_s$，设在 $C_{s2}$ 处再次谐振，有

$$f=\frac{1}{2\pi\sqrt{L_{s}(C_{s2}+C_{x})}} \tag{4.13}$$

因 $f$ 为电源频率，则由式（4.12）、式（4.13）得

$$C_{x}=C_{s1}-C_{s2} \tag{4.14}$$

同样，并联谐振电路也可用来测电感，原理相同。

## 五、智能法

智能法，就是利用计算机控制进行的测量。这是随着计算机被广为应用而发展起来的一种最新的测试技术，具有测量精度高、自动控制和打印、显示结果等特点，在精密测量中具有重要意义。对于欧姆电阻，利用电流恒流源，根据伏安法原理进行测量，只要测出被测电阻上的电压，经 A/D 变换送入计算机，则计算机根据程控的恒流值和测得的电压值，由欧姆定律便可计算出被测电阻 $R_x$ 的值。对于电感 $L$ 或电容 $C$，也可采用计算机技术进行测量。

以上介绍的只是常用测量方法，无论在实验室还是在工程中都应用甚广。当然，还有其他测试方法也是应用较广的，这里就不一一加以介绍了。

# 第二节　直流电桥

直流电桥是一种用来测量电阻或与电阻有一定函数关系的非电量（如温度）的比较式仪器。它将被测量电阻与标准电阻进行比较而得到测量结果，其测量灵敏度和准确度都较高。直流电桥分直流单电桥和直流双电桥，前者也叫惠斯登电桥，用于测 $1\sim10^{6}\,\Omega$ 的电阻；后者又叫凯尔文电桥，用于测小于 $1\,\Omega$ 的电阻。直流电桥由 S.H.Christie 于 1833 年首先发明，但很少应用，直到 1847 年 Sir.Charles Wheatstone 才认识到电桥是测量电阻非常准确的方法，并因此得名为惠斯登电桥。

## 一、直流单电桥

### 1. 单电桥的组成

直流单电桥由直流电源、四个桥臂和指示器组成，如图 4.4 所示。桥臂电阻为 $R_1\sim R_4$，$R_1$ 位置处一般接被测电阻 $R_x$，$R_2\sim R_4$ 为标准电阻。指零仪一般用检流计，$a$、$c$ 两点间接电源，$b$、$d$ 两点间接指零仪。电源和指零仪像搭在两对顶点之间的“桥”一样，故称之为电桥。

### 2. 单电桥的平衡条件

电桥平衡，是指测量对角线 $b$、$d$ 间电位差为零，即检流计 G 中无电流（$I_g=0$）的状态。测电阻，就是在电桥平衡下得出测量结果的。而在非电量的测量中，则广泛采用非平衡桥，通过测量对角线上的电压（或电流）来反映被测量。

用代文宁定理化简，图 3.4 电路变为图 4.5 所示的简化电路。图中的 $R_0$、$U_0$ 为

$$R_0 = R_1 // R_2 + R_3 // R_4$$

$$U_0 = \frac{R_2}{R_1 + R_2}U - \frac{R_3}{R_3 + R_4}U$$

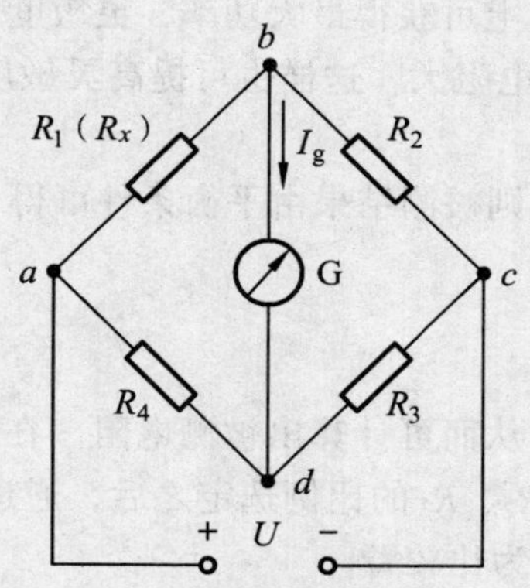


图 4.4 直流单电桥

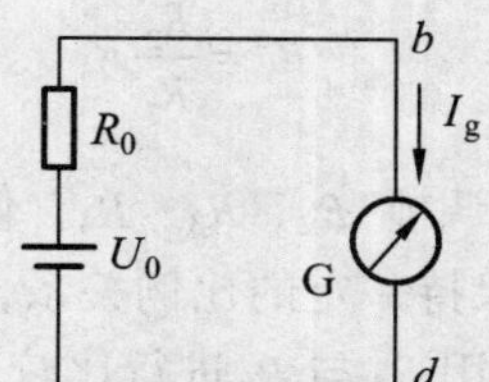


图 4.5 电桥简化电路

设检流计的等效电阻为 $R_g$，则 $I_g$ 为

$$I_g = \frac{U_0}{R_0 + R_g} = \frac{(R_2R_4 - R_1R_3)U}{R_1R_2(R_3 + R_4) + R_3R_4(R_1 + R_3) + R_g(R_1 + R_2)(R_3 + R_4)} \tag{4.15}$$

平衡时 $I_g = 0$，必有 $R_2R_4 - R_1R_3 = 0$，由此得电桥平衡条件

$$R_1R_3 = R_2R_4 \tag{4.16}$$

可见，电桥平衡时，相对臂的电阻乘积相等。

### 3. 特　点

电桥的平衡条件为相对臂的电阻乘积相等，它与电源电压的大小、两对角线上电阻的大小和有无均无关，因而两对角线上的电路是可以互换的。

（1）电桥的灵敏度

仪器的灵敏度是指对微变量的分辨能力，能分辨的变化量越小，其灵敏度就越高。电桥的灵敏度是在平衡附近来讨论的，它包含线路灵敏度和指零仪灵敏度。

线路灵敏度，是指电桥接近平衡时，某桥臂电阻（一般指 $R_1$）产生微小变化，引起指零仪对角线上电流（或电压）的微小变化的情况，即

$$s_I = \frac{\mathrm{d}I_g}{\mathrm{d}R_1} = \frac{UR_3}{R_1R_2(R_3 + R_4) + R_3R_4(R_1 + R_2) + R_g(R_1 + R_2)(R_3 + R_4)} \tag{4.17}$$

指零仪灵敏度 $s_g$ 为

$$s_g = \frac{\mathrm{d}\alpha}{\mathrm{d}I_g} \tag{4.18}$$

电桥总的灵敏度为

$$s = s_I \cdot s_g = \frac{d\alpha}{dR_1} \tag{4.19}$$

由式（4.17）可知，电源电压高，可提高 $s_I$，从而提高灵敏度，但电源电压受限于桥臂电阻的额定功率，通常在 2 ~ 6 V。另外，$R_g = R_0$时，G 上可获得最大功率，灵敏度也就高。并且由分析可知，电源对角线一侧的电阻小而另一侧的电阻大，这样也可提高灵敏度。

（2）被测结果

被测电阻 $R_x$ 通常接在桥臂一上（即 $R_1$ 位置处），则被测结果由平衡条件可得

$$R_x = \frac{R_2}{R_3} R_4 \tag{4.20}$$

可见，调节 $R_2$、$R_3$、$R_4$，使 $I_g = 0$，电桥平衡，从而可计算出被测电阻。在调节中，$R_2$与 $R_3$之间保持一定的比例关系，故称为比例臂。当 $R_2$、$R_3$的比例选定之后，通过调节 $R_4$使电桥平衡，用 $R_4$与 $R_x$进行比较来得出结果，故 $R_4$称为比较臂。

（3）误　差

直流单电桥的误差，包括基本误差和失衡误差。

由于被测电阻按式（4.20）计算得出，而 $R_2 \sim R_4$标准电阻并非绝对准确和稳定，从而导致电桥测量的基本误差。当各桥臂的最大相对误差分别为 $\gamma_{R2}$、$\gamma_{R3}$、$\gamma_{R4}$，则基本误差为

$$\begin{aligned} \gamma &= \frac{\Delta R_x}{R_x} = \pm\left(\left|\frac{\Delta R_2}{R_2}\right| + \left|\frac{\Delta R_4}{R_4}\right| + \left|\frac{\Delta R_3}{R_3}\right|\right) \\ &= \pm(|\gamma_{R2}| + |\gamma_{R4}| + |\gamma_{R3}|) = \pm\alpha\% \end{aligned} \tag{4.21}$$

基本误差就是电桥的等级。

失衡误差，是因为比较臂 $R_4$为步进调节而指零仪 G 为连续变化，二者不吻合造成的。失衡误差表示为 $b\Delta R_4$，$b$ 为系数，由电桥铭牌给出，$\Delta R_4$为 $R_4$的最小步进值。

总误差为

$$\gamma = \pm\left(\alpha\% + b\frac{\Delta R_4}{R_4}\right) \tag{4.22}$$

### 4. 单电桥的使用

直流电桥是测量电阻时常用的精密仪器，使用不当会带来误差，或损坏仪器设备，所以应注意以下几个方面。

（1）合理选择电桥

包括几个方面：① 根据被测量选择电桥的测量范围，且要求所选电桥的准确度高于被测电阻的准确度；② 按电桥说明书要求选电源，注意，太低会降低电桥的灵敏度，太高会烧坏桥臂电阻；③ 指零仪的灵敏度要高，太低使测量达不到要求。

（2）正确操作

在调电桥平衡时应坚持这样一个原则：根据被测电阻 $R_x$的估计值（铭牌标注值或欧姆表的粗测值）来选择比较臂 $R_2$、$R_3$，使 $R_4$的每位调节电阻都用上。成品电桥的 $R_2$、$R_3$、$R_4$均为

多位可调的形式。图 4.6 就是 QJ23 型单电桥的原理电路，比较臂 $R_4$ 是四位可调电阻，比例臂的比例系数为 $10^{-3}\sim10^{3}$，测量范围在 1 ~ 10 MΩ 内。当测 1.2 Ω 的电阻时，若取比例系数为 $10^{-1}$，则 $R_4$ 只能用×1、×10 两位，而×100、×1000 两位都用不上，显然没有比例系数取 $10^{-3}$ 使 $R_4$ 四位都用上时的测量准确度高。前者有效数为两位，后者则为四位。

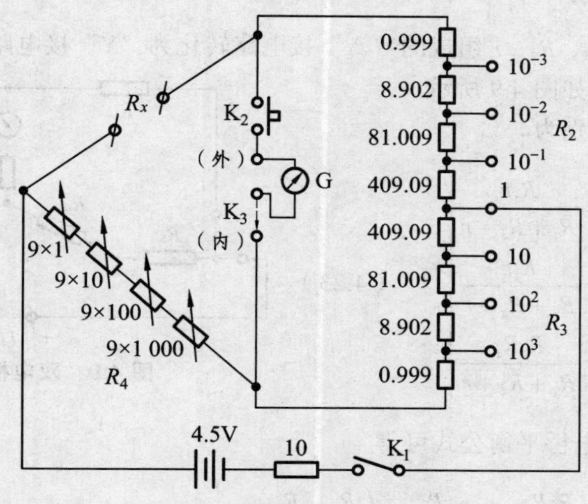


图 4.6　QJ23 电桥的原理电路

## 二、直流双电桥

直流单电桥在测小于 1 Ω 以下的微小电阻时，接线电阻（被测电阻的引出线的电阻）和接触电阻（被测电阻接入电桥时连接处的电阻）对测量结果影响甚大，会造成很大的误差。直流双电桥可以消除这种影响，可测量 1 Ω 以下的微小电阻。

### 1. 双电桥的组成

双电桥的原理电路如图 4.7 所示。由图可知，双电桥的结构特点主要是标准电阻 $R_s$ 和被测电阻 $R_x$ 都采用了四端接线法。$R_1\sim R_4$ 为桥臂电阻，其阻值大于 10 Ω，$r$ 为连线，要求其阻值越小越好。

电阻的四端接线法如图 4.8 所示。C 是电流头，P 是电压头，要求电压头离被测电阻越近越好。

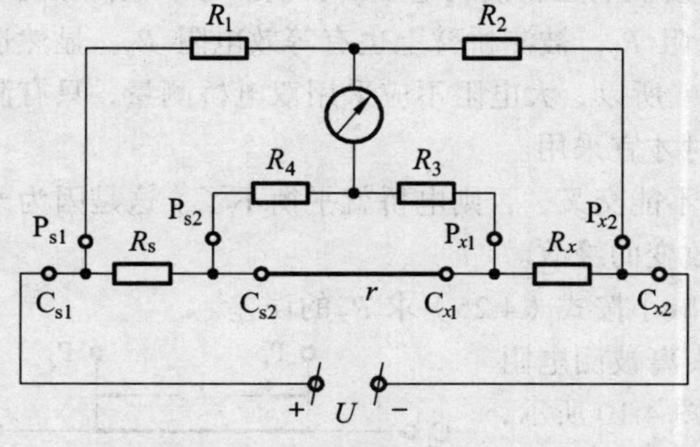


图 4.7　双电桥的原理电路

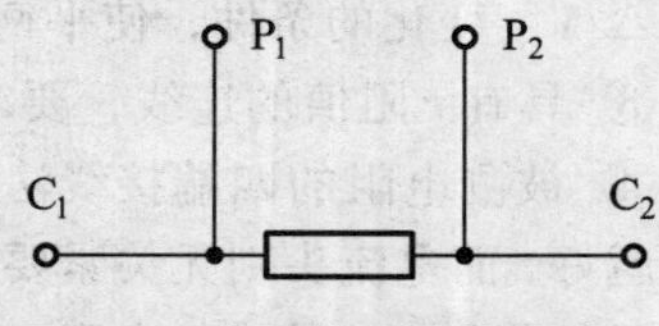


图 4.8　电阻的四端接线法

$R_x$、$R_s$ 采用四端接法的优点在于：电压头的接线电阻和接触电阻归入桥臂电阻中，因桥臂电阻大于 10 Ω 而可忽略不计；电流头的接线电阻、接触电阻归入 $r$ 和电源回路，可忽略。可见，双电桥消除了接线电阻和接触电阻的影响。

### 2. 双电桥的平衡条件

分析问题时，将 $R_3$、$R_4$、$r$ 组成的“△”接电路转化为“Y”接电路，可得与直流单电桥形式完全一样的电路，如图 4.9 所示。

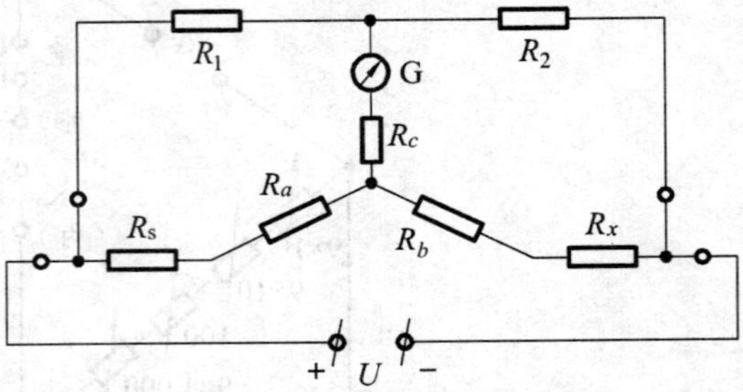

$R_a$、$R_b$、$R_c$ 的值分别为

$$\left.\begin{aligned}R_a&=\frac{R_4 r}{R_3+R_4+r}\\R_b&=\frac{R_3 r}{R_3+R_4+r}\\R_c&=\frac{R_3 R_4}{R_3+R_4+r}\end{aligned}\right\}\quad(4.23)$$

图 4.9 双电桥的简化电路

然后根据图 4.9，按单电桥平衡公式可得

$$R_x=\frac{R_2 R_s}{R_1}+\frac{rR_2}{R_3+R_4+r}\left(\frac{R_4}{R_1}-\frac{R_3}{R_2}\right)\quad(4.24)$$

实际中，$R_1$ 与 $R_4$、$R_2$ 与 $R_3$ 分别采用机械联动来调节，则有

$$R_1=R_4,\quad R_2=R_3$$

这样式（4.24）变为

$$R_x=\frac{R_2}{R_1}R_s\qquad\left(\text{或}R_x=\frac{R_3}{R_4}R_s\right)\quad(4.25)$$

这就是双电桥测小电阻的结果表达式。虽然实际中 $R_1$ 与 $R_4$、$R_2$ 与 $R_3$ 不可能绝对完全相等，但只要 $r$ 足够小，式（4.24）也可近似为式（4.25），这正是要求 $r$ 采用粗而短的短接线的原因。

### 3. 应注意的技术问题

① 双电桥以降低灵敏度为代价换来消除接触电阻和接线电阻的影响。与单电桥相比，双电桥简化电路（图 4.9）中指示支路有等效电阻 $R_c$，被测桥臂上也有等效电阻 $R_b$，显然造成灵敏度较低[可由式（4.17）、式（4.19）分析]。所以，大电阻不应采用双电桥测量，只有测量微小电阻为消除接触电阻、接线电阻的影响时才宜采用。

② 四端接线的电阻，其电压头或电流头不能交叉，否则电桥就平衡不了。这是因为改变了“△/Y”变化的条件，使平衡条件也随之改变的缘故。

③ 具有 $r$ 阻值的连线，要求短而粗，以减小按式（4.25）求 $R_x$ 的误差。

④ 被测电阻的四端接线法，要求电压头离被测电阻越近越好，而电流头则无关紧要，可远些。如图 4.10 所示，是一段长度为 $l$ 的导线的电阻，P 是电压头，C 是电流头。

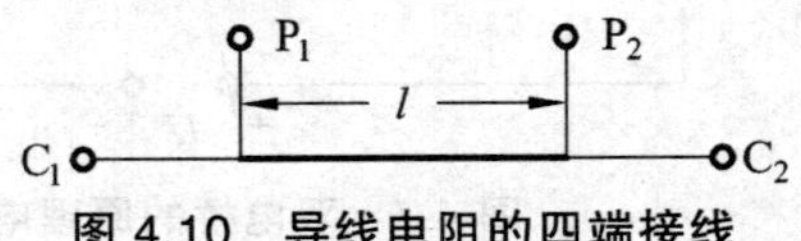


图 4.10 导线电阻的四端接线

⑤ 测感性绕组（如电机或变压器绕组）的直流电阻时，应先接通电源，再接通指零的检流计；测毕，应先断开检流计，再断开电源。这样，可避免电感电势冲击损坏检流计。

⑥ 测量中，若有热电势影响时，可改变电源极性测两次，然后取平均值，可削弱其影响。

直流双电桥能够削弱测量微小电阻时接触电阻和接线电阻的影响，但要进一步解决小电阻的高准确度测量问题，需要采用三次平衡双电桥进行测量，或采用数字技术利用直流恒流源进行测量。

# 第三节　交流电桥

交流电桥是一种比较仪器，广泛用于测量交流电路等效电阻 $R$、电感 $L$、电容 $C$、电容损耗系数 $D$、电感品质因数 $Q$ 等参数，其测量结果较为准确。

## 一、交流电桥的基本原理

### 1. 电路组成

交流电桥在结构形式上与直流单电桥相同，如图 4.11 所示。但交流电桥的各部分电路却有本质的不同，各桥臂为复阻抗；电源为交流，其频率一般为 1 000 Hz；指示器的种类很多，在 200 Hz 以下可采用谐振式检流计，音频时可采用耳机，更高频率时可采用电子电压表、示波器等电子仪器。对平衡指示器要求有足够的灵敏度。

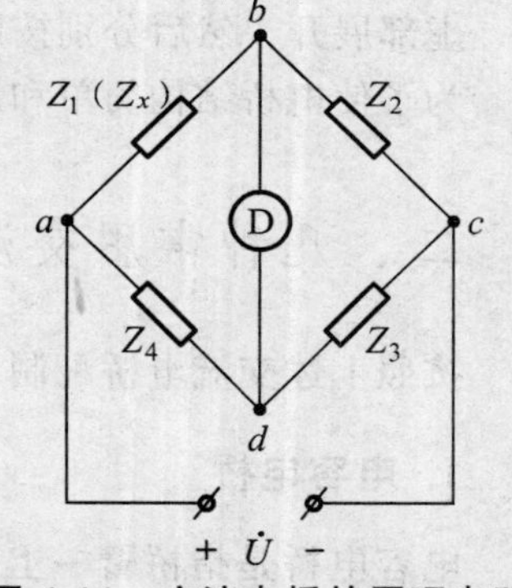

图 4.11　交流电桥的原理电路

### 2. 平衡条件

类似于直流单电桥，平衡时指示支路的电压 $\dot{U}_{bd}=0$。当桥臂用复阻抗时，同理有平衡条件

$$Z_1Z_3=Z_2Z_4 \tag{4.26}$$

通常表示为

$$Z_1=\frac{Z_2}{Z_3}Z_4\quad\left(\text{或}\ Z_x=\frac{Z_2}{Z_3}Z_4\right) \tag{4.27}$$

由于复阻抗表示为

$$Z=R+\mathrm{j}X=|Z|\underline{/\varphi}$$

则平衡条件表示为

$$|Z_1|\cdot|Z_3|\underline{/\varphi_1+\varphi_3}=|Z_2|\cdot|Z_4|\underline{/\varphi_2+\varphi_4} \tag{4.28}$$

由式（4.28）可知，阻抗的模和阻抗角分别相等，则平衡条件转化为幅值平衡条件和相位平衡条件，即

$$\left.\begin{aligned}|Z_1|\cdot|Z_3|&=|Z_2|\cdot|Z_4|\\ \varphi_1+\varphi_3&=\varphi_2+\varphi_4\end{aligned}\right\}\tag{4.29}$$

式（4.29）表明平衡条件由两个方程式决定，因此调节电桥平衡时至少有两个调节元件。这一点与直流单电桥是不相同的。

### 3. 交流电桥的配制

交流电桥的三个调节臂中有 6 个可调元件，取出 2 个元件来调节，则有 15 种可能的调节方案。其中有的调节平衡快，有的调节平衡慢，有的根本就不可能调节平衡。

配制交流电桥时，应注意以下几个方面：

① 一般不选电感作桥臂（除被测外），更不选电感来调节。这是因为电感体积大，制作困难，准确度也不高。此外，一般也很少选电容作调节元件，因为可调电容等级低。所以，成品交流电桥中都选电阻、电容作桥臂，以电阻作为调节元件。

② 尽量使平衡条件与电源频率无关，这样才能发挥电桥的优点，不受电源电压或频率的影响。

③ 交流电桥需要反复调节才能满足阻抗模和阻抗角的平衡。调节次数的多少称为收敛性。收敛性越好，调节次数就越少，平衡就越快；反之，则平衡就越慢。前者测量时间短，后者测量时间长。

④ 对所配交流电桥，当欲知被测参数表达式时，通常是按照式（4.26）将等式两边按实部、虚部展开，然后分别按照实部相等和虚部相等来解得。

为了使电桥结构简单和调节方便，配制交流电桥时常把相邻臂或相对臂取为纯电阻。

## 二、几种常用交流电桥

按照上述交流电桥配制原则，常见的交流电桥主要有下述几种。

### 1. 电容电桥

电容电桥是指桥臂一上接的被测元件是容性的，按照配制方法，则其他桥臂有纯电阻和容性阻抗。

（1）高压电桥

高压电桥又称为西林电桥，用于测量高压电容器，如图 4.12 所示。为保证高电压下电桥的安全，指零仪 D 两端对地电压不能太高，且可调元件的对地电压也不能太高，否则影响测量人员的人身安全。所以要求 $Z_x >> Z_2$、$Z_4 >> Z_3$，电压主要降在 $Z_x$、$Z_4$ 上。$C_4$ 为高压标准电容，$Z_x$ 为被测高压电容。

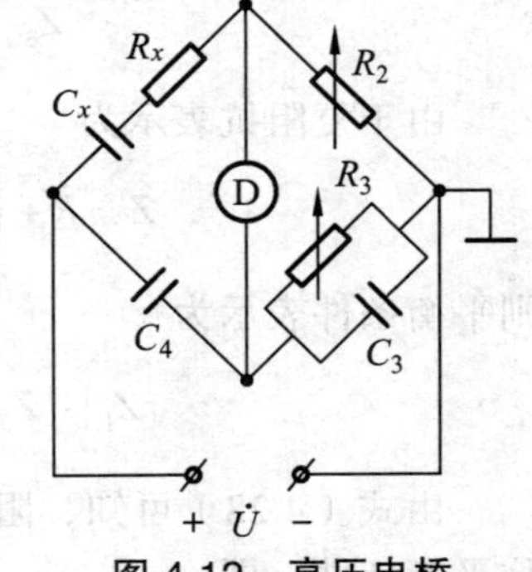

图 4.12 高压电桥

依平衡条件有

$$\left(R_x+\frac{1}{\mathrm{j}\omega C_x}\right)\cdot\left(\frac{1}{\dfrac{1}{R_3}+\mathrm{j}\omega C_3}\right)=R_2\frac{1}{\mathrm{j}\omega C_4}$$

展开得

$$\mathrm{j}R_x\omega C_4+\frac{C_4}{C_x}=\frac{R_2}{R_3}+\mathrm{j}R_2\omega C_3$$

实部、虚部分别相等，有

$$\left.\begin{aligned}C_x&=\frac{R_3}{R_2}C_4\\R_x&=\frac{C_3}{C_4}R_2\end{aligned}\right\}\tag{4.30}$$

损耗系数

$$D=\tan\delta_x=\frac{R_x}{1/\omega C_x}=\omega C_xR_x=\omega C_3R_3\tag{4.31}$$

成品电桥如国产 QS1 型的电路就是如此，可在 5 ~ 10 kV 高压下测量电容以及研究绝缘材料在高压下的性能。高压下测量电容的范围为 $0.3\times10^{-4}$ ~ 0.4 μF，损耗系数范围为 0.005 ~ 0.6。也可在低压 100 V 下测量 $0.3\times10^{-3}$ ~ 100 μF、损耗系数在 0.005 ~ 0.6 的电容。

（2）串联电容电桥

如图 4.13 所示，接在第一桥臂的被测电容为串联形式的电容，比较臂第四桥臂也为串联形式的电容，它适合于测量损耗系数较小的电容。由图可见，电桥一相邻臂为纯电阻。按照平衡条件可推得

$$\left.\begin{aligned}R_x&=\frac{R_2}{R_3}R_4\\C_x&=\frac{R_3}{R_2}C_4\\D&=\tan\delta_x=\omega C_4R_4\end{aligned}\right\}\tag{4.32}$$

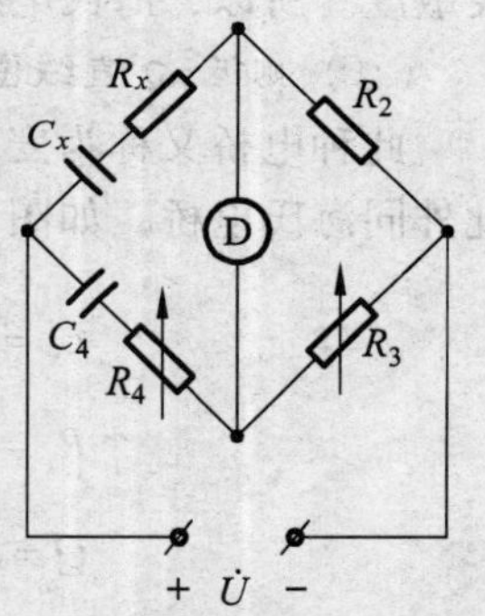

图 4.13　串联电容电桥

（3）并联电容电桥

并联电容电桥的第一桥臂为 $C_x$ 与 $R_x$ 的并联，第四桥臂为 $C_4$ 与 $R_4$ 的并联，此外与串联电容电桥相同，如图 4.14 所示。分析可得

$$\left.\begin{aligned}R_x&=\frac{R_2}{R_3}R_4\\C_x&=\frac{R_3}{R_2}C_4\\D&=\tan\delta_x=\frac{1}{\omega C_4R_4}\end{aligned}\right\}\tag{4.33}$$

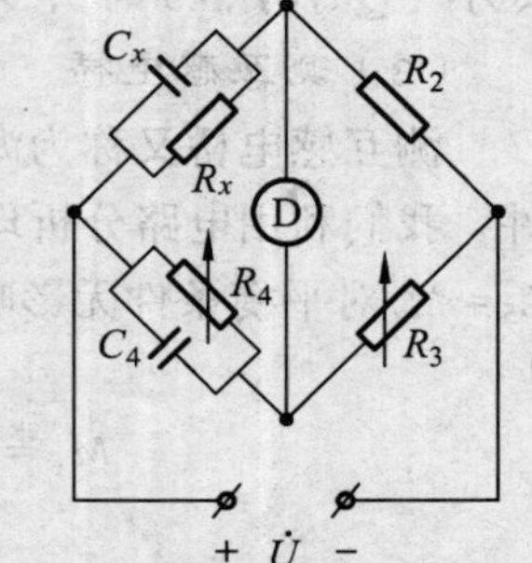

图 4.14　并联电容电桥

并联电容电桥适合于测量较大损耗的电容，因为 $D$ 大，$R_x$（或 $R_4$）就小，故有利于电桥灵敏度的提高。串联电容电桥适合于测量低损耗电容也是因为此。

## 2. 电感电桥

电感电桥是用来测量电感及品质因数的。其桥臂标准元件采用电容，因为标准电容的准确度高于标准电感，易制作，且不受外来磁场的影响。

（1）测高 $Q$ 值线圈电桥

这种电桥又称为海氏（Hay）电桥，如图 4.15 所示。由图可见，电桥一相对臂为纯电阻，根据平衡条件分析可得

$$\left.\begin{aligned} L_x &= \frac{R_2R_4C_3}{1+(\omega C_3R_3)^2} \\ R_x &= \frac{R_2R_3R_4(\omega C_3)^2}{1+(\omega C_3R_3)^2} \\ Q &= \frac{1}{\omega C_3R_3} \end{aligned}\right\} \tag{4.34}$$

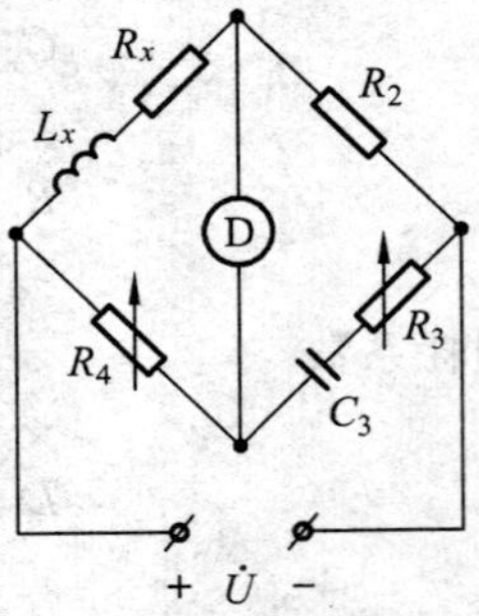

图 4.15　海氏电桥

式（4.34）表示测量结果与电源频率有关，因此要求电源的频率和波形（是否正弦）应符合要求，否则会产生误差。

由品质因素 $Q$ 的表达式可知，若 $Q$ 值小，$R_3$ 就大（$C_3$ 不可能太大），这样会降低电桥的灵敏度。所以，海氏电桥用来测量高 $Q$ 值的电感。

（2）测低 $Q$ 值线圈电桥

此种电桥又称为麦克斯韦（Maxwell）电桥。电桥电路的第三桥臂的 $R_3$ 与 $C_3$ 是并联的，此外同海氏电桥，如图 4.16 所示。分析可得测量结果

$$\left.\begin{aligned} L_x &= R_2R_4C_3 \\ R_x &= \frac{R_2}{R_3}R_4 \\ Q &= \omega C_3R_3 \end{aligned}\right\} \tag{4.35}$$

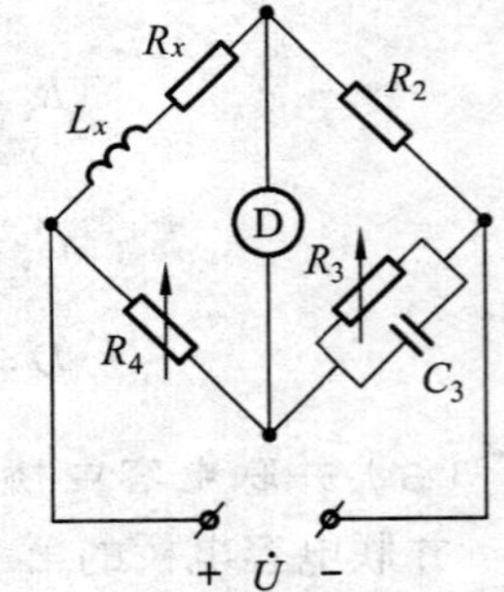

图 4.16　麦克斯韦电桥

可见，测量结果与频率无关，对电源要求可低些。从 $Q$ 值表达式可知，当 $Q$ 值小时，$R_3$ 小（$C_3$ 也可小），利于提高灵敏度。但 $R_3$ 太小（$Q$ 小于 0.5 时），电桥的平衡调节比较麻烦。

（3）测互感电桥

测互感电桥又称为海维赛德（Heaviside）电桥，电路如图 4.17 所示。为便于分析平衡条件，我们利用电路分析理论先对电路进行去耦等效变换，得图 4.18 所示电路。电源回路上的 $L_5-M_x$ 对平衡条件无影响，则可直接利用四臂电桥平衡条件分析得到

$$M_x = \frac{R_3L_1 - R_2L_4}{R_2 + R_3} \tag{4.36}$$

此外，利用维恩电桥可测量频率，方法是将被测量作为电桥的电源，只要四个桥臂的参数已知，则根据调平衡时的值，由平衡条件推导出被测频率值。

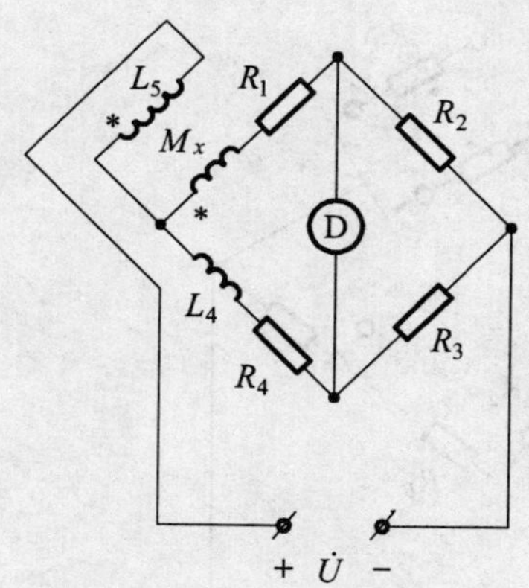


图 4.17　测互感电桥

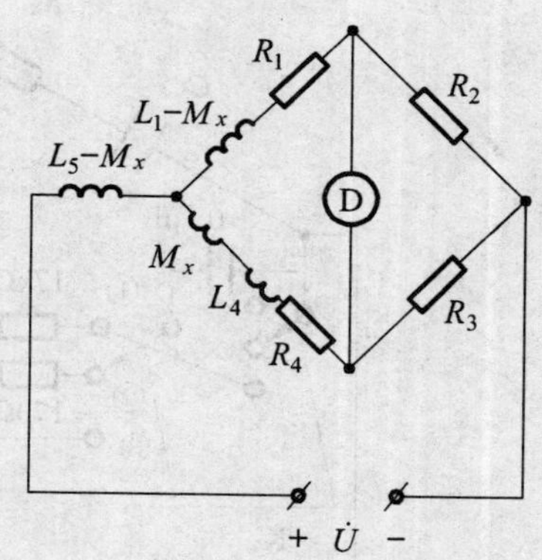


图 4.18　互感电桥等效电路

## 三、万用电桥

作为交流电桥的实例，这里介绍国产 QS-18A 型电桥。它能测 $R$、$L$、$Q$、$D$ 等参数，故称为万能电桥，其测量范围较宽，准确度虽然不高，但使用起来方便。从原理上看，万能电桥就是惠斯登电桥、电容电桥、麦克斯韦电桥和海氏电桥的组合，通过转换开关来选择测量不同的被测量。

### 1. 测量范围

- 电阻　0.01 Ω ~ 10 MΩ；
- 电容　1 pF ~ 1 100 μF；
- 电感　1 μH ~ 110 H；
- 电容损耗系数 $D$　0 ~ 10；
- 电感品质因数 $Q$　0 ~ 10。

### 2. 测量线路

将电桥面板上的“工作选择”开关打在不同的挡位，便有不同的测量线路。

（1）测电容

当“工作选择”开关置于“C”挡位时，得如图 4.19 所示的测量电容电路。

图中 $K_1$ 调 $R_A$，面板上为量程开关，挡位调节。$K_2$ 调 $R_B$，面板上为“读数”调节，挡位调节为“粗调”，连续调节为“细调”。$K_3$ 是选择电容（0.1 μF）与电阻的连接，面板上为“损耗倍率”调节，当打向①（与 17 kΩ及 1.6 kΩ支路串联）时为“D × 1”，这时的 1.6 kΩ 电阻为“损耗细调”；当打向②（与 170 Ω及 16 Ω支路串联）时为“D × 0.01”，这时的 16 Ω 电阻为“损耗细调”。指零仪 D 相当于电子电压表，它将指零支路的电压放大后再检波，然后用磁电系数微安表进行指示。电桥的工作电源为 1 000 Hz 的振荡交流电源。

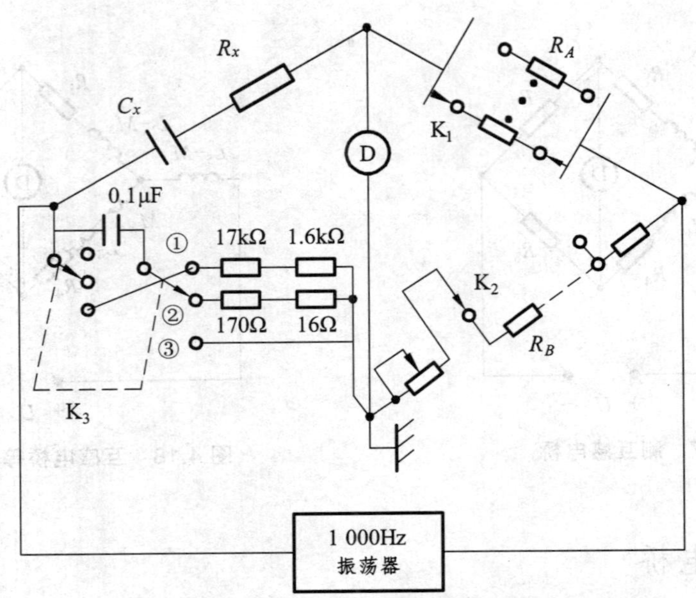


图 4.19 QS-18A 测电容的电路

（2）测电感

当“工作选择”开关置于“L”挡位时，得测量电感的交流电桥，如图 4.20 所示。当图中 $K_3$ 打在②位置处，面板上为“损耗倍率”打在“D × 0.01”处，这时是测高 $Q$ 值（$Q$ >10）电感，其品质因数 $Q = 1/D$。其他开关、指零仪和电源的说明同前。

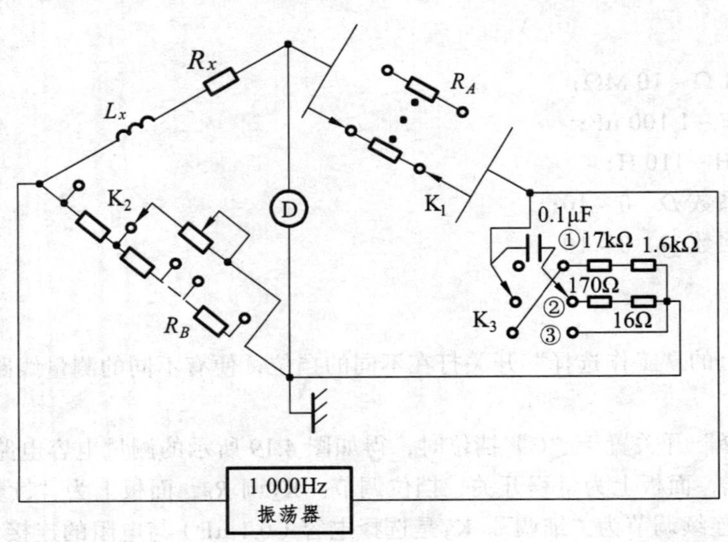


图 4.20 QS-18A 测电感的电路

在同一电路中，若 $K_3$ 打在③位置处，面板上为“损耗倍率”打在“Q × 1”位置处。这时的电路除 0.1 μF 电容与 17 kΩ 及 1.6 kΩ 电阻并联外，其他则与图 4.20 所示一样，这时是测低 $Q$ 值（$Q$<10）电感。

（3）测电阻

当“工作选择”开关打在“R”位置，可得惠斯登电桥电路。被测量接在第一桥臂上，第二桥臂为决定量程的 $R_A$，第三桥臂为一固定电阻（100 Ω），第四桥臂为调节读数的 $R_B$。$R_A$、$R_B$ 的连接形式同前述电路。

对于电桥的电源，当测量小于（包括等于）10 Ω 的电阻时，电源为 1 000 Hz 的振荡器；当测量大于 10 Ω 的电阻时，是 9 V 的直流电源。当然，指示平衡的电路也有差别，这里不再叙述。

## 四、变量器电桥

变量器电桥是新发展起来的一种新型交流电桥，能实现四臂交流电桥的测量功能，具有准确度高、工作频率宽、灵敏度高、收敛性好和便于实现自动化和数字化等优点，被广泛用于各种电量和非电量的精密测量中，特别适合于测量高频下的电路参数。

变量器电桥的结构特点，在于用变压器绕组代替四臂交流电桥的两相邻臂。其类型可分为三种，即单边电压式、单边电流式和双边式。

### 1. 单边电压式

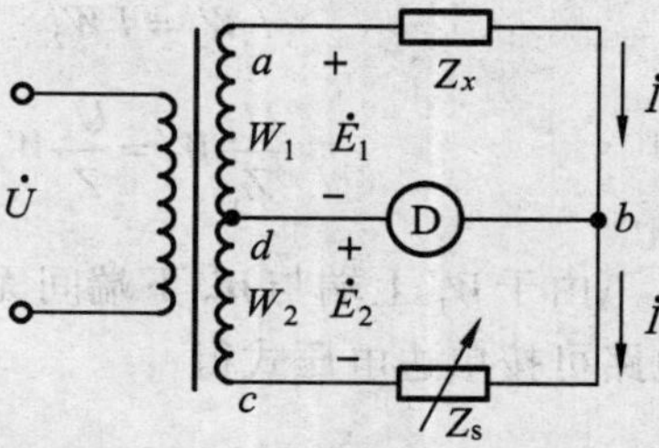

如图 4.21 所示，当电桥平衡时，$\dot{U}_{bd}=0$。在理想情况下，忽略绕组的漏抗、铁损和电阻压降，有

$$\frac{\dot{E}_1}{\dot{E}_2}=\frac{E_1}{E_2}=\frac{W_1}{W_2}$$

图 4.21 单边电压式

式中，$W$ 为线圈匝数。

调标准复阻抗 $Z_s$ 使电桥平衡，平衡指零仪指零，必有 $\dot{I}_x=\dot{I}_s=\dot{I}$，则

$$\frac{\dot{E}_1}{\dot{E}_2}=\frac{\dot{U}_x}{\dot{U}_s}=\frac{\dot{I}_x Z_x}{\dot{I}_s Z_s}=\frac{Z_x}{Z_s}$$

可见

$$Z_x=\frac{W_1}{W_2}Z_s \tag{4.37}$$

式（4.37）表明，只能测量 $Z_x$ 与 $Z_s$ 同性质的参数，即 $Z_x$ 与 $Z_s$ 同为容性或同为感性。同时，单边电压式适合于测较大阻抗参数，不能测太小阻抗参数，因为参数太小时漏阻抗不可忽略。

### 2. 单边电流式

单边电流式电路如图 4.22 所示。电桥平衡，D 指零，即 $\dot{I}_D=0$，也就是二次边无电流。这样，一次绕组中必有磁势为零（铁芯中无磁通），即

$$W_1\dot{I}_x-W_2\dot{I}_s=0$$

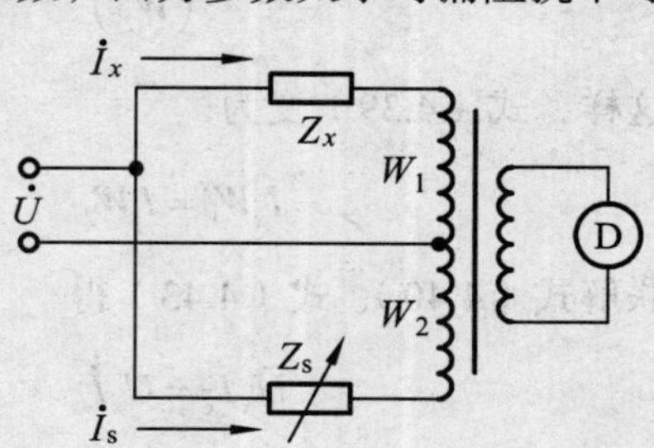


图 4.22 单边电流式

那么，$W_1$、$W_2$绕组上无自感电势，也没有电抗压降（设 $Z_x$、$Z_s$均很小，略去漏磁通），则

$$\dot{U}_x=\dot{U}_s=\dot{U}$$

因为
$$\dot{I}_x=\frac{\dot{U}_x}{\dot{Z}_x},\quad \dot{I}_s=\frac{\dot{U}_s}{Z_s}$$

所以
$$W_1\frac{\dot{U}_x}{Z_x}-W_2\frac{\dot{U}_s}{Z_s}=0$$

即
$$Z_x=\frac{W_1}{W_2}Z_s \tag{4.38}$$

式（4.38）表明，只能测与标准阻抗 $Z_s$同性质的参数。由于在 $Z_x$、$Z_s$较小的条件下得出式（4.38），则单边电流式适合于测低阻抗。同时，单边电流式还可制成高压电桥。

**3. 双边式**

双边式电路如图 4.23 所示。电桥平衡，D 指零，按电流式有

$$\dot{I}_xW_1'=\dot{I}_sW_2' \tag{4.39}$$

即
$$\frac{\dot{U}_x}{Z_x}W_1'=\frac{\dot{U}_s}{Z_s}W_2'$$

由于$W_1'$上端与$W_2'$下端间无压降，则左边部分电路可按单边电压式得

$$\frac{\dot{U}_x}{\dot{U}_s}=\frac{W_1}{W_2} \tag{4.40}$$

所以
$$Z_x=\frac{W_1W_1'}{W_2W_2'}Z_s \tag{4.41}$$

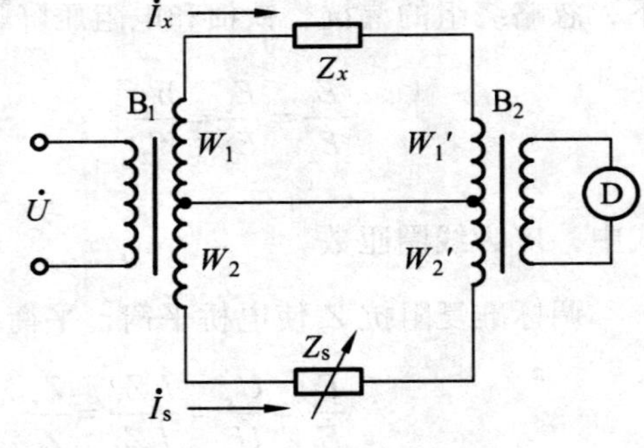

**图 4.23 双边式**

式（4.41）表明，双边式比单边电压式和单边电流式的测量范围都大。

若满足$\frac{W_1}{W_2}=\frac{W_1'}{W_2'}$，则式（4.41）变为

$$Z_x=\left(\frac{W_1}{W_2}\right)^2Z_s \tag{4.42}$$

这样，式（4.39）变为

$$\dot{I}_xW_1=\dot{I}_sW_2 \tag{4.43}$$

联解式（4.40）、式（4.43）得

$$\dot{U}_x\dot{I}_x=\dot{U}_s\dot{I}_s \tag{4.44}$$

式（4.44）表明，$Z_x$、$Z_s$两阻抗上消耗的功率相等，实现了“等功率测量”，其优点在于，

能较好地解决电桥消耗功率与其灵敏度之间的矛盾。而对于前述四臂交流电桥，只有在等臂情况下才能实现。

国产 QS16 型电容电桥就是采用单边电压式电路。与四臂交流电桥相比，它具有以下优点：

① 变比为实数，对温度和时间的稳定性高；

② 变比的准确度高，当变比为 1 时，准确度不低于 $10^{-6}$；

③ 灵敏度高；

④ 工作频率范围宽；

⑤ 可以用较少的标准元件得到较宽的测量范围。

## 五、交流电桥的质量指标

### 1. 灵敏度

交流电桥的灵敏度采用电压灵敏度（因为指零仪的等效阻抗高，不宜采用电流灵敏度），定义为

$$s_U = \frac{\Delta \dot{U}_{bd}}{\Delta Z / Z} \tag{4.45}$$

式中，$\Delta Z/Z$ 为某桥臂阻抗的相对变化；$\Delta \dot{U}_{bd}$ 为 $\Delta Z$ 在测量对角线（指零对角线）上引起的电压向量的变化。显然，$s_U$ 本身是个复数。

按式（4.45）进行分析，四臂电桥 $Z_1/Z_2 = Z_4/Z_3 = 1\angle\theta$ 时，有最大灵敏度

$$s_U = \frac{1}{2+2\cos\theta}U \tag{4.46}$$

当 $0° \leqslant \theta \leqslant 90°$ 时，有 $\frac{1}{4}U \leqslant s_U \leqslant \frac{1}{2}U$；当 $\theta > 90°$ 时，$s_U$ 会更大。但实际电桥中至少有一个桥臂为纯电阻，$\theta$ 不可能大于 90°。

可见：

① 交流电桥的电压灵敏度与电源电压成正比；

② 为提高灵敏度，应使指零仪对角线两边的桥臂阻抗的模尽量相等，而其阻抗角之差应尽量接近 90°。

### 2. 收敛性

交流电桥的收敛性是表征电桥平衡难易程度的指标，调节次数越少，电桥越易平衡，收敛性越好，反之收敛性越差。收敛的好坏一般用收敛图来表示。

# 第四节　电路参数的智能测量

前面已经讲到，随着电子技术的飞速发展，电路参数的测量不但出现了数字测量，而且伴随计算机的应用出现了智能数字测量，使测量速度提高，特别是使测量精度大为提高，并

实现了自动测试。下面对这个问题做概要介绍。

我们先简要介绍一下欧姆电阻的数字测量。图 4.24 所示的原理框图中，要求恒流源提供的直流电流稳定度要高；放大器除有足够的放大倍数外，其输入阻抗也要足够高，因为通过它的电流的大小直接影响准确度，希望恒定电流 $I_0$ 全部流向 $R_x$；然后，将放大后的信号通过模/数（A/D）转换进行数字显示（数字多用表中，测电阻采用“R—V”变换，再用 DVM 进行测量）。

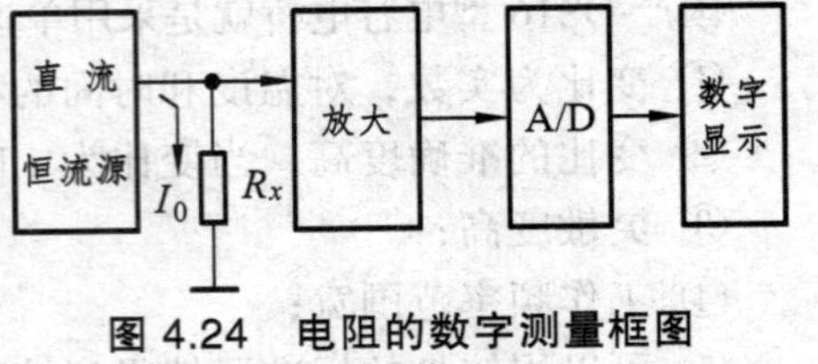


图 4.24　电阻的数字测量框图

为了扩大测量范围，直流恒流源和放大器都要进行分挡。测较小电阻时恒流值要大，放大倍数要高；测较大电阻时恒流值要小，放大倍数要小。

国产 HL-8607 型数字微欧计就是按上述原理制作的，其恒流部分的测量误差为 0.02%，恒流的漂移≤0.01%。整机误差为 0.05% ± 2 个字。

关于欧姆电阻的智能测量，图 4.25 所示为其原理之一的框图。恒定的直流电流在被测电阻 $R_x$ 上产生电压，此电压经放大后送去进行 A/D 转换，所得数字量送入计算机。因恒定直流电流确定，则计算机可根据采样到的电压和已知的恒定电流，按 $R = U/I$ 计算出被测 $R_x$ 之值，其结果可屏幕显示，也可打印。测量原理实质上是“伏安”法。

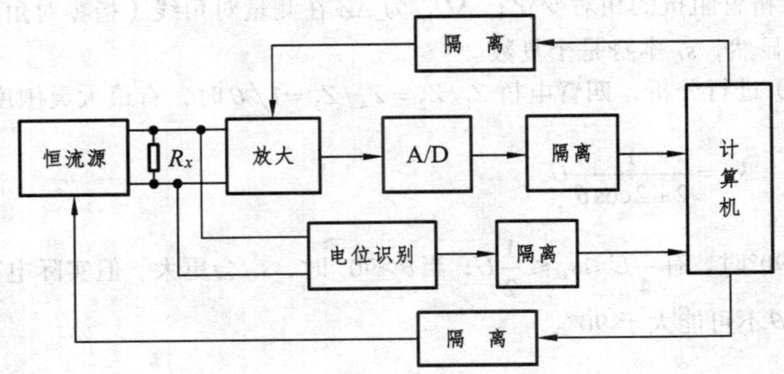


图 4.25　电阻的智能测量框图

恒流源和放大器与前述“数字测量”中的描述相同，只是恒流源的选挡和放大器的放大倍数选择不是人工选择，而是由计算机来选择控制。隔离电路是保护计算机的。

# 习　题　四

4.1　简述直流单电桥及直流双电桥的结构及测量原理。

4.2　在题 4.2 图所示电路中，已知 $R_2 = 100（1 \pm 0.5\%）\Omega$，$R_3 = 1（1 \pm 0.5\%）k\Omega$，$R_4 = 49\,989.5（1 \pm 0.5\%）\Omega$。试求 $R_x$ 的值及测量误差。

4.3　用 QJ23 型电桥（参见图 4.6）测一个 $R_x$ 为 150 Ω 左右的电阻，问比例臂的比值应选多大？这时 $R_2$、$R_3$ 分别为多少？

4.4　试分析 QJ23 型电桥的测量范围。

4.5 题 4.5 图为电桥法测双线回路接地点故障的电路。已知 $l=(100\pm0.1)$ km，且有电阻 0.22 Ω/km；电桥平衡时 $R_a=(300\pm0.3)$ Ω，$R_b=(100\pm0.1)$ Ω。若 $A$ 为故障点，问测量点到故障点的距离 $x$ 为多少？测量误差为多大？这段线路的电阻为多大？

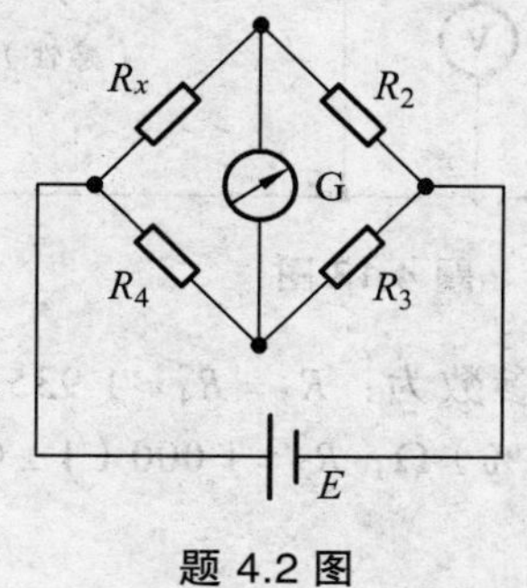


题 4.2 图

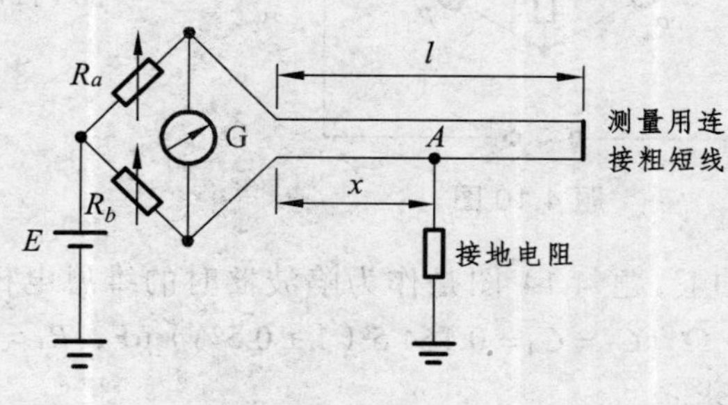


题 4.5 图

4.6 双电桥电路中的连接导线应满足什么要求？为什么？

4.7 欲测一变压器绕组的等效电阻，应选用什么电桥？应怎样对绕组引出测试线（电压头、电流头）？测量操作时应注意什么问题？

4.8 对题 4.8 图所示交流电桥判断能否调节平衡（有条件者注明条件）。

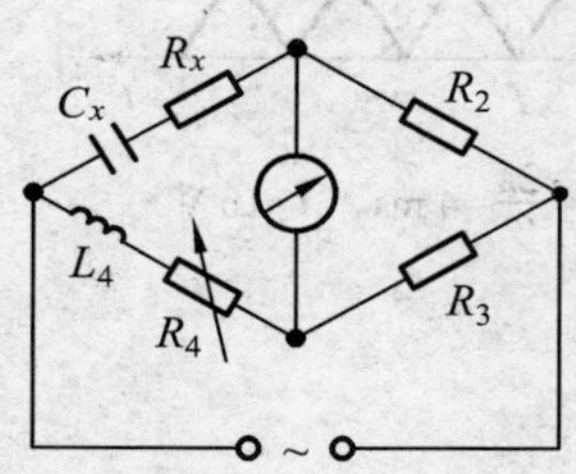


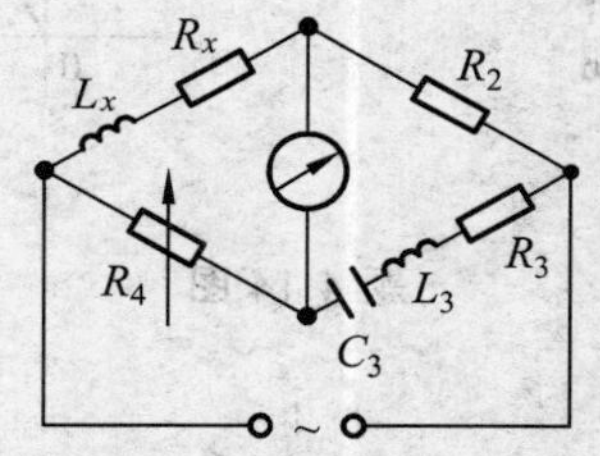


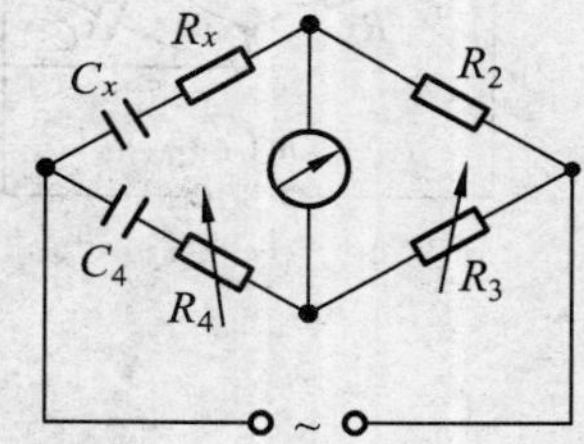


题 4.8 图

4.9 对题 4.8 中能调平衡者，推导被测参数的表达式。

4.10 在题 4.10 图所示的测量阻抗（感性）的安德森电桥中，已知 $R_3=R_4=1\,000$ Ω、$R_2=500$ Ω、$R=200$ Ω、$C=2$ μF 时电桥平衡，求 $R_x$、$L_x$ 的值。

4.11 用电桥测量时，为什么开始时把灵敏度调节在最低，而在接近平衡时要把灵敏度调到最高？

4.12 在题 4.2 中，指零仪采用 AC15/4 检流计，其内阻为 28 Ω，外临界电阻为 440 Ω。试分析检流计工作在什么阻尼状态下？为使其工作在最佳阻尼状态应采取什么措施？

4.13 题 4.13 图为三表法测量阻抗参数的电路图。各表的量程、等级和等效阻抗参数为：功率表，0.5 级，$U_m=300$ V，$I_m=0.5$ A，$\cos\varphi_m=0.2$，$\alpha_m=150$ 格，电流线圈的 $R_{WA}=14.5$ Ω、$L_{WA}=23$ mH；电压表，0.5 级，$U_m=300$ V；电流表，0.5 级，$I_m=0.5$A，线圈的 $R_A=5.1$ Ω、$L_A=5.9$ mH。测量读数值为：电压表 $U=194.3$ V，电流表 $I=0.47$ A，功率表 $\alpha=144$ 格。试求被测感性负载参数 $Z$、$R$、$L$ 的值及它们的最大相对误差（有方法误差者应消除），并写出测量结果。

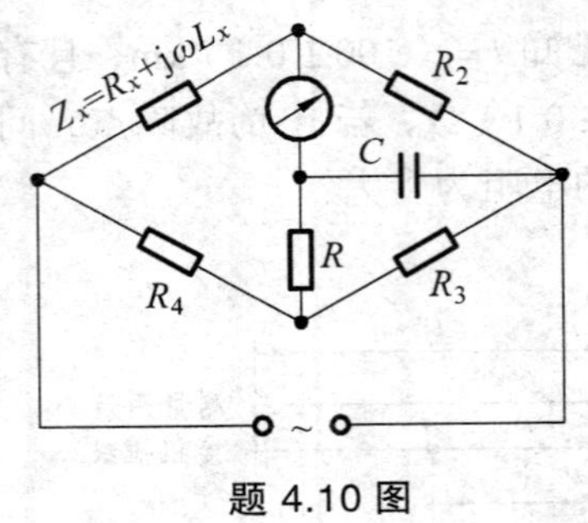


题 4.10 图

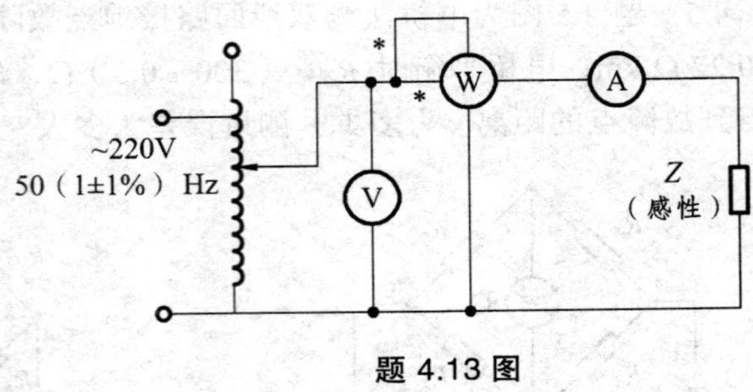


题 4.13 图

4.14　题 4.14 图是作为陷波器时的维恩电桥，已知桥路参数为：$R_3=R_4=1\ 935\ (1\pm0.1\%)\ \Omega$，$C_3=C_4=0.164\ 5\ (1\pm0.5\%)\ \mu F$，$R_1=2\ 000\ (1\pm0.1\%)\ \Omega$，$R_2=1\ 000\ (1\pm0.1\%)\ \Omega$，试求：

① 陷波频率 $f$ 的表达式。

② 当电桥电源 $u(t)$ 为图（b）所示的全波整流波形时，求电桥输出信号 $u_o(t)$。

③ 由已知电桥参数确定陷波频率 $f$ 时的最大相对误差 $\gamma_f$。

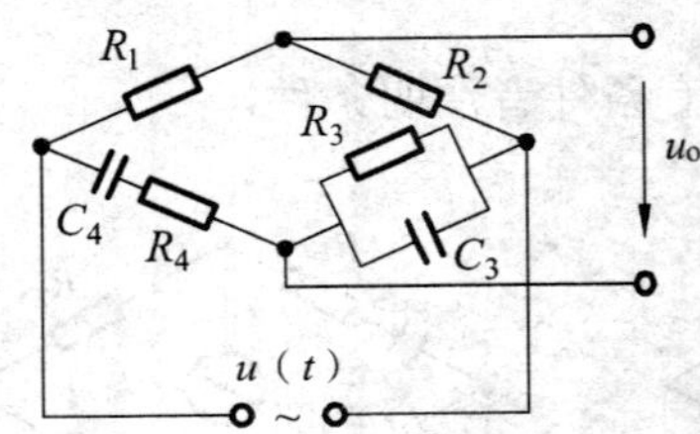


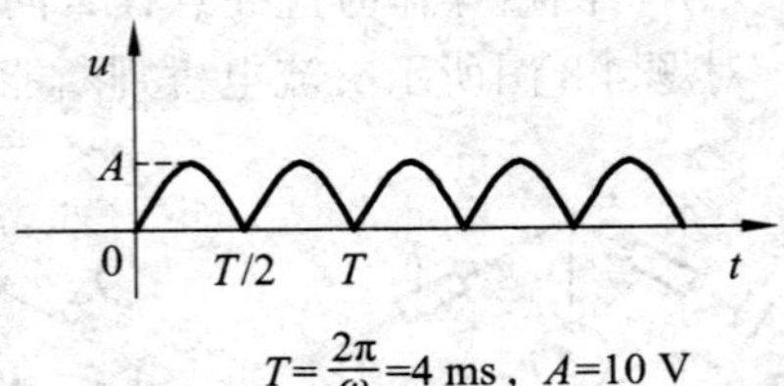


题 4.14 图

# 第五章 波形测试技术

## 第一节 概 述

在实际测试中，会遇到各种各样的波形，对应的变量也是多种多样的，但总可分为电量和非电量两大类。波形测试，就是展示各种参数与对应自变量间的变化规律，从中得到人们所需要的结果。

波形测试的手段，主要是电子示波器。对于非电信号波形，可通过传感器将其转换为电信号波形，再用电子示波器进行测量。借助传感器，用电子示波器可显示诸如温度、压力、加速度以及生物信号等的变化过程。对于电信号波形，可用电子示波器来复现电信号的变化规律。电子示波器主要用于测量随时间变化的电信号，是典型的时域测量仪器。广义地讲，电子示波器又是一台 X-Y 图示仪。

一般来说，电子示波器不但能定性观察电信号的波形变化规律，而且能定量测量信号的幅值、时间、相位等参数，还能观测诸如核爆炸过程和地震等较罕见的缓慢变化过程。特别是对电子示波器进一步加以改进和扩展后，能对信号的幅频特性和数字逻辑状态等进行测量。因此，电子示波器在工业、国防和科研等各个领域中应用十分广泛。

电子示波器自 1931 年由美国无线电公司（RCA）首次研制成功以来，至今已有 80 年的历史。其发展大致经历了三个阶段：20 世纪的 30 ~ 50 年代为第一阶段，电子示波器由电子管制成，体积庞大，频带窄，用于定性和定量测试；20 世纪 60 ~ 70 年代为第二阶段，电子示波器由晶体管制成，体积小，准确度高，能双踪显示，不但出现了取样示波器，还出现了记忆示波器（20 世纪 60 年代初）、存储示波器（20 世纪 60 年代末）；从 20 世纪 80 年代至今为第三阶段，由于微处理器及计算机的广泛应用，示波器朝智能化方向迅猛发展。

示波器的分类方法很多，从性能和结构出发，可分为五类。

① 通用示波器：采用单束示波管，能定性和定量观测信号，如 SR8、V22、SS-5702 等。

② 多束示波器（也称为多线示波器）：采用多束示波管，能实时观察和比较两个以上的波形，如 SBD-6。

③ 取样示波器：采用取样技术将高频信号转化为低频信号，然后再进行显示，能观测高频和窄脉冲信号，如 SQ-12。

④ 记忆、存储示波器：具有记忆、存储信号的功能，能观察单次瞬变过程、非周期现象、低频和慢速信号及不同地点观测到的信号。采用记忆示波管记忆波形的示波器称为记忆示波器；采用数字技术带微处理器的示波器称为数字存储示波器，如 HP54501 等。

⑤ 特种示波器：能满足特殊用途或具有特殊装置的专用示波器。例如，监视和调试电视系统的电视示波器，观察矢量幅度及相位的矢量示波器，观察数字系统的逻辑示波器，观察记录缓变信号的光线示波器等。

# 第二节 波形测试的基本原理

波形测试就是利用电子示波器进行测量的过程。所谓电子示波器，就是利用电子射线的偏转来复现电信号瞬时图像的一种电子仪器。要实现示波器这种“复现电信号”功能，即进行图像显示，其核心部件是阴极射线示波管（CRT）。下面就介绍它的结构和成像原理。

## 一、阴极射线示波管

### 1. 结 构

阴极射线示波管的结构如图 5.1 所示。它由电子枪、偏转系统和荧光屏三部分组成，并被密封在真空的玻璃壳内。就其用途而言，它是把电信号转换成光信号的转换器。

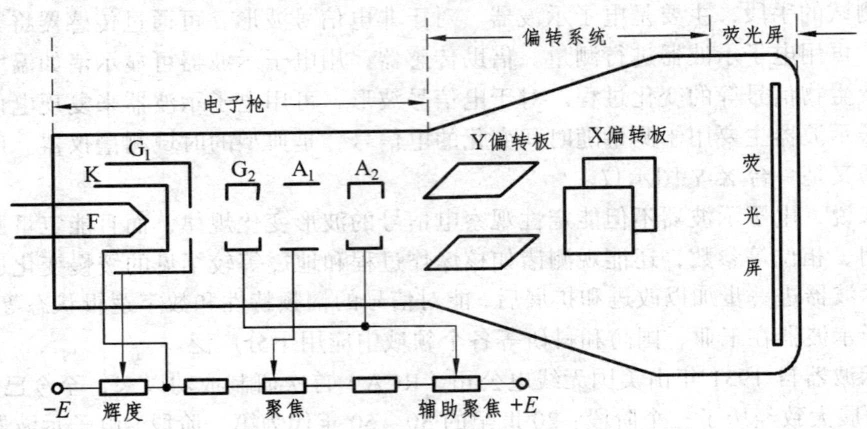


图 5.1 阴极射线示波管

### 2. 电子枪

电子枪由灯丝 F、阴极 K、控制栅极 $G_1$、前加速极 $G_2$、第一阳极 $A_1$ 和第二阳极 $A_2$ 等组成。其作用是产生高速的电子射线束。

灯丝加热阴极，一般由 6.3 V 工频交流电压供电。阴极是表面涂有氧化钡的镍圆筒，氧化钡的电子溢出功小，易于发射电子，做成圆筒不易热变形。控制栅极是顶部有小孔的圆筒，其电位比阴极低，对阴极发射出来的电子起控制作用，只有初速度大的电子才穿过小孔奔向荧光屏，而初速度小的则被返回阴极。示波器面板上对应的旋钮叫“辉度”，通过调节控制栅极与阴极之间的电位来控制飞向荧光屏的电子数目，从而达到调节辉度的目的。当电位增加，电子数目增多，则屏上亮度增加，反之则相反。

$G_2$、$A_1$、$A_2$ 的电位均远高于阴极 K，它们与 $G_1$ 组成聚焦系统，对电子进行聚焦和加速，使得高速电子打在荧光屏上恰好聚成很细的一束。通常 $G_2$ 与 $A_2$ 相连，对阴极来说它们具有相同的电位，这个电位接近地电位，可避免 $A_2$ 和偏转板间形成电场造成散焦。$G_2$ 除了加速电子外，还对 $G_1$ 和 $A_1$ 起隔离作用，使“调辉”与“聚焦”互不影响。调 $A_1$ 电位可改变 $A_1$ 与 $G_2$ 和 $A_1$ 与 $A_2$ 间的电位差，在面板上为“聚焦”旋钮；调 $A_2$ 电位可加速电子，也同样能改变

$G_2$ 与 $A_1$ 和 $A_2$ 与 $A_1$ 间的电位差，在面板上为“辅助聚焦”旋钮（有的示波器没有）。

电子束的聚焦原理是：电子从阴极发射出来后，在控制栅极负电位的作用下朝轴向运动，在栅极圆筒末端附近形成一个交点 $F_1$。电子离开栅极顶端小孔后，由于互相排斥又散开。当进入由 $G_2$、$A_1$、$A_2$ 形成的静电场，因电力线方向分别从 $G_2$、$A_2$ 指向 $A_1$，且有一定的曲率，则高速运动着的电子在此电场作用下向轴线聚拢。若 $A_1$ 与 $G_2$、$A_2$ 的电位调节合适，电子束恰好聚焦在荧光屏中心 $F_2$ 处，这犹如透镜聚焦一样，只不过这里是电力线等位面形成的“电子透镜”，调 $A_1$ 的电位改变电力线曲率，从而改变“电子透镜”曲率面，达到聚焦的目的，如图 5.2 所示。

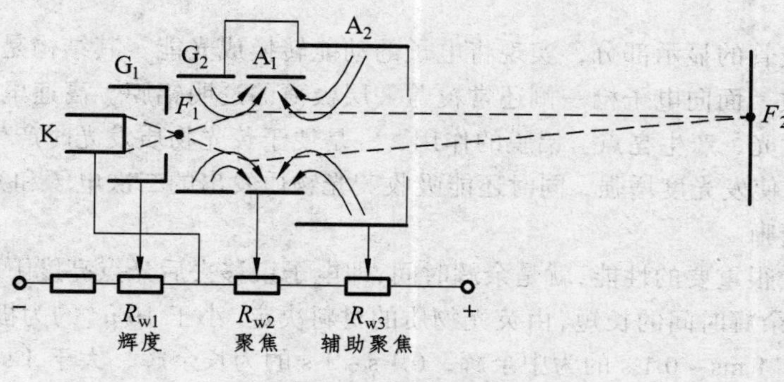


**图 5.2　聚焦原理**

### 3. 偏转系统

偏转系统由垂直偏转板 Y 和水平偏转板 X 组成。Y 偏转板在前，X 偏转板在后。两对偏转板各自形成静电场，分别控制电子束在垂直方向与水平方向偏转，两对偏转板共同作用的结果，才决定了任一瞬间光点在荧光屏上的坐标。下面以 Y 偏转板为例讨论光点在荧光屏上的位移及影响因素。

图 5.3 为 Y 偏转系统对电子束的影响示意图。在偏转电压 $U_Y$ 的作用下，Y 方向的偏转距离为

$$y \approx \frac{Ll}{2dU_{A2}}U_Y \tag{5.1}$$

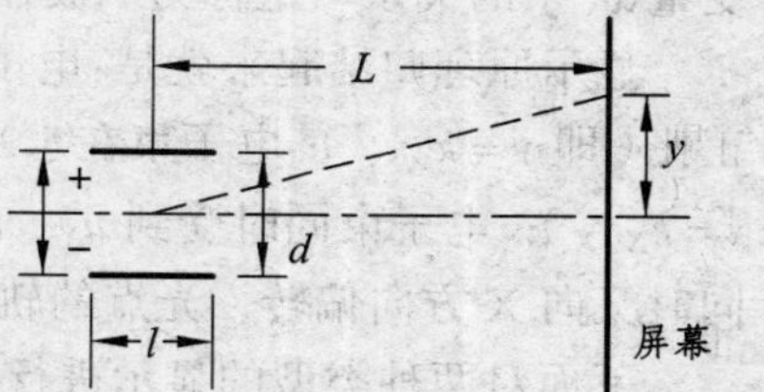

式中，$L$ 为 Y 偏转板中心到屏幕的距离；$l$ 为 Y 偏转板的长度；$d$ 为 Y 偏转板间的距离；$U_{A2}$ 为第二阳极电压。

**图 5.3　电子束在 Y 方向偏转**

Y 偏转板的偏转灵敏度定义为：Y 板上的单位电压使光点在屏幕上沿垂直方向上偏转的距离（有些书将此定义为偏转因数），即

$$s_Y = \frac{y}{U_Y} = \frac{Ll}{2dU_{A2}} \tag{5.2}$$

对于示波管而言，结构一定，$L$、$l$、$d$ 均为常数，$U_{A2}$ 也基本不变，则偏转灵敏度为常数。示波管的偏转因数与灵敏度互为倒数。

式（5.2）表明：

① $L$ 大，灵敏度高，所以 Y 板在 X 板前面，以提高 Y 方向灵敏度，便于电压测量。

② 偏转板 $l$ 大、$d$ 小，也使灵敏度提高，但缺点是：电容量增大，使高频性能变坏；易造成电子被 Y 板吸收（即被截割），到不了屏上；不利于小型化。解决办法：可采用弯折形的 Y 偏转板。

③ 降低 $U_{A2}$，灵敏度会提高。从物理意义上来讲，$U_{A2}$ 低会带来缺点，即电子的速度减慢，使屏上的辉度降低。解决办法：采用后加速阳极，它是螺旋式石墨带，逐渐加速，避免了突然的高电场产生散焦或图像失真。

### 4. 荧光屏

荧光屏是示波管的显示部分，实现将电子的动能转换成光能。其结构是在示波管屏内壁涂上一层荧光物质，面向电子枪一侧还常覆盖一层极薄的透明铝膜。高速电子穿过透明铝膜轰击荧光物质而发光，产生亮点。铝膜的作用：一是便于荧光物质发光时产生的热量散发掉；二是有反光作用，使发光度增强，同时还能吸收荧光物质发出的二次电子和光束中的负离子，从而使图像更加清晰。

荧光屏有一个很重要的性能，就是余辉时间，即电子束移去后光点亮度下降到原值的 10% 时所延续的时间。余辉时间的长短，由荧光物质的材料决定。小于 10 μs 的为极短余辉，10 μs ~ 1 ms 的为短余辉，1 ms ~ 0.1 s 的为中余辉，0.1 s ~ 1 s 的为长余辉，大于 1 s 的为极长余辉。短余辉适合于测高频信号，中余辉适合于测一般信号，长余辉适合于测缓慢变化的信号。

荧光屏的规格，通常是矩形或圆形。发光颜色一般为绿、黄色，因为人眼对此色敏感，也便于照相（因为感光性好）。

## 二、图像显示原理

用示波器显示图像，归结起来有两种：一是显示随时间变化的信号，二是显示任意两个变量 $x$、$y$ 的关系（这称为示波器的“X-Y”工作方式）。

显示原理归结起来就是：电子束在垂直方向的偏转距离 $y$ 与 Y 通道加到 Y 板的电压 $u_Y$ 成正比（即 $y = k_Y u_Y$）；电子束在水平方向的偏转距离 $x$ 与 X 通道加到 X 板的电压 $u_X$ 成正比（即 $x = k_X u_X$）；电子束同时受到 $u_Y$、$u_X$ 的作用，则屏上光点的移动为合运动，即在 Y 方向偏转的同时又向 X 方向偏转，光点的轨迹就是所要测的图形。

下面对两种类型的显示进行介绍。

### 1. 显示时变信号图形

Y 通道输入周期性随时间变化的电压信号[如 $u_Y = f(t) = U_m \sin\omega t$]加到垂直偏转板，若水平偏转板上电压为零，则电子束只受 Y 板电场作用，光点在同一位置处随时间在 $y$ 方向上振动，荧光屏上能看到一条垂直的直线。反之，若 Y 通道输入信号为零，在 X 偏转板上加一个随时间线性变化的电压（如锯齿波电压），则电子束只受 X 板电场作用，光点在同一位置处随时间在 $x$ 方向振动，屏上可看到一条水平的直线，通常将它称为时间基线，简称时基线。

光点只受水平方向锯齿波电压的作用产生时基线的过程是这样的：光点随着电压的线性

增加从荧光屏最左端线性运动到最右端，当电压从最大降到零时，光点又从最右端迅速回到最左端，如此周期性地重复。光点在水平方向锯齿波电压的作用下扫动的过程叫扫描，能实现扫描的锯齿波电压叫扫描电压，光点从左端扫到右端的过程叫扫描正程，而光点从右端迅速回到左端的过程叫扫描回程。扫描电压是周期性连续的方式称为连续扫描。当欲观测脉冲信号，对于占空比很小的脉冲，采用连续扫描存在一些问题，即当选择扫描周期等于脉冲重复周期时，如图 5.4（a）、（b）所示，难以看清脉冲波形的细节（上升或下降时间等）。选择扫描周期等于脉冲底宽时，如图 5.4（c）所示，观测者不易观察波形，而且扫描的同步很难实现。 触发扫描时，如图 5.4（d）所示，使扫描脉冲只在被测脉冲到来时才扫描一次；没有被测脉冲时，扫描发生器处于等待工作状态。

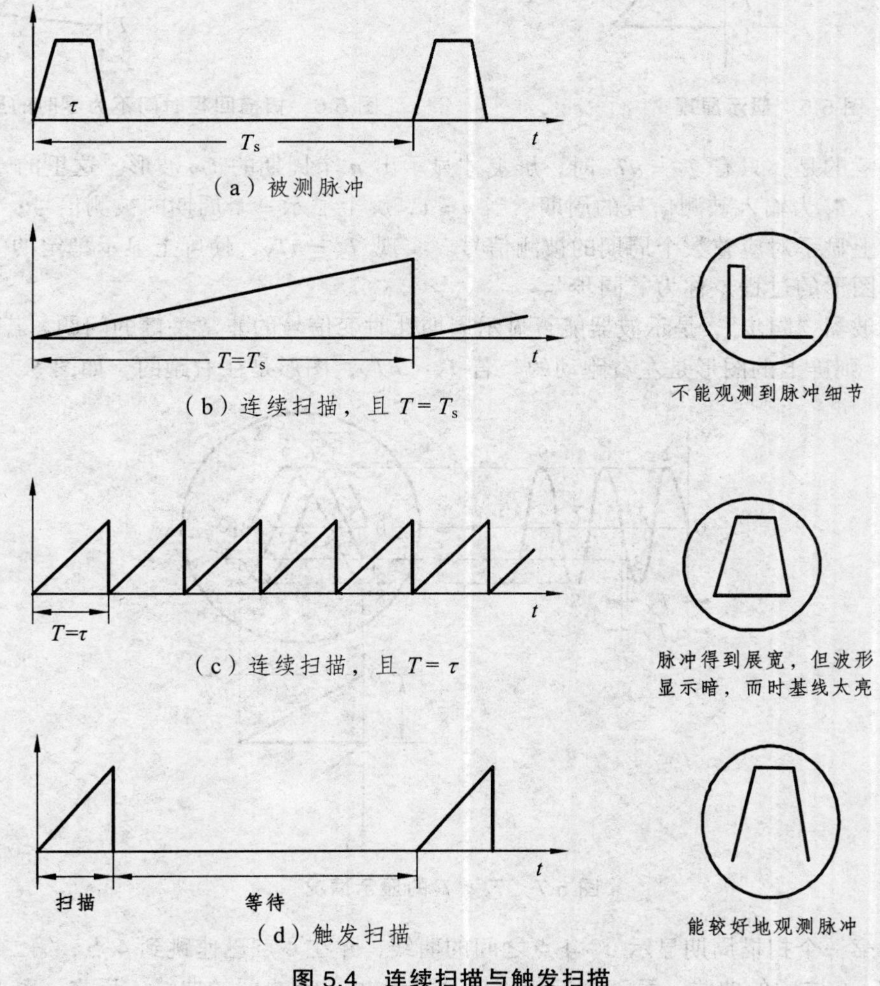


**图 5.4 连续扫描与触发扫描**

若 Y 通道输入 $u_Y = U_m \sin\omega t$，X 通道为锯齿波电压，则显示原理可用图 5.5 来几何表述。图中显示了 $T_Y = T_X$ 的情况，荧光屏上则显示一个同周期的图形。扫描正程显示正弦波形，扫描回程显示一条直线（实际中，有消影信号作用在控制栅极，这条线不显示出来）。此外，图示中扫描电压的回程时间为零，屏上光点的回扫是水平的，即在瞬间完成回扫；若锯齿波扫描电压的回程时间不为零，则一周正弦波还未扫完就要开始回程，光点的回扫是斜向上的（对回扫方向），如图 5.6 所示。

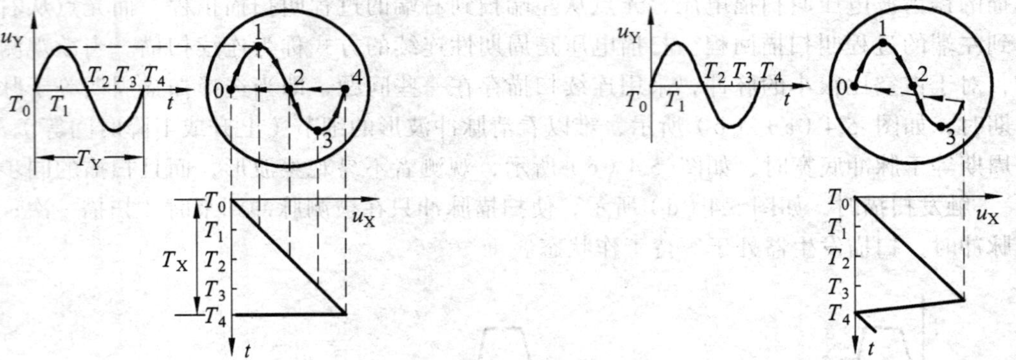


图 5.5　显示原理　　图 5.6　扫描回程时间不为零时的显示情况

值得注意的是，只有 $T_X = nT_Y$ 时，屏上才显示出 $n$ 个周期的 $U_Y$ 波形。这里的 $T_X$ 为扫描信号的周期，$T_Y$ 为输入被测信号的周期。当 $n = 1$，屏上显示一个周期的被测信号；当 $n$ 为任意整数，屏上显示对应整数个周期的被测信号。实现 $T_X = nT_Y$，使屏上显示稳定的 $n$ 个周期的被测信号图形的过程，称为"同步"。

实现示波器"同步"，是示波器能否显示周期性时变信号的非常关键的问题。若不能实现 $T_X = nT_Y$，则屏上的图形是左右跑动的。若 $T_X < nT_Y$，图形是往右跑的，如图 5.7 所示。

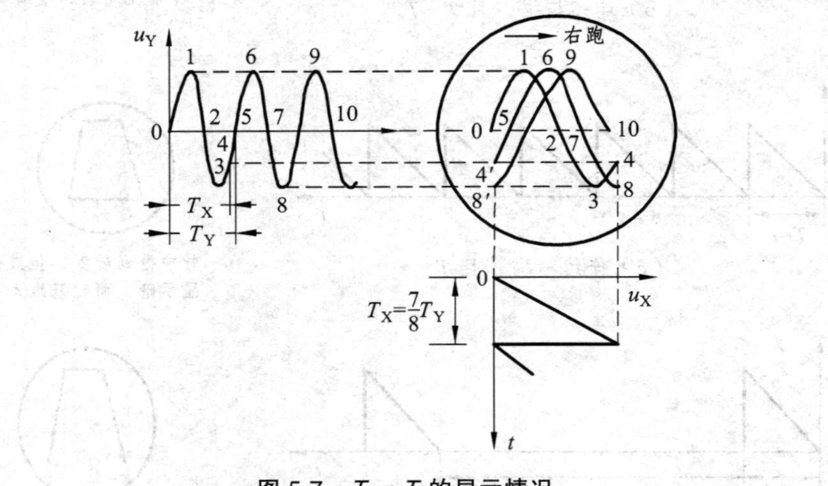


图 5.7　$T_X < T_Y$ 的显示情况

其中，第一个扫描周期显示 0～4 点之间的曲线，并在 4 点迅速跳到 4′点；第二个扫描周期，显示 4′～8 之间的曲线；第三个扫描周期，显示 8′～10 之间的曲线。反之，若 $T_X > nT_Y$，则屏上的图形是往左跑的。屏上图形不稳定，就不能显示被测波形及进行定量测量。

## 2. 显示任意两个变量间的关系

由于电子束同时受 X 和 Y 两个偏转板作用，且两对偏转板上的电压又是相互独立的，则示波器可作为“X-Y”图视仪，使示波器的功能得到扩展。

对于时变信号的显示，扫描电压是锯齿波电压；而“X-Y”工作方式（即作为 X-Y 图示仪）时，加在 X 板的扫描信号可为任意波形。例如，测量相位和频率时的“李沙育（Lissajou）”图形显示，扫描电压就是正弦信号。

示波器的 X-Y 图示可以应用到很多领域，只要把两个要显示的信号转换成与之成比例的两个电压，即可进行显示。对于非电量信号，通过传感器转换成电信号，便可进行显示。

# 第三节 通用示波器

通用示波器泛指采用单束示波管、除取样示波器及专用或特殊示波器以外的各种示波器，是示波器中应用最为广泛的一种。

## 一、通用示波器的组成

通用示波器的组成主要有三大部分：垂直系统、水平系统和主机。图 5.8 为通用示波器的组成框图。

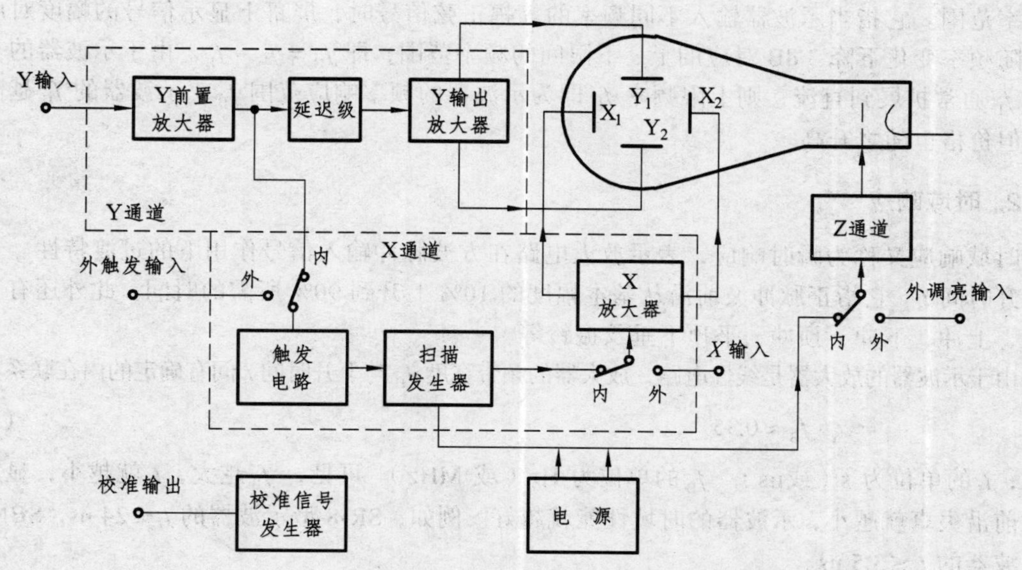


图 5.8 通用示波器的组成框图

### 1. 垂直系统

垂直系统又称为 Y 通道，它是被测信号的传输通道，使显示器（CRT）的 $y$ 轴坐标正比于信号的瞬时值，同时给 X 通道送触发信号，使 X 通道的锯齿波扫描信号与被测信号同步。

### 2. 水平系统

水平系统又称为 X 通道，在触发信号作用下产生锯齿波扫描信号，使显示器的 $x$ 轴坐标正比于时间，同时产生增辉和消影信号，经 Z 通道送到显示器的控制栅极 $G_1$，使显示器的电子束只在扫描正程时间内有而回程时间内没有，以获得清晰的图像。

#### 3. 主　机

主机包括显示器、Z 通道、电源和标准信号发生器等。

- 显示器　即阴极射线示波管，前面已介绍。
- Z 通道　增辉（扫描正程）、消影（扫描回程）信号的通道。
- 电源　提供显示器和 Y 通道、X 通道等电路的工作电源。
- 标准信号发生器　是一个幅度和频率都准确的方波发生器，用以校准示波器的灵敏度。

## 二、通用示波器的主要技术指标

示波器的技术指标有几十项，为便于正确选择和使用示波器，我们介绍以下几项主要性能指标。

#### 1. 频率响应

示波器的频率响应一般以频带宽度 BW（Band Width）来衡量，它表征示波器能观测信号的频率范围。它指当示波器输入不同频率的等幅正弦信号时，屏幕上显示信号的幅度对应中频段随频率变化下降 3 dB 对应的上、下限间的频率范围，即 $f_B = f_H - f_L$。由于示波器的下限频率 $f_L$ 通常扩展到直流，则上限频率 $f_H$ 即为示波器的频率响应范围 $f_B$。示波器的 $f_H$ 越高越好，但价格也随之升高。

#### 2. 时域响应

时域响应又称为瞬时响应，表示放大电路在方波脉冲输入信号作用下的过渡特性。主要有上升时间 $t_r$，它指正脉冲波前沿从基本幅度的 10% 上升到 90% 所需的时间。此外还有下降时间、上冲、下冲、预冲、平顶下垂及振铃等。

由于示波器的放大器是线性电路，放大器的频带宽度 $f_B$ 与上升时间 $t_r$ 间有确定的内在联系，即

$$t_r \cdot f_B \approx 0.35 \tag{5.3}$$

式中，$t_r$ 的单位为 s（或μs），$f_B$ 的单位为 Hz（或 MHz）。可见，$f_B$ 越大，$t_r$ 就越小，显示方波的前沿失真就越小，示波器的时域性能就越好。例如，SR-8 型示波器的 $t_r \leqslant 24$ ns，SBM-14 型示波器的 $t_r \leqslant 3.5$ ns。

用示波器进行测量，要求示波器 Y 通道的上升时间 $t_r$ 与被测信号的上升时间 $t_R$ 满足 $t_R \geqslant (3\sim5)\,t_r$，否则被测信号的上升时间 $t_R$ 应按下式来求

$$t_R = \sqrt{t_r'^2 - t_r^2} \tag{5.4}$$

式中，$t_r'$ 为用示波器测量到的上升时间的示值。

#### 3. 偏转灵敏度

在前面已讲过，偏转灵敏度是指在单位电压作用下荧光屏上光点偏转的距离，这是按输

出与输入之比的惯例来定义灵敏度的。但实际测量中，示波器的偏转灵敏度常定义为荧光屏上光点在 $y$ 方向移动 1 cm（或 1 div）所需的电压值，即 $s_Y = U/y$，其单位为 V/cm（或 V/div）。而偏转因数为灵敏度的倒数，即 $D_Y = 1/s_Y$。

偏转灵敏度 $s_Y$ 反映了示波器观测信号幅度范围的能力。

### 4. 输入阻抗

示波器的输入阻抗为输入端的等效阻抗，是输入电阻 $R_i$ 和输入电容 $C_i$ 的并联。显然，$R_i$ 越大、$C_i$ 越小，其输入阻抗就越高，对被测电路产生的影响就越小。

### 5. 扫描速度

扫描速度就是水平灵敏度。和 Y 偏转灵敏度一样，按惯例应定义为光点在单位时间内沿 $x$ 方向的偏移量，而实际中为光点在 $x$ 方向移动单位长度（1 cm 或 1 div）所需的时间，即 $s_X = t/x$，其单位为 s/cm（或 s/div），而时基因数为扫描速度的倒数，即 $D_X = 1/s_X$。

时基因数 $D_X$ 反映了示波器展宽高频信号或窄脉冲的能力，$D_X$ 越大，这种能力就越强；而 $D_X$ 越小则相反，极小的 $D_X$ 适合于观测低频或缓慢信号。例如，SR8 型示波器的 $s_X$ 为（0.2 μs ~ 1 s）/div，HP54501 型示波器的 $s_X$ 为（2 ns ~ 5 s）/div。

## 三、通用示波器的垂直通道

通用示波器的垂直通道又称为 Y 通道，它是被测信号的通道，如图 5.9 所示。与图 5.8 中的 Y 通道不同的是，这里有探极和耦合环节（也称为耦合方式）。

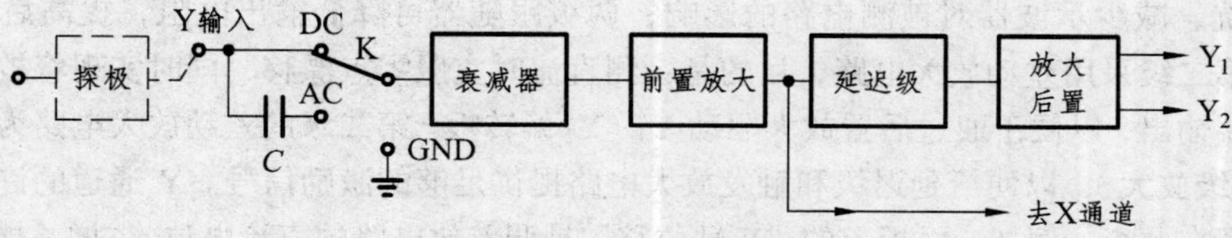


图 5.9　垂直通道的组成框图

### 1. 探　极

探极常被称为探头，其作用是探测信号，展宽示波器的频带，扩展示波器测量幅值（电压）的范围。探头至示波器输入端是屏蔽电缆，能有效防止干扰。探头有有源和无源两种。前者主要是探头内有源极跟随器等电路，目的是提高输入阻抗，适合于测高速小信号；后者主要是探头内有 $R$、$C$ 元件，具有频率补偿和衰减作用，通常为 10∶1 或 100∶1 的衰减，适合于测高频大信号。

### 2. 耦　合

对不同的被测信号采用不同的耦合方式，当被测信号为纯直流或交流时，采用直接耦合，即 DC 耦合；当被测信号为交、直流混合信号，若只需观测交流分量时采用交流耦合，即 AC 耦合。面板上有拨动开关，分 DC、AC、GND 三挡，其中 GND 挡是将示波器输入接地。

### 3. 衰减器

输入衰减器用来衰减过大的输入信号，以扩大测量的电压范围。为使荧光屏上的图形不失真，通常采用具有频率补偿作用的 $RC$ 衰减器，如图 5.10 所示，则

$$Z_1 = R_1 // \frac{1}{\mathrm{j}\omega C_1}$$

$$Z_2 = R_2 // \frac{1}{\mathrm{j}\omega C_2}$$

当满足 $R_1C_1 = R_2C_2$ 时，衰减器的分压比为

$$\frac{\dot{U}_o}{\dot{U}_i} = \frac{Z_2}{Z_1 + Z_2} = \frac{R_2}{R_1 + R_2} \tag{5.5}$$

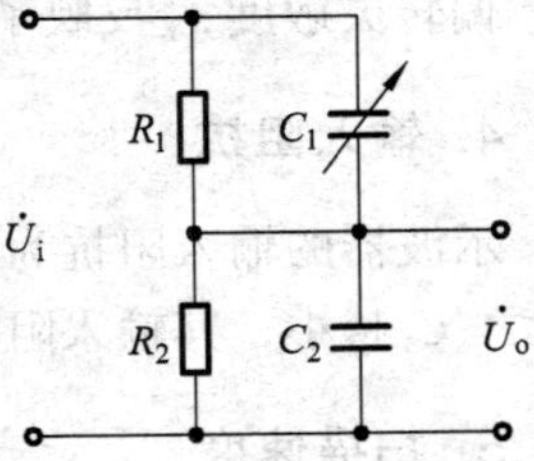

图 5.10 *RC* 衰减器

可见，分压比与频率无关。电容中包括分布电容，调节其中一个电容（如 $C_1$），满足 $R_1C_1 = R_2C_2$，实现最佳补偿，以消除分布电容因频率变化造成分压比的变化。

衰减器又称为灵敏度粗调，通常由一系列 $RC$ 分压器组成，按 1→2→5 步进调节，它在面板上为旋转开关，用 V/cm 标记各挡位。如 SBM-10A 型示波器的灵敏度，从 0.05 ~ 20 V/cm，共分为 9 挡。

### 4. 放大器

放大器分前置放大和后置放大两部分。

（1）前置放大器

前置放大为两级。第一级为输入级，采用平衡式“源极—射极”跟随电路，目的是：提高输入阻抗，减少示波器对被测电路的影响；两级跟随器可降低输出电阻，提高后级差放的对称度。第二级采用差动放大电路，目的是：测直流时克服零点漂移，同时实现将被测单端输入变为双端输出，以便于通过后置放大驱动 $Y_1$、$Y_2$ 偏转板。第二级的差动放大电路为电压放大（可以是多级放大），以便给延迟级和触发放大电路提供足够的激励信号。Y 通道的许多控制功能的旋钮都在此级，例如，面板上的“Y 轴位移”是调差放电路的直流电位，“增益微调”是改变差放电路的射极电阻来改变负反馈使放大器增益变化，而“Y 轴扩展”（或称为倍率，有的示波器没有）则是将部分射极负反馈电阻短路使增益成倍增大，此外还有“极性变换”等。

（2）后置放大器

后置放大也是差放电路，作用是将从延迟级来的信号进行足够放大，以驱动 CRT 的 Y 偏转系统。

为了改善示波器的高频性能，拓展频带，Y 通道放大电路为“共射—共集”或“共射—共基”组合电路，而且还采用了高频补偿电路和负反馈措施。

### 5. 延迟级

示波器工作在内触发工作状态，由于被测信号总有一定的上升时间，而触发又需要一定的电平，因此产生触发扫描电压要比被测信号推迟一定时间。这样，CRT 显示不出被测信号的起始部分，对脉冲信号可能显示不出前沿。因此，在示波器 Y 通道的前置与后置放大之间需加一延迟级，作用是使 Y 通道信号延迟到达 Y 偏转板，以补偿 X 通道从接收信号到产生触

发扫描的延迟时间，使被测信号和扫描信号同时到达各自的偏转板。

延迟级有分布参数和集总参数两种，前者采用螺旋平衡式延迟电缆，如 SBM-10 型示波器的延迟级；后者由多节 *LC* 延迟网络组成，如 SBE-7 型示波器的延迟级。无论哪种延迟级，均要求延迟时间稳定，并要求前、后级电路阻抗必须与其特征阻抗相匹配，以防止信号在延迟级中传输产生反射而导致波形失真。

## 四、通用示波器的水平通道

通用示波器的水平通道又称为 X 通道，其组成框图如图 5.11 所示。主要作用是在触发信号作用下产生锯齿波扫描电压。由图可知，它主要由触发电路、扫描发生器环和 X 放大器等组成，其核心是扫描发生器环（即时基电路）。

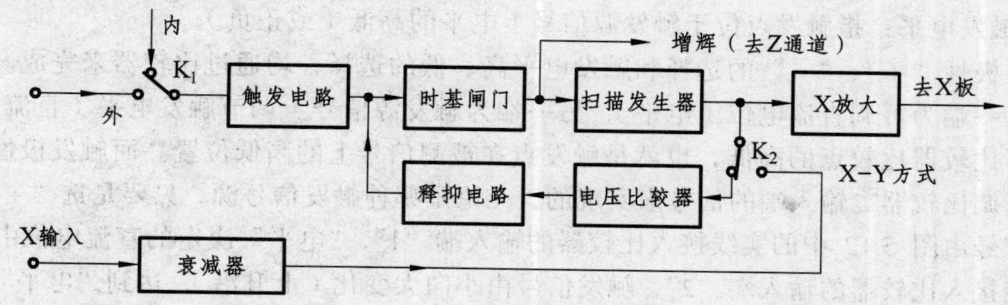


图 5.11　通用示波器的 X 通道

### 1. 触发电路

触发电路的作用就是产生周期与被测信号有关的触发脉冲，以驱动扫描环产生锯齿波扫描电压。图 5.12 所示为触发电路及其对应面板开关。

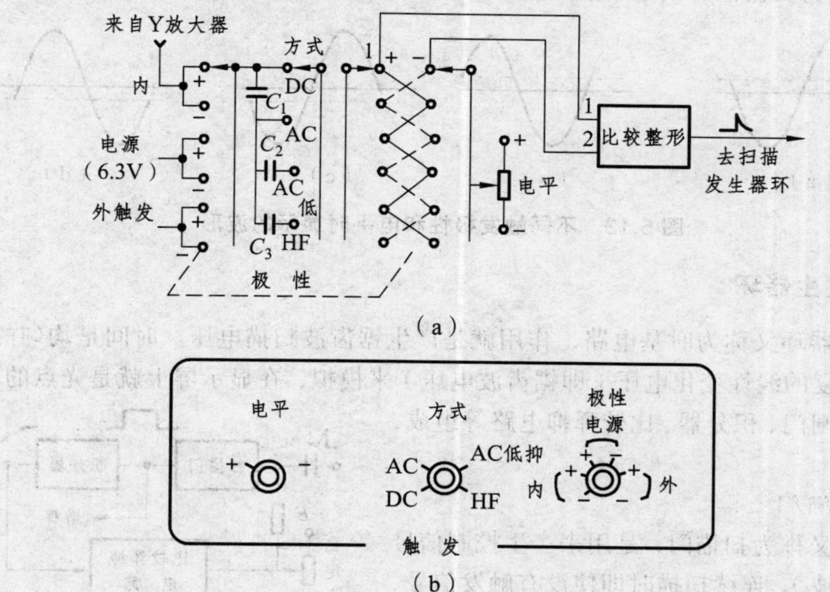


图 5.12　触发电路及其面板开关

① 触发信号来源：有来自 Y 通道前置放大器的被测信号，称为“内”触发（INT），适合于观测被测信号；有来自外输入的触发信号，称为“外”触发（EXT），适合于观测与外触发信号周期有一定关系的信号；有来自示波器 50 Hz 工作电源的信号，称为“电源”触发（LINE），适合于观测与电源有关的信号。示波器大多工作在内触发工作状态。

② 触发方式：就是触发信号的耦合方式。对于直流或缓变信号采用直流耦合（DC），对于低频至较高频率交流信号采用交流耦合（AC），对于大于 5 MHz 的高频信号采用高频耦合（HF），在需要抑制 2 kHz 以下低频干扰时采用低频抑制耦合（AC 低抑）。

③ 触发极性：指触发点是位于触发源信号的上升沿（前沿）还是下降沿（后沿）。当位于上升沿时为“+”极性，当位于下降沿时为“-”极性。所以，对于不同的触发源，可分为“内+”或“内-”、“外+”或“外-”、“电源+”或“电源-”，通过极性开关来选择（电路图中虚线为机械联动）。

④ 触发电平：指触发点位于触发源信号上电平的高低（或正负）。

触发极性“+”、“-”的选择和触发电平高、低的选择，均通过比较器来完成。比较器的输入，一端为可调直流电位（电平），另一端为触发源信号。调节触发电平（直流电位），就调节了比较器比较点的高低，也就是触发点在被测信号上的高低位置。而触发极性的改变是通过对调比较器二输入端的信号来实现的，无论是哪种触发信号源，只要是选“+”极性，则触发信号由图 5.12 中的实线接入比较器的输入端“1”，“电平”决定的直流电位由图 5.12 中的虚线接入比较器的输入端“2”，触发信号由小向大变化（上升沿），达到“电平”电位时产生触发脉冲；当选“-”极性时，比较器输入信号刚好相反，则触发信号由大向小变化（下降沿），达到“电平”电位时产生触发脉冲。可见，通过使“电平”与“极性”相互配合，可实现在被观测波形的任意点触发，如图 5.13 所示。其中，图（a）为正极性、正电平触发显示的波形，图（b）为负极性、正电平触发显示的波形，图（c）为正极性、负电平触发显示的波形，图（d）为负极性、负电平触发显示的波形。

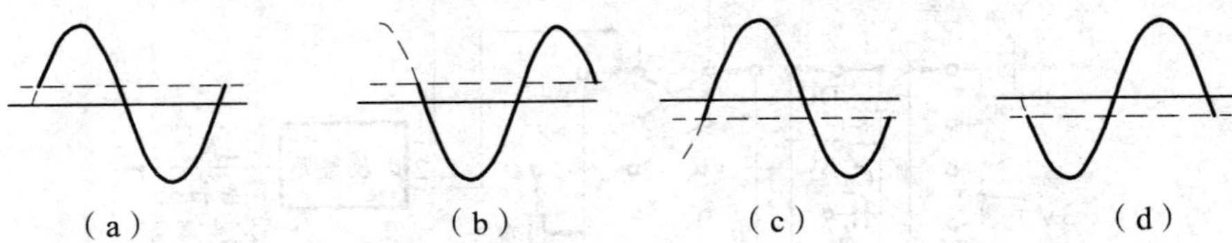


图 5.13　不同触发极性和电平时显示的波形

## 2. 扫描发生器环

扫描发生器环又称为时基电路，作用就是产生锯齿波扫描电压。时间是均匀的连续变化量，用分段重复的线性变化电压（即锯齿波电压）来模拟，在显示屏上就是光点的均匀扫描。扫描环由时基闸门、积分器、比较释抑电路等组成，如图 5.14 所示。

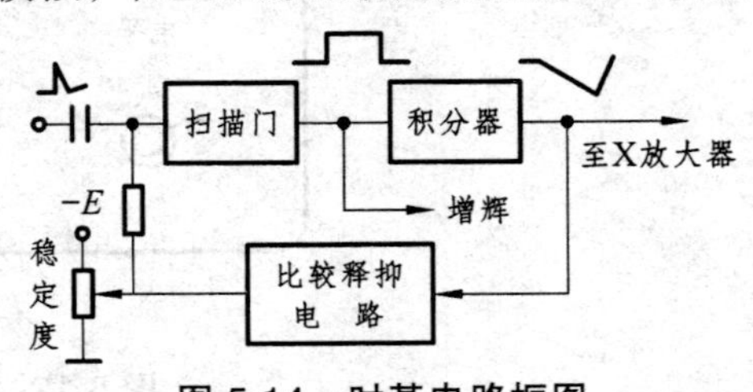


图 5.14　时基电路框图

### （1）时基闸门

时基闸门又称为扫描门，是用来产生控制信号的（一般是方波）。连续扫描时即使没有触发信号，扫描门也有门控信号输出。触发扫描时，只有在触发脉冲作用下才产生门控信号。不论是连续扫描还是触发扫描，都应与被测信号同步。施密特（Schmitt）电路能巧妙地实现这一任务。

图 5.15 为施密特电路，属电平控制，其最大特点就是具有滞后特性。设 $T_1$ 的静态输入电压介于 $E_1$ 和 $E_2$ 之间，且电路处于 $T_1$ 截止、$T_2$ 导通的第一稳态，输出电压 $u_o$ 为低电位。当触发信号在 $t_1$ 时刻使 $u_{b1}$ 上升到上触发电平 $E_1$ 时，$T_1$ 导通、$T_2$ 截止，电路从第一稳态翻转到第二稳态，输出电压 $u_o$ 由低电位跳到高电位。翻转后，尽管触发脉冲消失，只要 $u_{b1}$ 介于 $E_1$、$E_2$ 之间，电路就保持这种状态。只有从释抑电路来的信号使 $u_{b1}$ 下降到 $E_2$ 时（$t_2$ 时刻），才会重新翻转到第一稳态，输出 $u_o$ 从高跳到低。

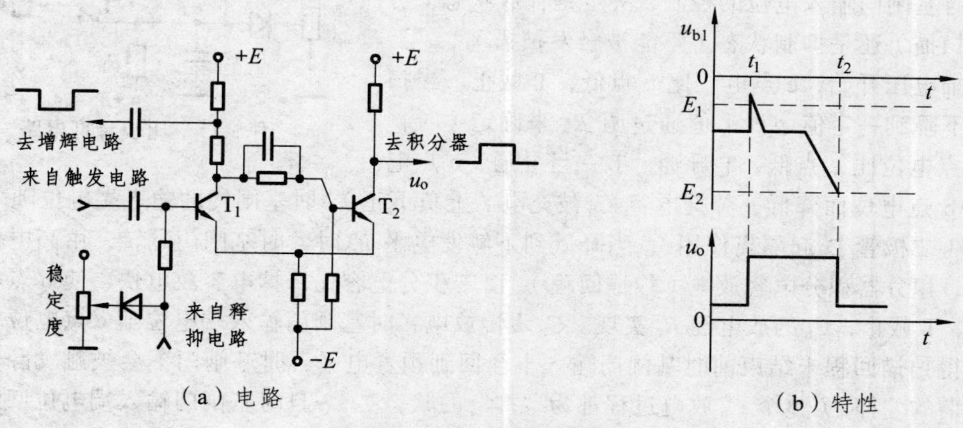


**图 5.15　施密特电路及特性**

作为时基闸门的施密特电路，输入信号除触发信号、释抑电路来的信号外，还有从“稳定度”来的直流电位信号，它是用来预置 $u_{b1}$ 的直流电位的，面板上对应有“稳定度”旋钮。当预置 $u_{b1}$ 在 $E_1$、$E_2$ 之间靠近 $E_1$ 时，为触发扫描状态，在触发信号作用下翻转（离 $E_1$ 越远时，需要的触发脉冲幅度就越大），形成扫描，屏上显示一条时基线（若 Y 通道信号为零）；当无触发信号时就没有扫描，屏上显示一个点（若 Y 通道信号为零）；当 $u_{b1}$ 预置在 $E_1$ 及以上电平时，为自激扫描状态，即使没有触发信号也能使电路翻转，使扫描环工作在连续扫描状态，若 Y 通道无信号则屏上就显示一条时基线；当 $u_{b1}$ 预置在接近 $E_2$ 及以下时，即使有触发信号也不可能使电路翻转实现扫描。

（2）积分电路

积分电路的作用是将扫描门输出的方波积分成为锯齿波扫描电压。示波器中广为应用的是密勒（Miller）积分器，原理电路如图 5.16 所示。在 $u_i$ 为高电位期间，积分器输出 $u_o$（$C$ 的充电电压）为

$$u_o = -\frac{1}{C}\int\frac{E}{R}\mathrm{d}t = -\frac{E}{RC}t \tag{5.6}$$

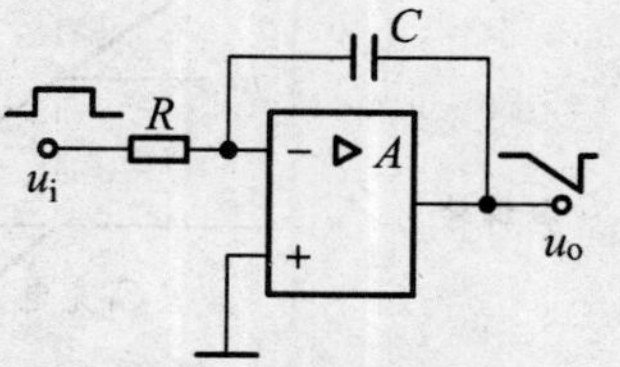

式中，$E$ 为 $u_i$ 的高电位电压。

**图 5.16　积分电路**

式（5.6）表明，$u_o$ 与时间 $t$ 呈线性关系，改变时间常数 $RC$（或微调电源 $E$）可改 $u_o$ 的变化速率。当 $u_i$ 由高电位 $E$ 下跳为低电位时，$C$ 迅速放电（图中未画出放电回路）。$C$ 的充电为扫描正程，$C$ 的放电为扫描回程。

应注意的是，改变 $RC$ 值，就改变了 $u_o$ 的变化速率，也就改变了扫描速度。所以，示波器面板上的“扫描速度”就是改变积分电阻 $R$ 及积分电容 $C$，“扫描速度”的微调则是调 $E$（也可把积分电阻的一部分作为微调）。

（3）比较和释抑电路

该电路的作用是控制锯齿波的幅度，达到等幅扫描，保证扫描的稳定，其电路如图 5.17 所示。它由三极管 T、$C_h$、$R_h$ 和可调电位器 $R_W$ 组成，其中 T 为射极输出器。比较是指 T 的基极 b 与射极 e 间电位的比较，决定 T 导通与否；而释抑状态则是 e 点电位对时基闸门输入电位的控制，决定是释放状态（可以触发扫描）还是抑制状态（不能被触发扫描）。

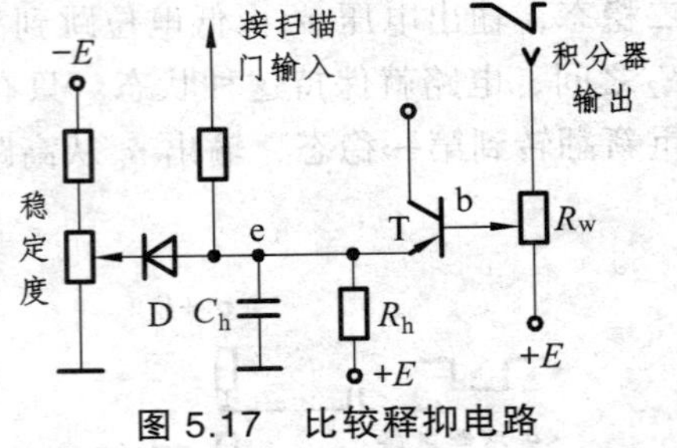

图 5.17 比较释抑电路

扫描电压开始，e 点电位比 b 点低，T 截止。当扫描电压下降到一定值 $u_r$（$u_r$ 值通过调 $R_W$ 来确定）时，使得 b 点电位比 e 点低，T 导通。T 一旦导通，e 点电位便随 b 点电位而降低，释抑电容 $C_h$ 被充电（上负下正）。时基闸门的输入端电位随 e 点电位降低（二极管 D 起隔离作用），当降低到下触发电平 $E_2$ 时，时基闸门翻转，由高电位变为低电位，积分器积分电容放电（扫描回程）。由于积分电容比释抑电容放电快，使 b 点电位高于 e 点，T 截止，$C_h$ 的放电经 $R_h$ 实现。$C_h$ 缓慢放电，时基闸门输入端电位随 e 点电位缓慢回升，使得扫描回程未结束前时基闸门输入不会回到预置电平，时基闸门不会被触发翻转，这就是所谓的“抑”（整个 $C_h$ 放电过程都为“抑”的状态）。一旦时基闸门输入端电位回到预置电平，时基闸门便可触发翻转，这就是所谓“释”。

图 5.18 描述了扫描环触发扫描的过程，其扫描与触发信号（即被测电压）是同步的。若将图 5.17 中的“稳定度”往下调，将时基闸门输入端预置在上触发电平 $E_1$ 以上，则无触发信号也能使电路翻转，电路工作在自激连续扫描状态，其被测电压形成的脉冲与扫描电压同步的原理如图 5.19 所示。

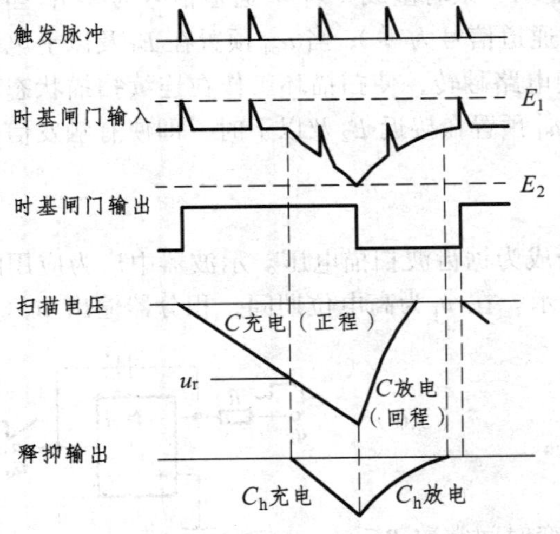

图 5.18 扫描环各处的波形

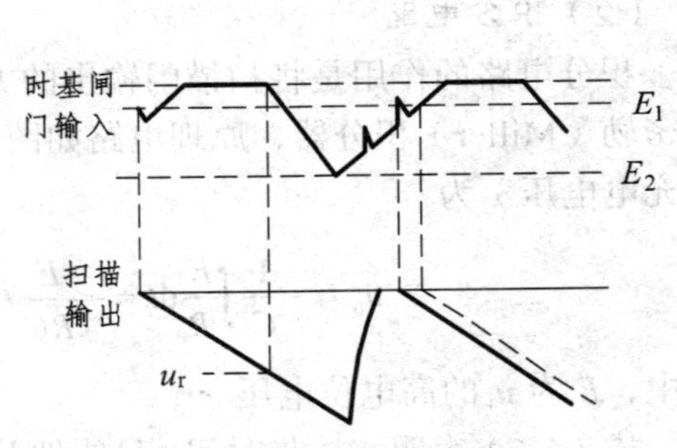

图 5.19 连续扫描的波形

需要注意的是，$C_h$ 的放电时间要大于积分电容 $C$ 的放电时间，确保“释抑”。另外，前述图 5.17 中的 $R_W$ 是制造厂家调好的，而图 5.17 中的“稳定度”调节在面板上由操作者调节。

### 3. X 放大器

X 放大器的作用，在显示时变信号时是放大锯齿波扫描电压，当扩展为 X-Y 图示仪时是放大外输入信号。为了在单端输入下双端驱动 X 偏转板，X 放大器也是采用差放电路。

类似于 Y 通道放大器，改变 X 放大器的增益，可以使光迹在水平方向得到扩展，或对扫描速度进行微调。在 X 方向的水平位移和 X 方向的扩展（如“×5”），在电路实现上都类似于 Y 放大器，面板上对应有“X 位移”和“X 扩展”旋钮。

扫描扩展，是在扫描环产生的扫描信号不变的情况下，通过改变 X 放大器的增益来实现的。扫描信号不变，则积分器的积分参数 $R$、$C$ 不变，也就是扫描速度不变。X 放大器增益的改变，可通过短接 X 放大器的射极负反馈电阻来实现。例如，对 X 扩展“×10”，就是 X 放大器增益扩大 10 倍，锯齿波扫描信号的幅值放大扩展 10 倍，比如，原 1 cm 扫描一个周期的被测信号波形，经扩展后就变为 10 cm 扫描一个周期的被测信号波形，当按 10 cm 和扫描速度计算被测周期，则还应除以扩展系数 10。扫描扩展在测高频时才采用，可以扩展示波器的上限频率。

## 第四节　多波形显示

多波形显示就是在同一屏上能显示多个信号波形。其意义在于，能正确地显示多个既相关又互相独立的信号的时间、相位、幅度关系。例如，观测放大器、延迟线等的传输特性和观测传输网络的相位移、失真等；能较方便地实现两信号的“和”、“差”显示，测量时的操作也大为简化。实现多波形显示，常用的方波有多线显示、多踪显示及双扫描显示等。

### 1. 双扫描显示

双扫描示波器有两个独立的触发及扫描电路，其两个扫描速度可以相差很多倍，因而特别适合于在观察一个脉冲序列的同时仔细观察其中一个或部分脉冲的细节，展宽波形的能力可达上万倍。这种测量在计算机和数字系统中的数字运算、信息存储以及电视信号测量等方面都是经常用到的。

双扫描的 A、B 扫描，有 B 加亮 A 显示方式（加亮部分更清晰）、A 延迟 B 扫描（经 A 延迟 B 后，只扫描脉冲的一部分）、自动双扫描显示（屏上既有 A 扫描的整个脉冲序列，又有 B 扫描扩展后的某部分细节）三种方式。

### 2. 多线显示

采用多线示波管的示波器（多线示波器）进行多波形显示，多线示波管有多个电子枪产生多束电子射线或一个电子枪产生的电子束分割成多束电子射线，并有各自的偏转系统。

应用较多的是双线示波器，它的 X 扫描是共用的，即两对 X 偏转板可用相同的扫描电压，但 Y 轴的两个信号通道是独立而完整的电路系统，可单独调整灵敏度、位移、辉度等。也正因为如此，双线（即多线）示波器的缺点是结构复杂、成本高、维修困难等，限制了它的普及应用。但双线示波器有能观测两个信号在同一瞬间的变化情况的优点，因此仍得到一定应用。

### 3. 多踪显示

多踪显示，就是利用时间分割原理，将多个信号分时送给 Y 偏转系统，由示波管的同一束电子对它们扫描。因此，它的结构类似于普通示波器，只是多了一个电子开关和一个不完整的 Y 通道，图 5.20 就是双踪显示的 Y 通道的结构示意图。

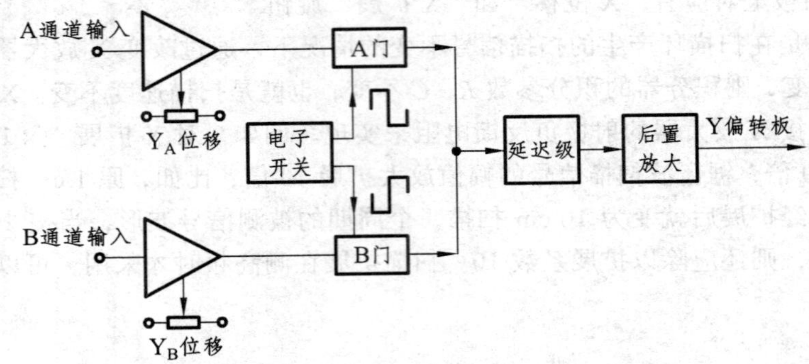


图 5.20 双踪示波器的 Y 通道框图

电子开关的作用是轮流导通 A、B 两个信号，当电子开关开通 A 门时，B 门是关闭的，则 A 信号经延迟和后置放大送到 Y 偏转板。反之则是开通 B 门、关闭 A 门，让 B 信号经延迟和后置放大送到 Y 偏转板。

根据开关信号的转换速率不同，有两种不同的时间分割方式，即“交替”和“断续”方式。

（1）“交替”方式

通道转换开关（即电子开关）受 X 通道扫描环的信号控制，实现一次扫描使 A 门接通，显示 A 通道的信号，另一次扫描使 B 门接通，显示 B 通道的信号，如此重复，可见电子开关是以每个扫描周期来切换的。“交替”方式时，是利用屏幕的余辉时间和人眼的残留效应使人感觉到屏上显示的两个波形是稳定的。

“交替”方式适合于测高频信号，当被测信号太低（小于 25 Hz）时，屏上图形是闪烁的。“交替”方式的显示如图 5.21（a）所示。

（2）“断续”方式

通道转换开关受固定振荡频率的方波信号控制，在每一次扫描内高速切换二信号送入 Y 偏转板，屏上显示的是由若干光点构成的“断续”波形，如图 5.21（b）所示，由于余辉时间和人眼的残留效应，看到的仍是连续的。

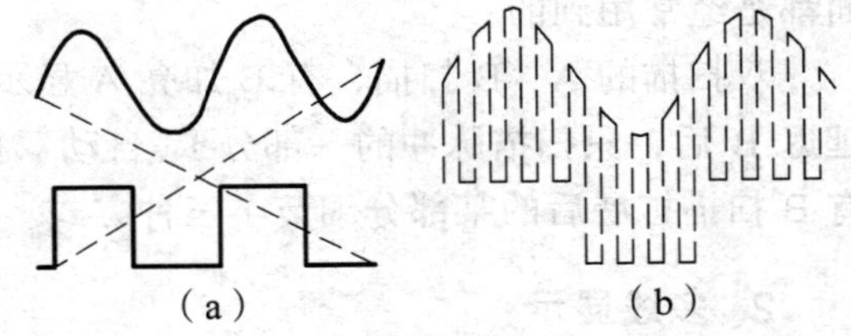


图 5.21 双踪显示示意图

“断续”方式只能测低频信号，频率高时也会出现闪烁。

应注意，无论是“交替”还是“断续”方式，为显示二信号间的相位（或时间）关系，需要用其中的一个信号来触发扫描。另外，从扫一信号转到扫另一信号的过程（图中的虚线）应消隐。图示已形象地表示出双踪示波器不能显示同一瞬间的两个信号。此外，双踪示波器还可像一般示波器那样只显示 $Y_A$ 或 $Y_B$ 信号，以及显示二信号的和或差，即“$Y_A \pm Y_B$”，这三种情况都是只显示一种波形。

# 第五节　高频信号观测

前述示波器是在被测信号经历的实际时间内显示其波形的，即一次扫描显示波形时间与被测信号持续时间相等，故称为“实时示波器”。其测量的上限频率受 Y 通道放大器频带、示波管上限频率、时基电路扫描速度等限制，最高频率可测几百兆赫的信号。

对于因计算机技术发展产生的高速计算机和高频通信广播等信号系统的信号，只有采用取样示波器才能测试它们。取样示波器问世于 20 世纪 60 年代，它采用了变频取样技术，将被测高频信号转换成低频信号，再以前述通用示波器的方法显示。

## 一、取样原理

取样又称为采样，是指对信号的瞬时值进行抽取的过程。取样将连续的信号转换为离散的信号，其取样值与信号对应瞬时值相等或成比例。

### 1. 实时取样

对连续时间信号 $u_i(t)$ 进行实时取样的过程，如图 5.22 所示。取样门 K 在取样脉冲 $p(t)$ 控制下工作，只有在脉冲宽度 $\tau$ 内 K 闭合才有取样输出 $u_K(t)=u_i(t)$，则取样信号可表示为

$$u_K(t)=u_i(t)\cdot p(t) \tag{5.7}$$

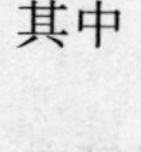

其中

$$p(t)=\begin{cases}1 & t_n \leqslant t \leqslant (t_n+\tau) \\ 0 & (t_n+\tau) \leqslant t \leqslant (t_n+\tau+T_0)\end{cases}$$

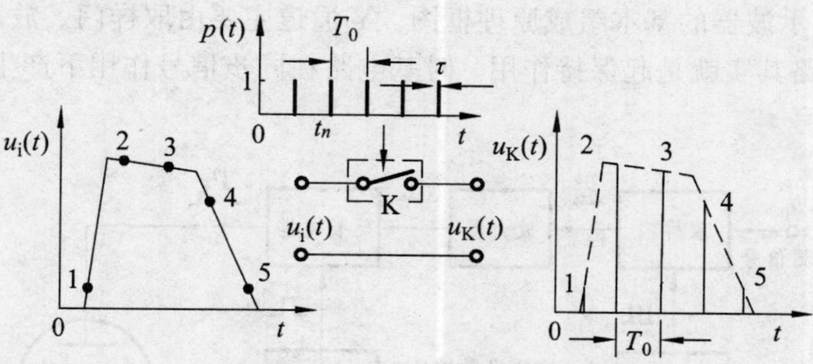


图 5.22　取样过程

由此可见，每次取样所得的离散取样信号幅度就等于该次取样瞬间输入的瞬时值，这种取样方法在信号经历的实际时间内对一个信号进行取样，故称为实时取样。它的特点是，取样一个波形所得脉冲列的持续时间等于输入信号实际经历的时间，其取样信号 $u_K(t)$ 的频谱比原信号 $u_i(t)$ 的还要宽，达不到降低频谱的目的。

### 2. 非实时取样

非实时取样不是在一个周期信号波形上完成全部取样过程，而是在每个（或多个）信号周期内取样一次，各取样点分别取自于若干个周期波形的不同位置，如图 5.23 所示。

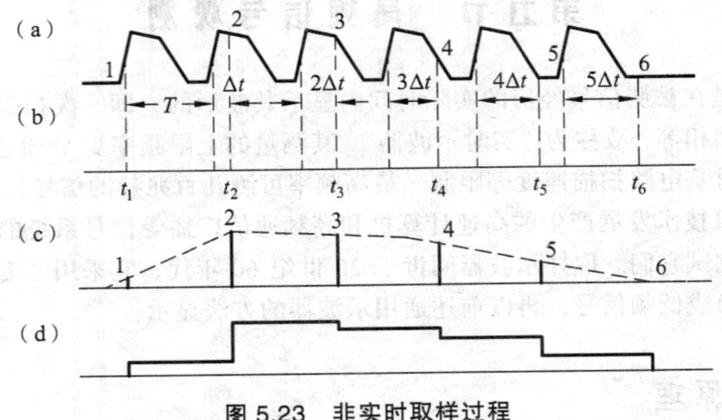


图 5.23 非实时取样过程

在图中，时间 $t_1$ 进行第一次取样，对应信号取样点 1；时间 $t_2$ 进行第二次取样，对应信号取样点 2。$t_1 \sim t_2$ 相隔一个信号周期，第二次取样相对于第一次在信号周期 $T$ 基础上延迟了 $\Delta t$，且每次取样都较前次取样延迟 $\Delta t$，这样取样周期比被取样周期 $T$ 大 $\Delta t$，即为 $T+\Delta t$，因而取样点按 1→2→3⋯取样信号波形。一般来说，若取样间隔为 $mT+\Delta t$，则取样点相隔 $m$ 个信号周期，图 5.23 所示为 $m=1$ 的特例。其中，图（c）为取样信号，也是脉冲列，而图（d）则是取样保持的波形。很明显，$\Delta t$ 越小，取样保持后波形的阶梯越小，越接近被取样的实际波形。同时，取样后得到的信号周期远远大于被取样信号的实际波形的周期，即频率大大降低。

## 二、取样示波器的组成

图 5.24 为取样示波器的基本组成原理框图。Y 通道主要由取样门、放大器、延长门等电路组成，延长门电路其实就是起保持作用。时基电路在同步信号作用下产生 $\Delta t$ 延迟脉冲以及产生阶梯波扫描信号。

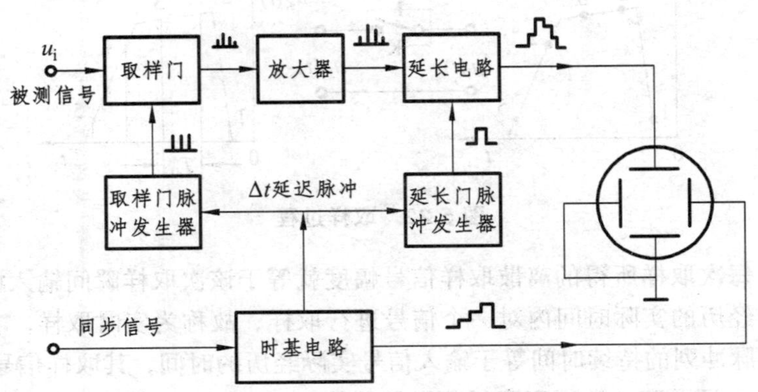


图 5.24 取样示波器的原理框图

# 第六节 波形的记忆与存储

在科研和实际测试工作中，人们总希望能把观测到的波形保存一段时间，需要时再重新加以显示，以便进行分析和比较。对单次瞬变信号、超低频或缓慢变化信号等的测量，其波形的记忆和存储就显得更为重要，如对地震信号的记录分析。

具有记忆存储功能的示波器有两种，一种是由记忆示波管构成的记忆示波器，另一种是以数字存储为核心的数字存储示波器。记忆示波管在 1957 年由美国研制成功，之后在 20 世纪 60 年代美国又研制成功变辉式记忆示波器，如今存储扩展式 CRT 和快速转移式 CRT 也得到应用，它可按双稳方式长时间存储，也可按变余辉方式快速记录。数字存储示波器是 20 世纪 70 年代问世的，而今随着新的数据取样技术和高速 A/D 转换器的应用，数字存储示波器的性能也大为提高。

## 一、记忆示波器

记忆示波器的核心是记忆示波管，其优点是频带宽、价格低、记忆时间较长（即使在断电情况下也可记忆一周左右)。它有三种基本存储方式：双稳态型、可变余辉型和快速转移型。双稳态记忆因 CRT 存储速度不高，且存储的波形与背景间对比度较低，不宜观察高速信号。国内外中高档记忆示波器大多采用可变余辉型和快速转移型 CRT。

### 1. 可变余辉记忆示波管

图 5.25 是可变余辉型记忆示波管的结构示意图。由图可知，记忆系统与一般示波管一样，有电子枪（写入电子枪）和偏转系统。与一般示波管不同的是，有读出电子枪（也称泛射电子枪，因为发射的电子是网状的，不进行聚焦)，以及用于记忆的存储介质和栅网等。屏内侧的存储介质具有良好的绝缘性能和发射二次电子的特性。

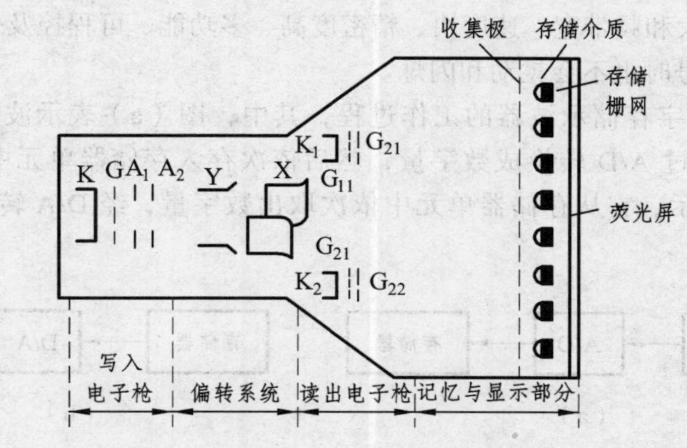


图 5.25 记忆示波管的结构示意图

记录前，首先对存储栅网进行清除，即加一定的正电压清除网上的电子，然后加上约 – 10 V 电压，做好写入（记录）准备。记录时，将需要记录的信号加到偏转系统，写入电子枪发射电子，并经加速和聚焦成为高速电子束，在偏转系统作用下随被记录信号的变化而偏转，然后轰击存储栅网。因存储栅网对阴极约有 500 V 的正电压，则被轰击部分发射出二次电子被收集极吸收，且二次电子数目大于一次电子数目。存储栅网被电子轰击过的区域因失去电子而电位升高至 0 V 左右，其余区域仍保持 - 10 V，这样存储栅网就记忆了被观测信号的波形。读出时，写入电子枪断开，读出电子枪向存储栅网发出泛射电子，存储栅网电位为零的地方，也就是记忆了波形的地方，泛射电子可以通过栅网而到达荧光屏使其发光；而存储栅网上为 - 10 V 的地方，泛射电子不能通过，被排斥返回由收集极吸收。于是，荧光屏显示出记忆的波形。

### 2. 快速转移记忆示波管

快速转移记忆示波管是为提高记忆示波器的记忆速度而研制的。它有两个存储栅网，一个称为"快网"，其存储介质表面电位设置较高，能记录快速信号，但显示时间短；另一个称为"前面网"，其存储介质表面电位设置较低，记录速度较低，但显示时间较长。快速转移记忆示波管的工作原理与可变余辉记忆示波管大致相同，即把需要记录的信号通过写入电子枪先记录在快网上，然后立即通过一个转移脉冲把快网上记录的信号快速转移到前面网上，并且把信息存储起来。快速转移记忆示波管的读出显示与可变余辉记忆示波管一样。

快速转移存储记忆示波器可用于寻找开关噪声或开关接点振动之类的故障，以及用于对快速逻辑序列的顺序和上升时间的检验，同时在激光反应、高能研究等领域也得到广泛应用。

## 二、数字存储示波器

数字存储示波器（DSO，Digital Storage Oscilloscopes）是随着数字技术和计算机技术的飞速发展而快速发展起来的新型仪器，它将波形转换成数据存入数字存储器中，因而具有存储时间长、存储容量大和频带宽、速度快、精密度高、多功能、可程控及带接口等独特优点，并在测量极低频率信号时也不会晃动和闪烁。

图 5.26 所示为数字存储示波器的工作过程，其中，图（a）表示波形的存入（写入），被测信号经取样，通过 A/D 转换成数字量，然后依次存入存储器单元中；图（b）表示波形的取出（读出）显示，它从存储器单元中依次取出数字量，经 D/A 转换成模拟量，再送去显示。

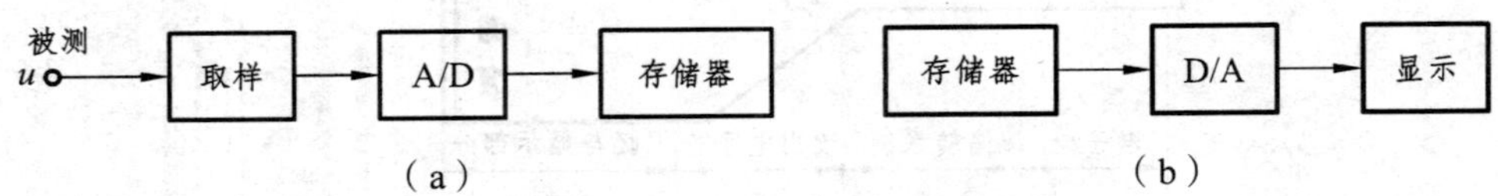


**图 5.26 数字存储与显示原理框图**

数字存储示波器采用了大规模集成电路和微处理器，在微处理器控制下工作，其原理将在本书第十一章中讨论。

# 第七节　示波器的使用

示波器是典型的时域测试仪器，用于定性和定量观测信号波形和参数，在电磁参量和非电量测试中应用极广，因此必须掌握示波器的使用。

## 一、示波器的基本测量方法

利用示波器可以对电压、频率、相位差等进行定量测量。

### 1. 电压测量

利用示波器测电压具有独特的优点，那就是可测量各种波形电压的幅值，包括脉冲和各种非正弦电压的幅值，不存在波形误差。特别是能方便地测量脉冲电压波形各部分的电压值，如上冲量、平顶下降量等。

示波器测电压最常用的方法是直接测量法，即从示波器屏上量出被测电压波形的高度，然后换算成电压值。若已知示波器 Y 通道偏转灵敏度为 $s_Y$（V/cm 或 V/div），则被测电压值为

$$U_{p-p} = s_Y h \tag{5.8}$$

式中，$U_{p-p}$ 为被测电压“峰-峰”值，也可以是波形上任意两点间的电压值，而 $h$ 为被测电压的“峰-峰”高度或波形上任意两点间的高度（cm 或 div）。

偏转灵敏度 $s_Y$ 应事先校准，通常是利用示波器自身进行校准，可用标准信号发生器电压（方波）来校准，通过调增益微调确定 $s_Y$。应注意，偏转灵敏度 $s_Y$ 一经校准后，在测量过程中不能再变动增益微调。

SBM-10 型通用示波器就是利用直接法来测量电压的，当 Y 轴增益微调处于“校正”位置时，Y 通道的总电压增益为定值，则其偏转灵敏度 $s_Y$ 将随输入衰减器的衰减量而变化。调整偏转灵敏度使波形大小适中，能比较方便地进行电压测量。

### 2. 时间测量

时间测量就是测量波形上任意两点的时间间隔，对于脉冲信号主要是测量上升时间、下降时间和脉冲宽度时间等，而对于一般周期性交变信号则主要是测其周期时间。周期的测量也就是频率的测量。示波器测量时间最常用的方法是直接测量，即直接从示波器屏上测量出被测时间宽度，然后换算成时间。若已知示波器 X 通道的扫描速度，则

$$t_X = s_X x \tag{5.9}$$

式中，$s_X$ 为示波器的扫描速度（s/div 或 s/cm）；$x$ 为被测时间对应光迹在水平方向的距离（div 或 cm）。

扫描速度 $s_X$ 也需要校准，类似于 Y 偏转灵敏度的校准。直接法测时间，通常将扫描速度微调置于“校正”位置，调节“扫描速度”旋钮，使被测时间对应光迹的长度适中。

### 3. 相位测量

利用示波器测量信号间相位差的方法很多，常用的有以下两种。

（1）线性扫描法

利用示波器测量的多波形显示，是测量信号间相位差的最直观、最简便的方法。例如，将两个同频信号 $u_1$ 和 $u_2$ 分别接入双线或双踪示波器的 $Y_A$ 和 $Y_B$ 输入端，在线性扫描情况下，可在屏幕上得到两个稳定的波形，如图 5.27 所示，其相位差为

$$\theta=\frac{t_1}{T}\times 360°=\frac{s_X x_1}{s_X x}\times 360°=\frac{x_1}{x}\times 360° \tag{5.10}$$

测量时应注意，一是只能用其中一个波形去触发扫描电路（通常为超前的信号），以免产生波形误差，有的双踪示波器设有“拉 $Y_B$”开关，就是为只保留一个信号去触发而设立的；二是保证两信号光迹的横轴重合，为此，测量前将 $Y_A$ 和 $Y_B$ 输入耦合开关置于“GND”（接地）位置，调节位移旋钮，使两时基线重合，测量时再将耦合开关拨到“AC”位置，以防止直流电平的影响。

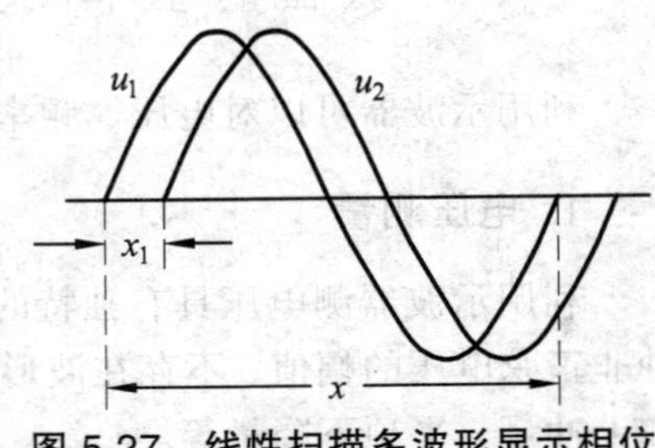

图 5.27　线性扫描多波形显示相位

（2）李沙育图形法

示波器工作在“X-Y”工作方式，将同幅同频的二正弦信号分别加在 X、Y 偏转板上，荧光屏上可得李沙育图形。图 5.28 表示出了几个相位差的李沙育图形。一般情况下，以度为单位的相位差（$\theta$）可按下式计算

$$\theta=\arcsin\left(\frac{A}{B}\right) \tag{5.11}$$

式中，$A$ 和 $B$ 是通过调 X、Y 位移使椭圆中心与屏坐标原点对正的情况下椭圆与 Y 轴相截的距离（$A$）和图形在 Y 方向的最大偏转距离（$B$）。

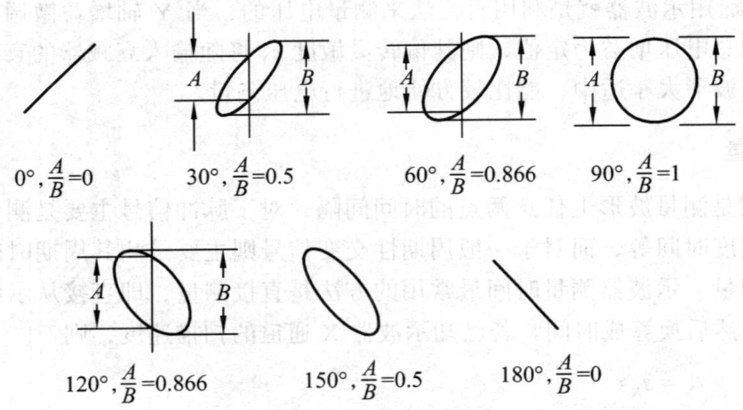

图 5.28　典型的李沙育图形

## 4. 频率测量

（1）线性扫描法

将被测信号接入 Y 输入端，通过调节有关旋钮使波形稳定，量出信号一个周期的水平距离为 $x$，则被测周期为

$$T = s_X x \tag{5.12}$$

式中，扫描速度 $s_X$ 是经校准的。

被测信号频率为

$$f = \frac{1}{T} = \frac{1}{s_X x} \tag{5.13}$$

（2）李沙育图形法

示波器工作在“X-Y”工作方式，将已知可调频率信号送 X 偏转板，未知被测频率信号送 Y 偏转板。当二信号频率相等时，随相位差的不同可为斜直线、椭圆或圆（参见测相位差时的李沙育图形图 5.28）。当二信号频率不相等且成整数倍时，可有如图 5.29 所示的图形。如果频率比不是简单的整数倍时，屏上将没有简单清楚的稳定图形，这时应调节已知频率使之成整数，一旦屏上得到稳定清楚的图形，便可测得频率。

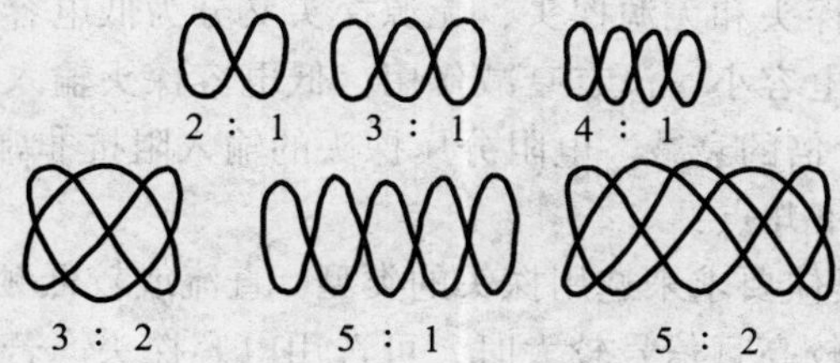


图 5.29 测频率时的李沙育图形

求被测信号的频率时，先在李沙育图形上画一条水平线和一条竖直线（它们都不能通过李沙育图形的任何交点），其水平线与李沙育图形的交点数为 $m$，而竖直线与李沙育图形的交点数为 $n$，则频率比为

$$\frac{f_Y}{f_X} = \frac{m}{n} \tag{5.14}$$

则被测信号频率为

$$f_Y = \frac{m}{n} f_X \tag{5.15}$$

注意，李沙育图形法只适合于测稳定度较高的低频频率。

## 二、示波器的正确使用

### 1. 合理选择示波器

示波器的选择要根据被测信号的特点来进行，以满足测量要求。例如，根据被测信号的多少来选择采用通用示波器还是多踪示波器（或多线示波器），根据被测信号变化的快慢来选择余辉时间，根据被测信号频率的高低来选择采用取样示波器还是通用示波器，还要考虑是否需要信号的记忆存储等。

对于示波器的性能，应主要考虑下述三项主要技术指标：

① 频带宽度。要求示波器的频带足够宽，以满足对信号观测的需要。特别是脉冲信号包含有丰富的谐波成分，若示波器频带不宽，易造成失真。一般情况下，要求示波器的上限频率（带宽）是被测信号最高频率的3倍以上。

与频带相关的是上升时间，要求示波器的上升时间比被测信号的上升时间小3倍以上，若不能满足，应根据测量示值进行换算（参见前述）。

② Y轴灵敏度。反映示波器对被测微小信号的展开能力，灵敏度越高，测微小信号的能力越强。

③ 扫描速度。反映示波器对被测高频信号的展开能力，扫描速度越高，测高频信号或脉冲信号的能力越强。

### 2. 合理选择探头

示波器探头分为有源探头和无源探头，无源探头又分为低电容探头和电阻分压探头。有源探头输入电阻高，输入电容小，没有衰减作用。低电容探头输入阻抗高，输入电容也小，有补偿作用，通常具有10倍的衰减。电阻分压探头的输入阻抗非常高，衰减在100倍以上。因此，使用探头应注意以下几点：

① 根据被测信号的具体要求来选用探头的类型。直流或较低频率且信号太大时，可选用电阻分压探头。信号频率较高且信号较大时，可选用电容探头。若信号频率高而信号又较小时，可选用有源探头。

② 通常探头与示波器配套使用，不能互换，否则会导致分压比误差增加或高频补偿不当，产生波形误差。

③ 低电容探头需要定期校正电容器，以保证良好的频率补偿。

### 3. 操作注意事项

① 用光点聚焦，不用扫描线聚焦。只有在X、Y方向都很好聚拢，才可能得到屏上聚焦的细小光点，显示图形时分辨率才会高，测量才准确。为使亮点尽量小，辉度可调暗些，这样，除能提高分辨力外，也对荧光屏有保护作用。

② 充分利用灵敏度、扫描速度、衰减探头、倍乘、扩展等旋钮，使波形大小适中，做到既要充分利用荧光屏的有效面积使波形最大化，又不因波形过大产生失真。

③ 用示波器做定量测量时，应对灵敏度、扫描速度进行校准，并注意探头的衰减倍数和“扩展”的倍率，前者应对屏上的电压示值（以屏上电压高度乘灵敏度的值）乘衰减倍数，后者应对屏上的周期示值（以屏上周期宽度乘扫描速度）除扩展倍数。

④ 注意扫描稳定度、触发电平、触发极性等旋钮的配合调节。扫描稳定度用于调节扫描电路的触发灵敏度，通常应调节在约低于连续扫描的临界状态，可获得最大触发灵敏度，利于扫描同步。触发电平用于选择合适的起扫时刻，而触发极性对应于被测信号的前后沿问题。在测脉冲信号时，尤其要注意这些旋钮的调节。

此外，不要使光点长时间停留在屏上一个点的位置上，辉度也不要过亮，若暂时不观测，应将辉度调暗。

# 习　题　五

5.1　通用示波器由哪几个通道组成？各起什么作用？

5.2　示波器的辉度调节起什么作用？通过调什么电路来实现？

5.3　已知 Y 偏转板长 4 cm，偏转板中心距荧光屏 40 cm，板间距离为 0.8 cm。第二阳极电压为 1 000 V，求 Y 偏转板的偏转灵敏度。

5.4　欲测上升时间为 0.05 μs 的脉冲波形，有下列三种示波器，选哪一种较为合适？

① SB-10 型，频带宽度为 5 MHz；

② SR-8 型，频带宽度为 15 MHz；

③ SBM-10 型，频带宽度为 30 MHz。

5.5　给示波管 Y、X 偏转板加如下电压，试画出屏上显示的图像。

① $u_Y = U_m \sin\omega t$，$u_X = U_m \sin(\omega t + 60°)$；

② $u_Y = U_m \sin\omega t$，$u_X = U_m \sin 2\omega t$。

5.6　加在 Y、X 两对偏转板上的电压如题 5.6 图所示，画出屏上的波形。

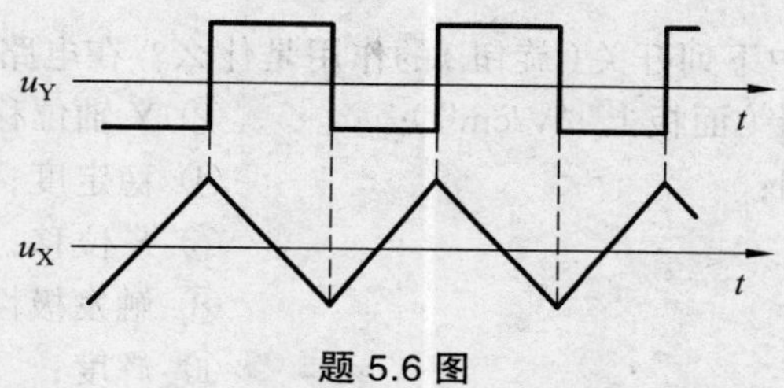


题 5.6 图

5.7　用通用示波器观测正弦波形，尽管一切正常，但屏上却出现了题 5.7 图中所示的情况，试分析每种波形产生的原因，并说明应如何调节有关旋钮使图形显示正常。

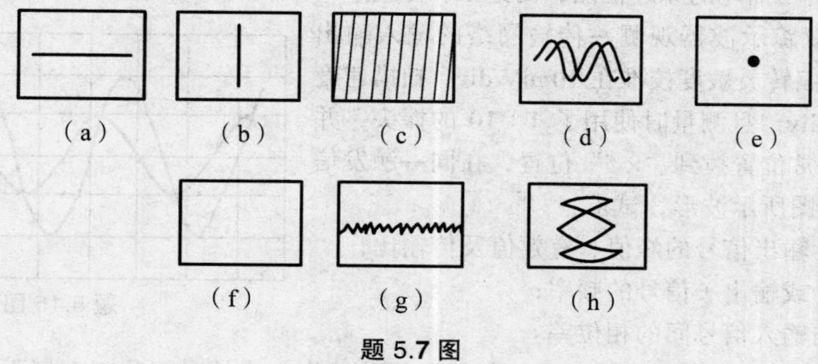


题 5.7 图

5.8　示波器工作在内触发工作状态下，触发信号是从延迟级前还是后引出？为什么？

5.9　用示波器观察正弦波形，屏上显示结果为题 5.9 图所示波形，试分析示波器哪些电路工作不正常。

5.10　SR-8 型示波器 X 通道的特性如下：扫描速度为（0.2 μs ~ 1 s）/div，扫描扩展为“× 10”，荧光屏水平长度为 10 div。试估算该示波器能观测到的正弦波的上限频率值（以一个完整周期来计算）。

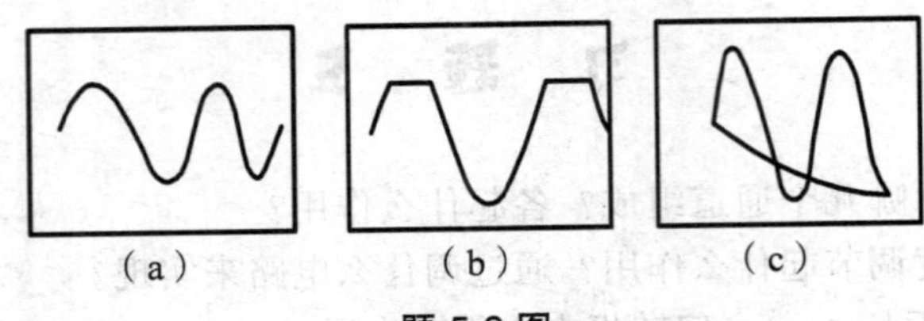


题 5.9 图

5.11 SBM-10A 型示波器，其扫描速度在（0.01 μs ~ 0.5 s）/div 内，若以观察两个完整周期为条件，问示波器的最高工作频率和最低工作频率为多少（屏幕 X 方向宽 10 div）？

5.12 被测信号的波形如题 5.12 图（a）所示，屏上有（b）、（c）、（d）三种显示情况，问各种情况下的触发极性和触发电平如何？

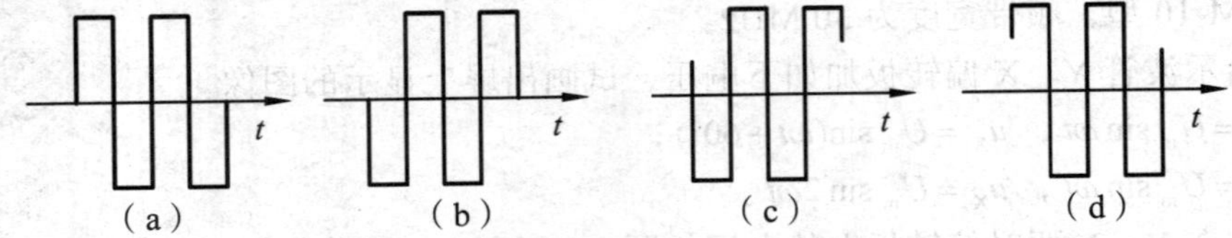


题 5.12 图

5.13 在通用示波器中下列开关（旋钮）的作用是什么？在电路中通过调节什么来实现？

① Y 偏转灵敏度粗调（面板上“V/cm”）；
② Y 轴位移；
③ Y 偏转灵敏度细调；
④ 稳定度；
⑤ Y 轴位移；
⑥ X 位移；
⑦ 触发电平；
⑧ 触发极性；
⑨ 触发方式；
⑩ 辉度；
⑪ 扫描微调；
⑫ 扫描速度粗调（面板“t/cm”）；
⑬ 聚焦和辅助聚焦；
⑭ X 扩展。

5.14 画出扫描环的原理框图，简述工作原理，并画出各部分电路的输出波形。

5.15 用双踪示波器观测一传输网络的输入输出信号，其 Y 轴偏转灵敏度校准在 10 mV/div，扫描速度校准在 10 ms/div，且测量时使用了 1 : 10 的探头，并将 X 扩展由正常位置拨到“× 5”位置，在同一触发信号下得题 5.15 图所示波形，试求：

① 输入、输出信号的峰值、有效值及传输比；
② 输入（或输出）信号的频率；
③ 输出与输入信号间的相位差。

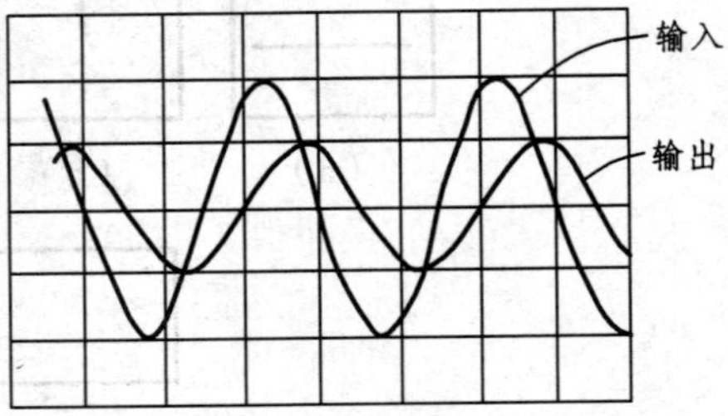

题 5.15 图

5.16 双踪示波器的“交替”和“断续”两种工作方式的时间分割有何不同？它们分别适合于测哪些频率的信号？

5.17 简述取样示波器的取样原理，并说明取样示波器适合于测什么样的信号？

5.18 一般取样示波器能否观察下列波形信号？若能，应如何观测？若不能，为什么？

① 非周期性重复信号；
② 单次信号。

5.19 记忆示波器与数字存储示波器有何异同？

# 第六章 频率（时间）与相位测量

在自然界中，周期现象是极为普遍的，在电信号内（特别是电子技术中）也是常见的。频率和周期是从不同的两个侧面来描述周期现象，二者互为倒数关系。周期实质上是时间（即时间间隔），而时间是国际单位制中七个基本物理量之一，单位为秒，用 s 表示。相位与时间是密切相关的，其关系表述为

$$\varphi = \frac{t}{T} \times 360° = ft \times 360° \tag{6.1}$$

式中，$\varphi$ 表示相位，$f$ 和 $T$ 分别是频率和周期。

所以，频率、时间、相位三个量可归结为一个量的测量问题。在电子技术领域内，频率是最基本的参数之一，它指单位时间内周期变化或振荡的次数，许多电参数的测量方案及结果都与之密切相关。因此，频率的测量是十分重要的，而且到目前为止，频率的测量在电测量中精确度是最高的。

## 第一节 时频标准及测量方法

### 一、频段的划分

频段的划分方法很多。国际上规定 30 kHz 以下为甚低频、超低频，30 kHz 以上每 10 倍依次划分为低、中、高、甚高、特高、超高等频段（微波技术按波长划分）。在一般电子技术中，20 Hz ~ 20 kHz 内称为音频，20 Hz ~ 10 MHz 内称为视频，而 30 kHz ~ 几十 GHz 内称为射频。当然，电子测量技术也有按 30 kHz（或 100 kHz）为界来划分的，30 kHz 以下为低频，30 kHz 以上为高频。

### 二、频率或时间标准

人们最初根据在地球上观测到太阳的“运动”较为均匀这一现象建立了计时标准，把太阳出现于天顶的平均周期（即平均太阳日）的 1/86 400 定为 1 秒，称零类世界时（记作 $UT_0$），其准确度在 $10^{-6}$ 量级。考虑到地球受极运动（即极移引起的经度变化）的影响，可加以修正，修正后称为第一世界时（记作 $UT_1$）。此外，因地球的自转不稳定，再进行季节性、年度性变化校正，又推出第二世界时（记作 $UT_2$），其稳定度在 $3 \times 10^{-8}$ 量级。而地球公转周期却是相当稳定的，于是人们以 1900 回归年的 1/31 556 925.974 7 作为历书时的 1 秒（记作 ET），其标准度可达 $\pm 1 \times 10^{-9}$ 量级。

上述为宏观计时标准，需要精密的天文观测，手续繁杂，准确度有限，不便于作为测量过程的参照标准。而近几十年来引入了微观计时标准，即原子钟，它以原子或分子内部能级跃迁所辐射或吸收的电磁波的频率作为基准来计量时间。铯-133（$Cs^{133}$）原子基态的两个超精细能级之间跃迁所对应的 9 192 631 770 个周期的持续时间为 1 秒，以此定出的时间标准称为原子时（记作 AT），其准确度可达 $10^{-13}$ 量级。

原子时比天文时和石英标准都稳定，这是由原子本身结构及其运动的永恒性决定的。自 1972 年 1 月 1 日零时起，时间单位秒由天文秒改为原子秒，使时间标准由实物基准转变为自然基准。

需要指出的是，在电子仪器中常采用石英频率标准，其原因在于：① 石英晶体的机械稳定性和热稳定性都很高，它的振荡频率受外界因数的影响较小，因而比较稳定；② 石英频率标准发展快，近六十年来人们已将准确度和稳定度都提高了 4 个数量级；③ 石英晶体振荡器结构简单，制造、维护、使用均方便，而且准确度能满足大多数测量的需要。因此，石英频率作为一种次级标准，已成为最常用的频率标准。

最后还要指出，时间标准就是频率标准，这是因为频率与时间互为倒数。

## 三、频率（时间）的测量方法

### 1. 直读法

在工程中，工频信号的频率常用电动系频率表进行测量，并用电动系相位表测量相位，因为这种指针式电工仪表操作简便、成本低，又能满足工程测量的准确度要求。

### 2. 电路参数测量法

这种测量方法有两种：一种是电桥法，即把被测信号作为交流电桥的电源，调节桥臂参数使电桥平衡，由平衡条件得出被测频率的结果，这种方法误差较大，目前已很少用（参见本书第四章）；另一种是谐振法，即将被测信号作为谐振电路的电源，通过改变电路参数使电路谐振，然后由电路参数可得被测频率。这两种方法都可在所调节的电路参数上直接按频率刻度，测量时可直接读出结果。

### 3. 示波器法

用示波器测量频率是非常直观的，下面介绍几种常用方法。

（1）直接测量法

用示波器直接测量频率已在第五章中讨论过，这里再简要介绍一下。扫描微调应置“校正”位，调节“时基开关”（即扫描速度），使选择的扫描恰当，屏上显示适中稳定的波形，根据屏上读得的信号一个周期的距离 $x_T$（单位：cm）和时基开关挡位（单位：s/cm）可得

$$T_x = s_X x_T \qquad (6.2)$$

式中，$T_x$ 为被测周期（单位：s），$s_X$ 为扫描速度（单位：s/cm）。若使用了“X 扩展”，则应除以扩展系数。

被测信号频率为

$$f_x = \frac{1}{T_x} \tag{6.3}$$

（2）时标法

直接测量法中，除需对扫描速度校准外，其准确度还与示波器的分辨率、扫描线性及放大器增益的稳定性有关。然而，时标法可克服扫描非线性所引起的误差。

时标法的原理是：在扫描发生器的控制下，扫描正程期间时标发生器工作，产生方波（或正弦波）时标信号 ，此信号加在示波管的控制栅极和阴极之间，进行辉度调节。因时标信号周期远小于被测信号周期，因此屏上显示的被测信号波形明暗相间，这一明一暗正好是时标信号周期，从而被测信号周期为

$$T_x = nT_0 \tag{6.4}$$

式中，$T_0$为时标信号周期；$n$为$T_x$内的标记数。

（3）李沙育图形法

李沙育图形法测频率在第五章中已做了介绍。应注意的是，在Y和X输入中必有一个为标准频率信号，同时，对Y和X输入信号的波形、幅值、频率都有一定要求，而且测量的频率范围不宽。此外，测量时应使屏上显示的图形明了直观。

（4）测量相位差

示波器测量相位差有下述测量方法：

① 单踪示波器法。

将被测二信号先后接入Y输入进行显示，记住第一个输入信号显示时的位置，则显示第二个输入信号时就可以读出相位差对应的距离$x$，同时再读出信号的一个周期的距离 $x_T$，则被测结果为

$$\varphi = \frac{x}{x_T} \cdot 360° \tag{6.5}$$

利用这种方法还可以测试出三相交流信号的相序。不管是测相位差还是测三相电的相序，这种方法较为费时，操作也相对复杂些。

② 双踪示波器法。

利用双踪示波器（或双线示波器）来测量信号的相位差非常方便，第五章已做了介绍，这里不再重述。

③ 李沙育图形法。

第五章对此也做了介绍，示波器工作在“X—Y方式”，通过屏上显示的椭圆程度来判断二信号的相位差。

对于三相交流对称电路的相位，可用两只功率表进行测量，参见第八章内容。

**4. F/V变换测量法**

这种方法是将被测频率$f_x$经“F/V”变换环节变换成电压，然后用电压表对电压进行测量，通过电压反映被测频率。也有按“F/I”转换将频率转换成电流的，通过测电流来反映被测频率。采用“F/V”集成电路做成的测频仪器，最高可测几兆赫的频率。“F/V”变换法测频率的

优点在于，可连续监测被测频率的变化。

当然，也可以采用“T/V”变换来测信号的周期，由周期得出被测频率。

**5. 比较法**

比较法是将被测频率与标准已知频率进行比较来得到测量结果。常用方法有下述两种。

（1）拍频法

拍频法原理电路如图 6.1 所示。它将被测频率信号与标准频率信号通过线性电路进行叠加，然后把叠加结果输出到示波器上观察其波形，或者送入耳机进行监听。当 $f_x = f_s$ 时，线性叠加结果振幅恒定；若 $f_x \neq f_s$，线性叠加结果振幅是变化的。这种方法适合于测低频，且被测信号与标准信号波形应相同，目前很少应用。

（2）差频法

差频法原理电路如图 6.2 所示。被测信号与标准信号同时送入非线性电路进行混频，然后再用示波器来监测。混频结果有 $f_0 = f_x - f_s$，若 $f_x = f_s$，则 $f_0 = 0$，输出直流；若 $f_x \neq f_s$，则 $f_0 \neq 0$，输出交流。交流和直流都易于判断，无论示波器还是耳机都可用于监测。

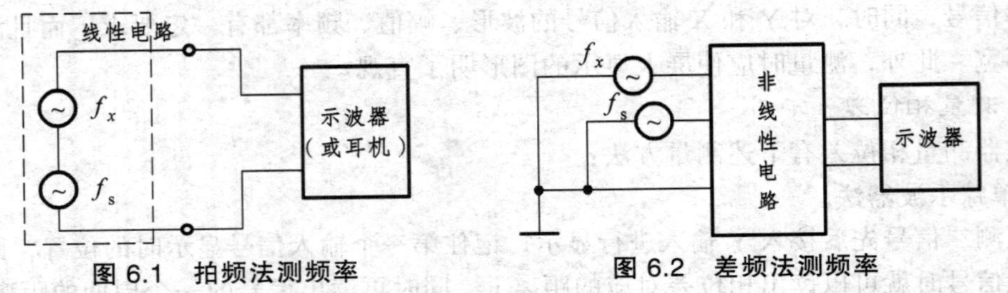


图 6.1 拍频法测频率　　图 6.2 差频法测频率

**6. 计算法**

以上各种测量方法都有它的局限性，特别是在测量范围和准确性方面都有不足之处。目前，由于数字电路的飞速发展和数字集成电路的普及，电子计数器的应用已十分普遍，利用电子计数器测量频率具有精度高、使用方便、测量迅速以及便于实现测量自动化等突出优点，故已成为现代频率测量的重要手段。下面就介绍用电子计数器测量频率的方法。

# 第二节 电子计数器测量频率

广为应用的电子计数器不但能测频率，还能测周期、相位差等，故称为通用计数器。

## 一、电子计数器测频的原理

频率的定义，是指周期性信号在一秒钟内变化的次数。如果在一定的时间间隔 $T_s$ 内周期信号的重复变化次数为 $N$，则频率可写为

$$f_x = \frac{N}{T_s} \tag{6.6}$$

电子计数器就是严格按照式（6.6）进行测频的，其原理框图如图 6.3 所示。被测信号通过脉冲形成电路转变成脉冲信号送入闸门，在门控信号作用时间内闸门打开，脉冲通过闸门进入计数器计数。若闸门在控制信号作用下开启时间为 1 s，则计数器所计的数即为被测频率值。

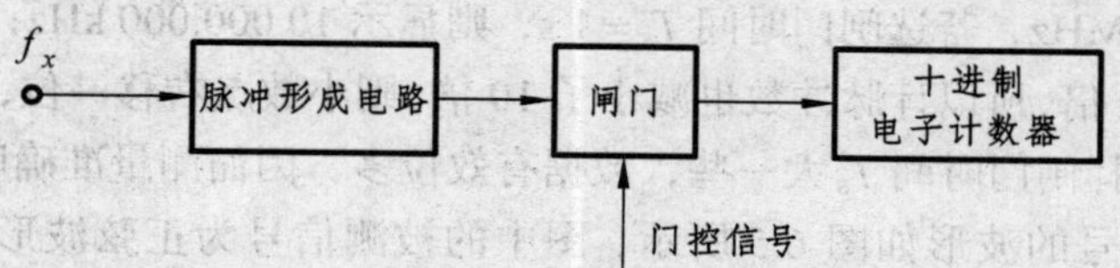


图 6.3　测频的原理框图

## 二、电子计数器测频的组成框图

电子计数器的组成框图如图 6.4 所示。图中各电路的作用如下：

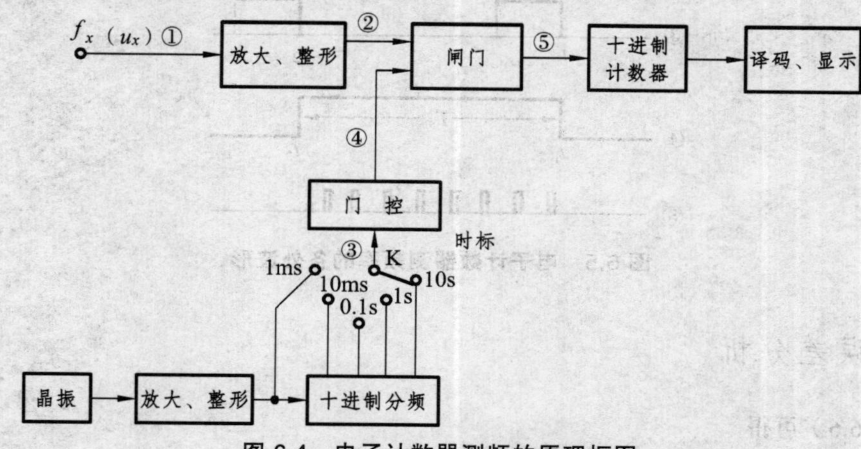


图 6.4　电子计数器测频的原理框图

- 放大整形　放大是对小信号而言，整形是将各种被测波形整形成脉冲（如采用施密特电路）。
- 晶振　石英晶体振荡器，能产生频率非常稳定的脉冲信号。通常是 1 MHz 或 5 MHz，稳定度达 $10^{-7}\sim10^{-9}$ 数量级。
- 分频器　实为计数器，每输入十个脉冲才输出一个脉冲。通过多次分频可获得不同的时间基准（或时标信号）。
- 门控　是双稳电路，提高分频信号的前沿陡度，使时基准确。
- 主闸门　具有与门电路一样的功能，只有在门控信号作用下才能开启，即在门控信号高电平期间，脉冲通过闸门进入计数器被计数。

此外，计数、译码、显示等电路与其他数字仪表的性能一样，这里不多叙述。

## 三、电子计数器测频的过程

被测信号经放大整形后被送入闸门。晶振信号经分频后得到时间基准信号并被送入门控电路，门控电路在所选的时间基准内输出高电平，从而打开主闸门。在主闸门打开期间，被测信号整形后的脉冲通过主闸门进入计数器被计数，然后再译码和显示。显示按式（6.6）所示关系进行。

闸门的开启时间是可以改变的。例如，8 位显示的电子计数器频率计，取显示单位为 kHz，设被测信号的 $f_x = 10$ MHz，若选闸门时间 $T_s = 1$ s，则显示 10 000.000 kHz；若选 $T_s = 0.1$ s，因闸门开启时间减小了 10 倍，所以计脉冲数也减小了 10 倍，则小数点右移一位，显示 010 000.00 kHz，依此类推。可见，选择闸门时间 $T_s$ 大一些，数据有效位多，因而测量准确度高。

图 6.4 中各处信号的波形如图 6.5 所示，图中的被测信号为正弦波形，整形后只是在过零变正的瞬间产生脉冲，而且一个周期只产生一个脉冲。

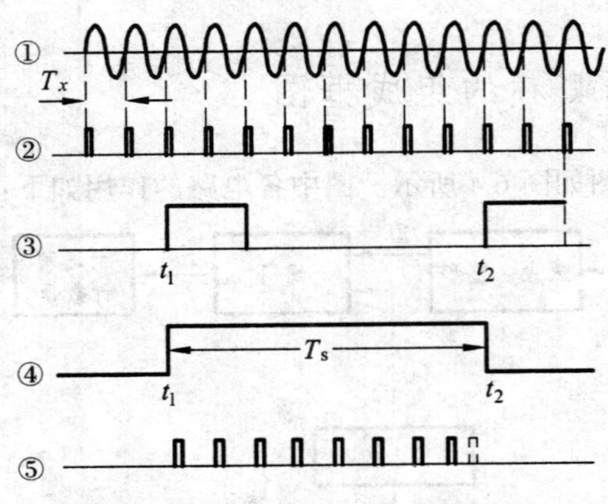


**图 6.5 电子计数器测频率的各处波形**

## 四、误差分析

由式（6.6）可得

$$\frac{\mathrm{d}f_x}{f_x} = \frac{\mathrm{d}N}{N} - \frac{\mathrm{d}T_s}{T_s} \tag{6.7}$$

最大误差

$$\left(\frac{\mathrm{d}f_x}{f_x}\right)_{\max} = \pm\left(\left|\frac{\mathrm{d}N}{N}\right| + \left|\frac{\mathrm{d}T_s}{T_s}\right|\right) = \pm(|\gamma_N| + |\gamma_T|) \tag{6.8}$$

可见，误差有两部分，第一项是计数相对误差；第二项是主闸门开启时间误差，它取决于石英振荡器所提供的标准频率的准确度。

### 1. 计数误差

计数误差也称为量化误差或 ±1 个字误差，它是电子计数器的固有误差，也是数字仪表特有的误差。

产生计数误差的原因，是由于被测信号和门控信号之间不同步以及周期关系的任意性引起的。因被测信号与门控信号之间没有同步锁定关系，门控信号的起始点根据开机时刻完全是随机的；被测信号的周期是任意的，而门控信号的周期是一定的。当闸门开启时间 $T_s$ 与被

测信号周期 $T_x$ 的整数倍相当时，产生 ±1 误差更为典型。在图 6.5 中，$T_s$ 与 $8T_x$ 相当，无论 $t_1$ 时刻是提前还是推迟，计数脉冲 $N=8$。在 $t_1$ 时刻，若 $T_s$ 约小于 $8T_x$，则计数脉冲 $N=7$（即前后两个脉冲不被计入）；若 $T_s$ 约大于 $8T_x$，则计数脉冲 $N=9$（即前后两个脉冲被计入）。因此，$dN=\pm1$，根据式（6.8）将式（6.6）代入可得

$$\gamma_N=\frac{dN}{N}=\pm\frac{1}{N}=\pm\frac{1}{f_xT_s} \tag{6.9}$$

可见，$\gamma_N$ 与 $f_xT_s$ 成反比。也就是说，当被测频率 $f_x$ 一定，闸门开启时间 $T_s$ 越大，±1 量化误差对测频误差影响越小；当闸门开启时间 $T_s$ 一定，被测频率越高，±1 量化误差对测频误差的影响越小。因此，电子计数器适合于测高频频率。

### 2. 标准频率误差

闸门时间不准确会引起闸门时间的相对误差，这是由于晶振频率的准确度及整形电路、分频电路、闸门的开关速度等因素影响的结果，但主要取决于晶振频率的准确度。设晶振频率为 $f_c$，分频系数为 $K$，则 $T_s=KT_c=K/f_c$，其误差为

$$\gamma_T=\frac{dT_s}{T_s}=\frac{\Delta T_s}{T_s}=-\frac{\Delta f_c}{f_c} \tag{6.10}$$

可见，闸门时间的准确度在数值上等于晶振（标准频率）的准确度，但符号相反。

综上所述，将式（6.9）、式（6.10）代入式（6.8），得电子计数器测频的最大误差为

$$\frac{\Delta f_x}{f_x}=\frac{df_x}{f_x}=\pm\left(\frac{1}{f_xT_s}+\left|\frac{\Delta f_c}{f_c}\right|\right) \tag{6.11}$$

图 6.6 给出了 $\Delta f_x/f_x$ 与 $T_s$、$f_x$ 及 $\Delta f_c/f_c$ 的关系曲线。由图可见，$f_x$ 一定时，$T_s$ 选得越大，

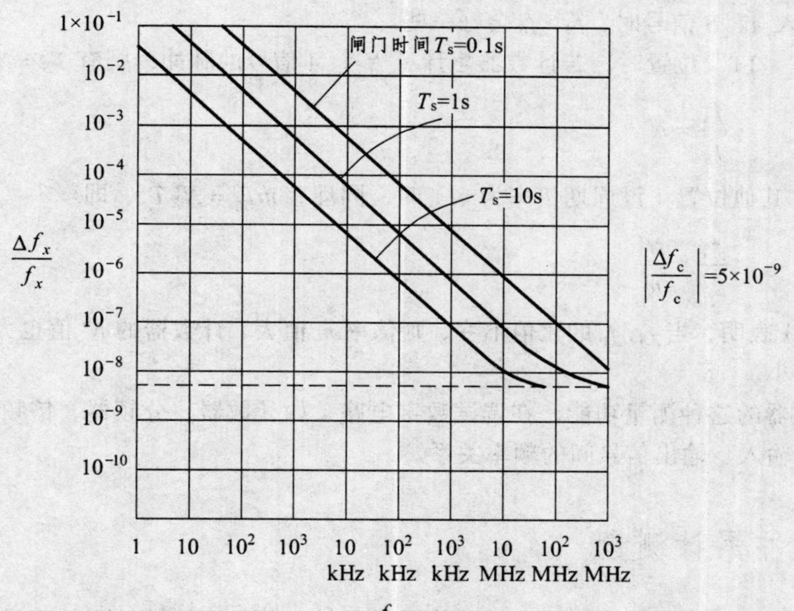


图 6.6　电子计数器测频的误差

误差越小，测量的准确度就越高；而 $T_s$ 一定时，$f_x$ 越高，误差越小，测量的准确度就越高。但是，随着量化误差（±1）影响的减小，标准频率误差 $\Delta f_c/f_c$ 对测量结果的影响逐渐增大，并以 $\Delta f_c/f_c$（图中以其绝对值 $5\times10^{-9}$ 为例）为极限，即测频准确度不可能优于 $\Delta f_c/f_c$。通常，要求 $\Delta f_c/f_c$ 比 $\Delta N/N$ 高一个数量级（即误差绝对值小一个数量级）。需要再次强调的是，电子计数器不适合于测低频。

## 五、频率比测量

频率比测量是指测量两个被测信号频率的比值。电子计数器测频率比的原理框图如图 6.7 所示。

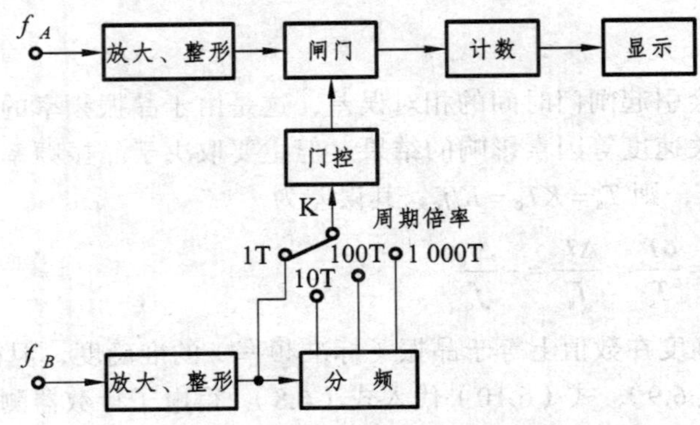


图 6.7 电子计数器测频率比的原理框图

测频率比的原理框图与测频率的原理框图相比较，除晶振电路被一输入电路所代替外，其余均相同，因此，其原理也是相同的，只是控制闸门的信号不是标准信号，而是被测信号。图 6.7 中，输入 $A$、$B$ 信号时，$f_A>f_B$ 会好一些。

当 K 打在“1T”位置时，若计数器累计了 $N$ 个 $A$ 信号的脉冲，则有 $T_B=NT_A$，即

$$\frac{f_A}{f_B}=N \tag{6.12}$$

当 K 打在其他位置（设周期倍率为 $m$）时，同理有 $mT_B=N'T_A$，即

$$\frac{f_A}{f_B}=\frac{N'}{m} \tag{6.13}$$

式（6.13）表明，当 $f_A/f_B$ 的比值不变，则倍率 $m$ 值大，计数器的 $N'$ 值也大，其 ±1 量化误差的影响减小。

电子计数器的这种测量功能，在调试数字电路（如计数器、分频器、倍频器等）时会用到，用来测量输入、输出信号间的频率关系。

## 六、脉冲累计测量

脉冲累计是指在一较长时间内对脉冲次数的累计，是具有统计性质的测量。其原理框图如图 6.8 所示。

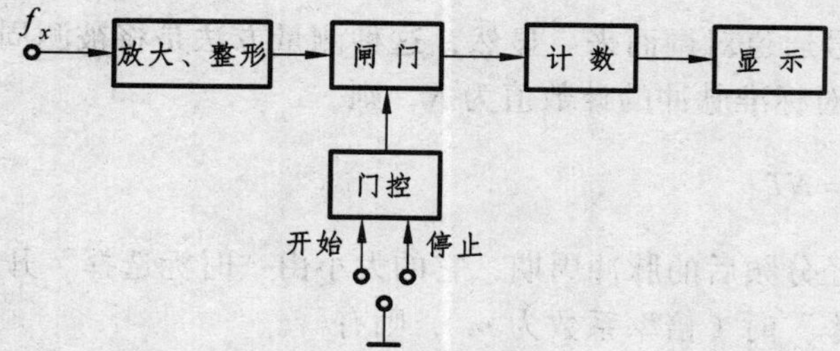


图 6.8　电子计数器累计脉冲

脉冲累计的测量原理与频率测量相同，只是需要闸门开启的时间较长，是由人工手动使门控翻转来打开和关闭闸门进行计数的。

以上所述的三种测量，其原理都基本相同，不同的是门控输入信号不同：测频率是以石英晶体振荡器产生的标准频率作时标，测频率比是以被测信号之一作时标，脉冲累计是人工给时标。

## 第三节　电子计数器测量时间

时间的测量在科学技术各个领域中是十分重要的。我们讲的时间测量主要指周期、上升时间、时间间隔等的测量。本节我们重点介绍周期的测量。

在前一节中我们已经知道，频率测量在低频时有较大的误差，甚至到不可允许的程度。所以，为了提高测量低频时的准确度，就必须采用测量周期的方法。

### 一、电子计数器测周期的基本原理

电子计数器测周期的原理框图如图 6.9 所示。由图可知，它将被测信号经分频后作为门控信号去控制主闸门的开启与关闭，将晶振的标准信号经分频后通过主闸门进入计数器计数。由于周期是频率的倒数，测周期的原理框图（图 6.9）就是由测频率的原理框图（图 6.4）中

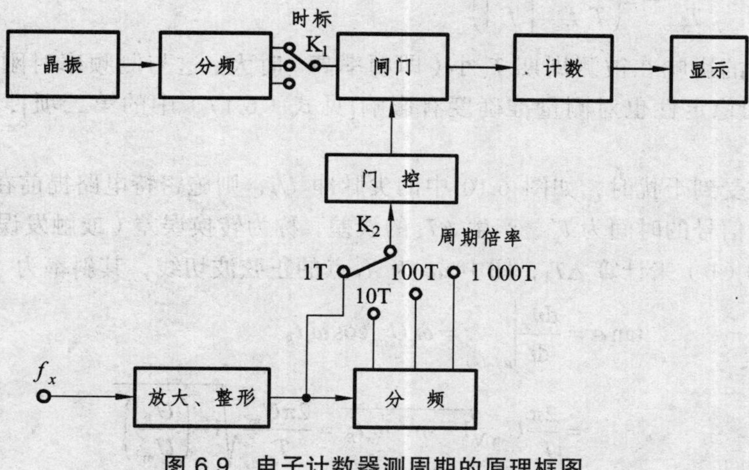


图 6.9　电子计数器测周期的原理框图

的被测通道与标准信号通道对调而来。显然，这种测量方法是将被测周期 $T_x$ 与标准周期 $T_s$ 进行比较，若在 $T_x$ 内对标准脉冲的计数值为 $N$，则

$$T_x = NT_s \tag{6.14}$$

式中，$T_s$ 是晶振信号经分频后的脉冲周期，它的大小由“时标选择”开关来选择。

若使用“周期倍率”时（倍率系数为 $m$），则有

$$mT_x = N'\,T_s$$

即

$$T_x = \frac{N'}{m}T_s \tag{6.15}$$

式中，$N'$是计数值。采用周期倍率是为了增大主闸门的开启时间，使 $N'$值大，减少量化误差的影响。因为计数器显示的数字位数是一定的，当被测周期小（频率高）时，周期倍率就要选大，而时标就要选小；相反，被测周期大（频率低）时，周期倍率就要选小，而时标就要选大一些。可见，采用周期倍率和时标，就是为了扩展测量范围。

## 二、误差分析

与分析电子计数器测频率时的误差类似，根据误差传递公式，由式（6.14）可得

$$\frac{dT_x}{T_x} = \frac{dN}{N} + \frac{dT_s}{T_s} \tag{6.16}$$

写成增量形式

$$\frac{\Delta T_x}{T_x} = \frac{\Delta N}{N} + \frac{\Delta T_s}{T_s}$$

代入由式（6.14）得到的 $N = T_x f_s$、$\Delta N = \pm 1$ 和 $\left|\frac{\Delta T_s}{T_s}\right| = \left|\frac{\Delta f_c}{f_c}\right|$，有最大误差

$$\frac{\Delta T_x}{T_x} = \pm\left(\frac{1}{T_x f_s} + \left|\frac{\Delta f_c}{f_c}\right|\right) \tag{6.17}$$

可见，量化误差的影响在被测周期 $T_x$ 小（即频率高）时大，这与测频率时刚好相反。另外，晶振的准确度和稳定性也对测量准确度有影响[见式（6.17）中的第二项]，这与测频率时一样。

当被测信号受到干扰时，如图 6.10 中的尖脉冲 $U_n$，则施密特电路提前在 $A_1'$ 触发，使门控输出开启闸门信号的时间为 $T_x'$，产生 $\Delta T_1$ 的误差，称为转换误差（或触发误差）。近似分析时，利用图 6.10（b）来计算 $\Delta T_1$，图中 $ab$ 为 $A_1$ 点的正弦波切线，其斜率为

$$\tan\alpha = \left.\frac{du_x}{dt}\right|_{u_x=U_B} = \omega_x U_m \cos\omega_x t_B$$

$$= \frac{2\pi}{T_x}U_m\sqrt{1-\sin^2\omega_x t_B} = \frac{2\pi U_m}{T_x}\sqrt{1-\left(\frac{U_B}{U_m}\right)^2}$$

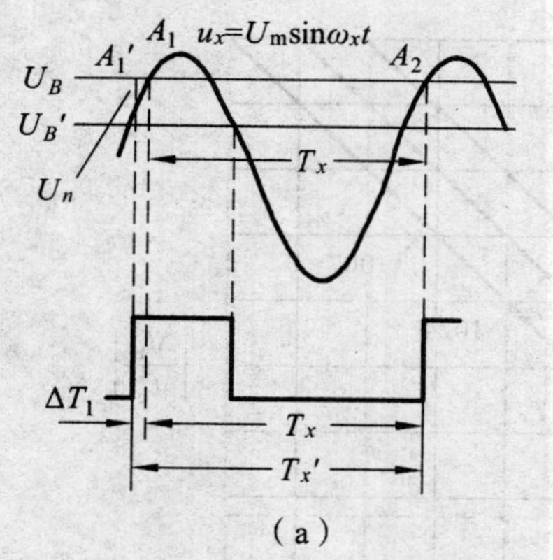

（a）

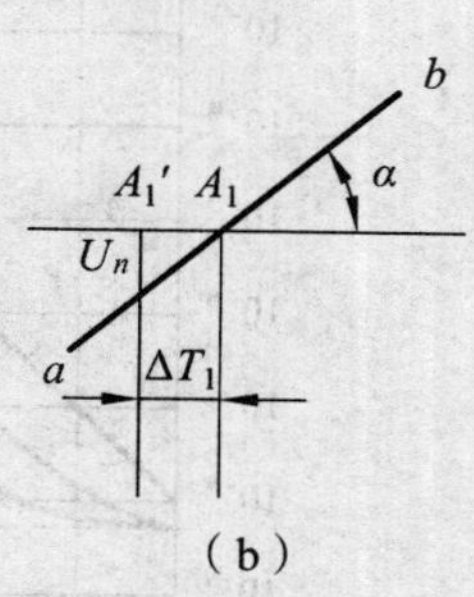

（b）

**图 6.10　测周期时的触发误差**

由图可得
$$\Delta T_1 = \frac{U_n}{\tan\alpha}$$

则
$$\Delta T_1 = \frac{U_n T_x}{2\pi U_m \sqrt{1-\left(\frac{U_B}{U_m}\right)^2}} \tag{6.18}$$

实际中 $U_B \ll U_m$，则

$$\Delta T_1 = \frac{T_x}{2\pi} \cdot \frac{U_n}{U_m} \tag{6.19}$$

同样，在图 6.10 中，正弦信号的下一个上升沿上的 $A_2$ 点附近也可能存在干扰，即可能产生触发误差 $\Delta T_2$，即

$$\Delta T_2 = \frac{T_x}{2\pi} \cdot \frac{U_n}{U_m} \tag{6.20}$$

由于干扰都是随机的，则 $\Delta T_1$ 和 $\Delta T_2$ 是随机误差，按均方根公式合成有

$$\Delta T_n = \pm\sqrt{(\Delta T_1)^2 + (\Delta T_2)^2}$$

于是

$$\frac{\Delta T_n}{T_x} = \frac{\pm\sqrt{(\Delta T_1)^2 + (\Delta T_2)^2}}{T_x} = \pm\frac{1}{\sqrt{2}\pi} \cdot \frac{U_n}{U_m} \tag{6.21}$$

对上述的量化误差、晶振准确度的影响和触发误差按绝对值公式合成总误差

$$\frac{\Delta T_x}{T_x} = \pm\left(\frac{1}{T_x f_s} + \left|\frac{\Delta f_c}{f_c}\right| + \frac{1}{\sqrt{2}\pi} \cdot \frac{U_n}{U_m}\right) \tag{6.22}$$

图 6.11 画出了电子计数器测周期时的误差曲线，其中 $10T_x$ 和 $100T_x$ 两条曲线为采用多周期测量的误差曲线。

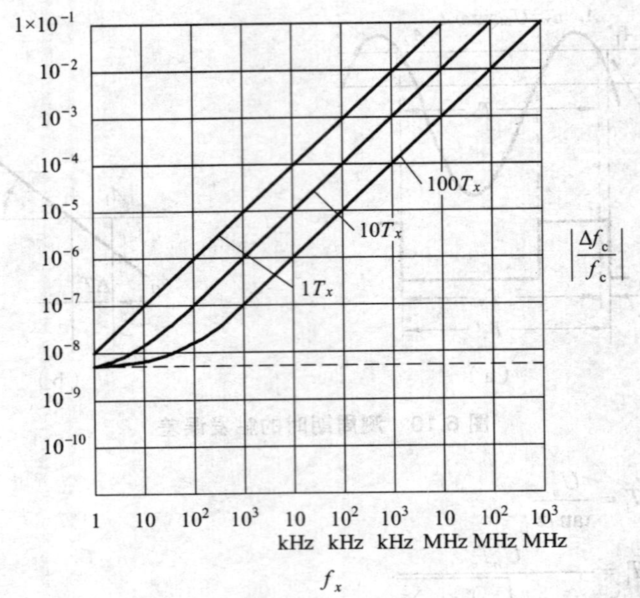


图 6.11 测周期时的误差曲线

利用电子计数器测周期应注意三点：① 适合于低频（因 $T_x$ 大，±1 误差的影响小）；② 时标要小（$f_s$ 大，±1 误差的影响小）；③ 采用多周期测量。多周期测量不但减小了±1 误差的影响，而且还可以减小触发误差的影响。对前者，计数 $N$ 大，±1 误差的影响就小；对后者，因一个 $\Delta T_n$ 对应门控输出的一次开启时间，若 10 个周期则有 $\Delta T_n/10$，即误差为（$\Delta T_n/10$）$/T_x$，影响就小 10 倍。此外，提高信噪比（即增大 $U_m/U_n$），也能减少触发误差的影响。

## 三、时间间隔的测量

周期实际上也是时间间隔，它是交流信号两周期波形上同电位点间的距离。而这里我们所讨论的时间间隔是指脉冲的上升时间、脉宽等。

时间间隔的测量原理框图如图 6.12 所示。$B_1$、$B_2$ 是两个独立的通道，特性一致，且各自备有极性选择和电平调节。开关 K 用于选择两个通道输入信号的种类，当 K 闭合时两个通道输入同一信号。

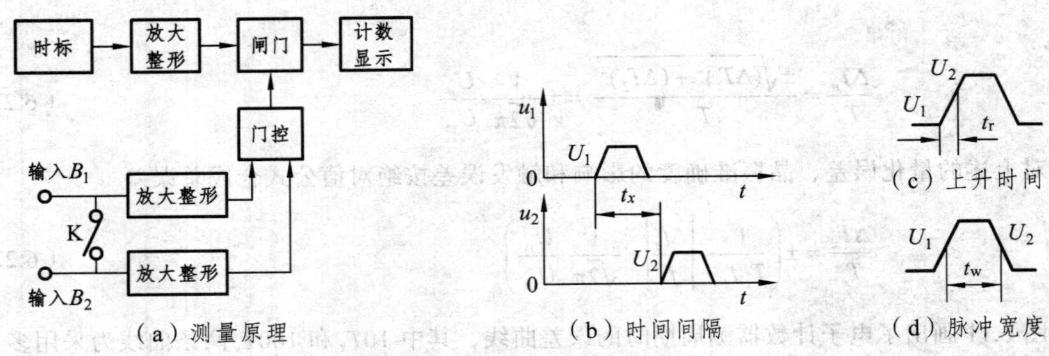


图 6.12 时间间隔的测量

当K断开时，$B_1$、$B_2$分别输入两个信号，调极性和电平，可测量两个信号上升沿间的时间间隔，如图6.12（b）所示。

当K闭合时，若$B_1$、$B_2$选同极性触发，但触发电平选得不同，则可测上升时间，如图6.12（c）所示；若$B_1$、$B_2$选择同一电平，但极性选得不同，则可测脉冲宽度，如图6.12（d）所示。

## 第四节　电子计数器测量相位

相位差的测量，在电子测量中是经常遇到的问题，如放大电路、*RC*电路、*LC*电路等的输出与输入都存在相位移，需要进行测量。在本章第一节中介绍了用示波器测量法测量相位差，它虽然直观方便，但准确度较低，下面我们介绍准确度较高的电子计数器测量法。

### 一、电路组成

电子计数器测相位的原理框图如图6.13所示。通道1和通道2的特性类似于过零比较器，使被测信号由负向正通过零点或由正向负通过零点时产生脉冲，加到门控电路；门控电路可以是“R—S”触发器，其中一个通道来的脉冲使门控输出高电平，而另一个通道来的脉冲使门控输出低电平；时标信号就是晶振信号经过分频后的信号，门控输出高电平期间闸门开启，时标信号通过闸门进入计数器被计数，再译码显示结果。波形图如图6.14所示。

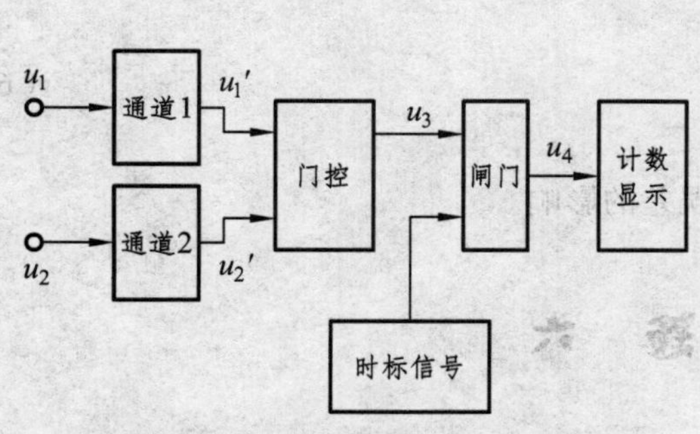


图6.13　电子计数器测相位差的原理框图

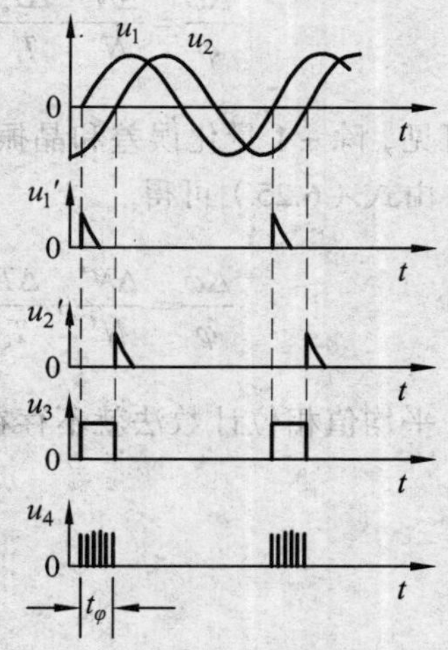


图6.14　电子计数器测相位的波形

### 二、测量结果

上述过程其实就是时间间隔的测量，即在一时间间隔内用标准脉冲来填充。

设相位差的时间为$t_\varphi$，被测信号周期为$T_x$（频率为$f_x$），时标信号周期为$T_s$，在$t_\varphi$内计数器计数的时标脉冲为$N$个，则有

$$t_{\varphi}=NT_{s} \tag{6.23}$$

被测相位差

$$\varphi=\frac{t_{\varphi}}{T_{x}}\times 360^{\circ}=\frac{NT_{s}}{T_{x}}\times 360^{\circ}=\frac{Nf_{x}}{f_{s}}\times 360^{\circ} \tag{6.24}$$

这种方法又称为瞬时值相位计数法，适合于测低频信号的相位差。当频率高时测量的准确度会降低，因为时标信号频率不可能无限升高。此外，还需要测出被测信号的周期或频率，再按式（6.24）进行计算才能得出结果。

为了克服这一缺点，可采用平均值相位计数法，即对多个相位差的脉冲计数后再平均。例如，利用时标使计数器一秒“清零”一次，或再用一闸门开启一秒来对测量闸门输出的脉冲进行累计，则记数 $N'=f_{x}N$（$N$ 为一个相位差内累计的脉冲数），式（6.24）变为

$$\varphi=\frac{N'}{f_{s}}\times 360^{\circ} \tag{6.25}$$

可见这种方法不需要测被测频率，因为式（6.25）中没有被测频率。

## 三、误差分析

对于式（6.24），按误差传递公式有

$$\frac{\Delta\varphi}{\varphi}=\frac{\Delta N}{N}+\frac{\Delta T_{s}}{T_{s}}+\frac{\Delta f_{x}}{f_{x}} \tag{6.26}$$

可见，除 ±1 量化误差和晶振准确度外，还有被测信号的频率误差。而对于平均值相位计数法，由式（6.25）可得

$$\frac{\Delta\varphi}{\varphi}=\frac{\Delta N'}{N'}+\frac{\Delta T_{s}}{T_{s}} \tag{6.27}$$

可见，平均值相位计数法就不存在被测频率误差的影响。

# 习 题 六

6.1 试说明电子计数器测量频率的原理。

6.2 电子计数器 ±1 个数字量化误差是怎么产生的？

6.3 结合“频率测量”的工作原理，试画出电子计数器“自校”的原理框图，并简述工作原理。

6.4 欲用电子计数器测量频率为 200 Hz 的信号频率，采用测频率（闸门时间选为 1 s）和测周期（时标选为 0.1 μs）两种方法，试求两种方法由 ±1 误差所引起的测量误差，并对这两种方法进行评价。

6.5　用 SBM-10A 型示波器测量时，屏上显示如题 6.5 图所示波形，问：

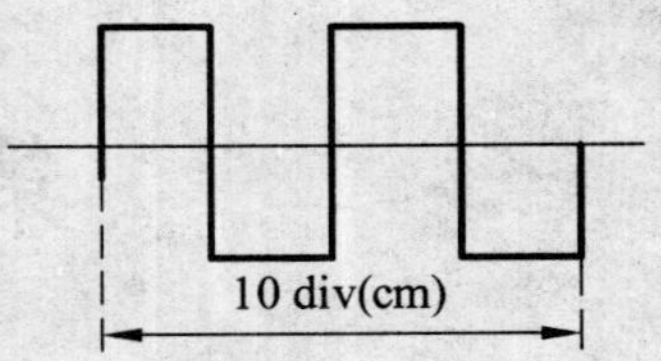

① 当扫描速度为 2 μs/div 时（“微调”置“校正”位），无扩展，被测信号的频率是多少？

② 若被测信号频率为 5 kHz 时，则 X 轴每 div（即每 cm）代表的时间 $t$ 是多少？

③ 若被测信号频率为 1 kHz，扫描速度为 0.5 ms/div，则在水平方向 10 div 内能显示几个完整周期的波形？

10 div(cm)

**题 6.5 图**

6.6　用一个 7 位电子计数器测量一个 $f_x = 5$ MHz 的信号频率，试计算当“闸门时间”置于 1 s、0.1 s、10 ms 时，由 ± 1 误差产生的测量误差。

6.7　试述用电子计数器测周期与测频率、测周期与测时间间隔、测频率与测频率比等在结构上有什么不同？

6.8　已知电子计数器晶振 $f_c = 1$ MHz，$\dfrac{\Delta f_c}{f_c} = \pm 1\times 10^{-7}$，被测 $f_x = 100$ kHz，当要求 ± 1 误差影响比 $\Delta f_c/f_c$ 低一个数量级（即误差绝对值大一个数量级），则闸门时间应选多大？若 $f_x = 1$ kHz，仍选该闸门时间，还能满足需求吗？若不能，该怎么办？

# 第七章 电压测量

## 第一节 概 述

### 一、电压测量的重要性

电压测量是非常重要的测量。因为：① 电压是基本电能量参数（电压、电流、功率等）之一，而测量电量参数主要是指测量电压，因为测出电路端电压后，根据电路阻抗就可计算出电流和功率；② 电压可以派生出其他量，如幅频特性、调幅特性、失真度，灵敏度等；③ 自动控制系统中，反馈量和控制量大都是采用电压量；④ 非电量检测中，通常将非电量转换成电压量来测量；⑤ 电气设备和电子仪器大多以电压来指示。所以，电压测量在电测技术中占有重要地位。

### 二、电压的特点

电压在性质上可分为直流电压和交流电压（包括所有非正弦电压）两种。在应用上，有工频电压和电子电路电压之分。前者是强电，除电压范围大外，波形、频率等都是规则的；而后者具有以下特点：

① 频率范围宽。电子电路信号的频率往往是从直流到 GHz 以上范围内变化。

② 电压范围广。电子电路中的电压可从 nV 级到 MV 级，其中 mV 级的电压是非常多见的。

③ 波形多种多样。电子电路中除正弦波外，大量的是非正弦波，同时交、直并存，甚至串入噪声干扰。

④ 电子电路的等效阻抗一般都高，有的达兆欧级。

### 三、对电压测量的基本要求

针对电压量的特点，对电压测量提出了一系列要求，主要有以下几方面：

① 应有足够宽的频率范围，以满足测量从直流到 GHz 以上的频率要求。

② 应有足够宽的电压测量范围，以满足测量从 nV 级到 MV 级以上的要求。

③ 应有足够高的测量准确度。由于电压测量的基准是直流标准电压，同时直流测量中不存在分布参数的影响或其影响极小，因而直流电压的测量准确度最高，目前可达 $10^{-8}$，甚至更高。交流电压测量因受频率、波形和分布参数等的影响，测量准确度不高，一般在 $10^{-2} \sim 10^{-4}$。

④ 应有足够高的输入阻抗。由于电子电路的等效阻抗高，为了减小仪器接入后对电路的影响，要求仪器的输入阻抗高。目前，模拟电压表的输入阻抗达 MΩ 级，数字电压表的输入阻抗达 GΩ 级，甚至可达数千 GΩ。

⑤ 应具有高的抗干扰能力。一般来说，测量都是在充满各种干扰的条件下进行的。对于微小电压的测量，要求测量仪器的灵敏度高，因此其受干扰的影响就大。所以，要求电压表的抗干扰能力强，对数字电压表更是要求如此。

此外，还要求具有高的测量速度和高的自动化程度，以实现智能测试和自动测试。

## 四、电压测量的方法

电压的测量方法很多，应该根据被测电压的不同和测量的具体要求及客观条件的限制，合理选择测量方法。归结起来，电压测量的方法有以下几种。

### 1. 电工仪表测量法

电工仪表主要是指针式仪表，如磁电系、电动系、电磁系等，其中磁电系仪表只能测直流量。用电工仪表测电压在工程中应用十分普遍，因为电工仪表成本低，操作简便，特别是一般工程测量，对准确度要求不太高，更是为采用电工仪表测电压大开“绿灯”。对于交流高电压，也可用电工仪表进行测量。

### 2. 电子电压表测量法

电子电压表是利用电子技术制成的，属于电子仪器类，是模拟式电压表，在电子电路交流电压测量中广为应用。

电子电压表根据将交流转换成直流的原理不同分为三种类型：

① 公式法。如根据正弦交流电压有效值公式制成的有效值电压表，该类电子电压表主要是频带窄、准确度低。

② 热电转换法。利用热电偶转换制成的有效值电压表，其优点是没有波形误差，但有热惯性、频带不宽、维修不便等缺点。

③ 检波法。通过整流将交流转换成直流而制成的电压表，根据整流电路的不同可分为均值检波、峰值检波、有效值检波三种。同时，根据整流器的位置又分为“检波—放大”、“放大—检波”式电压表。

可见，无论哪种类型的电子电压表，都具有由交流转换为直流的过程。

### 3. 数字电压表测量法

严格地讲，数字电压表也属于电子电压表，但因数字电路部分在整个仪器中占有重要地位，因而人们往往称它为数字电压表。

数字电压表的原理是，首先将模拟量通过模/数（A/D）转换为数字量，然后用计数器计数，并用十进制数字显示出被测电压值。作为交流数字电压表，还必须有交流/直流（AC/DC）转换过程。

**4. 示波器测量法**

上一章介绍的示波器，除了能直观形象地显示波形外，利用它测电压（信号幅度）具有独特的优点，即能测出各种波形的电压幅值，特别是能测出脉冲电压的各个参数。利用示波器测量电压的基本方法在第五章中已介绍，这里不再重述。

## 五、电压测量中的误差问题

电压测量是一种接触性测量，除仪器仪表本身的误差外，由于负载效应，必然会产生方法误差。例如，对图 7.1 所示的直流电动势 $E_0$ 的测量，被测真值为 $E_0$，接入内阻为 $R_V$ 的直流电压表进行测量，其测量结果为

$$U = \frac{E_0}{R_V + R_0} R_V$$

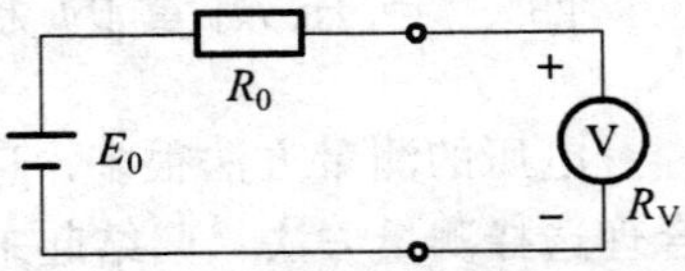

**图 7.1 用电压表测电动势**

误差为

$$\gamma = \frac{U - E_0}{E_0} = -\frac{R_0}{R_0 + R_V} \tag{7.1}$$

式（7.1）中，“－”表明测量值比实际值小，并且电压表的等效电阻越大，测量误差越小。鉴于此，无论是对交流还是直流电压的测量，都要求电压表的输入阻抗高。上述测量方法中，电子电压表、数字电压表、示波器等，都具备输入阻抗高的优点，因而可减小测量误差。

# 第二节 交流电压测量

## 一、交流电压的表征

表征周期性交流电压的参数有峰值 $U_p$、平均值 $\overline{U}$ 、有效值 $U$,三者之间存在一定的关系。正是如此，构成了不同工作原理的电子电压表。

### 1. 电压的 $U_p$、$\overline{U}$ 、$U$ 值

交流电压的峰值，是指一个周期内电压能达到的最大值，它以零电位（时间轴）为参考量。对于含直流分量的正弦交流电压来说，正、负峰值是不相等的，而正、负振幅是相等的，因为振幅是以振荡中心为参考的。

交流电压的平均值，是指一个周期内电压的等效直流量，其数学定义式为

$$\overline{U} = \frac{1}{T}\int_0^T |u(t)|\mathrm{d}t \tag{7.2}$$

交流电压的有效值，可定义为

$$U = \sqrt{\frac{1}{T}\int_0^T u^2(t)\mathrm{d}t} \tag{7.3}$$

### 2. 三个参数间的关系

峰值电压、均值电压、有效值电压三者之间的关系，用波形因数和波峰因数来表示（也可称为波形系数和波峰系数）。

波形因数是指电压的有效值与平均值的比值，用 $K_F$ 表示，即

$$K_F = \frac{U}{\overline{U}} \tag{7.4}$$

波峰因数是指电压的峰值与有效值的比值，用 $K_p$ 来表示，即

$$K_p = \frac{U_p}{U} \tag{7.5}$$

无论任何波形的电压，只要知道峰值并按式（7.2）和式（7.3）求出平均值和有效值，便可按式（7.4）、式（7.5）求出对应的波形因数和波峰因数值。正弦波及常见非正弦波电压的 $K_F$、$K_p$ 值如表 7.1 所示。

**表 7.1　正弦波及常见非正弦波电压的 $K_F$ 及 $K_p$ 值**

| 名　称 | 波　形　图 | 波形因数 $K_F$ | 波峰因数 $K_p$ | 平均值 | 有效值 |
|---|---|---|---|---|---|
| 正弦波 | $U_p$　$t$ | 1.11 | 1.414 | $\frac{2}{\pi}U_p$ | $\frac{1}{\sqrt{2}}U_p$ |
| 半波整流 | $U_p$　$t$ | 1.57 | 2 | $\frac{1}{\pi}U_p$ | $\frac{1}{2}U_p$ |
| 全波整流 | $U_p$　$t$ | 1.11 | 1.414 | $\frac{2}{\pi}U_p$ | $\frac{1}{\sqrt{2}}U_p$ |
| 三角波 | $U_p$　$t$ | 1.15 | 1.732 | $\frac{1}{2}U_p$ | $\frac{1}{\sqrt{3}}U_p$ |
| 锯齿波 | $U_p$　$t$ | 1.15 | 1.732 | $\frac{1}{2}U_p$ | $\frac{1}{\sqrt{3}}U_p$ |
| 方　波 | $U_p$　$t$ | 1 | 1 | $U_p$ | $U_p$ |
| 梯形波 | $U_p$　$t$　$\phi$ | $\frac{\sqrt{1-\frac{4\phi}{3\pi}}}{1-\frac{1}{\pi}\phi}$ | $\frac{1}{\sqrt{1-\frac{4\phi}{3\pi}}}$ | $\left(1-\frac{\phi}{\pi}\right)U_p$ | $\sqrt{1-\frac{4\phi}{3\pi}}\,U_p$ |
| 脉冲波 | $t_w$　$U_p$　$t$　$T$ | $\sqrt{\frac{T}{t_w}}$ | $\sqrt{\frac{T}{t_w}}$ | $\frac{t_w}{T}U_p$ | $\sqrt{\frac{t_w}{T}}\,U_p$ |
| 隔直脉冲 | $t_w$　$U_p$　$t$　$T$ | $\sqrt{\frac{T-t_w}{t_w}}$ | $\sqrt{\frac{T-t_w}{t_w}}$ | $\frac{t_w}{T-t_w}U_p$ | $\sqrt{\frac{t_w}{T-t_w}}\,U_p$ |
| 白噪声 | $t$ | 1.25 | 3 | $\frac{1}{3.75}U_p$ | $\frac{1}{3}U_p$ |

## 二、低频电压测量

频率在 1 MHz 以下的电压称为低频电压，多采用平均值电压表来测量。平均值电压表因利用平均值检波而得名。

### 1. 均值检波原理

检波就是整流的意思，有半波整流和全波整流两种，通常采用二极管全波（即桥式）整流电路，如图 7.2 所示。实际中，$D_3$、$D_4$ 常用电阻代替。二极管受正向偏压才导通，导通角 180°，工作在乙类。在理想情况下，流过微安表表头的电流为

$$I_0 = \overline{I} = \frac{1}{T}\int_0^t \frac{|u(t)|}{R}\mathrm{d}t = \frac{\overline{U}}{R} \tag{7.6}$$

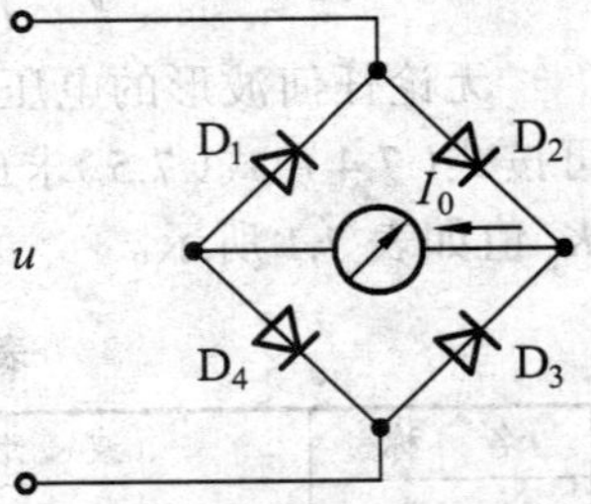

式中，$R$ 是微安表的等效电阻。

式（5.6）表明，流过表头的电流与输入电压的平均值成正比，即具有平均值响应。

图 7.2　均值检波电路

### 2. 均值电压表

以均值检波构成的电压表，一般是“放大—检波”式结构。例如，DA-16 型均值电压表的原理电路如图 7.3 所示，其阻抗变换电路由场效应管构成，以获得低噪声电平和高输入阻抗；步进分压器用来扩展量程；放大器由两级组成，一级是 $A$，另一级是由 $T_1$、$T_2$ 组成的串联负反馈放大器，其频带范围宽；检波电路由 $D_1$、$D_2$、$R_1$、$R_2$ 组成，指示表头是磁电系微安表；$R_{w1}$ 用来在满量程时使指针能调整满偏，$R_{w2}$ 用来调零。因检波后的一部分电压量负反馈到放大器，有效地解决了温度影响和刻度的非线性问题。

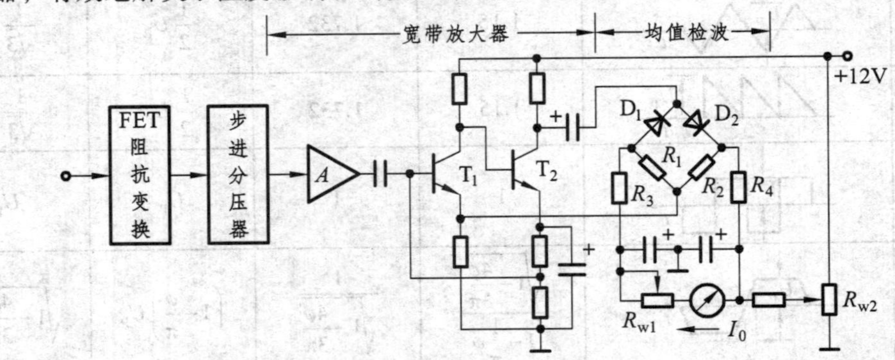


图 7.3　DA-16 型均值电压表的原理电路

### 3. 均值表的刻度及误差

由于驱动微安表的电流 $I_0$ 正比于被测电压平均值 $\overline{U}$，且正弦波电压的有效值具有普遍意义，因此，微安表的刻度依照正弦波电压的有效值来刻度，也就是说将被测电压的平均值扩大 1.11 倍来刻度。

不难理解，用均值电压表测非正弦波电压（如三角波、方波等电压）时，其示值不具有直接的物理意义，也就是说存在波形误差。当用于测正弦波电压时，示值即为被测结果。当用均

值电压表测失真的正弦波电压时，其误差不仅取决于各次谐波的幅度，还取决于各次谐波的相位。因为相同的谐波次数，其各次谐波的幅度不同而相位相同，合成的波形各不相同；同样，相同的谐波次数，其各次谐波的幅度相同而相位不同，合成的波形也是各不相同的。由分析可知，误差随谐波初相角周期性地变化，在 0°或 180°时最大；而奇次谐波比偶次谐波的误差大。

除了波形误差外，还有直流微安表本身的误差（由等级决定）、检波二极管老化或变值以及超过频率范围所造成的误差等，但主要是波形误差。

### 4. 波形换算

均值电压表测非正弦波电压时产生的波形误差，可通过波形换算来消除。方法是：先将测量时从仪表上得到的示值除以 1.11，求得被测电压的平均值，然后根据被测电压的 $K_F$ 或 $K_p$ 值来求出被测电压的有效值或峰值。

例如，用按正弦波电压有效值刻度的均值电压表测三角波电压，得电压表的测量示值 $U_\alpha$ 为 1 V，要求出被测电压的有效值，先按上述方法求出被测电压的平均值为

$$\bar{U}=\frac{U_\alpha}{1.11}=\frac{1}{1.11}\approx 0.9 \quad (\text{V})$$

因三角波电压的 $K_F=1.15$，则被测电压的有效值为

$$U=0.9\times 1.15\approx 1.04 \quad (\text{V})$$

## 三、高频电压测量

均值电压表测高频电压时，会产生较大的频率误差。解决办法是：采用“检波—放大”方式，把检波器置于探头内，将高频交流变为直流后再放大显示。能实现这种功能的是峰值电压表。

### 1. 峰值检波的原理

峰值表的检测电路有串联式和并联式两种，如图 7.4 所示。

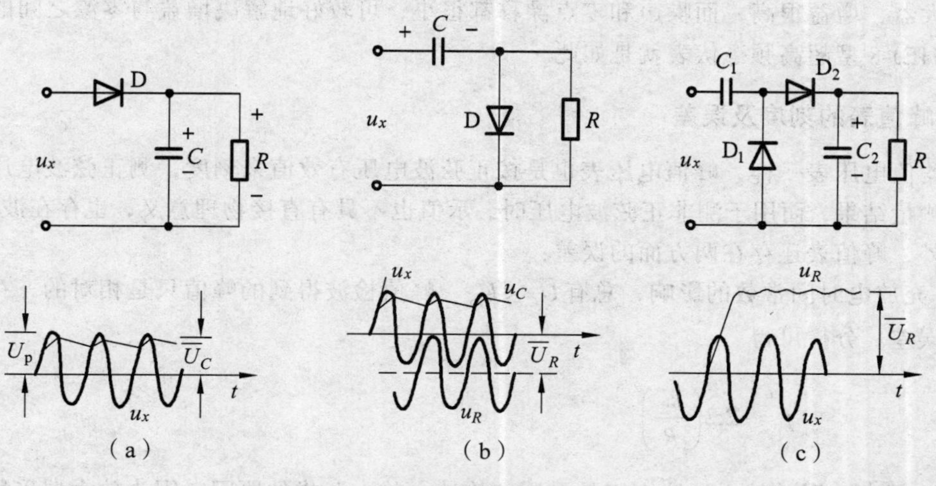


图 7.4 峰值检波的原理

图 7.4 中，图（a）是串联式峰值检波电路，要求

$$\left.\begin{aligned}RC >> T_{\max} \\ R_{\Sigma}C << T_{\min}\end{aligned}\right\} \tag{7.7}$$

式中，$T_{\max}$、$T_{\min}$ 是被测电压的最大周期和最小周期，$RC$ 是电容的放电时间常数，$R_{\Sigma}C$ 是电容的充电时间常数。式（7.7）说明，充电要快，放电要慢，这样，电容的端电压平均值才近似为峰值电压，即

$$\bar{U}_R = \bar{U}_C \approx U_{\mathrm{p}}$$

电路处于稳定工作状态时，只有 $u_x > u_C$ 时 D 才导通，电容 $C$ 被充电；而 $u_x < u_C$ 时，D 截止，$C$ 向 $R$ 放电。可见，二极管 D 导通角非常小，工作在丙类。

图 7.4（b）是并联式峰值检波，原理同串联式，只是 $R$ 上的电压极性相反。并联式的优点是具有隔直作用，测出的电压是 $u_x$ 的交流部分（当 $u_x$ 中含有直流分量时），因而在实际中应用较多。但 $R$ 上叠加有交流电压，增加了额外的交流通路。

图 7.4（c）实际是倍压检波，是并联式与串联式的组合，构成“峰-峰”值电压表。

### 2. 峰值电压表

峰值电压表的结构为“检流—放大”式，且因检波电路简单，所以可以将检波电路置于探头中，从而消除高频情况下探头引线分布参数的影响。国产 DYC-5 型高频电压表就是典型的峰值电压表，其检波电路采用并联式峰值检波，高频二极管置于探极中，上限频率可达 300 MHz，其原理框图如图 7.5 所示。

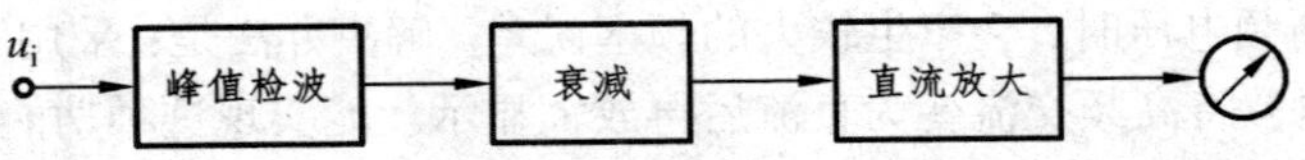


图 7.5　DYC-5 型高频电压表的原理框图

为了提高“检波—放大”式电压表的灵敏度，普遍采用斩波式直流放大器，即“交-直-交”放大器，增益很高，而噪声和零点漂移都很小，可较好地解决增益与零漂之间的矛盾，如国产 HEJ-8 型超高频毫伏表就是如此。

### 3. 峰值表的刻度及误差

和均值电压表一样，峰值电压表也是按正弦波电压有效值来刻度，测正弦波电压时的示值即为测量结果，而用于测非正弦波电压时，示值也不具有直接物理意义，也存在波形误差。

此外，峰值表还存在两方面的误差：

① 充放电时间常数的影响，总有 $\bar{U}_C < U_{\mathrm{p}}$，峰值检波得到的峰值只是相对的，存在着理论上的误差。分析可得

$$\gamma = -2.2\left(\frac{R_{\Sigma}}{R}\right)^{2/3} \tag{7.8}$$

可见，$R$ 越大，误差越小，这也正是采用“检波—放大”式的原因，因为放大器采用射极输

出器有很高的输入阻抗，即有很高的 $R$ 值。

② 另一种误差是频率误差。频率太低时，式（7.7）中的第一式 $RC >> T_{max}$ 很难满足，从而产生误差，因此下限频率一般限制在 20 Hz；频率太高时，难以满足 $R_{\Sigma}C << T_{min}$，而且还受二极管高频参数和其他分布参数的影响，从而产生误差。

### 4. 波形换算

峰值电压表测正弦波电压时，示值即为测量结果。当测非正弦波电压时，就必须进行波形换算。因峰值电压表按正弦波电压有效值刻度，即将被测电压的峰值缩小了 $\sqrt{2}$ 倍，那么，换算的方法是：先将测量时的示值乘 $\sqrt{2}$ 倍，得到被测电压的峰值后，再按被测电压的 $K_F$ 、$K_p$ 值来求其平均值和有效值。

例如，用峰值电压表测量方波电压，得电压表的测量示值 $U_\alpha$ 为 5 V，于是，按照峰值电压表测非正弦波电压的波形换算方法，得出被测方波电压的峰值为

$$U_p = \sqrt{2}U_\alpha = \sqrt{2} \times 5 \approx 7.1 \quad (\text{V})$$

因方波的 $K_p = 1$，则被测方波电压有效值为

$$U = U_p = 7.1 \quad (\text{V})$$

## 四、脉冲电压测量

脉冲电压的特点是，其脉冲周期与脉冲宽度的比（也就是占空比）很大。若用峰值电压表来测量，就难以满足充电快和放电慢[即式（5.7）]的要求，理论误差就很大，因此必须用脉冲电压表来测量。

### 1. 峰值电压表测量脉冲电压的误差分析

如图 7.6 所示，采用串联式峰值电压表测脉冲电压，其理论误差分析如下：

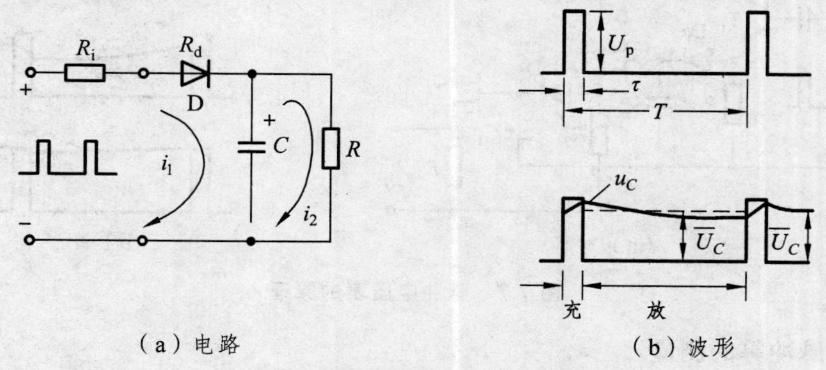


（a）电路　　（b）波形

**图 7.6 峰值电压表测量脉冲电压**

电容 $C$ 充电时的电荷

$$Q_1 = \int_0^\tau i_1 \mathrm{d}t \approx \frac{U_p - \overline{U}_C}{R_i + R_d} \cdot \tau$$

式中，$R_i$为被测电源的电阻，$R_d$为二极管的等效导通电阻。

电容 $C$ 放电时的电荷

$$Q_2 = \int_{\tau}^{T} i_2 \mathrm{d}t \approx \frac{\bar{U}_C}{R}(T-\tau) \approx \frac{\bar{U}_C}{R}T$$

电路平衡时 $Q_1 = Q_2$，则

$$U_p = \bar{U}_C \left(1 + \frac{R_i + R_d}{R} \cdot \frac{T}{\tau}\right) \tag{7.9}$$

从而理论误差为

$$\gamma = \frac{\bar{U}_C - U_p}{\bar{U}_C} = -\frac{R_i + R_d}{R} \cdot \frac{T}{\tau} \tag{7.10}$$

式中，$\frac{T}{\tau}$为占空比。

由式（7.10）可知，占空比越大，理论误差就越大。

### 2. 脉冲电压表的原理

测量脉冲电压的电压表是在峰值表基础上改进的，在电路上实现充电时 $R_{\Sigma}$和 $C_{充}$都小，放电时 $R$ 和 $C_{放}$都大，使$\bar{U}_C$尽可能趋近于 $U_p$。图 7.7 就是这样一个原理电路。其中，$T_1$是射随电路，以提高仪器的输入电阻；$T_2$、$T_3$都是源极跟随器；$D_1$、$D_2$、$C_2$、$C_3$为检波电路，并且 $C_2 < C_3$，$C_3$作为放电电容。电路对 $C_2$充电时，因射随电路的输出电阻小，对 $C_2$充电快；$C_2$被充电到一定程度后，又对 $C_3$充电。电路处于稳态时，$C_3$值大，且因源极输出器 $T_3$的输入阻抗很高，则 $C_3$的放电很慢（$C_2$的放电也慢）。可见，电路实现了充电快、放电慢，满足了测脉冲电压的要求。

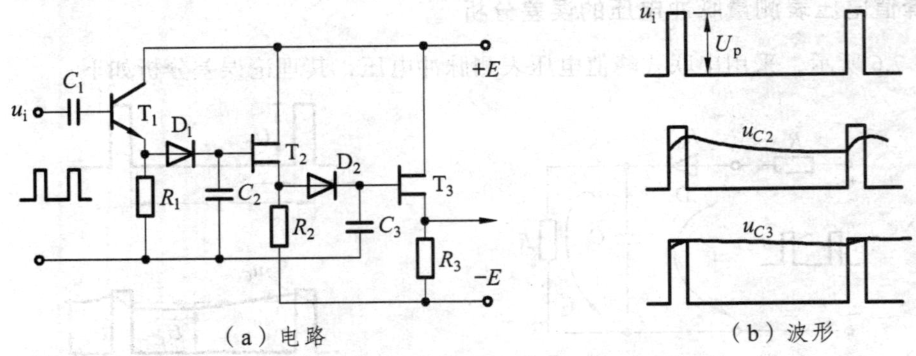

（a）电路　　（b）波形

图 7.7　脉冲电压表的原理

### 3. 高压脉冲等的测量

对于上万伏以上的高压脉冲、快速变化冲击电压以及瞬态过程、电磁干扰引起的尖脉冲等，可先经过电容分压或 $R$、$C$ 分压后，再用峰值电压表或示波器等来进行测量，但需要经过换算，误差也较大。此外，还可以通过充放电法用数字电压表来测量，其原理电路如图 7.8 所示。

图 7.8 中，$R_1$ 为限流电阻，与高压硅堆 D 配合使用，通常为几百欧。$R_1$、D、$C_1$ 组成串联式峰值检波器。$R_2$ 取决于被测脉冲的幅值，可取几十到几百兆欧，用以与微安表配合。$R_3$ 为几百欧至一千欧的标准电阻，用以取出毫伏级脉冲电压，通过开关 K 送至数字电压表（DVM）进行显示。

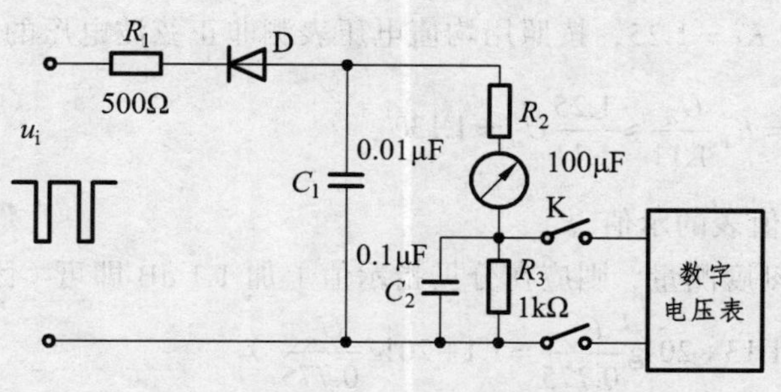


图 7.8 充放电法测高压脉冲的幅度

## 五、交流高电压的测试

交流高电压一般都要经过降压后再进行测量。降压的方法较多：一是电阻分压，但具有相位误差和幅值误差，因而很少用；二是电容分压，不存在相位误差，仅存在幅值误差，常被使用；三是采用电压互感器来降压，这是用得很广的一种方法。

另外，可用静电系电压表来测交流高压，可达几百千伏，而频率可达 1 MHz，其仪表的等级为 1.5 ~ 2.5。

# 第三节 噪声电压测量

在电子电路中，噪声主要是各种元器件（晶体管、电阻等）内部带电质点运动的不规则所造成的现象。对于内部微粒不规则的热运动产生的噪声，称为热噪声；而电流通过晶体管的 PN 结时，因电荷运动的不连续而产生的晶体管噪声，称为散粒噪声。这两种噪声在线性频率范围内其能量分布是均匀的，而对于频率能量分布均匀的噪声，称为白噪声。噪声的存在，严重影响系统传输微弱信号的能力，因而对噪声电压的测量也是十分有意义的。

对于噪声，可用分贝来衡量。而噪声电压则不采用分贝衡量，而是用电平的分贝来衡量，主要用在通信系统的测试中（参见本书第三章关于电平的分贝测量问题）。下面介绍噪声电压常用的两种测量方法。

## 一、用均值电压表测量

噪声电压信号是随机的，其波形是非周期的，变化也是无规律的。白噪声电压瞬时值的分布规律符合正态分布，其概率密度函数为高斯型，即

$$\varphi(u)=\frac{1}{\sqrt{2\pi}\sigma}\mathrm{e}^{-(u/\sqrt{2}\sigma)^2} \tag{7.11}$$

式中，$u$ 为噪声电压，$\sigma$ 是标准差。

用式（7.11）可以求出白噪声电压的波形因数 $K_F$，从而可采用均值电压表进行测量。表 7.1 中已给出白噪声的 $K_F=1.25$，按照用均值电压表测非正弦波电压的波形换算方法，可得

$$U=K_F\frac{U_\alpha}{1.11}\approx\frac{1.25}{1.11}U_\alpha\approx 1.13U_\alpha \tag{7.12}$$

式中，$U_\alpha$ 为测量时均值表的示值。

若用电压表分贝刻度测量，则应在分贝指示值上加 1.1 dB 即可（因为对电压 $U$ 按分贝计算有 $20\lg\frac{U}{0.775}=20\lg 1.13+20\lg\frac{U_\alpha}{0.775}=1.1+20\lg\frac{U_\alpha}{0.775}$ ）。

用均值表测量时，应利用衰减器（量程开关）将被测信号适当衰减，使指针指在标尺刻度的一半为宜。因为噪声随机的峰值可能在某时刻太高，一旦超过放大器的动态范围就会被削波，影响准确度。此外，均值表的频带应比被测噪声的频带宽，以减小测量误差。

## 二、用有效值电压表测量

有效值电压表能测任意波形的电压且不存在波形误差，因而被用来测正弦波及非正弦波电压，如噪声电压的测量、非线性失真度测量中的谐波电压的测量等。所以，有效值电压测量十分重要。

有效值电压表主要依据下述三种原理。

### 1. 均值检波的原理

均值检波的原理如图 7.9 所示。直流 $E_0$ 是用来建立工作点 $Q$，使 D 工作在伏安特性的平方律部分，同时使 D 工作在甲类（一周内均导通）。当假设 $u_x$ 为正弦电压时，二极管有

$$i=Ku^2=K(E_0+u_x)^2=KE_0^2+2KE_0u_x+Ku_x^2$$

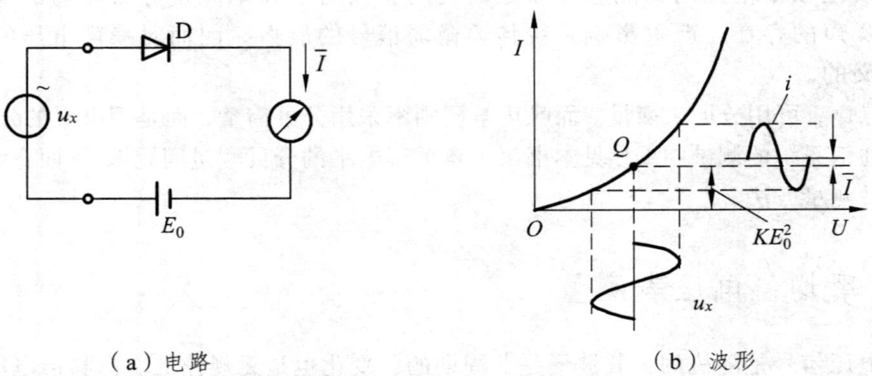


（a）电路　　（b）波形

**图 7.9　均值检波的原理**

则 $$\overline{I}=\frac{1}{T}\int_0^T i\mathrm{d}t=KE_0^2+2KE_0\overline{U}_x+KU_x^2$$

因正弦波在一周期内的平均值为零，则

$$\overline{I}=KE_0^2+KU_x^2 \tag{7.13}$$

式中，第一项称为起始电流（静态工作电流），在电路上是可以抵消的，则送到直流电流表的电流为

$$\overline{I}=KU_x^2 \tag{7.14}$$

从而实现了有效值检波（非正弦波按傅氏级数分解后有同样的结果）。

有效值电压表具有无波形误差的优点，但刻度是非线性的。实际中，二极管只有起始部分特性是平方律，范围小，因而实际电路中采用分段逼近的方法来得到平方律特性曲线，如DY-2型有效值电压表就是如此。

### 2. 热电偶式有效值电压表

热电偶式有效值电压表的原理如图 7.10 所示。*AB* 是加热丝，*M* 为热电偶，它由两种不同的导体组成，其中与 *AB* 的耦合端 *C* 称为热端，而 *D*、*E* 端称为冷端。

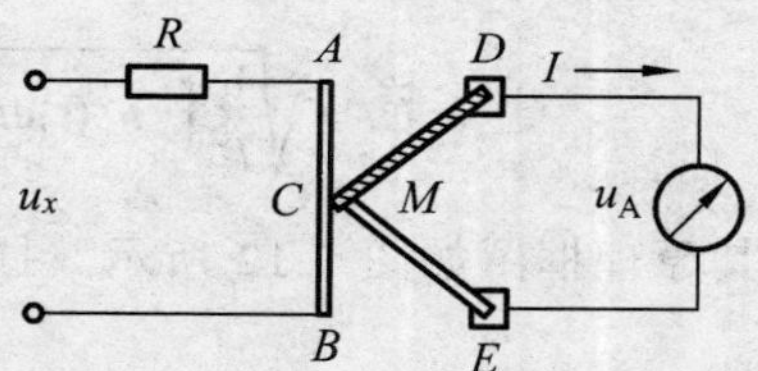

图 7.10 热电偶式有效值电压表的原理

*AB* 加热的温度正比于被测电压有效值的平方，热电偶热端 *C* 温度高于冷端 *D*、*E*，从而产生热电势，此热电势与温度成正比，也就是说与被测电压有效值的平方成正比，于是电路中产生一个与被测电压有效值的平方成正比的电流，驱动微安表偏转。实际中，平方律关系不利于刻度和读数，误差大，必须采取措施使表头刻度呈线性。

图 7.11 是利用热电偶原理制成的 DA-24 型有效值电压表的简化组成框图，图中 $M_1$ 为测量热电偶，$M_2$ 是与 $M_1$ 特性相同的同型号热电偶，它作为平衡热电偶，实现表头刻度线性化，并提高热稳定性（温度影响互相抵消）。

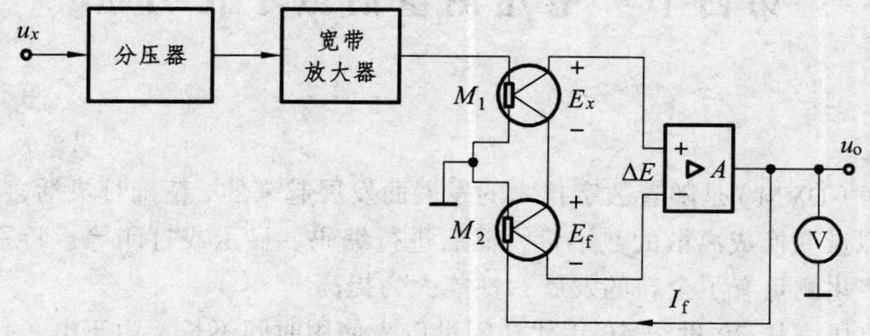

图 7.11 DA-24 型有效值电压表的原理电路

设衰减放大的总传输系数为 1，则 $M_1$ 的输出电势为

$$E_x=KU_x^2 \tag{7.15}$$

而 $M_2$ 输出的热电势为

$$E_f = KU_o^2 \tag{7.16}$$

放大器增益足够大时有

$$\Delta E = E_x - E_f \approx 0$$

所以，有 $E_x = E_f$，将式（7.15）、式（7.16）代入得

$$U_x = U_o \tag{7.17}$$

式（7.17）表明，输出直流电压 $U_o$ 与输入电压有效值 $U_x$ 呈线性关系，实现了线性化。

由于 $M_1$ 与 $M_2$ 同型号，输出又是反极性串联，则环境温度对它们的影响互相抵消，提高了热稳定性。热电偶式有效值电压表的缺点是，具有热惯性，稳定后才能读数，同时易受温度的影响；另外，高频时因分布参数及加热丝趋肤效应的影响，易产生误差。

### 3. 计算型有效值电压表

由模拟计算电路来实现有效值电压的测量，利用电子电路直接完成下列运算

$$U_x = \sqrt{\frac{1}{T}\int_0^T u_x^2(t)\mathrm{d}t}$$

其原理框图如图 7.12 所示。据此原理可做成集成电路，如 AD637KRms-dc 型号的集成块。

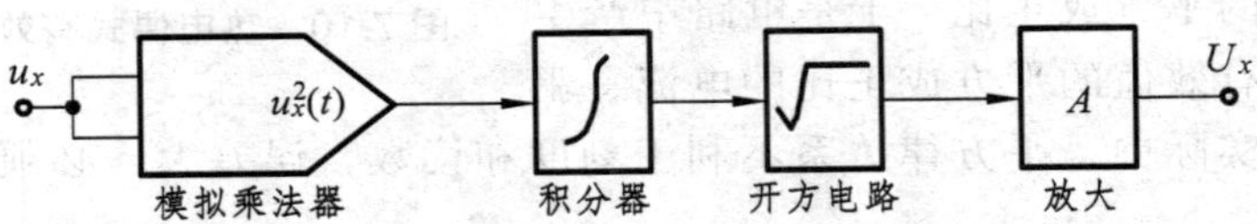


图 7.12 计算型有效值电压表的原理框图

## 第四节 电压测量的数字化方法

### 一、概 述

数字电压表（DVM）是随着数字技术的发展而发展起来的、精确且灵活多用的电子仪器。它将连续的模拟量变换成离散的数字量，然后进行编码、显示或打印等。特别是由于微处理器的问世，数字化测量有了全新的发展，性能大为提高。

尽管数字电压表从 20 世纪 50 年代初问世以来使用时间不长，由于电子技术的发展，至今已全部集成化或智能化。它具有这样一些优点：准确度高（8 位显示误差可达 ± 0.000 1%）、分辨率高（可达 1 μV）、数字显示（不存在视觉误差）、测量速度高（无指针的机械惯性）、输入阻抗高（可达 $10^{10}\,\Omega$）、易实现自动化等。所以，数字电压表发展迅速。

数字电压表的主要内容可归结为电压测量的数字化方法。关键是如何把随时间连续变化

的模拟量变换为数字量，即“模—数”变换器（A/D 变换器）。不同的 A/D 变换器，就有不同特性的数字电压表。因此，根据 A/D 的工作原理可分类为：

① 比较型 A/D 转换器，是采用将输入模拟电压与标准电压进行比较的方法，属直接转换式。其中又分为反馈比较式和无反馈比较式，具有闭环负反馈系统的逐次比较式是常用的类型。

② 积分型 A/D 转换器，是一种间接转换式。首先将模拟电压通过积分器变成时间（$T$）或频率（$F$），再把中间量转换成数字量，它分为“V/T”式和“V/F”式。其中，“V/T”式又分为双斜积分式、三斜积分式、脉宽调制式等，“V/F”式分为脉冲反馈式和电压反馈式等。

上述两大类各有优缺点，若将二者结合起来，便构成了复合型。

数字电压表的原理结构，可用图 7.13 来概括，它由模拟电路、数字逻辑电路和显示电路三部分组成，但核心是 A/D 转换器。

图 7.13 数字电压表的原理框图

数字电压表除了为手动的功能外，已具有自动调零、自动量程转换和小数点自动定位等功能，使电压的数字测量具有更强的生命力。

在大型综合测试系统中，目前都采取以计算机为核心构成自动化、智能化测量。在这样的测试系统中，电压测量极为方便，只要采用“A/D”集成片，通过接口电路便可与计算机联机，对电压进行自动智能测试，并能屏幕显示和打印结果。

## 二、逐次比较型 DVM

逐次比较型 DVM 的原理与天平称重物很相像，它将基准电压分成若干基准码，把被测电压与可变码电压进行比较，直至达到平衡，从而显示出被测电压值。

图 7.14 是逐次比较型 DVM 的原理框图。基准源作为砝码电压 $U_s$ 的机内参考电压源，D/A 转换器将寄存器送来的二进制码在基准作用下产生步进砝码电压 $U_s$，其步进值为 1、2、4、8，即砝码电压按 8421 码给出。

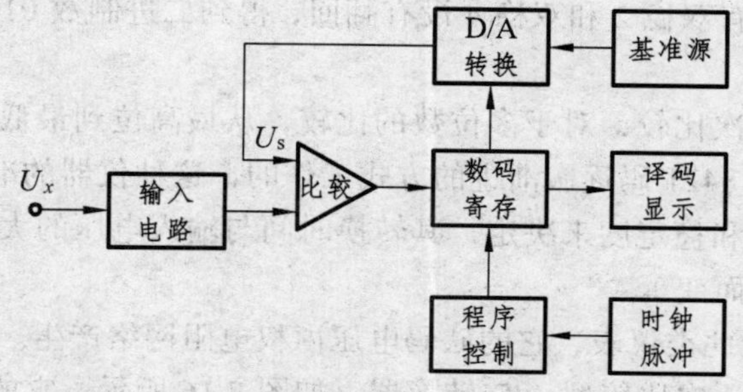


图 7.14 逐次比较型 DVM 的原理框图

工作原理是这样的：在程序控制下，先将最高位码的电压 $U_s$ 与 $U_x$ 进行比较，若 $\Delta U = U_x - U_s \geqslant 0$，则寄存器中的“1”保留；若 $\Delta U < 0$，则寄存器中的“1”舍弃（变为

“0”），同时此位码电压 $U_s$ 也取消。然后，在程序控制下再将次高位码电压加上最高位码电压与 $U_x$ 比较，同样是 $\Delta U \geqslant 0$ 时寄存器中该位“1”保留，否则该位“1”舍去变为“0”。就这样重复下去，直到最低位码为止。比较结束后，在程序控制下将寄存器中的数码送去译码器显示。

为了进一步说明这个原理，我们举一个一位数的逐次比较，其原理如图 7.15 所示。设被测电压 $U_x = 5$ V，其逐次比较的步骤如下：

① 在节拍脉冲作用下双稳 1 翻转，放出 $U_s = 8$ V 与 $U_x$ 比较，$\Delta U = 5 - 8 < 0$，双稳 1 翻回原态，8 V 电压去掉，输出“0”送至寄存器。

② 节拍脉冲送双稳 2，使其翻转，放出 $U_s = 4$ V 与 $U_x$ 比较，$\Delta U = 5 - 4 > 0$，双稳 2 保持不变，4 V 保存，并将“1”送至寄存器。

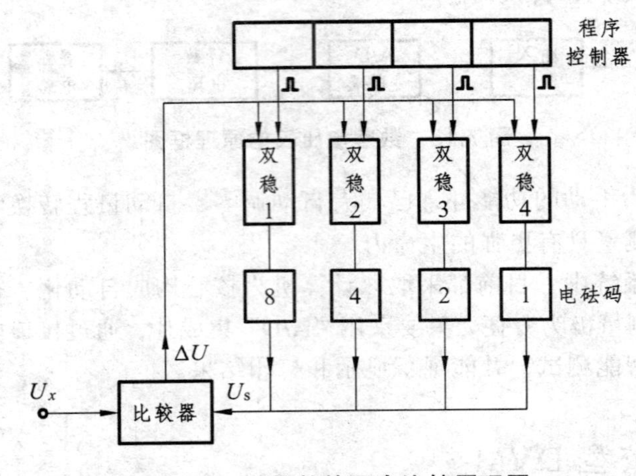


图 7.15 一位数的逐次比较原理图

③ 节拍脉冲送双稳 3，使其翻转，放出 $U_s = 2$ V，再与 4 V 相加后与 $U_x$ 比较，有 $\Delta U = 5 - 6 < 0$，双稳 3 翻回，取消 2 V 电压，输出“0”送至寄存器。

④ 节拍脉冲最后送双稳 4，使其翻转，放出 $U_s = 1$ V，与原存的 4 V 相加，得到 5 V 电压与 $U_x$ 比较，其 $\Delta U = 0$，1 V 保存，并将“1”送至寄存器。

经过四次比较，只有双稳 2 和双稳 4 没有翻回，得到二进制数 0101，这正是十进制的 5，即为被测电压值。

以上是一位数的逐次比较，对于多位数的比较，从最高位到最低位逐位比较，每一位都需要比较四次。它是按 8421 码逐次渐进的方式工作的，这种仪器的准确度由基准电压、D/A 转换及比较器的准确度和稳定度来决定，其转换时间与输入电压的大小无关（因逐次比较次数不因被测电压的大小而变）。

PZ-8 型 DVM 属于此类仪表，它的砝码电压由权电阻网络产生。随着电子技术的日新月异，已广泛采用集成的逐次比较型 A/D 转换器，如图 7.16 所示，它的原理与前述基本相同，即 $U_x$ 与 $U_0$ 比较，大者留，小者弃，从最高位开始逐位比较。这种集成件在成本、准确度及速度三方面都较好，因而得到广泛应用。

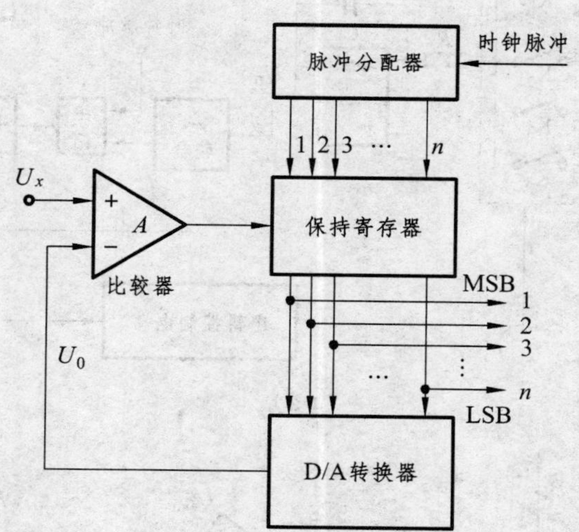


图 7.16 集成逐次比较型 A/D 转换器

## 三、V/T 积分型 DVM

由于 DVM 的灵敏度极高（一般可达 1 μV，高的可达 1 nV），同时准确度又高（直流可达 $10^{-6}$量级），因此干扰对准确度的影响比较突出。前述逐次比较式 DVM 的缺点，就是对串模干扰没有抑制能力。而积分式 DVM 则有较高的串模干扰抑制能力，因而自 20 世纪 60 年代问世以来得到较快的发展，在数字电压表中占有相当重要的地位。

积分式中应用最广的是 V/T 型的双斜积分式，下面对它的原理加以说明。

双斜积分式 DVM 是在一个测量周期内用同一个积分器积分两次，将被测电压转换成与其成正比的时间间隔，用在此间隔内填充的标准脉冲数来反映被测电压，故称为 V/T 变换型。其原理电路如图 7.17（a）所示。

设被测电压为负电压（$-U_x$），积分波形如图 7.17（b）所示。

准备阶段（$t_0 \sim t_1$），逻辑控制电路使电子开关的 $K_4$ 闭合，积分器输出为零（$C$ 的放电电路在图 7.17 中未画出）。

采样阶段（$t_1 \sim t_2$），逻辑控制电路使电子开关 $K_4$ 断、$K_1$ 合，积分器正向积分（$U_{01}>0$），比较器输出打开主门，则时钟脉冲通过主门进入计数器计数。当计数达到预先给定的 $N_1$，即定时积分 $T_1 = N_1 T_0$（$T_0$ 为时钟周期）时，逻辑控制电路使电子开关 $K_1$ 断开，第一次积分（正向积分）结束。积分电压

$$u_{01} = -\frac{1}{C}\int_{t_1}^{t} \frac{-U_x}{R}\,\mathrm{d}t = \frac{U_x}{RC}(t - t_1) \tag{7.18}$$

当 $t = t_2$ 时

$$U_{0\mathrm{m}} = \frac{U_x}{RC}(t_2 - t_1) = \frac{U_x}{RC}T_1 \tag{7.19}$$

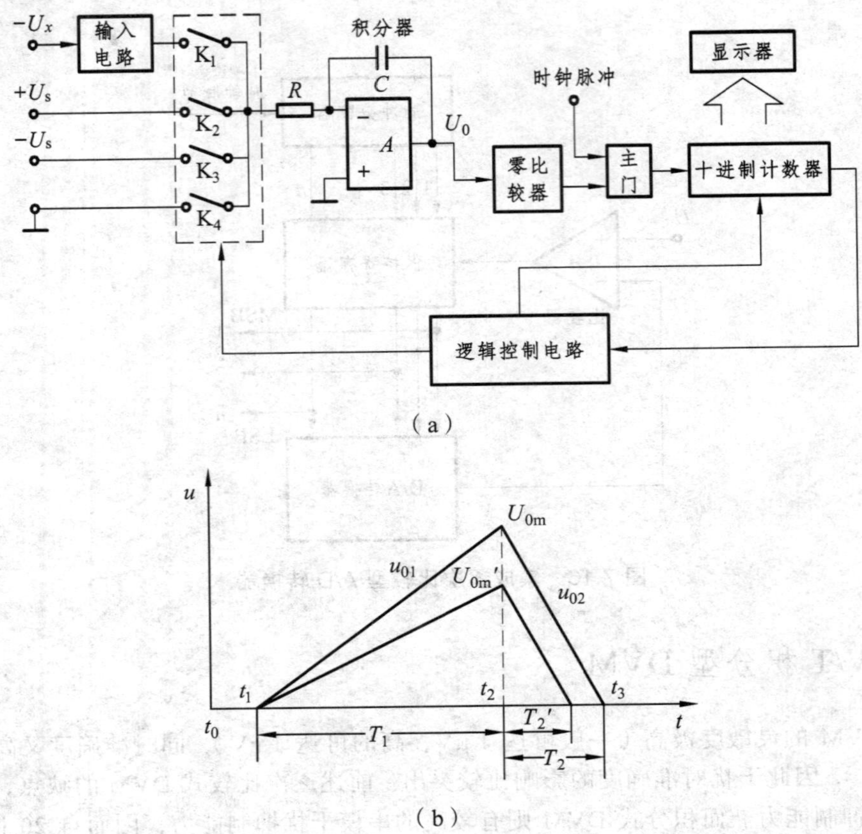


（a）



（b）

图 7.17 “V/T”型双斜积分式

比较阶段（$t_2 \sim t_3$），在 $t_2$ 时刻逻辑控制电路在断开 $K_1$ 的同时接通 $K_2$，此刻逻辑控制电路还使计数器清零。积分器开始反向积分，主门仍开启，计数器重新对脉冲计数，直到反向积分输出为零，其计数结果存入寄存器。积分电压

$$u_{02} = U_{0m} - \frac{1}{C}\int_{t_2}^{t} \frac{U_s}{R}\,dt = U_{0m} - \frac{U_s}{RC}(t - t_2) \tag{7.20}$$

当 $t = t_3$ 时

$$u_{02} = 0 = U_{0m} - \frac{U_s}{RC}(t_3 - t_2) = U_{0m} - \frac{U_s}{RC}T_2$$

即
$$U_{0m} = \frac{U_s}{RC}T_2 \tag{7.21}$$

由式（7.19）、式（7.21）得

$$U_x = \frac{T_2}{T_1}U_s = \frac{N_2 T_0}{N_1 T_0}U_s = \frac{N_2}{N_1}U_s \tag{7.22}$$

由以上分析可知，V/T 积分型 DVM 有如下特点：

① 两次积分过程中，采样阶段是定时积分，即 $T_1$ 不变，由式（7.18）可知，当 $U_x$ 小时，

积分斜率也小，积满 $T_1$ 时的 $U_{0m}$ 也小。比较阶段是定值积分，即 $U_s$ 不变，由式（7.20）可知，积分斜率不变，当 $U_x$ 小，$U_{0m}$ 也小，从 $U_{0m}$ 积到零所需的时间 $T_2$ 也就小。所以，式（7.22）中 $U_s$、$T_1$（或 $N_1$）均不变，被测电压 $U_x$ 正比于时间隔 $T_2$（或 $N_2$）。

例如，设时钟脉冲周期 $T_0 = 10\ \mu s$，$T_1$ 时间内 $N_1 = 6\,000$ 个脉冲，$U_s = 6\,000$ mV，则式（7.22）变为

$$U_x = \frac{N_2 T_0}{N_1 T_0} U_s = \frac{N_2}{N_1} U_s = N_2 \tag{7.23}$$

可见，如果参数选择合适，被测电压 $U_x$ 就等于 $T_2$ 时间内填充的脉冲个数 $N_2$。

② 这种 V/T 型的变换结果与积分参数 $RC$ 无关，因为两次积分都是同一积分器完成的，所以可得到高的测量准确度。

③ 由式（7.22）可知，被测结果取决于两个因数，一是标准电压 $U_s$ 的准确度和稳定度，二是比值 $T_2/T_1$。对于后者，因是同一时钟脉冲决定的，所以对时钟源的频率准确度不作要求，但对短期稳定度则要求高。此外，如被测电压为正电压（$+U_x$），则定值积分时由 $K_3$ 接入 $-U_s$。积分的波形与图 7.17（b）方向相反，即在 $x$ 轴的下方。

④ 抗干扰能力强。双斜积分的本质是平均值转换，对幅值对称的交流串模干扰有很强的抑制能力。通常工频是最主要的串模干扰源，选定时积分时间 $T_1$ 为工频周期的整数倍（如 20 ms、40 ms、80 ms 等）时，可将对称的工频干扰全部消除。而共模干扰，因模拟电路和数字电路间易于隔离，并可采用双层屏蔽及浮地技术，易于提高抗共模干扰的能力。

目前，集成双积分 A/D 转换器的应用日趋普遍，它的原理同前。此类集成片比逐次比较型集成片简单，成本也低，故而被广为应用。

常见的 DF-6、DS-14 等型号的数字电压表均采用 V/T 型双积分转换。

## 四、V/F 积分型 DVM

V/F 转换过程也是不断进行积分的过程，因而 V/F 式 DVM 也具有抑制串模干扰的能力。它先将被测模拟电压转换成振荡频率 $f$，然后再用数字频率测量电路去测量频率值来表示被测电压的大小。V/F 式 A/D 转换器的突出优点是可以输出与被测模拟信号成正比的频率信号，便于远距离传送，所以不仅在数字电压表中，而且在遥测、遥控及其他工业自动控制技术中都被广泛应用。

V/F 式 A/D 转换器通常分为定时间复原型、定电荷复原型和电压反馈型三类。目前市场上都有相应的单片集成电路。最常见的是定电荷复原型 V/F 转换电路，下面予以介绍。

图 7.18 为定电荷平衡式 V/F 转换器的原理图。它由积分器、比较器和复位电路三部分组成，而复位电路由单稳态电路、恒流源 $I_R$ 和模拟开关 K 组成。电路的工作过程是：当积分器的输出电压 $U_{int}$ 下降到 $E_K$ 时，比较器 $A_2$ 的输出 $U_o$ 负跳变，使单稳态定时电路输出一个宽度为 $t_0$ 的正脉冲，使 K 接通 $t_0$ 时间，将恒流源 $I_R$ 与积分器电流相加。因设计时保证 $I_{imax} = (U_{imax}/R) < I_R$，则在 $t_0$ 期间积分器反向充电，使 $U_{int}$ 线性上升。当 $t_0$ 结束后，K 断开，积分器在输入电压 $U_i$ 作用下正向充电，$U_{int}$ 下降，直至 $U_{int}$ 下降至 $E_K$ 时，比较器翻转，积分器再次反向充电。如此反复，振荡不止。图 7.18（b）给出了定电荷复原型的工作波形。

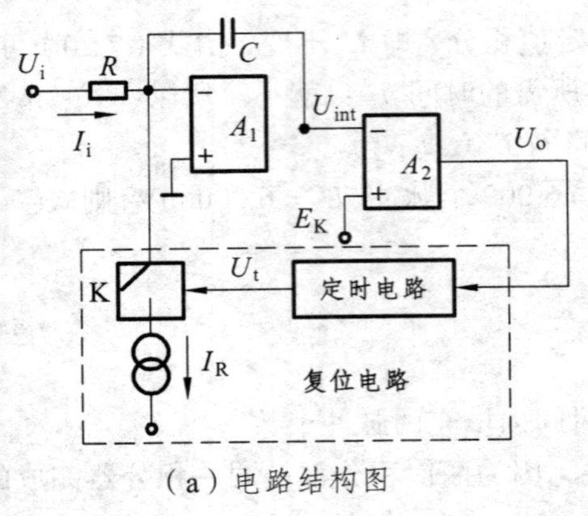

（a）电路结构图

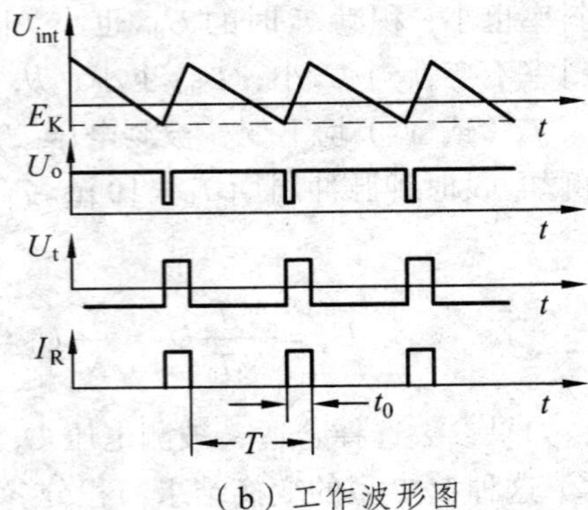

（b）工作波形图

**图 7.18 定电荷平衡式 V/F 转换器**

根据充、放电电荷平衡原理可得

$$I_R t_0 = \frac{U_i}{R} T \tag{7.24}$$

因此，输出脉冲频率为

$$f = \frac{1}{T} = \frac{1}{I_R t_0 R} U_i \tag{7.25}$$

由式（7.25）可以看出，输出脉冲频率与输入电压 $U_i$ 成正比。由于复位电路采用了恒流源 $I_R$ 和单稳态定时电路，使放电电荷为定量（$I_R t_0$），且与输入电压的大小无关，因此可使转换的非线性误差小于 0.005%。例如，ADVFC32、AD537、AD650 等芯片均属于此类 V/F 转换器，其线性度高于 ± 0.05%，可满足较高的 A/D 转换精度。

由以上分析可知，V/F 转换器具有如下特点：① 具有积累性能，可以对模拟量进行长时间累计，故广泛用于直流电度表、数字流量计、里程表等；② 当计数周期取工频周期的整数倍时，还可有效抑制工频干扰；③ 因转换后为脉冲，便于远距离传输；④ 还适合应用在自动控制系统中，因为可以方便地将频率再转换成电压，并反馈到输入回路实现系统的闭环控制；⑤ V/F 转换器电路简单、动态范围大、精度高。由于这些特点，V/F 转换器被广泛应用。但 V/F 转换器的转换速度慢，并与分辨力是矛盾的。

## 五、脉宽调制式 DVM

脉宽调制式 DVM 的原理是将被测量转换成与其成比例的脉冲宽度的差，是一种优良的 V/T 转换式装置，可实现高精度测量。

脉宽调制式 DVM 的原理框图如图 7.19 所示。积分器输入被测电压 $U_x$、基准电压 $\pm U_R$、节拍方波电压 $\pm U_C$ 三个电压，它们一起参加积分运算。积分器的输出电压 $U_o$ 与零电平进行比较，由逻辑控制电路保证：当 $U_o > 0$ 时，电子开关 K 接通 $+U_R$；当 $U_o < 0$ 时，电子开关 K 接通 $-U_R$，形成一个负反馈系统。节拍方波电压由时钟发生器脉冲经分频得到，为提高抗干扰能力，其周期为工频周期的整数倍，而幅值满足 $U_C > |U_{x\max}| + |U_R|$，以保证节拍方波对调宽周

期的控制，并使系统稳定，受比较器不灵敏区的影响大大减小。

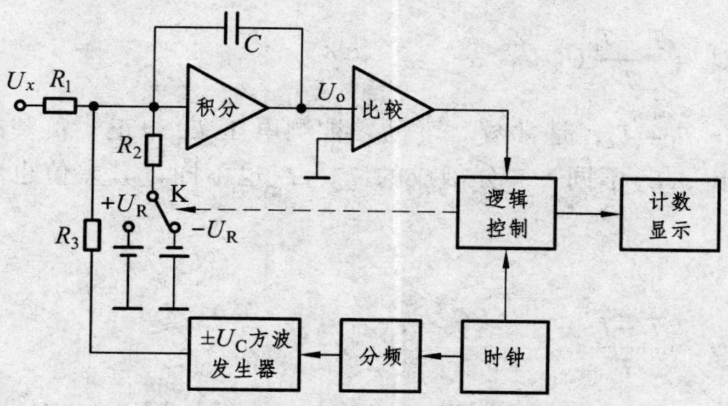


图 7.19　脉宽调制 DVM 的原理电路

图 7.20 给出了脉宽调制的波形，其中图（a）为积分器输入信号波形，图（b）为合成输入波形，图（c）为积分器输出信号波形，图（d）为比较器输出波形。

根据积分电容充、放电电量相等的原则，并且由于节拍方波对称，其充电与放电也相等，则

$$\frac{1}{R_1C}\int_0^T U_x \mathrm{d}t+\frac{1}{R_2C}\left(\int_0^{T_1} U_R \mathrm{d}t-\int_{T_1}^{T} U_R \mathrm{d}t\right)=0 \tag{7.26}$$

即

$$\frac{U_x}{R_1}T-\frac{U_R}{R_2}(T_2-T_1)=0 \tag{7.27}$$

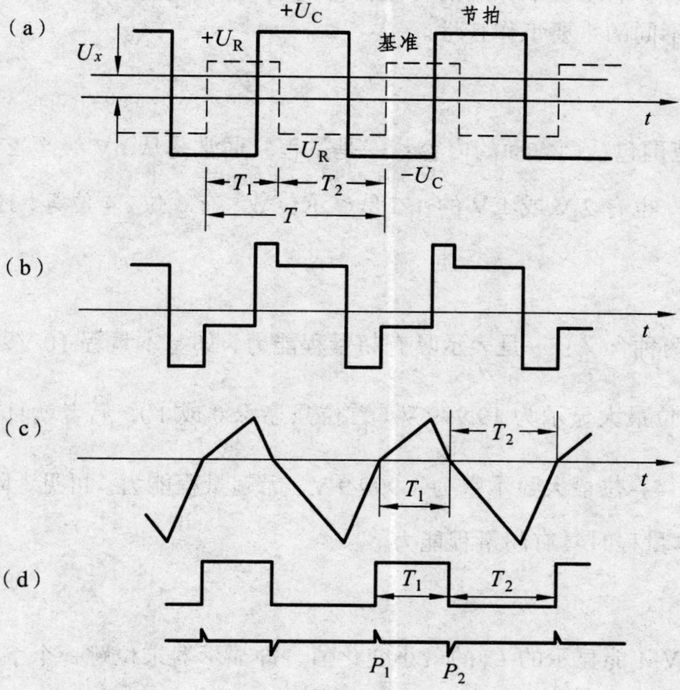


图 7.20　脉宽调制电路的工作波形

当 $R_1 = R_2$ 时，有

$$U_x = \frac{T_2 - T_1}{T} U_R \tag{7.28}$$

式中，节拍周期 $T = T_1 + T_2$，是常数。可见，被测电压 $U_x$ 与正、负基准电压接入时间之差（$T_2 - T_1$）成正比，$U_x$ 不同，$T$ 分割成的 $T_1$、$T_2$ 也不同，其差值也就不同，从而实现了 V/T 转换。

当 $U_x$ 为负时

$$U_x = \frac{T_1 - T_2}{T} U_R \tag{7.29}$$

由式（7.28）、式（7.29）可知，只需要在时间 $|T_1 - T_2|$ 内对时钟脉冲进行计数即可反映被测 $U_x$ 值的大小。利用这种原理构成的 DVM 有 SD-693B 型等。

这种 DVM 的准确度主要取决于 $U_R$、$R_1$ 及 $R_2$，与积分电容 $C$ 和节拍方波电压 $U_C$ 的准确度基本无关。由于它的积分器与零比较器均在负反馈闭环系统内，因而对二者的要求可以低一些，在这一点上它比双斜积分式有优势。

## 六、数字电压表的工作特性

前面我们对数字电压表的两大类型中应用最广的 A/D 转换 DVM 进行了较详细地介绍，对于复合型 DVM 没有介绍。前面介绍的 DVM 都是以测直流电压 $U_x$ 为主，对于测交流电压 $u_x$，只需要加一个电子电压表中介绍的检波器将交流转换成直流即可。下面介绍数字电压表与模拟电子电压表不同的主要工作特性。

### 1. 测量范围

DVM 的测量范围包括两方面的内容：一是量程，通常是从 nV 级至 kV 级，而基本量程多半为 1 V 或 10 V，也有 2 V 或 5 V 的；二是显示位数，有 3 位、4 位等，还有 $3\frac{1}{2}$ 位、$4\frac{1}{2}$ 位、$6\frac{1}{2}$ 位等。

所谓 $\frac{1}{2}$ 位，有两种含义：一是表示具有超量程能力，如基本量程 10 V，4 位 DVM 最大显示 9.999 V，而 $4\frac{1}{2}$ 位最大显示为 19.999 V（首位只显示 0 或 1），后者就具有超量程能力；二是基本量程为 2 V，$4\frac{1}{2}$ 位最大显示数为 1.999 9 V，无超量程能力。可见，附加首位（即 $\frac{1}{2}$ 位）在 1 V 或 10 V 基本量程时具有超量程能力。

### 2. 分辨力

分辨力是指 DVM 能显示的 $U_x$ 的最小变化值，即显示器末位跳一个字所需的最小输入电压值。最小量程的分辨力最高。

### 3. 测量速度

测量速度是指每秒钟测被测电压的测量次数，或完成一次测量过程所需的时间。逐次比较式最高测量速度可达 $10^5$ 次/秒以上，比积分式高。

### 4. 抗干扰能力

积分型 DVM 抗串模干扰能力较强，适当延长采样时间可改善抗干扰性能。通过分析可知，低频串模干扰大，特别是工频干扰。当取采样时间为干扰信号周期的整数倍时，它对串模干扰的抑制能力相当强。所以，通常取采样时间为 20 ms、40 ms、80 ms 等（因为工频干扰影响大，工频周期为 20ms）。

## 习 题 七

7.1　整流（检波）电路有哪几种？各有什么特点？

7.2　你所知道的电压测量方法有哪些？

7.3　用按正弦波有效值刻度的均值电压表分别去测量正弦波、方波、三角波三种电压，其示值均为 10 V，试求三种电压的峰值、有效值和平均值各是多少？

7.4　将 SR-8 型示波器的 Y 轴灵敏度校准在 0.5 V/div，并使用 1∶10 的探头，去测一有效值为 10V 的交流电压，试问示波器屏上的高度（“峰-峰”值）是多少格？

7.5　对于峰值均为 10 V 的正弦波、方波、三角波电压，分别用按正弦有效值刻度的均值表、峰值表、有效值表对它们进行测量，问各种情况下电压表的示值是多少？

7.6　为什么峰值电压表适合于测高频电压？

7.7　均值、峰值、有效值检波电路中，二极管分别工作在哪一类？

7.8　在题 7.8 图中，图（a）所示电压用图（b）所示的并联峰值检波原理的电压表（$R_V$ 为等效电阻）进行测量，问仪表的示值为多少？

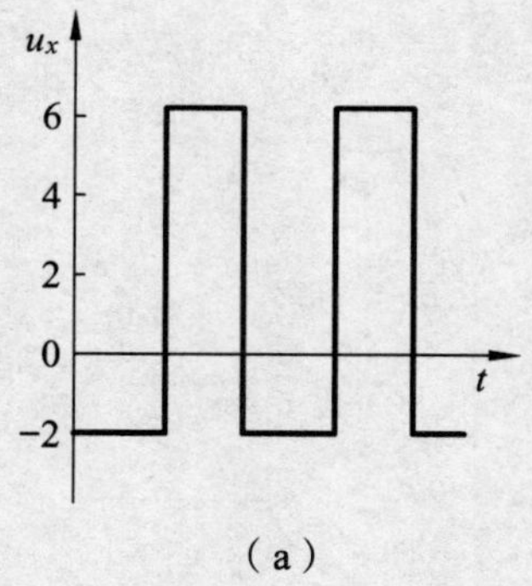


（a）

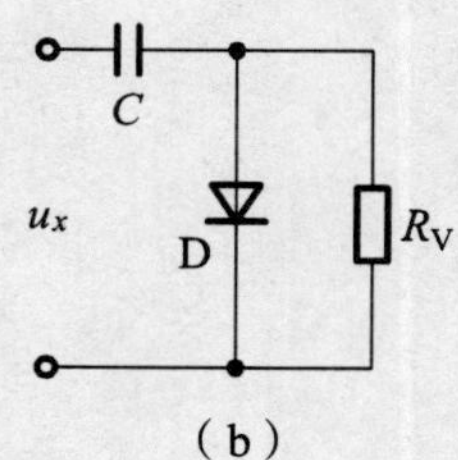


（b）

**题 7.8 图**

7.9　有效值电压表有无波形误差？测量非正弦波电压时，示值即为被测的有效值吗？

7.10　简述逐次比较式和双斜率积分式的 A/D 转换原理。

7.11　双斜率积分式 DVM，若基准 $U_s = 10$ V，定积分时间为 $T_1 = 1$ ms，时钟频率为

10 MHz，DVM 在 $T_2$ 时间内计数 $N_2 = 5\ 600$，问被测电压为多少？

7.12 在双积分式 DVM 中，对基准电压 $U_s$ 的大小有无限制？为什么？

7.13 对最大显示位分别为 999 9、599 9、19 999 的 DVM，请问它们是多少位的数字电压表？

7.14 若双积分式 DVM 的积分线性不良，会有什么后果？

7.15 不同转换原理的 DVM 抗干扰性能一样吗？各有什么特点？

# 第八章　功率、电能测量

功率和电能的测量在工农业生产和人们生活中是不可缺少的，在电测试技术中也常遇到，本章对其做一概要介绍。

## 第一节　直流功率测量

直流功率的测量方法主要有如下几种。

### 一、伏安法测功率

直流电路的功率定义为

$$P = UI \tag{8.1}$$

可见，直流功率可通过测量 $U$、$I$ 值按式（8.1）间接求得，测量电路如图 8.1 所示，其中，图（a）中的电压表接在电源端（前接），所测电压包括负载 $R$ 和电流表 A$A$ 两部分的电压，负载电流越小，电流表上压降越小，引起的误差越小，所以适合于测 $R$ 值大的场合；图（b）中的电压表接在负载 $R$ 端（后接），电流表中的电流包括电压表和负载两部分，$R$ 值越小，电流越大，则电压表支路占的电流比重越小，误差就越小，所以适合于测 $R$ 值小的场合。

在较精密的测量中，应采用图（b）接线电路，再扣除电压表那部分电流的影响。

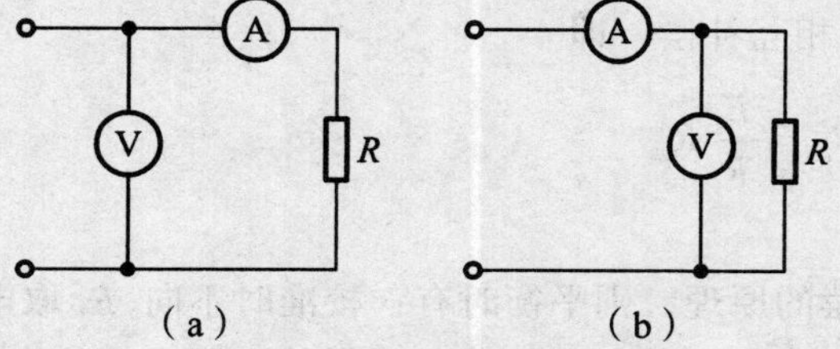


**图 8.1　伏安法测功率**

根据欧姆定律，式（8.1）可推广为

$$P = \frac{U}{R^2} = I^2 R \tag{8.2}$$

这样，若被测电路的负载电阻 $R$ 已知，则可以只测电压或只测电流来间接得到被测功率。

## 二、功率表法测功率

用第三章介绍的电动系功率表来测量直流功率是最为方便的，因为只需要一只表，而且是直接测量。由于电动系功率表有电压线圈和电流线圈，所以和上述方法一样，也有电压线圈“前接”和“后接”之分。

## 三、直流电位差计法测功率

这种测量方法要用到直流电位差计，因此我们先介绍直流电位差计。

### 1. 直流电位差计的原理

直流电位差计是利用直流补偿原理制成的一种仪器，其测量准确度较高，除用于测电压外，还可以测电流、电阻和功率。

（1）工作原理

图 8.2 所示为直流电位差计的原理电路，它由工作回路Ⅰ、校准回路Ⅱ、测量回路Ⅲ组成。

工作回路主要是提供一个稳定的工作电流，使 $R_W$、$R_s$ 上有一个稳定的压降，通过调节 $R$ 可以改变回路的工作电流。校准回路是由标准电池 $E_s$ 对工作电流进行校准；测量回路则是对校准后的工作电流进行测量得到被测结果；G 是检流计。

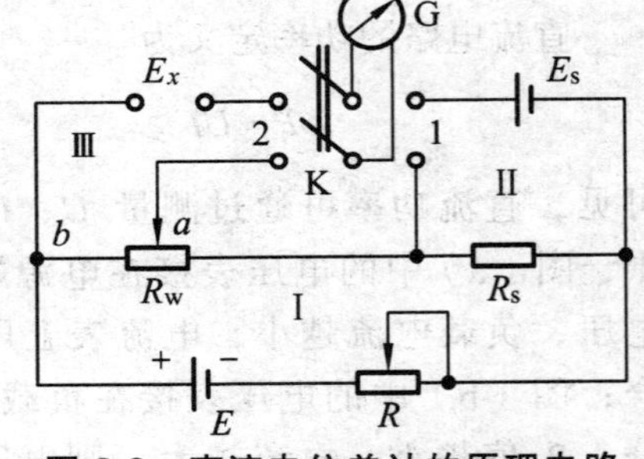


图 8.2 直流电位差计的原理电路

K 打在 1 位，检流计 G 接入校准回路Ⅱ，调节电阻 $R$ 使 $R_s$ 上的压降改变。当 G 指零，则 $E_s$ 不向外提供电流或吸收电流，说明 $E_s$ 与 $R_s$ 上压降相互补偿，即

$$E_s = IR_s \tag{8.3}$$

式中，$I$ 为工作回路电流，由标准电池 $E_s$ 和标准电阻 $R_s$ 决定（即校准）。

然后将 K 由 1 打向 2，调节 $R_W$（这时保持 $R$ 值不变）使 G 指零，则回路Ⅲ中 $E_x$ 与工作电流 $I$ 在 $R_W$ 上的压降 $U_{ab}$ 相互补偿，即

$$E_x = IR_{ab} = \frac{E_s}{R_s} R_{ab} \tag{8.4}$$

因此：

① 采用电势相互补偿的原理，则平衡时有：校准时不向 $E_s$ 取电流，保持了标准电池的稳定性；测量时不向 $E_x$ 取电流，消除了 $E_x$ 内阻、导线电阻和接触电阻对测量结果的影响。

② 式（8.4）中，$E_s$、$R_s$、$R_{ab}$ 均为标准量，且标准电池 $E_s$ 具有①中所述的优点，因此检流计测量电压的准确度非常高，可达 ± 0.001%。

实际中，$R_s$ 有一部分可调，用来补偿 $E_s$ 因温度和随时间发生的变化。此外，$R_W$ 采用十进制读数盘，还可按电压直接刻度。

（2）主要性能

- 量限范围　一般不超过 2 V。

• 准确度等级　0.001、0.002、0.005、0.01、0.02、0.05 等。

• 工作电源稳定性　要求性能良好的标准电池或稳定电源，因为它直接影响电位差计测量的准确度。

**2. 直流电位差计测功率**

其原理如图 8.3 所示。测量时，先将 K 打向右边（图中 2、2′）位，用电位差计测量电路的电压。图中的分压器是为被测电路的电压超过 2 V 时设置的。

然后将 K 打向左边（图中 1、1′）位，用电位差计测标准电阻 $r_s$ 上的压降。由于电流采样的标准电阻 $r_s$ 是已知的，因此可计算出被测电路的电流。

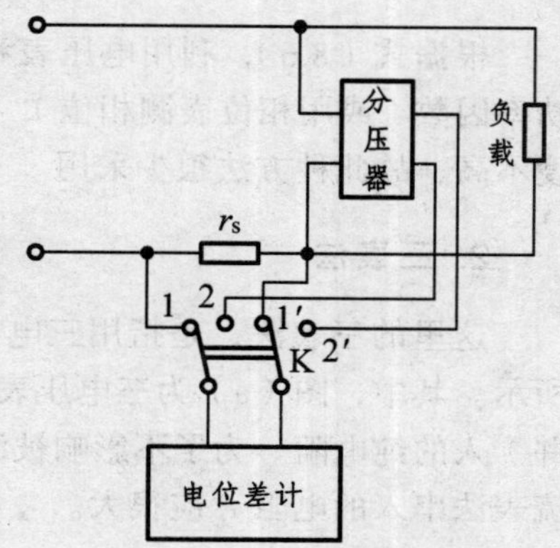


图 8.3　电位差计测功率

最后，根据测出的电压和电流值便可计算出被测功率。为保证测量准确度，要使 $r_s$ 尽可能小，以使测量电流趋近于电路的实际值。另外，若电路稳定度不够，应用两台电位差计同时测电压和电流。

显然，这是一种测量准确度比较高的方法，所以可用来校验功率表或作为功率的精确测量之用。

## 四、数字功率表测功率

数字功率表多采用数字电压表加功率转换器构成。功率转换器将被测电路的功率转换成与之成正比的电压，然后由数字电压表对这个电压进行测量显示。功率转换器也就是乘法电路，可采用半导体器件 —— 霍尔乘法器。图 8.4 就是用霍尔元件将功率转换成直流电压的示意图。霍尔元件的工作电流由被测电压经 $R_W$ 来提供，工作磁场由被测电流通过线圈来建立。霍尔元件的输出电压为

$$U_H = KP \tag{8.5}$$

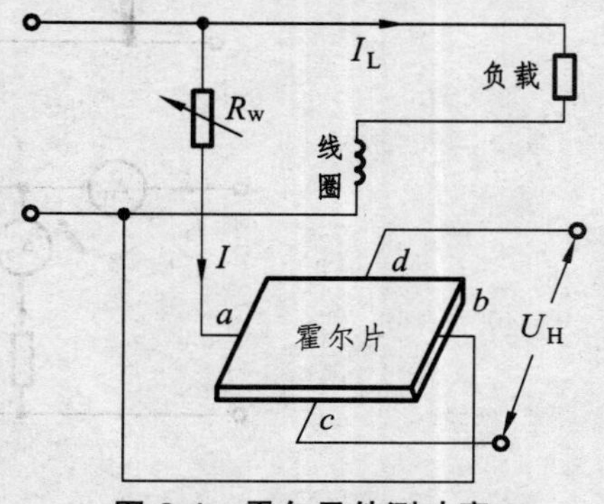


图 8.4　霍尔元件测功率

式中，$P$ 为被测电路的功率，$K$ 为霍尔元件的功率转换系数。可见，只要用电压表对 $U_H$ 进行测量即可。数字功率表实际就是功率转换电路加数字显示。

数字功率表的准确度较高，可达 0.02 级，主要用于模拟功率表的校验。

# 第二节　交流功率测量

交流电路的功率，有视在功率、有功功率和无功功率，人们习惯于将交流有功功率简称为功率。下面分单相和三相分别介绍其测量方法。

## 一、单相交流有功功率测量

单相交流电路的有功功率为

$$P = UI\cos\varphi \tag{8.6}$$

它由电压、电流和功率因数三个因数决定，对它的测量有下述几种方法。

### 1. 伏安法

根据式（8.6），利用电压表和电流表测出被测电路的电压和电流，并用功率因数表测出功率因数（或用相位表测相位），就可以计算出被测电路的有功功率。由于功率因数表的准确度不高，故此种方法很少采用。

### 2. 三表法

这里的三表法，是指用三电压表或三电流表来测量单相交流电路的有功功率，如图 8.5 所示。其中，图（a）为三电压表法，图（b）为三电流表法，图中 $R$ 是为便于测量而串（或并）入的纯电阻。为了不影响被测电路的工作状态，三电压表法串入的电阻 $R$ 应较小，三电流表法串入的电阻 $R$ 应很大。

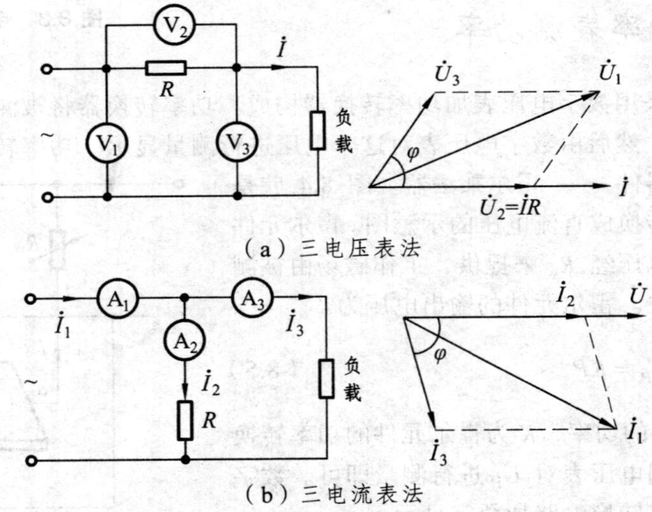


**图 8.5 三表法测单相交流功率**

对于三电压表法，由图（a）中矢量图可知

$$\begin{aligned} U_1^2 &= U_2^2 + U_3^2 - 2U_2U_3\cos(180° - \varphi) \\ &= U_2^2 + U_3^2 + 2U_2U_3\cos\varphi \end{aligned} \tag{8.7}$$

因为

$$U_2 \approx IR, \quad P = U_3 I\cos\varphi$$

所以

$$P=\frac{U_1^2-U_2^2-U_3^2}{2R} \tag{8.8}$$

对于三电流表法，由图（b）矢量图可知

$$\begin{aligned} I_1^2 &= I_2^2+I_3^2-2I_2I_3\cos(180°-\varphi) \\ &= I_2^2+I_3^2+2I_2I_3\cos\varphi \end{aligned} \tag{8.9}$$

因为

$$I_2\approx\frac{U}{R}\,,\quad P=UI_3\cos\varphi$$

所以

$$P=\frac{(I_1^2-I_2^2-I_3^2)R}{2} \tag{8.10}$$

可见，三表法根据三只表的示值和串入（或并入）的电阻 $R$ 值，按式（8.8）或式（8.10）直接计算出被测单相交流电路的功率。

### 3. 功率表法

利用电动系功率表直接进行测量，这是测量功率最常用的方法，详见第三章。

磁电系仪表与变换器配合构成变换式功率表，它结构简单、准确度高、抗干扰能力强，因而使用很普遍，特别是安装式功率表较多采用这种结构。

### 4. 数字化测量

与直流功率的数字测量一样，先将交流功率转换成电压，再对电压进行数字显示。霍尔转换器不但能够将直流功率转换成成正比的电压，而且能将交流功率转换成成正比的电压，其转换电路同图 8.4。

## 二、三相交流有功功率测量

实际工程中广泛采用三相交流电路，因而更多地需要测量三相交流电路的功率和电能。测量三相电路的功率，主要采用电动系功率表。根据三相电路负载连接方式的不同，分别用单相功率表或三相功率表来进行测量。对于无功功率可用有功功率表来进行测量。

### 1. 有功功率测量

#### （1）一表法

一表法是指用一只单相功率表测量三相电路的功率。由电路理论可知，三相电路的总功率等于三相功率之和。因此，一表法适合于三相对称电路有功功率的测量，测量结果等于表的示值乘以 3，即

$$P = 3P_1 \tag{8.11}$$

式中，$P_1$ 为单相功率表的示值。

三相对称电路，对“Y”接来讲是三相三线（或四线）制，对“△”接来讲是三相三线制。图 8.6 所示为一表法测三相交流功率的电路。对于“Y”接电路，功率表电流支路可串于三相电路的任意一相中（图示为串于 A 相），而电压支路则跨接于该相与中性线之间，如图（a）所示。对于“△”接电路，电流支路串于任意一线中，电压支路则跨接于该线与人工中性点之间，如图（b）所示。要实现人工中性点，必须使 $R$ 等于功率表的 $R_f$ 值。

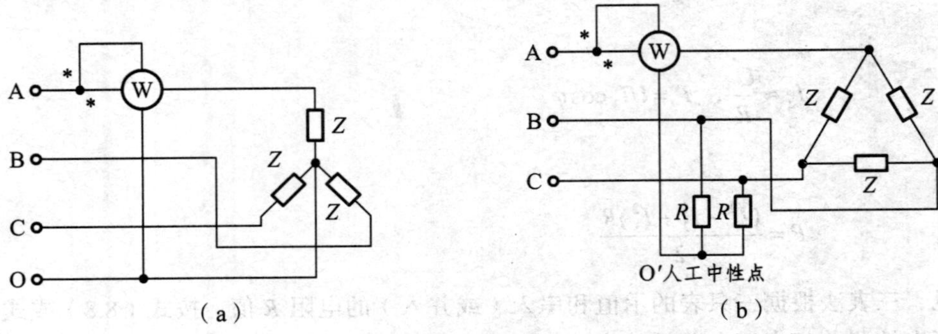


图 8.6 一表法测三相功率

（2）二表法

二表法适合于三相三线制电路的功率测量，无论电路对称与否，无论电路是“Y”接还是“△”接，两表法均适用。

设三相电路为“Y”接，两表法测功率的电路如图 8.7 所示。二功率表电流支路串于任

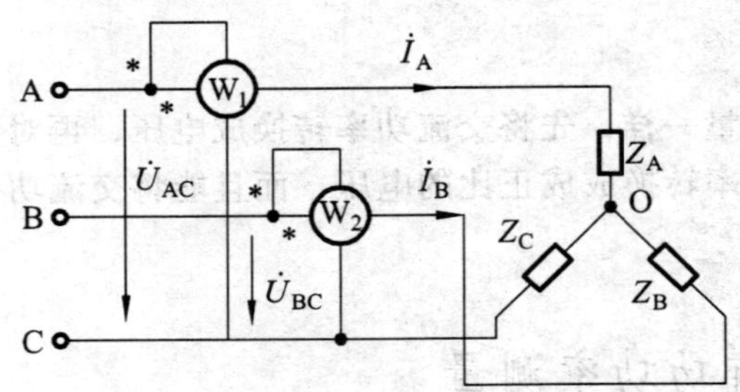


图 8.7 两表法测三相功率

意两线中，电压支路则跨接于该线与第三线之间。按功率表的原理，$W_1$、$W_2$ 的示值应该是

$$\left.\begin{aligned} P_1 &= U_{AC}I_A\cos\beta_1 \\ P_2 &= U_{BC}I_B\cos\beta_2 \end{aligned}\right\} \tag{8.12}$$

式中，$\beta_1$ 为线电压 $U_{AC}$ 与线电流 $I_A$ 的相位差；$\beta_2$ 为线电压 $U_{BC}$ 与线电流 $I_B$ 的相位差。

这两个表示值之和为三相负载消耗的总功率，其中任何一个示值都不能代表任何一个负载消耗的功率，则三相总功率为

$$P = P_1 + P_2 = U_{AC}I_A\cos\beta_1 + U_{BC}I_B\cos\beta_2 \tag{8.13}$$

式（8.13）可证明如下：

三相瞬时功率为（负载“Y”接）

$$p = u_{AO}i_A + u_{BO}i_B + u_{CO}i_C \tag{8.14}$$

式中，$u_{AO}$、$u_{BO}$、$u_{CO}$为各相电压的瞬时值；$i_A$、$i_B$、$i_C$为各相电流的瞬时值。

对图 8.7 中的 O 点列基尔霍夫电流方程式

$$i_A + i_B + i_C = 0$$

即

$$i_C = -(i_A + i_B) \tag{8.15}$$

将式（8.15）代入式（8.14）中

$$\begin{aligned} p &= u_{AO}i_A + u_{BO}i_B - u_{CO}(i_A + i_B) \\ &= i_A(u_{AO} - u_{CO}) + i_B(u_{BO} - u_{CO}) = i_A u_{AC} + i_B u_{BC} \end{aligned} \tag{8.16}$$

对式（8.16）积分求平均功率

$$P = U_{AC}I_A\cos\beta_1 + U_{BC}I_B\cos\beta_2$$

可见，式（8.13）得证。

若电路负载为“△”接，列出基尔霍夫电压方程式（即$u_{AB} + u_{BC} + u_{CA} = 0$），可证得同样结果。

对于三相对称电路，其三相电压和三相电流分别都相等，且对称。工程中，多为三相对称电机感性负载，以“Y”接为例，有$U_{AC} = U_{BC} = U_{CA} = U_l$和$I_A = I_B = I_C = I_l$，其矢量图如图 8.8 所示。对这样的电路用二表法测量功率有

$$\begin{aligned} P &= P_1 + P_2 = U_{AC}I_A\cos\beta_1 + U_{BC}I_B\cos\beta_2 \\ &= U_l I_l\cos(30° - \varphi) + U_l I_l\cos(30° + \varphi) \end{aligned} \tag{8.17}$$

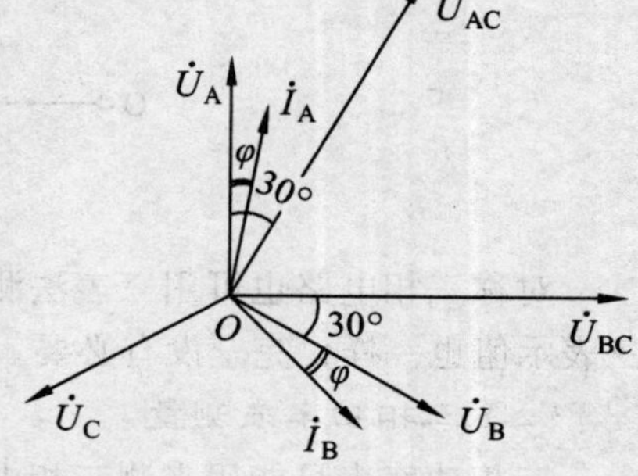


**图 8.8 三相对称电路的矢量图**

从而有下述三种情况应注意：

① 当负载为电阻时，功率因数角$\varphi = 0$，二表示值相等，有

$$\begin{aligned} P &= P_1 + P_2 \\ &= 2U_l I_l\cos 30° = 2P_1 = 2P_2 \end{aligned} \tag{8.18}$$

② 当负载功率因数为 0.5（即$\varphi = 60°$）时，其中一只功率表读数为零，即

$$P = P_1 + P_2 = U_l I_l\cos(-30°) + U_l I_l\cos 90° = U_l I_l\cos 30° = P_1 \tag{8.19}$$

③ 当负载功率因数小于 0.5（即$\varphi > 60°$）时，其中一块功率表示值为负，指针反偏转，这时，应改变功率表的极性转换开关（改变电压线圈的电流方向）使之正转，但示值应为负，则总功率$P$为二表示值$P_1$、$P_2$的代数和。

对于三相对称容性负载，只是电流超前电压（$\varphi < 0$），同样的分析方法可得类似的结论。

此外，二表法还可以测三相对称电路的功率因数角（或阻抗角）。在上述感性负载讨论中，可得

二表示值相加 $P_1+P_2=U_lI_l\cos(30°-\varphi)+U_lI_l\cos(30°+\varphi)$

$=2U_lI_l\cos30°\cos\varphi=\sqrt{3}U_lI_l\cos\varphi$

二表示值相减 $P_1-P_2=U_lI_l\cos(30°-\varphi)-U_lI_l\cos(30°+\varphi)$

$=2U_lI_l\sin30°\sin\varphi=U_lI_l\sin\varphi$

则
$$\tan\varphi=\frac{\sin\varphi}{\cos\varphi}=\sqrt{3}\frac{P_1-P_2}{P_1+P_2} \tag{8.20}$$

即
$$\varphi=\arctan\left(\sqrt{3}\frac{P_1-P_2}{P_1+P_2}\right) \tag{8.21}$$

式中，$P_1$、$P_2$为二功率表的测量示值。对容性负载可同理推得。

（3）三表法

三相四线制电路的各相负载一般是不对称的，它的功率测量必须是三只功率表对三相同时进行测量，如图 8.9 所示。总功率为三表示值的和，即

$$P=P_1+P_2+P_3 \tag{8.22}$$

式中，$P_1\sim P_3$分别为三只功率表的示值。

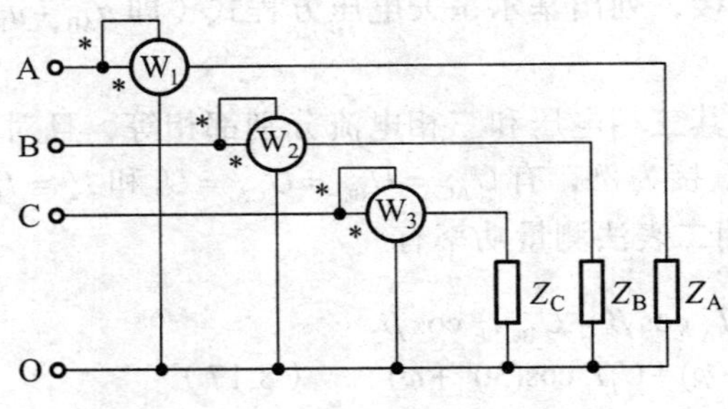


图 8.9 三表法测三相功率

对称三相电路也可用三表法测量，但所用功率表多，不但不经济，而且测量费时，同时三表示值也一样，完全没有必要。

（4）三相功率表测量

三相功率表只能用来测三相电路的功率，在结构上有二元件和三元件之分。二元件三相功率表实质上等于两只单相功率表，只是将两只表的可动部分装在同一转轴上，其转矩等于两个可动部分转矩的代数和。二元件三相功率表测量电路的接线与上述二表法接线相同，测量时可从刻度盘直接得出三相功率的测量值。三元件三相功率表相当于三只共轴的单相功率表，可按三表法接线来测量三相功率。二元件三相功率表适合于三相三线制，三元件三相功率表适合于三相四线制。

### 2. 无功功率测量

三相电路的无功功率测量，主要采用三相无功电度表来监测，这是供电部门广泛采用的方式。下面我们介绍用单相功率表测量三相电路的无功功率。

用一只单相功率表测量三相对称感性电路的无功功率，其测量接线如图 8.10 所示。功率

表的电流线圈串入三相电路的任意一相，而电压支路则跨接在另两相之间，如图 8.10（a）所示。由功率表原理可知功率表测量示值为

$$P' = U_{BC} I_A \cos\beta \tag{8.23}$$

式中，$\beta$ 为 $U_{BC}$ 与 $I_A$ 的相位差，由图 8.10（b）所示的相量图可知，$\beta = 90° - \varphi$，则功率表的测量示值为

$$P' = U_{BC} I_A \cos(90° - \varphi) = U_l I_l \sin\varphi \tag{8.24}$$

式中，$U_l$、$I_l$ 分别为线电压和线电流（电路对称）。根据电路理论，三相对称电路的无功功率为

$$Q = \sqrt{3} U_l I_l \sin\varphi = \sqrt{3} P' \tag{8.25}$$

可见，按图 8.10 所示接线，将功率表示值乘上 $\sqrt{3}$ 就得到了对称三相电路的无功功率。

图 8.10 一表法测三相无功功率

对于三相对称容性电路无功功率的测量，可采用同样的测量电路，同样的方法得到结果。但电流超前电压，$\beta = 90° + \varphi$，余弦值为负，测量中需拨动功率表的换向开关使之正转。

在实际工作中，无功功率几乎都用有功功率表来测量，但其刻度标尺按一定关系用无功功率的单位来刻度，这就构成了无功功率表。

上面介绍了用一只功率表测量三相对称电路的无功功率，对三相对称电路还可以采用二表法测量（与二表法测有功功率的接线不同），这里不做介绍。

## 第三节 电能测量

电能的测量，在工农业生产和人们生活中几乎是不可缺少的，从使用范围和使用频率来看都是很广泛的。当然，严格地讲，测量电能已属于计量的范畴。

单相电能表可以分为感应式单相电能表和电子式电能表两种。感应式单相电能表又叫电度表（俗称火表），因为它的成本低，测量的准确度满足实用要求，固定安装也方便。所以，目前我国各类用电的用户大多采用它。关于电度表，可参见本书的第三章，这里不重述。

由于电子技术的不断发展，微处理器、计算机芯片、单片机等得到了广泛应用。因此，电能的数字测量、智能测量在 20 世纪 80 年代逐步发展起来，电子式电能表逐步得以推广。例如，我国九江仪表厂生产的 PS43（CB3）系列产品，准确度达 0.05 级，不但可以数字显示，

还可以配带打印机，误差显示到十万分之一，同时配有通信接口，便于组成大的监测系统。尽管电能的数字（智能）测试具有高科技的优点，但造价较高，大多作为标准在计量时使用。

电子式电能表的分类：按测量电能的准确度等级划分，一般有 1.0 级和 2.0 级表，1.0 级表示电能表的误差不超过±1%，2.0 级表示电能表的误差不超过±2%。按附加功能划分，有多费率电能表、预付费电能表、多用户电能表、多功能电能表、载波电能表等。

多费率电能表或称分时电能表、复费率表，俗称峰谷表，是近年来为适应峰谷分时电价的需要而提供的一种计量手段。它可按预定的峰、谷、平时段的划分，分别计量高峰、低谷、平段的用电量，从而对不同时段的用电量采用不同的电价，发挥电价的调节作用，鼓励用电客户调整用电负荷，移峰填谷，合理使用电力资源，充分挖掘发、供、用电设备的潜力。

预付费电能表俗称卡表。用 IC 卡预购电，将 IC 卡插入表中可控制按费用电，防止拖欠电费。

多用户电能表一只表可供多个用户使用，对每个用户独立计费，因此可达到节省资源，并便于管理的目的，还利于远程自动集中抄表。

多功能电能表集多项功能于一身。

载波电能表利用电力载波技术，用于远程自动集中抄表。

# 习 题 八

8.1 简述功率测量的常用方法。

8.2 用“两瓦计”法测“△”接三相负载的功率，试证明测量结果为 $P = P_1 + P_2$，其中 $P_1$、$P_2$ 分别为二功率表的示值。

8.3 用题 8-3 图所示的电路测量一空载运行下电动机的有功功率，各表参数及测量示值如图中所示。试求：

① 电动机的有功功率、无功功率及功率因数各是多少？

② 电流表、电压表、功率表的测量误差各是多少？

③ 测量无功功率 $Q$ 和功率因数 $\cos\varphi$ 的最大误差是多少？

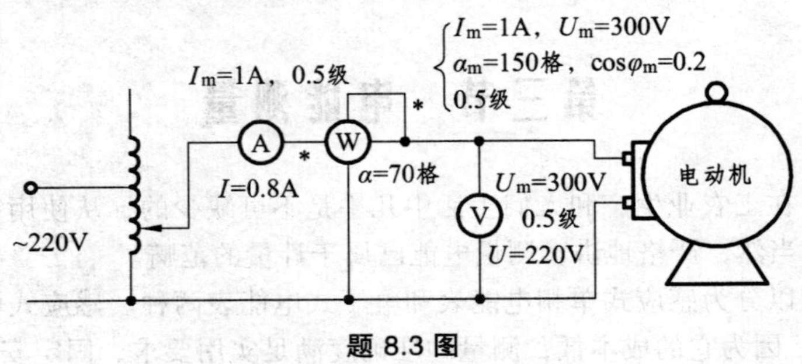

题 8.3 图

8.4 用功率表测电路的功率时，为什么常常接入电压表和电流表（接法参见题 8.3 图中所示）？

8.5 用“两瓦计”法测三相电路（线电压为 380 V，对称）的功率，如题 8.5 图所示，请根据电路特点和图中给定的条件，合理选择功率表的额定电压 $U_m$ 和额定电流 $I_m$ 以（将阻抗扩大 3 倍来计算），及选择功率表的额定功率因数 $\cos\varphi_m$（是选普通表还是低功率因数表）？

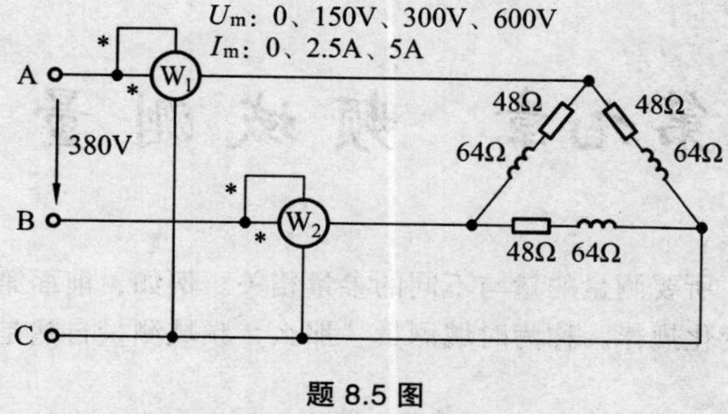


题 8.5 图

8.6　试说明：“两瓦计”法测低功率因数（$\cos\varphi < 0.5$）电路时，有一只表示值为负，总功率为二功率表示值的代数和。

8.7　利用霍尔乘法器测功率（或能量）具有什么特点？

# 第九章 频域测量

在电测试技术中，所要测量的量与不同的参量相关。例如，前面第五章的波形测试，就是测量信号随时间的变化规律，称为时域测量。那么，频域测量自然是测量所测参数随频率变化的规律。

频域测量主要包括两大部分：模拟线性系统频率特性的测量和模拟信号的频谱分析。前者广泛采用 20 世纪 60 年代发展起来的扫频图示技术进行测量，而后者一般采用频谱分析仪进行测量分析。本章就从这两方面来加以介绍。

## 第一节 线性系统描述

线性系统，一个能用线性微分方程来描述的系统。它具有频率不变性和叠加性，前者是指系统输出信号的频率与系统输入信号的频率相同，不会发生任何变化；后者是指系统在信号集输入下，其输出为各个信号单独输入时输出信号的和，即遵循电路理论的叠加原理。

线性系统通常用传递函数来描述，即系统在初始状态为零的条件下，系统输出的拉氏变换与输入的拉氏变换之比

$$H(s)=\frac{Y(s)}{X(s)} \tag{9.1}$$

式中，$Y(s)$、$X(s)$ 为输出和输入函数的拉氏变换；$H(s)$ 为系统的传递函数。

当 $s=\mathrm{j}\omega$ 时，即输入函数为正弦函数时，式（9.1）变为

$$H(\mathrm{j}\omega)=\frac{Y(\mathrm{j}\omega)}{X(\mathrm{j}\omega)}=\frac{\text{正弦输出}}{\text{正弦输入}}=R(\omega)+\mathrm{j}X(\omega) \tag{9.2}$$

很显然，$H(\mathrm{j}\omega)$ 是一个复函数，因此，可用幅频特性 $|H(\mathrm{j}\omega)|$ 和相频特性 $\varphi(\omega)$ 来全面表征一个系统的频率特性，即

$$|H(\mathrm{j}\omega)|=\sqrt{R^2(\omega)+X^2(\omega)} \tag{9.3}$$

$$\varphi(\omega)=\arctan\frac{X(\omega)}{R(\omega)} \tag{9.4}$$

由式（9.3）、式（9.4）可见，系统在频率函数的激励下，不但输出的幅度要发生变化，而且输出的相位也会改变。要了解这种特性，就要进行频率特性测量。

# 第二节　线性系统频率特性测量

对线性系统频率特性的测量，经典的测量方法是采用正弦点频法，这是一种静态测量方法，而广为采用的是正弦波扫频测量，即动态测量。本节对这两种方法进行介绍。

## 一、正弦点频法测量

正弦点频法又称为逐点测量法，如图 9.1 所示。信号源提供可调的正弦波电压；电子毫伏表 $V_i$ 监测被测电路输入电压的大小（保持其恒定）；电子毫伏表 $V_o$ 指示被测电路的输出电压；双踪示波器用来监测输入、输出电压的波形。

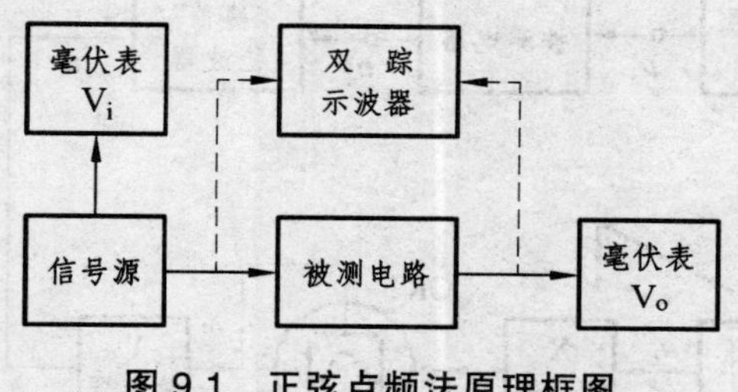


图 9.1　正弦点频法原理框图

测量时，每改变一次信号源频率，都要保持被测输入 $U_i$ 值不变，测出输出 $U_o$，同时监测波形不能畸变。当测完一组数据后，绘出 $20\lg\dfrac{U_o}{U_i}$-$f$ 曲线。

点频法的优点是简单易做。但缺点是：① 烦琐费时，每改变一次电路元件参数，必须重新逐点测试一遍，当调节元件多时，其工作量是很大的；② 数据不连续，对于在某一频率下的突然变化可能会漏掉；③ 误差大，往往与实际工作状态时的特性不一致；④ 不能自动化，只能测出静态特性。

上述方法是测量电路的幅频特性，如果用双踪示波器测出输出与输入的相位差的话，也可以绘出相频特性，只是绘出的相频特性误差很大。所以，为测得较好的相频特性，可采用矢量电压表来测量。矢量电压表采用了取样技术和锁相技术，不但能测量信号的幅度，还能测量信号的相位，其工作频率范围也很宽，在频域测量中是一种十分有用的工具。

## 二、扫频测量技术

点频法只能测量静态特性，而且速度也慢。然而现代技术的要求是，通过测量获得被测系统的全面表征，同时在测量调试时要简捷快速。所以，扫频测量便迅速发展起来了。

所谓扫频，就是利用某种方法，使正弦信号的频率随时间按一定规律在一定范围内反复扫动。这种扫动（幅度不变）的正弦信号，就称为扫频信号。

有了扫频信号，再配上图示技术，就能使测试电路的幅频特性简捷快速，并能测量其动态特性。

### 1. 扫频图示原理

按照图示法的显示原理可分为光点扫描式和光栅增辉式两种方法。下面我们以光点扫描式来分析扫频图示的原理（另一显示方法在后面专门加以介绍）。

图 9.2 是光点扫描式的原理框图。由图可知，它与示波器有雷同的地方，只是锯齿波发生器产生的锯齿波电压除一路经 X 放大后驱动光点水平扫描外，另一路去控制产生扫频信号，其扫频信号经被测电路后再检波、放大，然后加在 Y 偏转板上，则 CRT 上就显示出被测电路的幅频特性曲线。

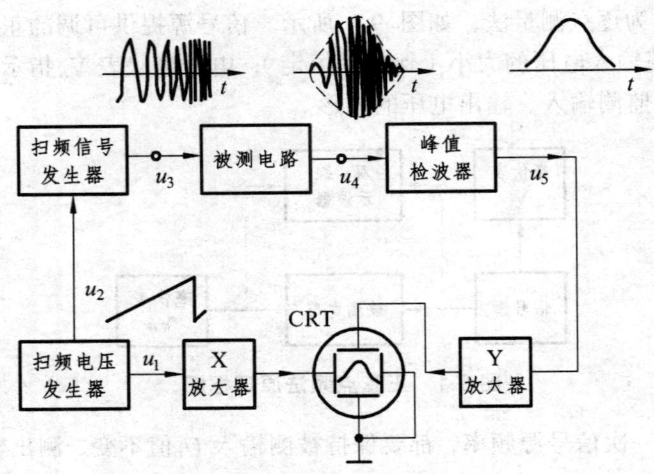


图 9.2 光点式扫频图示仪的原理框图

由于扫频信号随锯齿波电压线性变化，而光点的 X 方向扫描也随锯齿波电压线性变化，则屏上的水平轴就转化为频率轴了（示波器是转化为时间轴）。对于被测电路，因自身的频率特性，在同幅的不同频率信号作用下输出的幅度不同（如图 9.2 中的 $u_4$），经峰值检波后就得到幅频特性（如图 9.2 中的 $u_5$），这个信号经放大后加在 Y 偏转板上（示波器的 Y 板就是加被测模拟信号）。因图 9.2 所示方法是通过光点扫描而得到连续的幅频特性，故称为光点扫描式。

扫频图示测量与点频测量相比，扫频代替了人工调节信号，示波器显示代替了电压测量及人工绘图，因而实现了自动化测量，使之快而准确。

### 2. 扫频信号发生器

扫频信号发生器是扫频图示测量的重要组成部分，它可单独作为信号源，也可作为扫描图示仪、频谱分析仪、网络分析仪、频率特性仪等的组成部分。

（1）扫频振荡器的工作特性

① 扫频线性。

扫频线性是指扫频信号的频率与控制信号间的线性关系。对于电压控制的扫频，其定义为

$$线性系数 = \frac{K_{max}}{K_{min}} \times 100\% \tag{9.5}$$

式中，$K_{max}$为电压控制的最大灵敏度，即 $f$-$u$ 曲线的最大斜率；$K_{min}$为电压控制的最小灵敏度，如图 9.3 所示。

理想情况下，线性系数为 1，即频率的变化与控制电压呈线性关系。

② 扫频宽度。

扫频宽度是指在扫频线性和振幅平稳的条件下具有的最大频率覆盖范围，即

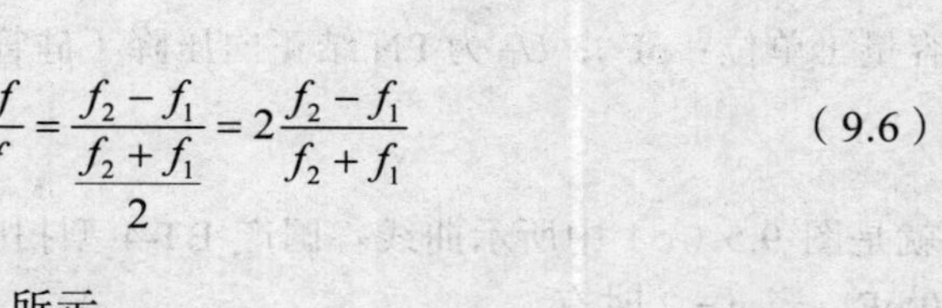

$$\frac{\Delta f}{f}=\frac{f_2-f_1}{\dfrac{f_2+f_1}{2}}=2\frac{f_2-f_1}{f_2+f_1} \tag{9.6}$$

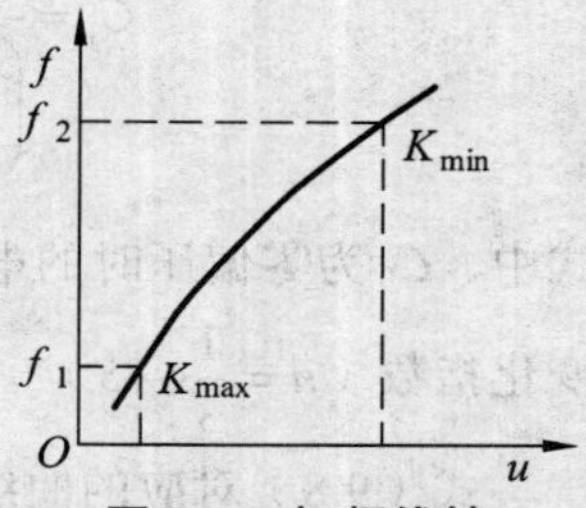

图 9.3　扫频线性

式中，$f_1$、$f_2$如图 9.3 所示。

扫频宽度与扫频线性通常是矛盾的，一般在保证扫频线性的情况下通过扩展电路频带来解决。

③ 振幅平稳性。

振幅平稳性定义为

$$M=\frac{A-B}{A+B} \tag{9.7}$$

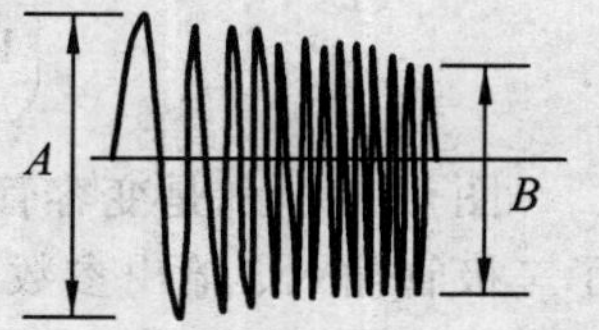

图 9.4　振幅平稳性

式中，$A$、$B$ 如图 9.4 所示。

振幅不稳定产生的原因是各种因素（如电源电压波动、噪声干扰、温度变化等）的影响。扫频宽度与平稳性也是矛盾的，应采用稳幅电路。

（2）获得扫频信号的方法

扫频的方法最早是采用机械扫频，发展到今已广泛采用变容二极管扫频。在高频（几十到几百 MHz）范围的扫频，则广泛采用具有独特优点的磁调制扫频。在更高频率（达 GHz）范围内，利用铁磁谐振现象，则采用 YIG 磁调谐振荡器（YIG 是单晶体铁氧材料——钇铁石榴石的英文缩写）。

对扫频信号，要求具有足够宽的扫频范围、良好的扫频线性、振幅稳定（即平稳性好）。对此，我们介绍常用的变容二极管扫频和磁调制扫频。

① 变容二极管扫频。

变容二极管实质是一个 PN 结，处于反向偏置时，结电容 $C_j$ 随外加电压的大小而变化。图 9.5（a）是它的等效电路，图（b）是它的电路符号，图（c）是它的特性曲线。由图可见，

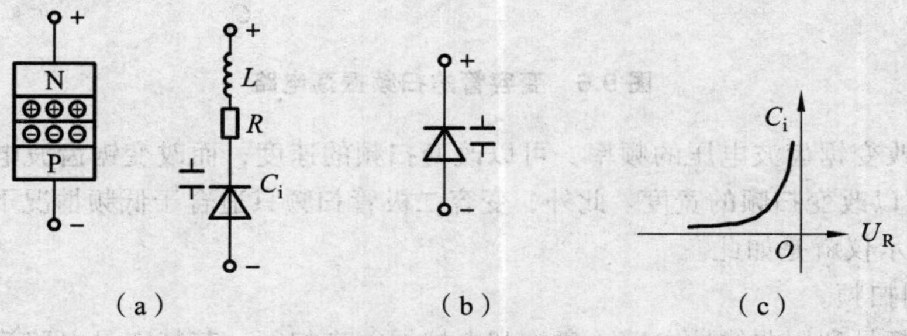


图 9.5　变容二极管

变容二极管工作在反向电压下，结电容与电压呈非线性关系。变容二极管结电容 $C_j$ 与其反向工作电压 $U_R$ 之间的关系为

$$C_j = \frac{C_0}{\left(1+\frac{U_R}{U_D}\right)^n} \tag{9.8}$$

式中，$C_0$ 为零偏压时的电容量（单位：pF）；$U_D$ 为 PN 结正向压降（硅管为 0.7 V）；$n$ 为电容变化指数（$n=\frac{1}{3}\sim 5$）。

式（9.8）对应的曲线就是图 9.5（c）中所示曲线。国产 BT-4 型扫频图示仪采用 2CC1E 变容二极管，它的 $C_0 = 150$ pF，当 $n = 2$ 时有

$$C_j = \frac{150}{\left(1+\frac{U_R}{0.7}\right)^2} \approx \frac{150}{2R_R^2} = \frac{75}{U_R^2}$$

图 9.6 所示是变容管组成的扫频振荡电路，它是一个改进型电容三点式振荡电路，克服了三极管输入、输出参数对频率的影响，其振荡频率由 $L$、$C_3$、$C_4$、$C_j$ 及 $C_5$ 决定。其原理是，在锯齿波电压的作用下，变容二极管的结电容改变，从而振荡电路的频率发生改变，所以称为电压控制（简称压控）振荡器。

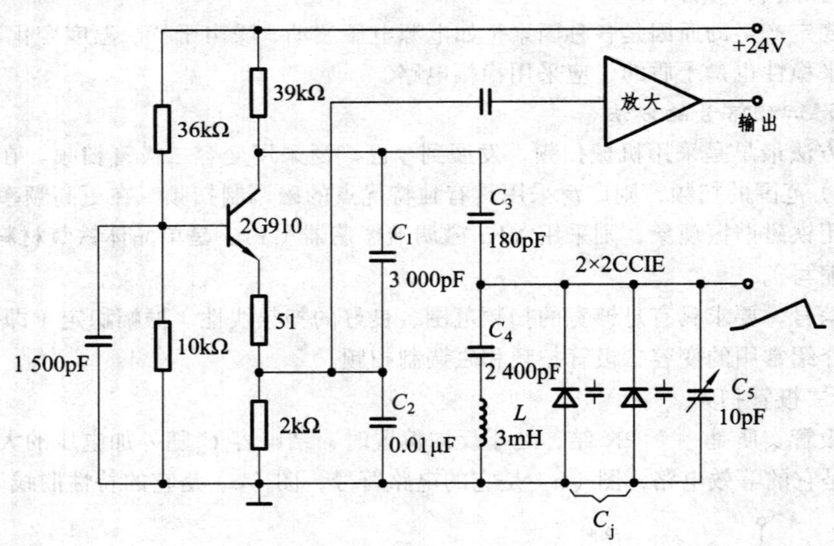


图 9.6 变容管的扫频振荡电路

很显然，改变锯齿波电压的频率，可以改变扫频的速度；而改变锯齿波电压的幅度（即变化斜率），可以改变扫频的宽度。此外，变容二极管扫频只适合于低频情况下的扫频，国产 BT-4 型扫频图示仪就是如此。

② 磁调制扫频。

磁调制扫频是利用非线性电感（磁饱和电抗器）来扫频，其特点是电路简单，在寄生调

幅较小的条件下可获得较大的扫频宽度。因此，在高频范围内被广泛应用。但它需要的调制功率大，一般采用电子管元件及工频电作为调制信号。

下面介绍磁调制扫频的原理。

铁芯电感的电感量 $L_c$ 与铁芯的有效磁导率 $\mu_c$ 之间存在如下关系

$$L_c = \mu_c L = L\mu\eta \tag{9.9}$$

式中，$L$ 为空心线圈的电感量；$\mu$ 为增量磁导率，即 $B\text{-}H$ 曲线的斜率；$\eta$ 为磁导率利用率，由磁路决定。

式（9.9）就是磁调制扫频原理的基础，其结构如图 9.7 所示。它是将高频磁路 $M_c$ 置于低频调制磁路 $M$ 中，在高频磁路 $M_c$ 上有高频线圈，如图 9.7（a）所示。工作过程是这样的：低频调制电流 $I_M$ 作用于低频调制线圈时，置于低频磁路 $M$ 中的 $M_c$ 被磁化，当 $M_c$ 被磁化到 $B\text{-}H$ 曲线的饱和部分时，$I_M$ 的变化使 $M_c$ 的增量磁导率 $\mu$ 变化，从而式（9.9）中的 $L_c$ 变化。增量磁导率的变化如图 9.7（b）所示。

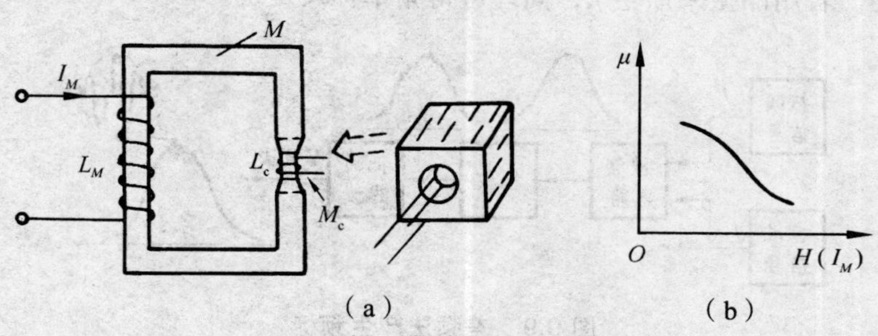


**图 9.7　磁调制的原理**

决定高频电感 $L_c$ 的因素有两个：一是由结构决定的常数量，即高频线圈的电感（空心）$L$ 和高频铁芯决定的磁导率利用率 $\eta$（闭合磁路的 $\eta$ 值高）；二是由低频电流 $I_M$ 决定的增量磁导率 $\mu$。后者 $\mu$ 是变化量。

当将 $L_c$ 作为 $LC$ 振荡器的电感元件时，则调制电流 $I_M$ 的变化将使 $L_c$ 变化，最终使振荡器的振荡频率变化。

典型的磁调制扫频振荡器电路是电容三点式，将高频线圈的电感 $L_c$ 作为 $LC$ 振荡电路的电感参数（电路略），那么，振荡器的振荡频率可写成

$$f = \frac{1}{2\pi\sqrt{L_c C}} = \frac{1}{2\pi\sqrt{\mu\eta}} \cdot \frac{1}{\sqrt{LC}} \tag{9.10}$$

式中，$C$ 为振荡回路的电容；$L$ 为磁调制高频线圈的空心电感。

按照前面的叙述，结构一定，$\eta$、$L$ 均为常数，回路电容 $C$ 也是常数，则式（9.10）可写为

$$f = K\frac{1}{\sqrt{\mu}} \tag{9.11}$$

式中，$K = \dfrac{1}{2\pi\sqrt{\eta LC}}$。

当 $I_M$ 选择适中，使 $M_c$ 工作在 $B$-$H$ 曲线的饱和部分，即在 $\mu$-$I_M$ 曲线的反比平方律部分，有 $\mu$ 反比于 $I_M^2$。那么，由式（9.11）可知，振荡频率 $f$ 就正比于调制电流 $I_M$，保证了良好的扫频线性，如图 9.8 所示。

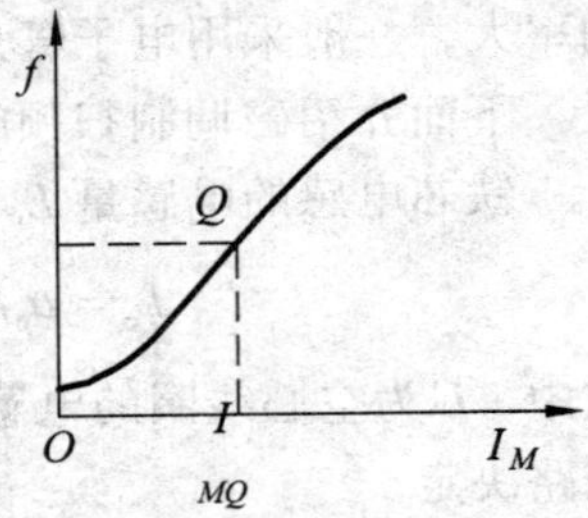

图 9.8　$f$-$I_M$ 曲线

### 3. 定　标

这里讲的定标，是指对屏上显示的图形进行定量，以便进行定量测量。定标包括频率定标和幅度定标。

（1）频率定标

用一定形式的标记对频率轴进行定量，这就是“频率定标”。产生频率标记的方法，主要是差频法和陷波法。差频法原理框图如图 9.9 所示，扫频信号和标准信号经被测电路加到检波器，其输出除被测电路频率特性的低频电压外，还有二信号的差频信号，经低通滤波后便得频率特性及其叠加的菱形频标。改变 $f_s$ 的大小，可使频标在特性曲线上左右移动。若用晶振来产生 $f_s$，同理可得频率标尺。

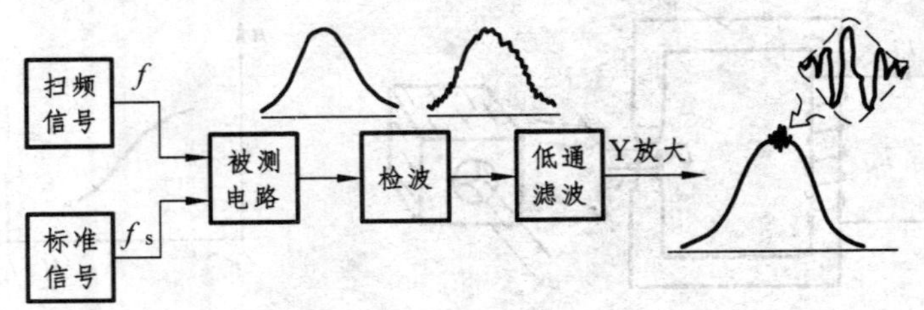


图 9.9　差频法产生频标

（2）幅度定标

幅度定标是指对屏上显示的幅频特性的纵坐标进行定量，通常采用置于屏前的电平刻度板。

### 4. 光栅增辉式图示方法

光点扫描式存在两个缺点：一是大屏幕显示受限，因为静电偏转角度小，若用磁偏转，难向 Y 偏转线圈提供与图形信号相同波形的偏转电流；二是测量精度受限，因为难于对幅度进行校准。光栅增辉式能克服这些缺点，因而被广泛采用。

（1）显示原理

光栅增辉式图示仪的显示原理类似于电视机，但不同的是，光栅增辉式的光栅是垂直的（$f_Y$>>$f_X$），而且平时被消隐看不见，是“暗光栅”。测量时，靠增辉脉冲使每条暗光栅在不同高度产生亮点来显示图形，只要光栅条数多，则显示曲线是连续的，如图 9.10 所示。

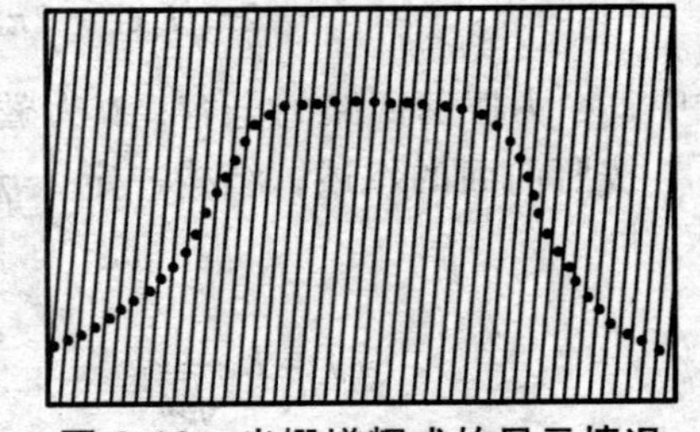

图 9.10　光栅增辉式的显示情况

① 暗光栅的产生。

光栅增辉式图示仪的原理框图如图 9.11 所示。下面先讨论暗光栅的产生。

垂直扫描发生器产生 18.5 kHz 的锯齿波电流信号 $I_Y$ 送到垂直偏转线圈 $W_Y$ 建立垂直方向磁场，而 X 放大器输出三角波电流信号 $I_X$ 送到水平偏转

线圈 $W_X$ 建立水平方向磁场，在这两个磁场的作用下，电子束在屏上形成垂直光栅。由于示波管阴极平时是正电位，不发射电子，故屏上的光栅是看不见的（但位置存在），被称为暗光栅。

在 $T_X/2$ 的扫描正程时间内，垂直方向上变化了 $n$ 周，由此可按 $nT_Y=T_X/2$ 的关系计算出暗光栅条数 $n$（一般在 300 条以上）。

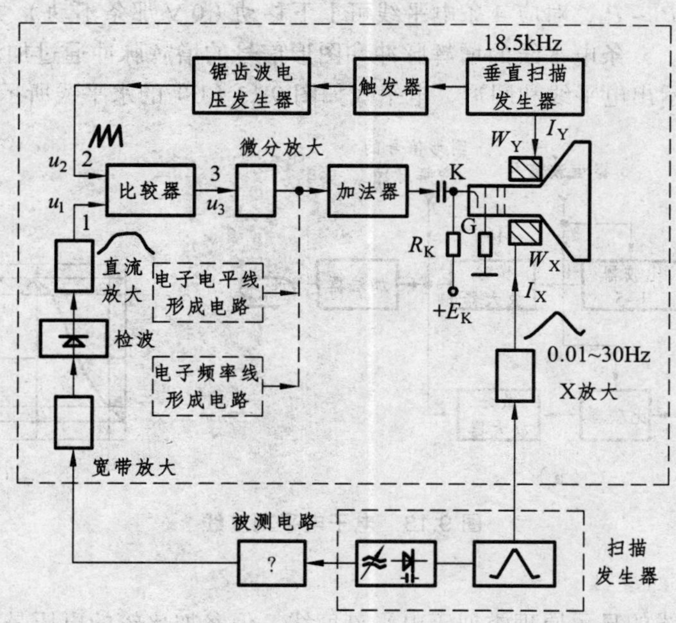


图 9.11　光栅增辉式的原理框图

② 信号图形的显示。

光栅上光点出现的高度取决于增辉脉冲（负脉冲）出现的时间。由产生垂直光栅的锯齿波与被测电路的幅频特性信号通过比较器比较来决定每根光栅上产生增辉脉冲的时间，因此，光栅亮点出现的时间与锯齿波比较点的时间一一对应。比较器的特性为：当 $u_2<u_1$，输出 $u_3$ 低电平；当 $u_2>u_1$，输出 $u_3$ 高电平；在 $u_2$ 由低变高至 $u_2=u_1$ 时发生跳变，产生 $u_3$ 的高电平。

很明显，在跳变点对 $u_3$ 微分，产生的负脉冲加到阴极 K 产生电子束，从而屏上显示该光栅上的一个亮点。在水平方向每扫描一次，扫频信号就扫频一遍，得到被测电路的幅频特性，该幅频特性（电压）与产生光栅的锯齿波电压比较一遍，产生一列增辉脉冲（负脉冲）加在 CRT 的阴极，屏上各光栅对应高度处便产生亮点，从而显示出被测电路的幅频特性。

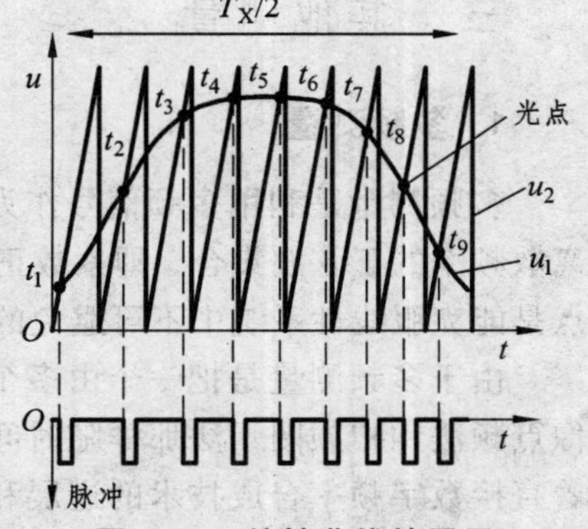


图 9.12　特性曲线的显示

图 9.12 所示为显示图形信号（$u_1$）波形的过程。为简单说明问题，图中给出了一个扫描正程（$T_X/2$）内有 9 根光栅的情况，每条光栅上光点出现的高度与 $u_1$ 一一对应，$u_1$ 值越大，光点的高度就越高。

（2）电子电平刻度线

电子电平刻度线，是直接叠加在显示图形上的水平直线，可以用标准电平来校准，因而光栅增辉图示法的测量准确度高。图 9.13（a）所示的就是电平线显示的原理框图。

电平线的显示原理与前述图形的显示原理相同，只是与锯齿波电压信号比较的不是变化的图形信号电压，而是直流电压信号。原理框图中画出了 6 个比较器，1 ~ 5 比较器对应 5 条电平线，调电位器 $P_1 \sim P_4$，对应 4 条电平线可上下移动（0 V 那条不动）。标准电平是用来对上述电平线校准的。5 条电平线的增辉脉冲和图形信号的增辉脉冲通过加法器加到示波管阴极，则屏上同时显示出电平线和图形，电平线如图 9.13（b）的水平线所示。

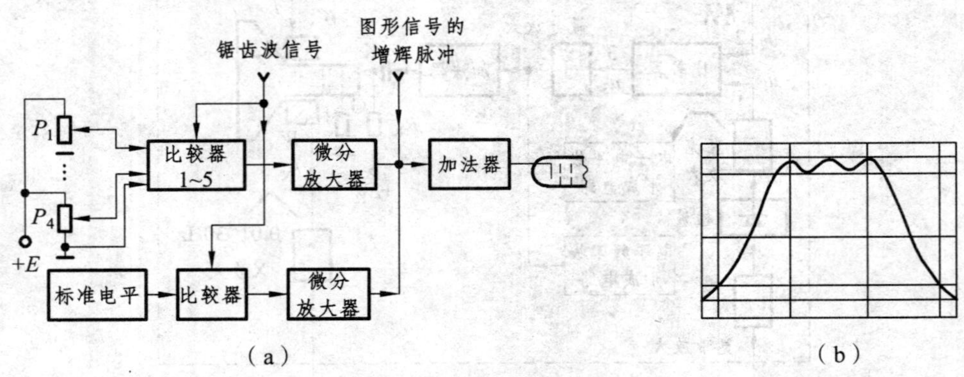


图 9.13　电子电平刻度线

（3）电子频率刻度线

电子频率刻度线的显示原理类似于电平刻度线，但参加比较的电压是直流电压与水平扫描的三角波电压，比较形成的脉冲较宽（$\tau = kT_Y$）通过加法器加到示波管的阴极，使 $k$ 条光栅同时发光，形成一条垂直的频率刻度线。脉冲宽度越宽，发光的光栅数 $k$ 就越大，频率刻度线就越粗。通常有 2 ~ 4 条频率刻度线，可以左右移动并被校准。电子频率刻度线的原理电路除脉冲形成电路与电平刻度线原理电路不同外，其他均相同，故这里将电子频率刻度线的原理框图省略。屏上显示的频率刻度线，如图 9.13（b）中的竖直线所示。

综上所述，光栅增辉式图示仪除能大屏幕显示外，还能在屏上同时显示被测电路的幅频特性、电子电平刻度线和频率刻度线，从而大大提高了图示仪的测量准确度。

## 三、其他测量

### 1. 多频测量

多频测量是利用多频信号作为测试信号的一种频域测量技术。所谓多频信号，是指一个离散频率的正弦波集合，即素数正弦波（一种具有素数关系的多正弦波序列）。这种方法的优点是能克服线性系统中不可避免的非线性失真的影响。

由于多频测量是把一个由多个正弦波组成的测试信号同时加到被测系统的输入端，而不像点频法和扫频图示法那样随时间逐点频率或连续频率变化，因而大大提高了测量速度。随着直接数字频率合成技术的进展和微型计算机的普及，多频测量已有应用软件，改变了传统的测量方法，使频域测量自动化进入一个新阶段。

### 2. 白噪声法

噪声可作为一种测试信号，最适合于模拟被测系统的实际工作状态，以实现广谱动态测量。通常采用高斯白噪声信号，它的概率密度函数是高斯型的（服从正态分布），且功率密度谱是平直的。

例如，多路通信中因交调失真或其他信道中因通话而引起电话信道内的寄生背景噪声，就是加高斯白噪声来模拟所有信道中的实际情况来进行测试的。

### 3. 网络分析仪法

测量线性系统的频率特性，除了前述的点频、扫频图示等测量技术外，网络分析仪是研究线性系统的重要工具，它用来测量线性系统的振幅传输特性和相移特性。考虑到高频时寄生电感与寄生电容的影响，现代网络分析仪都以测量散射参量（S 参量）为基础。

现代网络分析仪都是采用标准接口母线系统，构成自动网络分析仪。它采用点频扫描，即在测量频带内是有限数目的频率点。通过计算机软件可进行误差处理及把 S 参量换成任何其他所需要的参量。

## 第三节　信号非线性失真的测量

非线性失真亦称谐波失真，简称失真。一定频率的信号通过网络后往往会产生新的频率分量，这种现象被称为该网络的非线性失真；一个信号的实际波形与理想波形有差异，这种差异被称为信号的非线性失真。线性电路意味着频域中的输出信号应具有与输入信号相同的频率，而由输入信号所产生的任何其他频率输出都被视为是非线性失真。

## 一、失真的定义

### 1. 失真模型

产生失真的系统或器件大多都是线性的，只表现出轻微的非线性。这种失真可用幂级数来模拟

$$u_o = k_0 + k_1 u_i + k_2 u_i^2 + k_3 u_i^3 + \cdots + k_n u_i^n \tag{9.12}$$

式中，$u_i$ 为输入，$u_o$ 为输出；$k_0$ 代表系统输出的直流分量，$k_1$ 代表线性电路理论所给出的电路增益，$k_2$ 以上的其余系数代表电路的非线性特性。如果电路是完全线性的，则除 $k_1$ 之外的所有系数均应为 0。

由于对渐变形式的非线性，$k_n$ 的大小随 $n$ 增大而迅速变小，只有二次、三次效应起主要作用。故可忽略式（9.12）中 $k_3$ 以后的各项，得其简化失真模型

$$u_o = k_0 + k_1 u_i + k_2 u_i^2 + k_3 u_i^3 \tag{9.13}$$

### 2. 单音、双音输入

单音信号即单一频率的纯正弦波信号，将它作为输入信号并测量输出信号的频率成分，

可进行最简单的系统失真情况测试。

将单音信号 $u_i=U_m\cos\omega t$ 代入简化失真模型的式（9.13），化简后有

$$\begin{aligned}u_o &= k_0 + k_1 U_m \cos\omega t + \frac{1}{2}k_2 U_m^2(1+\cos 2\omega t) + k_3 U_m^3\left(\frac{3}{4}\cos\omega t + \frac{1}{4}\cos 3\omega t\right)\\ &= k_0 + \frac{1}{2}k_2 U_{yz}^2 + \left(k_1 U_m + \frac{3}{4}k_3 U_m^3\right)\cos\omega t + \\ &\frac{1}{2}k_2 U_m^2 \cos 2\omega t + \frac{1}{4}k_3 U_m^3 \cos 3\omega t\end{aligned} \quad (9.14)$$

单音信号的输出中包含了直流分量、基波分量以及二次、三次谐波。由单音信号的输出可以看到：直流分量受失真模型二次系数 $k_2$ 的影响，基波幅度受三次系数 $k_3$ 的影响；基波幅度主要与输入信号幅度 $U_m$ 成正比，二次谐波的幅度与系数 $k_2$ 成正比，三次谐波幅度与系数 $k_3$ 成正比。使用分贝（dB）表示幅度，有

$$20\lg(U_m^2) = 2(20\lg U_m) = 2A_{dB} \quad (9.15)$$

$$20\lg(U_m^3) = 3(20\lg U_m) = 3A_{dB} \quad (9.16)$$

式中，$A_{dB}=20\lg U_m$ 为输入信号幅度的 dB。由式可见，输入信号幅度每变化 1 dB，输出基波幅度也将近似变化 1 dB，二次谐波幅度将改变 2 dB，三次谐波幅度将改变 3 dB。

双音信号如 $u_i=U_{m1}\cos\omega_1 t + U_{m2}\cos\omega_2 t$，将它作为输入信号进行失真测量，代入简化失真模型式中有

$$\begin{aligned}U_o &= c_0 + c_1\cos\omega_1 t + c_2\cos\omega_2 t + c_3\cos 2\omega_1 t + c_4\cos 2\omega_2 t + \\ &c_5\cos 3\omega_1 t + c_6\cos 3\omega_2 t + c_7\cos(\omega_1 t + \omega_2 t) + \\ &c_8\cos(\omega_1 t - \omega_2 t) + c_9\cos(2\omega_1 t + \omega_2 t) + c_{10}\cos(2\omega_1 t - \omega_2 t) + \\ &c_{11}\cos(2\omega_2 t + \omega_1 t) + c_{12}\cos(2\omega_2 t - \omega_1 t)\end{aligned} \quad (9.17)$$

式中，$c_0$，$c_1$，…，$c_{12}$ 是由 $k_0$、$k_1$、$k_2$、$k_3$ 及 $U_{m1}$、$U_{m2}$ 决定的系数。

与单音输入的情况不同，当双音输入信号的幅度变化 1 dB 时，输出信号的二次项幅度、三次项幅度变化将更为复杂。

### 3. 失真度定义

失真度被定义为全部谐波能量与基波能量之比的平方根值。对于纯电阻负载，则定义为全部谐波电压（或电流）有效值与基波电压（或电流）有效值之比的平方根。失真度 $\gamma$ 以百分比（%）或分贝（dB）为单位，亦称失真系数。

$$\gamma = \frac{\sqrt{\sum_{n=2}^{m} U_n^2}}{U_1} \times 100\% \quad (9.18)$$

式中，$U_1$，$U_2$，…，$U_m$ 分别表示基频及其各次谐波的均方根值(有效值)。

## 二、谐波失真度的测量方法

谐波失真度的测量方法很多，主要有：

谐波分析法——用频谱仪分别将信号基波和各次谐波的幅值一一测出，然后按定义计算，属于间接测量法；

基波抑制法——又称静态法，对被测器件输入单音正弦信号，并通过基波抑制网络进行直接测量；

白噪声法——又称动态法，利用白噪声作为测试信号，测出被测器件在通带内的各频率分量因交调而产生的谐波。

### 1. 基波抑制法

由于基波难以单独测量，当失真度较小时，定义式（9.18）可以近似为

$$\gamma' = \frac{\sqrt{\sum_{n=2}^{m} U_n^2}}{\sqrt{\sum_{i=1}^{m} U_i^2}} \times 100\% \tag{9.19}$$

按照近似式测量失真度，所得的是谐波电压总有效值与被测信号总有效值之比。值得注意的是，当失真度小于 10%时，可用近似失真度测量值$\gamma'$代替定义值$\gamma$，否则需对$\gamma'$值进行换算或修正。换算公式为

$$\gamma = \frac{\gamma'}{\sqrt{1-\gamma'^2}} \tag{9.20}$$

按照近似式进行基波抑制法测量谐波失真度的电路如图 9.14 所示。基波抑制网络实质上是一个陷波（带阻）滤波器，专门用于滤掉基波信号而使其余谐波分量通过。

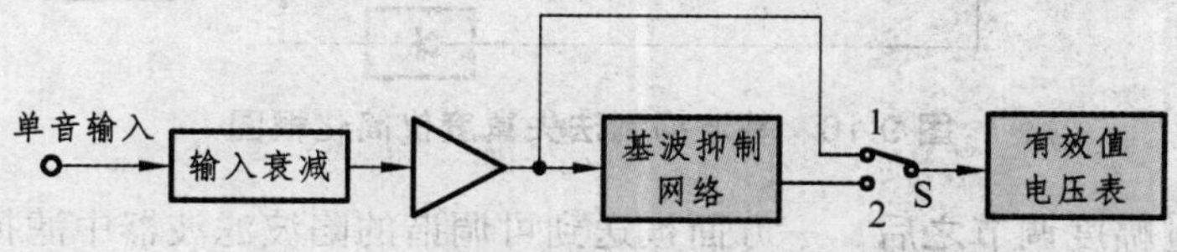


图 9.14 基波抑制法测量谐波失真度

开关 S 先打到 1 处，测出被测信号的电压总有效值。适当调节输入电平使电压表指示为某一规定的基准电平值，该值完全对应于失真度，也就是使近似式中的分母为 1，这个过程称为“校准”。

然后开关 S 打到 2 处，调整基波抑制网络使电压表指示最小，表明此时电路对基波的衰减量最大。由于基波已被抑制，此时测出的是被测信号的谐波电压总有效值。由于电压表已经过校准，故当前指示值就是$\gamma'$值。

### 2. 白噪声法

白噪声法是一种广谱测量技术，属于谐波失真的动态测量方法。它通过白噪声发生器产

生均匀频谱密度分布的白噪声，相当于将一系列不同频率、不同相位的正弦信号加到被测电路上，可以得到被测电路在通带内的任一频率分量所产生的谐波及其互调结果。测量电路框图如图 9.15 所示。

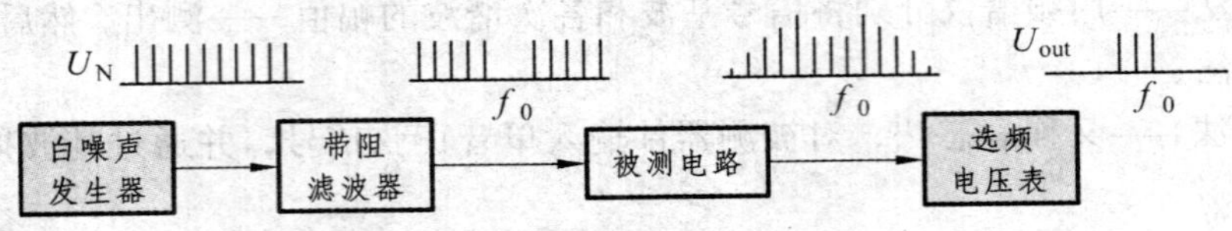


图 9.15 白噪声法测量谐波失真度

白噪声发生器输出广谱噪声信号 $U_N$，经过中心频率为 $f_0$ 的带阻滤波器后，输出频谱产生缝隙。该信号通过被测电路时，如果存在失真，各噪声分量的互调会导致大量组合频率，使输出信号在 $f_0$ 及附近的频率处有了新的频率分量。用选频电压表选出 $f_0$ 分量，并测得其电压幅度 $U_{out}$。最终的谐波失真度 $\gamma$ 可按下式计算

$$\gamma = \frac{U_{out}}{U} \times 100\% \tag{9.21}$$

式中，$U_{out}$ 为选频电压表在频率 $f_0$ 处的读数；$U$ 为选频电压表在同一带宽下其他频率处的读数。

## 三、失真度测试仪简介

测量失真度或失真系数的仪器叫失真度仪，它们大多工作于 200 kHz 以内的频带。图 9.16 所示为一种采用基波抑制法测量失真度的测试仪简化框图。

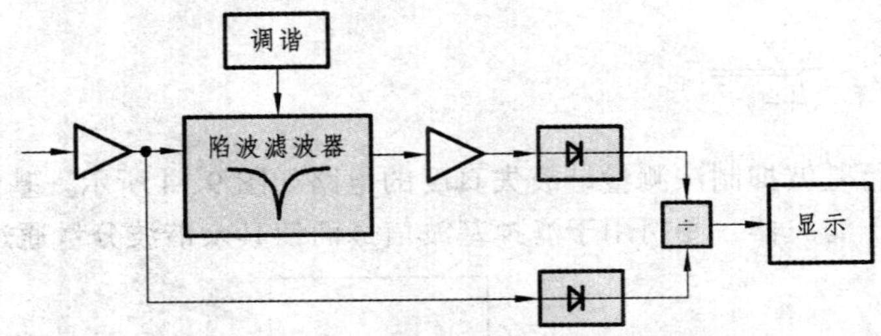


图 9.16 基波抑制法失真度仪简化框图

被测信号经过幅度调节之后，一方面被送到可调谐的陷波滤波器中滤掉基波，再进入检波器获得谐波有效值电压；同时通过旁路直接进入检波器，以获得信号中所有频率成分的总有效值电压。两个代表不同电压值的信号通过除法器进行计算，最后显示出失真测量值 $\gamma$。

事实上，许多电路的非线性还会产生噪声及电源纹波带来的其他成分，因此图 9.16 所示的失真度仪所测的结果包含了总谐波加噪声失真，定义式为

$$\gamma + N = \frac{\sqrt{\sum_{n=2}^{m} U_n^2 + U_N^2}}{\sqrt{\sum_{i=1}^{m} U_i^2 + U_N^2}} \tag{9.22}$$

式中，$N$ 为噪声失真度，$U_N$ 为噪声电压有效值。

# 第四节　信号的频谱分析

## 一、概　述

### 1. 信号的函数描述

对于交流信号，可分为正弦和非正弦两大类。对于非正弦周期信号，有下面两种描述：

① 按时间函数描述，如方波信号

$$f(t)=\begin{cases}1 & nT\leqslant t\leqslant\left(nT+\dfrac{T}{2}\right)\\ -1 & \left(nT+\dfrac{T}{2}\right)\leqslant t\leqslant(n+1)T\end{cases} \tag{9.23}$$

② 按频率表征的时间函数描述，它由时间函数进行傅里叶级数分解而得，如方波的傅里叶级数为

$$f(t)=\frac{4}{\pi}\sum_{i=0}^{\infty}\frac{1}{2i+1}\sin(2i+1)\omega t \tag{9.24}$$

### 2. 信号的图示

用图示技术显示信号也有两种，一种是时域的时间波形显示，另一种是频域的频谱线显示。

（1）时域法

随时间变化的信号，可采用示波器来观测其随时间变化的波形及测量其振幅、周期等，这是以时间 $t$ 作为水平轴，在时间域内观察信号，即为时域分析法。

（2）频域法

当从一个信号所包含的频率成分出发，采用频谱分析仪显示该信号所含各频率分量的大小，这就是频域分析法。这种频谱分析是很有用的，它往往能提供时域观测中所不能得到的独特信号。

由于时域和频域两种分析方法是从不同角度、不同侧面来表示同一信号的特性，那么它们之间是相互联系的。时域分析是研究信号的瞬时值与时间的关系，显示的波形是连续的；而频域分析是研究信号中各频率分量的幅值与频率的关系，显示的频谱线是离散的。将二者画在同一图上可直观表示出二者之间的内在联系，如图 9.16 所示。图中反映了一个由基波和二次谐波合成的非正弦波的时域和频域情况，图（a）是 $u$、$t$、$f$ 的三维坐标，图（b）是时域二维平面上显示的波形，图（c）是频域二维平面上显示的图形。可见，时域能显示信号的整个波形，由示波器来实现，形象直观地显示出波形的变化规律，并可从波形判断出失真情况。但失真信号中含有哪些频率分量，这些频率分量对应的频率值和幅值是多少，则一概不知；同时，失真小于 10% 时从波形上是判断不出来的。频域分析能显示信号所含各频率分量的频率值及幅值大小（即频率的谱线），由频谱分析仪来测量，很小的谐波量都能显示出来，但信号的失真情况和波形变化规律则显示不出来。可见，二者各有千秋。

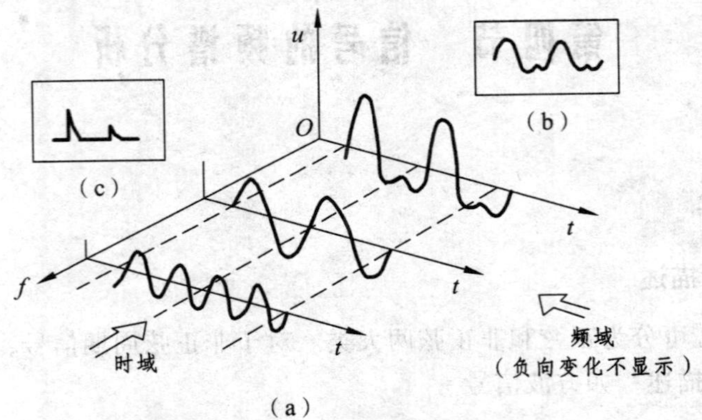


图 9.17 时域与频域的关系

时域分析和频域分析是从不同角度来分析信号的。对前述由基波和二次谐波合成的非正弦信号，尽管基波和二次谐波的频率、幅值分别保持不变，当它们的初相角（或相位差）不同时，其合成的波形却是不同的，如图 9.18 所示。因此，用示波器观测显示的波形是各不相同的，然而用频谱分析仪观测显示的图形却是相同的（即无区别），因为两个非正弦信号的基波和二次谐波的频率和幅值分别都相同。

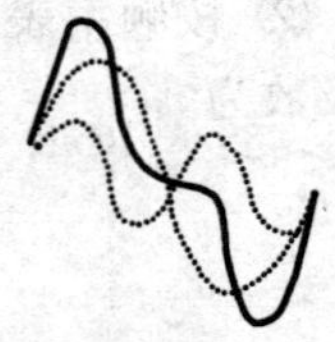

图 9.18 基波和二次谐波的合成

在电测中，常见的电信号都存在频谱函数，表 9.1 给出了波形图及对应的频谱图。

表 9.1 常见电信号的波形图与频谱图

| 种类 | 波形图 | 频谱图 |
| --- | --- | --- |
| 正弦波 | $u$, 0, $t$ | 0, $f_0$, $f$ |
| 方波 | $u$, 0, $t$ | 0, $f_0$, $3f_0$, $5f_0$, $f$ |
| 三角波 | $u$, 0, $t$ | 0, $f_0$, $3f_0$, $5f_0$, $f$ |
| 梯形波 | $u$, 0, $t$ | 0, $f_0$, $3f_0$, $5f_0$, $f$ |
| 锯齿波 | $u$, 0, $t$ | 0, $f_0$, $2f_0$, $3f_0$, $4f_0$, $5f_0$, $f$ |

## 二、频谱分析仪原理

频谱分析仪有模拟式、数字式两大类。前者的种类较多，有顺序滤波式、扫频滤波式、扫频外差式等；后者则是采用快速傅里叶变换（FFT）。下面分别对各种方式的原理进行介绍。

### 1. 模拟式频谱分析仪

（1）顺序滤波式

其原理框图如图 9.19 所示。图中各窄带滤波器是用来将信号中各频率分量选出来，其数目的多少由信号所含频率分量的多少来决定。带通滤波器的中心滤波分别为 $f_{01}$，$f_{02}$，…，$f_{0n}$，各个滤波的频带都很窄。带通滤波器接通与否，由受阶梯波控制的电子开关来决定。

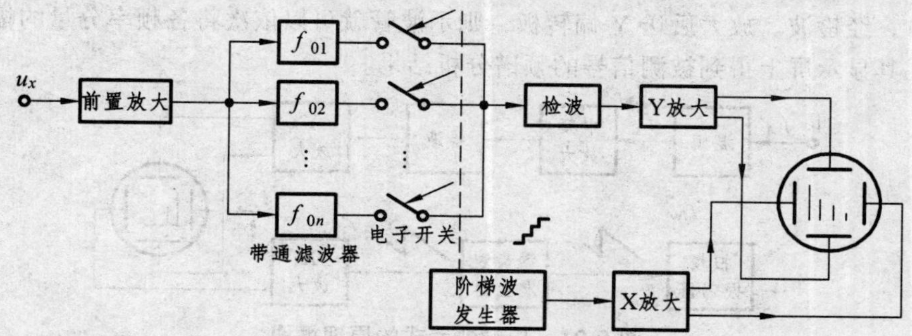


图 9.19　顺序滤波式的原理框图

测量时，阶梯波信号每升高一个台阶，就控制示波管的电子束往右扫一步，与此同时，阶梯波控制电子开关接通一路滤波器，从 $u_x$ 中滤出的对应频率信号经检波放大后加在示波管 Y 板上，使电子束在垂直方向上扫出该频率分量的幅值。这样，一列阶梯波完成一次扫描，屏上就得到 $u_x$ 的频率谱线，完成一次分析。

这种方式的频谱分析仪，需要的带通滤波器多，而且每个滤波器的带宽难以做到很窄，因而测量的分辨力和灵敏度均低；同时，若要求对任意信号都能进行频谱分析，则每个带通滤波器的中心频率及带宽必须可调，这是很难实现的。因此，顺序滤波式并不实用。

（2）扫频滤波式

其原理框图如图 9.20 所示。与顺序滤波不同的是，用锯齿波代替了阶梯波，特别是用一个电调谐滤波器代替了带通滤波器组，也没有电子开关。电调谐滤波器，其决定滤波频率的电容受锯齿波电压的控制（如前述的变容二极管），因而所滤波的频率随锯齿波电压线性变化。

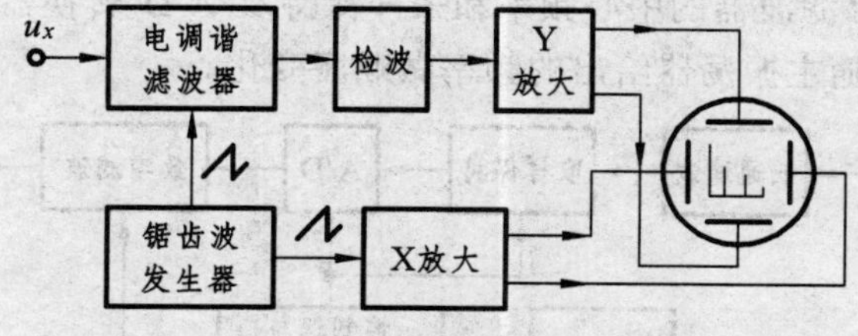


图 9.20　扫频滤波式的原理框图

测量时，在锯齿波电压的作用下，示波管的电子束从左到右线性扫描，而电调谐滤波器

对 $u_x$ 信号从低频到高频连续线性滤波，滤出的各频率分量经检波放大后送 Y 偏转板扫描出对应频率分量的幅值。每扫频一次，就扫描出各频率分量的大小，完成一次分析。

这种方式的频谱分析仪，电路得到简化（与前者相比），但电调谐滤波器的损耗大（如变容二极管的等效电阻大），调谐范围不宽（扫频不宽），限制了应用。

（3）扫频外差式

原理框图如图 9.21 所示，它保留了扫频式的优点，而缺点却得到了改善。在原理上采用了外差式的原理，即将扫频信号与被测信号在非线性电路中混频，然后将其差频信号取出来放大送 Y 偏转板。扫频振荡器是机内的，类似于收音机的本机振荡。混频可得 $f_x$、$f_W$ 等各种关系（包括 $f_x$、$f_W$ 本身及其谐波）的频率信号，而中频放大含有带通（是固定的）滤波，它将 $f_0=f_x-f_W$ 信号取出。$f_W$ 每扫频一遍，就与 $u_x$ 中各频率分量依次差频一遍，中频放大依次取出各频率分量，经检波、放大后送 Y 偏转板，则示波管就可以依次将各频率分量的幅值扫描一遍，从而在其显示屏上得到被测信号的频谱分析结果。

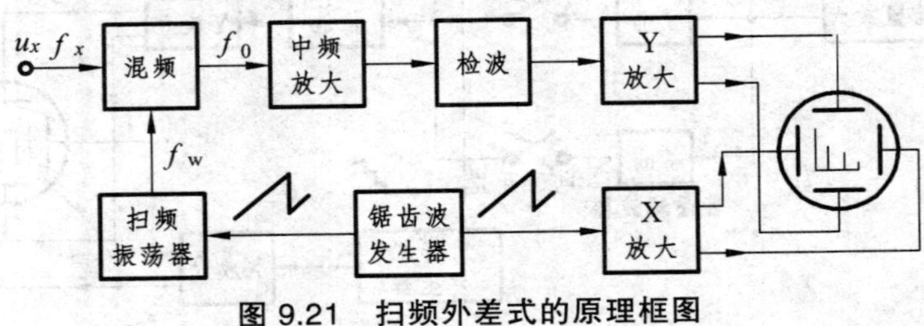


图 9.21　扫频外差式的原理框图

扫频外差式频谱分析仪的频率范围宽，因为扫频振荡器的扫频范围比扫频滤波器扫过的频率范围宽；其次，扫频外差式只有一个带通滤波器，中心频率是固定的，频带可做得非常窄，因此可得到很高的分辨力；还有，窄带滤波器滤出差频后再进行中频放大，因而中频放大的频率也很窄，从而使放大器获得很高的增益（放大器的带宽与增益乘积基本上为常数），使频谱分析获得很高的测量灵敏度。由于扫频外差式频谱分析仪有上述优点，加上结构简单，因而得到广泛应用。

### 2. 数字式频谱分析仪

实现数字频谱分析的方法有两种：一是仿照模拟频谱分析仪的数字滤波法，二是快速傅里叶分析法。

（1）数字滤波法

图 9.22 所示为一种数字滤波式频谱仪的组成框图，与模拟式频谱仪相比，用数字滤波代替了模拟滤波。考虑到数字滤波的特点，在数字滤波前加了低通滤波器、取样保持和模数转换（A/D）等电路。数字滤波器的中心频率和采样保持及 A/D 转换器的工作状态由控制器与时基电路控制，并使之随主振荡器给出的频率做顺序变化。

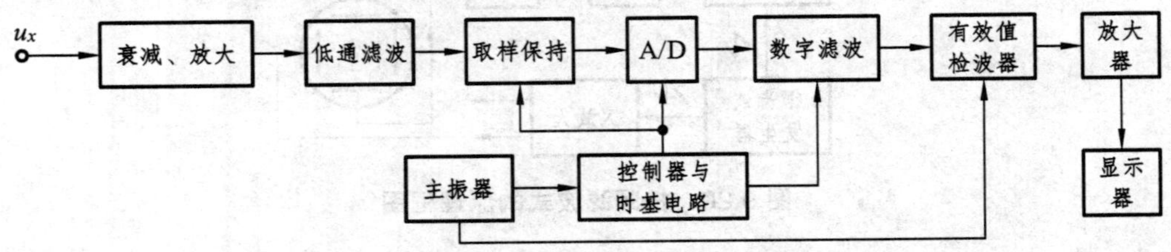


图 9.22　数字滤波式频谱仪的原理框图

（2）傅里叶变换分析法

有关数字信号分析的理论指出，从被测信号 $u(t)$ 的取样值 $u_k$ 出发，经离散傅里叶变换（DFT）可求出 $u(t)$ 的频谱。

对 $N$ 个采样点的信号，离散傅里叶变换为

$$U(n)=\sum_{k=0}^{N-1}u(k)\cdot \mathrm{e}^{-\mathrm{j}\frac{2\pi nk}{N}} \quad (n=0,1,\cdots,N-1) \tag{9.25}$$

$$u(k)=\frac{1}{N}\sum_{n=0}^{N-1}U(n)\cdot \mathrm{e}^{\mathrm{j}\frac{2\pi nk}{N}} \quad (k=0,1,\cdots,N-1) \tag{9.26}$$

式中，$U(n)$、$u(k)$分别为第 $n$ 个频域分量和第 $k$ 个时域分量，而 $n$ 和 $k$ 分别是频域样本序号和时域样本序号。

式（9.25）、式（9.26）所示的离散傅里叶变换对在理论上解决了用数字方法实现傅里叶变换的问题。从该两式可以看出，$N$ 个时域点与 $N$ 个频域点相对应，每个频率点都要由 $N$ 个时域点来求得。将式（9.25）展开可发现，对 $N$ 个采样点的信号进行如式（9.25）所示的 DFT，共需要进行 $N^2$ 次复数相乘和 $N(N-1)$ 次求和运算，当 $N$ 值较大时，计算工作量是很大的，如 $N=1\,024$，其复数相乘与求和运算均达 100 万次。因此，必须进行快速傅里叶变换（FFT），以提高速度。

① 利用程序存储方法，由通用计算机实现 DFT。DFT 的快速算法即为快速傅里叶（FFT）算法，如基 2 算法、基 4 算法等，将 DFT 中的复数相乘由 $N^2$ 降低到 $N\cdot \lg N$ 次数量级。在采用了合适的 FFT 算法后，个人计算机可满足许多工程应用中对信号进行非实时离散频谱分析的要求。当个人计算机采用高级微处理器及算术协处理器后，运算速度提高，可方便地调整计算方法，以及应用高级语言灵活地适应各种具体信号的频谱分析。

② 应用专门的单片数字信号处理芯片（DSP）实现 DFT 。DSP 芯片是专门处理数字信号的单片信号处理机，内部结构与通用微处理器有许多不同，采用了程序存储器与数据存储器分驻独立地址空间的 Harvard 结构，使取指令与执行指令完全重叠进行，并采用两个分开的总线结构，即程序总线与数据芯线。DSP 芯片使运算速度大大提高，如第一代 DSP 产品 TMS32010，实现 1024 点复数 FFT 的时间为 42 ms；第二代 DSP 产品 TM32020，则只需 14.18 ms；作为第三代，TMS32030 是 32 位的 CMOS 芯片，有浮点运算硬件，每秒可进行 3 300 万次浮点运算。

以 DSP 芯片为核心，组成数字信号处理功能模块，直接插在 PC 机扩展槽内，构成 PC 总线下的主从系统，使 PC 机系统资源得到充分利用。

利用上述两种快速傅里叶分析方法组成快速傅里叶频谱仪的方框图如图 9.23 所示。近代快速傅里叶频谱仪的频率分析范围可从直流到 100 kHz 交流，频率的分辨力可达数赫兹的数量级，频率准确度可达 ± 0.01%。

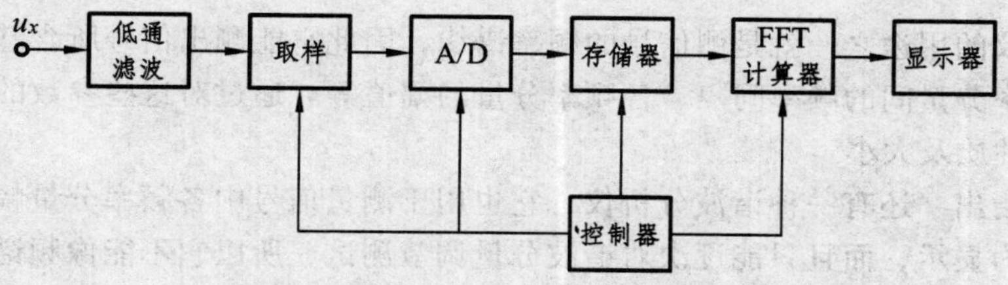


**图 9.23 快速傅里叶频谱仪的原理框图**

## 三、频谱分析仪的工作特性

频谱分析仪的工作特性主要有以下几方面。

### 1. 测量频率的范围

下限频率为基波所能达到的最低频率，上限频率则是基波的谐波所能达到的最高频率。

### 2. 频率的分辨力

它指能够区分的最小谱线间隔。很显然，它由滤波环节的带宽决定，带宽越窄，其分辨力越高。例如，某信号的两个频率分量之间相隔较近，即 $\Delta f=f_2-f_1$ 较小，如图 9.24（a）所示，若滤波的带宽窄，二频率分量的幅值可明显清晰地显示出来，如图 9.24（b）所示；若滤波的带宽宽，则不能分开这两个频率分量，如图 9.24（c）所示。

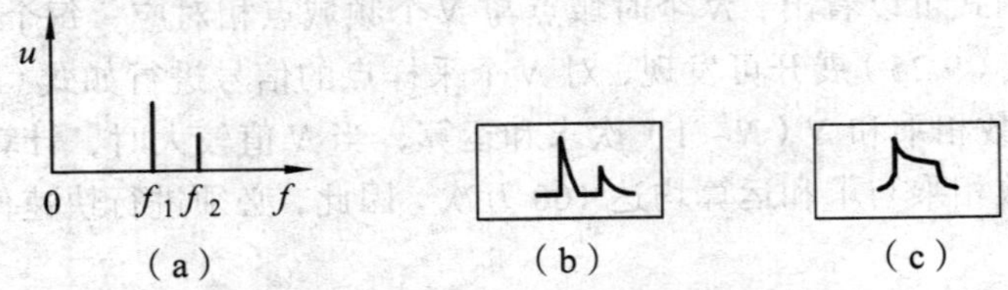


图 9.24　频率的分辨力情况

### 3. 扫频宽度

扫频宽度又称为分析谱宽，它指在一次分析过程中所显示的频率范围，为了观察被测信号的全貌，扫频宽度必须要宽。频谱分析仪的扫频宽度是可调的，每厘米对应的扫频宽度称为频宽因数。

完成一次频谱分析所需的时间称为分析时间，实际上就是一次扫描正程的时间，故又称为扫描时间。

扫频宽度与分析时间之比就是扫频速度。

### 4. 灵敏度

灵敏度是表征频谱分析仪测量微小信号的能力。在使用时要选择合适的灵敏度及扫频速度，以保证有较好的分辨力。

## 四、频谱分析仪的应用

频谱分析仪的应用是非常广泛的，在现代科技中起着较为重要的作用。

### 1. 测量信号的参数

频谱分析仪的用途之一就是测信号的频率谱线，因此它能测出信号所含基波及各次谐波的频率、各频率分量间的频率间隔、各频率分量的幅值等。通过对这些参数的测量，可判断出信号失真的性质及大小。

这里顺便指出，还有一种谐波分析仪，它也用于测量信号中各频率分量幅值的大小，但它用电压表作为显示，而且只能逐次对谐波分量调节测试，所以它不能像频谱分析仪那样形象直观地对信号进行频谱分析。

### 2. 信号的仿真测量

伴随电子技术的发展而产生的电子琴就是典型的仿真乐器。首先对由各种乐器声音转换的电信号用频谱分析仪进行频谱的精确测量，制作电子琴时对振荡器信号进行各种分频及合频来实现这些频谱，调试时再与乐器频谱进行精确对比，这种仿真音乐的频谱信号由扬声器转换成所仿真的乐器声音。同理，借助频谱分析仪也可实现语音的仿真。

### 3. 调试设备

由于频谱分析仪可分析出信号的频谱情况及对应的幅值大小，所以可方便地用它来调试或分析分频器、混频器、倍频器、频率合成器及放大器等网络的特性。

像振动类非电量，通过传感器也可用频谱分析仪进行测试。

### 4. 在军事方面的应用

利用频谱分析仪可对敌方各种电磁波信号进行有效地侦察、监视，从而利用“电子战”对敌方进行干扰与反干扰、跟踪与反跟踪等。

## 习　题　九

9.1　以光点式变容管扫频图示仪的组成框图为例，说明扫频图示仪的原理。

9.2　已知某扫频仪的扫频信号的下限频率 $f_L = 10$ kHz 处的幅度为 $d$，而上限频率 $f_H = 20$ kHz 处的幅度为 $\frac{4}{5}d$。求：

① 扫频仪相对于中心频率的扫频宽度；

② 扫频仪的振幅平稳性。

9.3　比较变容管扫频与磁调制扫频的特点。

9.4　菱形频标是怎样产生的?

9.5　为什么光栅增辉式扫频图示仪的光栅被称为暗光栅?

9.6　光栅增辉式扫频图示仪的电平刻度线与频率刻度线的产生原理有什么不同?

9.7　设某光栅增辉式扫频图示仪有：$T_X = 1$ s（三角波），$T_Y = 50$ ms（锯齿波），设被测电路的频率特性曲线为三角波。试画出屏上的图形。

9.8　某失真分析测量中，测得信号电压的总有效值 $U = 15$ V，且 $\gamma' = 35\%$，求：

① 实际失真度 $\gamma$ 和由 $\gamma'$ 代替 $\gamma$ 所产生的误差。

② 谐波电压是多少？基波电压又是多少?

9.9　失真度分析与频谱分析有何不同?

9.10　基波抑制法失真度分析仪，其测量的示值是 $\gamma$ 值还是 $\gamma'$ 值?

9.11　简述扫频外差式频谱分析仪的工作原理。

9.12　数字式频谱分析仪可分为哪几类?

9.13　试比较频谱分析仪与示波器用于观察模拟信号的优缺点。

# 第十章 数域测量

科学技术飞速发展的今天，数字化仪器或系统在现代电子设备中占的比重越来越大，数字仪器无论从测量速度和测量准确度，还是从显示结果的清晰直观方面，都具有模拟仪器不可比拟的优点。特别是随着大规模集成电路和计算机技术的发展，现代数字系统已逐步微机化、仪器智能化，系统的功能大大增强，能完成许多复杂的任务。但同时也给人们提出了如何正确有效地检测和分析数字及微机系统的问题。由于数字系统中传输的是以离散时间为自变量的数据字，传统的时域测量法和频域测量法已无能为力，因而人们开辟了“数域测量”这一新的测量领域。

## 第一节 数域分析和数域测量仪器

### 一、数域分析的基本概念

在传统测量中，时域测量是对随时间连续变化的模拟量进行的测量，示波器是典型的时域测试仪器；频域测量是在频域内对信号特征的测量，频谱分析仪是典型的频域测试仪器，它以频率为自变量，以各频率分量为因变量。而数域测量是对数字系统中随时间离散变化的数据流进行测试，以离散时间或时间序列为自变量，逻辑分析仪是典型的数域测试仪器。为便于理解掌握，现将时域、频域和数域的比较列于表 10.1 中。

表 10.1 时域、频域和数域的比较

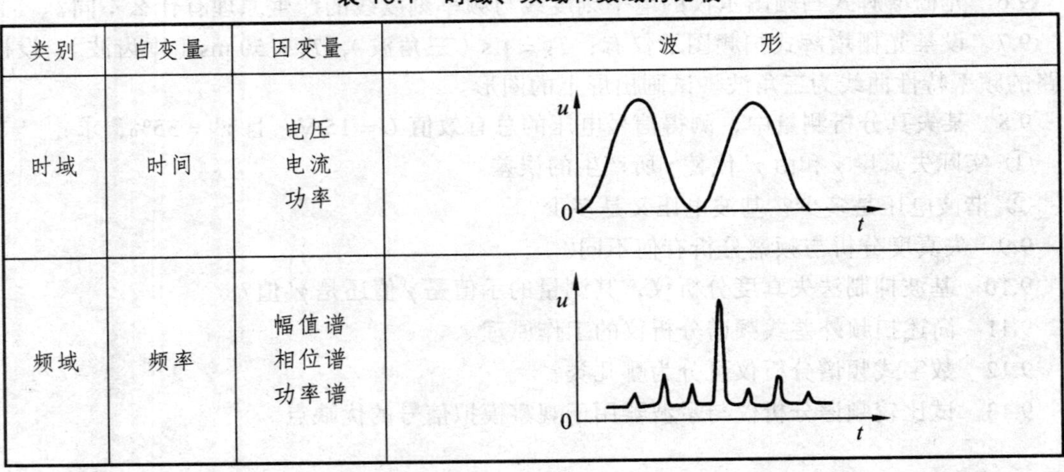

| 类别 | 自变量 | 因变量 | 波 形 |
|---|---|---|---|
| 时域 | 时间 | 电压<br>电流<br>功率 | |
| 频域 | 频率 | 幅值谱<br>相位谱<br>功率谱 | |

续表 10.1

| 类别 | 自变量 | 因变量 | 波形 |
|---|---|---|---|
| 数据域 | 离散时间事件 | 数据流 | 0000 0001 0010 0011 0100 0101 0110 0111 1000 1001<br>$b_3$<br>$b_2$<br>$b_1$<br>$b_0$<br>$CLK$<br>0 1 2 3 4 5 6 7 8 9<br><br>$b_3$ $b_2$ $b_1$ $b_0$<br>No.0 0 0 0 0<br>No.1 0 0 0 1<br>No.2 0 0 1 0<br>No.3 0 0 1 1<br>No.4 0 1 0 0<br>No.5 0 1 0 1<br>No.6 0 1 1 0<br>No.7 0 1 1 1<br>No.8 1 0 0 0<br>No.9 1 0 0 1 |

表 10.1 中的数域测量是一个简单的十进制计数器，自变量为计数时钟序列，输出为计数器状态给出的 4 位二进制码组成的数据流。数据流可以是高、低电平表示（如波形），也可以是“数据字”表示（如二进制码）。

在数域分析中，自变量可以是离散的等时间序列（如表 10.1 中的计数器时钟序列），但多数情况下不以等时间间隔方式出现。在数域测量中，人们关心的并不是每条信号线上电压的确切数值及其测量的准确度如何，而只关心各信号在自变量对应处的电平状态是高还是低，以及各信号互相配合在整体上所表达的意义。

## 二、数字系统的特点及数域测试的要求

数字系统的特点决定了对数域测试的要求。

### 1. 数字信号按时序传递

数字系统通常严格按照一定的时序工作，系统中的信号都是有序的信号流，如计算机的取指、读和写等，因此，要求能测各信号间的时序和逻辑关系，这是数域测量的主要任务之一。

### 2. 数字信号是多位传输

数字信号经常在总线中传输，如计算机数据总线上的数字、指令总线上的指令和地址总线上的地址等，它们都是多位的，因此，要求数据测试仪器能同时进行多路测试。

### 3. 数字信息的多方式传递

数字系统的结构和数据的格式差别很大，数据的传递方式也是多种多样的。在同一数字系统中，数据信息的传递方式有串行和并行、同步和异步，有时，串行与并行之间还要转换。因此，数域测试中要注意分析系统的结构、数据的格式、测试点的选择以及彼此间的逻辑关系，以便获取有意义的数据。

### 4. 数字信号的速度变化范围宽

数字系统中，往往是高、低信号并存，例如，计算机系统的高速主机往往与低速打印、

电传机等同时工作，因此，要求数域测试设备的采样频率范围宽，具有同时采集不同速度数据的能力。

### 5. 数字系统故障判别的特点

在模拟系统中，故障往往表现为电路中某节点的电位不正常和波形不正常。在数字系统中，故障不在于信号的波形及电位变化，而在于信号之间的逻辑关系是否满足要求。数字系统的工作过程体现着各种信号的高、低电平的逻辑关系，当不满足规定的逻辑关系时即发生错误。错误数据往往混合在正确的数据流中，甚至当发现故障时其产生原因早已过去。例如，数据流中因干扰或时序配合不当，会出现持续时间明显小于时钟周期的尖脉冲，它将导致计算机硬件工作不正常，这种失常有时又在程序执行过程中以软件故障形式体现出来。因此，要求数据测试仪器具有存储功能，能存储和显示错误数据及其前后的数据，以便分析出错原因，同时还应具有检测和显示毛刺的功能。

## 三、数域测试仪器

因数字系统具有前述诸多特点，因此对数域测试仪器设备也有诸多要求，所以出现了各种各样的数据测试仪器。

### 1. 宽带示波器测量

数域测试也分“静态”和“动态”两种，前者是在固定输入下测量输出的逻辑，后者是在脉冲序列输入下测量输出的逻辑。

利用宽带示波器可观测数字电路在脉冲序列作用下各处的波形，不但可以测量脉冲参数，还可以测量逻辑关系。宽带示波器的频率上限很高，可参见第五章内容。

比如，用示波器测量由触发器构成的异步十进制计数器的逻辑功能，一旦测出脉冲序列和各处的波形，便可得出结论。用示波器测量是动态测量。

### 2. 简易逻辑测试设备

早期的数字系统故障查找工具是简易测试设备，包括常用的逻辑笔、逻辑夹、逻辑电平测试器等，它们用来判断简单数字电路（一路或多路）信号的稳定（静态）电平、单个脉冲或极低速脉冲列。逻辑笔用于单路信号，逻辑夹用于多路信号。

（1）逻辑笔

逻辑笔的外形如图 10.1 所示。顶部指示灯中，红灯指示逻辑“1”（高电平），绿灯指示逻辑“0”（低电平）。测试时的逻辑状态与响应关系如下：

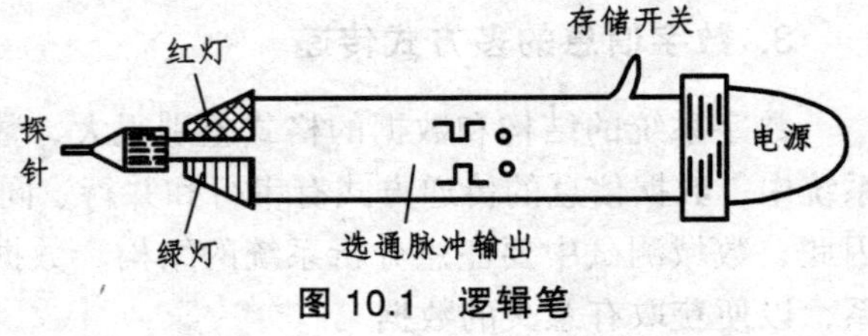

图 10.1 逻辑笔

① 稳定逻辑“1”状态，红灯稳定亮；

② 稳定逻辑“0”状态，绿灯稳定亮；

③ 在逻辑“1”、“0”的中间状态时，两灯均不亮；

④ 单次正脉冲时显示为“绿—红—绿”；

⑤ 单次负脉冲时显示为“红—绿—红”；

⑥ 低频的脉冲序列时，红、绿灯交替显示。

逻辑笔具有记忆功能，当测试时，指示灯与对应的逻辑电平对应发光（发红光或绿光），探针离开测试点后仍保持这种发光，便于使用者记录被测试的状态。用逻辑笔上的“存储开关”来复位消除这种记忆。

逻辑笔有选通脉冲输出，取出其中之一的脉冲接至被测电路中的某一选通点上，逻辑笔随着选通脉冲的加入而做出响应。

与逻辑笔类似的还有电平测试器。逻辑笔通常与逻辑脉冲发生器配套使用，后者的形状和大小也与笔类似。

（2）逻辑夹

逻辑夹的工作原理与逻辑笔基本相同，只不过逻辑夹是多路并列的，可同时显示集成电路所有端点的逻辑状态，其原理框图如图 10.2 所示，图中只画出了一路的情况。每个端点都连接一个门判网络，通过一个非门驱动发光二极管发光。

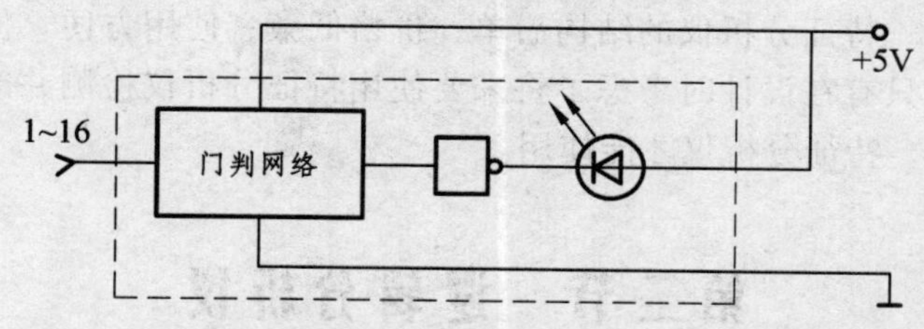


图 10.2 逻辑夹的原理（16 路中的一路）

逻辑夹与逻辑脉冲发生器配合使用，可以比较迅速地寻找出电路的逻辑故障，尤其是在脉冲发生器的输出信号频率较低时，可以用逻辑夹清楚地反映门电路、触发器、计数器或加法器等全部输入端及输出端之间的逻辑关系。

上述简易逻辑测试设备的电路简单、价格便宜、使用方便，但只能测简单数字电路的静态情况，不能迅速、深入地分析复杂的数字系统。

### 3. 逻辑信号发生器

最简单的逻辑信号发生器是单脉冲发生器，常做成笔形。它能产生有较强驱动能力的脉冲，其幅度和极性都可以选择。

产生较为复杂的测试图形的途径有两个：一是算法图形产生法，即通过微程序控制电路来产生，但产生的图形是有限的；二是存储响应法，它把所需的标准图形存入大容量存储器中，需要事先将其调入高速缓冲存储器，然后按要求的条件取出来以供测试。此外，也有用随机或伪随机信号序列作为测试信号的，但应用不普遍。

逻辑信号发生器是作为数域测量的电源，因此是必不可少的数域测试仪器之一。

### 4. 逻辑分析仪

逻辑分析仪（Logic Analyzer）是数域测试中最为典型的先进仪器，能很好地满足数域测试的各种要求，自 1973 年美国 HP 公司及 BIOMATION 分别研制问世以来，在短短时间内得到了飞速的发展。正因为它的问世，才出现了所谓“数字域”（简称数域）测量。由于它以荧光屏显示为主要方式，故又有逻辑示波器之称。

逻辑分析仪不但能分析数字系统、计算机软件和硬件，而且能与计算机结合构成多种智能逻辑分析仪和个人仪器型的逻辑分析仪插件，某些逻辑分析仪还能与计算机开发系统、仿真器、数字化电压表、示波器等结合构成完善的仪器系统。先进的逻辑分析仪可以同时检测几百路速度不同、电平标准不同的数字信号，具有灵活多样的触发方式，可以方便地在很长的单次或非周期性数据流中选择感兴趣的观察窗口，拥有映射图、流程图或列表等多种显示方式。目前逻辑分析仪已成为设计、调试和检测维修复杂数字系统、计算机和微机化产品的最有效工具。

逻辑分析仪根据显示方式和定时方式的不同，基本上可分为两大类：逻辑状态分析仪（LSA，Logic State Analyzer）和逻辑定时分析仪（LTA，Logic Timing Analyzer），但两类分析仪的基本结构是相似的，目前多数逻辑分析仪兼有状态分析和定时分析两种功能。

此外，还有用于数字系统现场维修的特征分析仪。在数字仪器系统设计制造时，就给仪器的有关节点标上“特征”（一串数据码），在维修时把实测数据与文本给出的特征值进行比较，可迅速查出故障。特征分析仪的结构简单、价格低廉、使用方便。但特征分析仪的应用有相当大的局限性，只有在设计时考虑了将来要使用特征分析仪检测并准备好了有关信号及各点特征值的情况下，特征分析仪才能使用。

## 第二节　逻辑分析仪

上节中讲到，根据显示和定时方式的不同，逻辑分析仪分为逻辑状态分析仪和逻辑定时分析仪，但其基本结构相似。此外，尽管逻辑分析仪与计算机结合后使逻辑分析仪不断翻新，品种层出不穷，在通道数、取样频率、内存容量、显示方式等方面大有区别，但其基本结构是相同的。因此，在本节我们先介绍逻辑分析仪的组成原理，然后再分别介绍状态分析仪和定时分析仪的原理。

### 一、逻辑分析仪的组成及工作过程

逻辑分析仪的组成如图 10.3 所示。信号经多通道送入数据采集探头，与设定的门限电平进行比较，大于门限电平为高电平，记“1”状态；小于门限电平为低电平，记“0”状态，而门限电平则根据被测系统的特性来设定。在时钟作用下，按节拍将采集的数据存入输入寄存器，而时钟可以由外部输入，也可以由逻辑分析仪内部时钟发生器产生。

逻辑分析仪用于观测触发数据或事件前后特定数据序列，因此触发识别电路在长长的数据流中去寻找特定的（置入的）触发字或触发事件，一旦找到就产生触发信号去控制数据的存储和显示。触发信号也可以由外部输入。

在触发信号作用下存储器存储数据，因存储器容量有限，按先进先出（FIFO，First-In.First-Out）的原则存储，当存满后就不断以新数据依次代替旧数据。

逻辑分析仪的显示与存储是交替进行的。存储结束后，已存入存储器的内容被逐字取出，在显示发生器的控制和配合下，可以多种便于观察的形式把数据显示在 CRT 上。显示完毕后产生存取指令，再次采集、存储数据，如此循环下去。

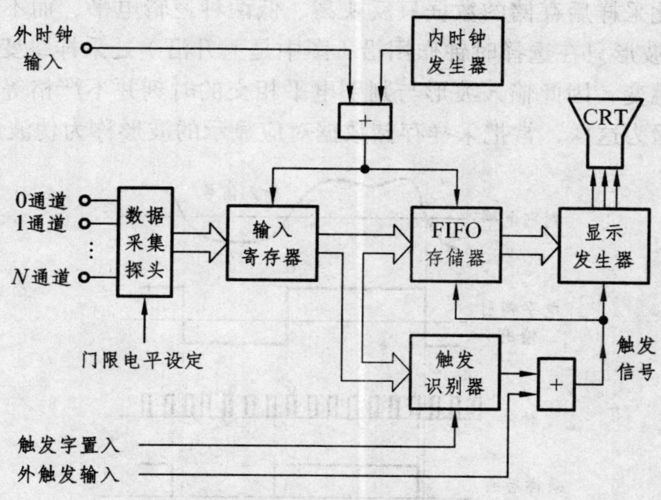


图 10.3 逻辑分析仪的基本组成框图

## 二、逻辑状态分析仪

逻辑状态分析仪主要用于计算机软件分析。下面从数据的获取、触发和显示三方面加以介绍。

### 1. 逻辑状态分析仪的数据获取

（1）数据的获取

逻辑状态分析仪用采样方式获取数据，即在时钟跳变沿处获取数据。各路输入数据经电平判别后，在采样时钟作用下以 0、1 两种形式存入寄存器。采样方框图如图 10.4（a）所示。

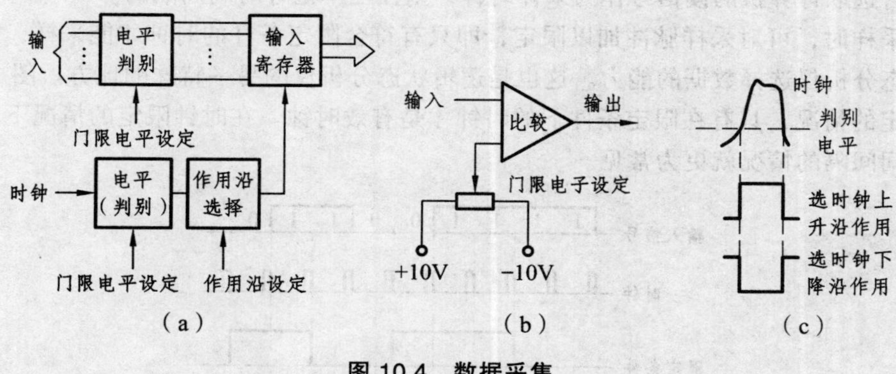


图 10.4 数据采集

考虑被测电路可能为 TTL、ECL 或 COMS 电路，数据采集的门限电平可调，设定要与被测系统一致，如图 10.4（b）所示。

时钟也需要电平判别，以确定前、后沿的作用时间；同时需要进行前、后沿选择，当逻辑状态分析仪以外时钟并采用被测系统时钟时，其作用沿必须选得与被测系统中的一致，如图 10.4（c）所示。

图 10.5 是采样过程波形图。由图可见：① 由于采样时钟是对输入信号电平经判别后的输出进行采样，因此采样后存储的数据只反映高、低两种逻辑电平，而不代表原输入信号的幅值；② 采样输出波形只在选择时钟作用沿（图中是上升沿）处采样跳变，而两个时钟间的波形变化不被采样跳变，因此输入波形与判别电平相交的时刻并不严格等于存储显示信号电平跳变的时刻。正因为这样，常把采样存储数据对应显示的波形称为伪波形。

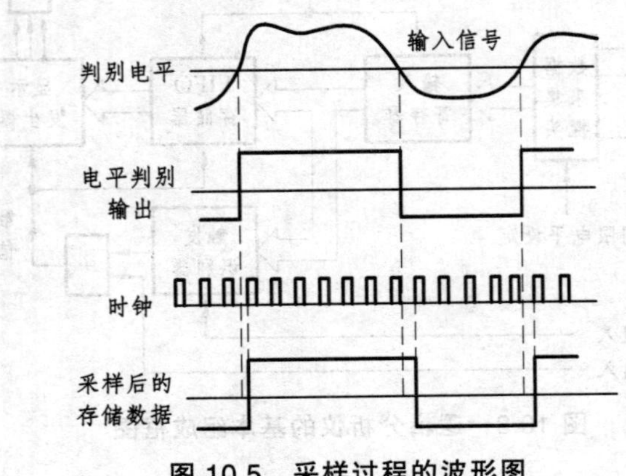


图 10.5 采样过程的波形图

（2）同步采样

同步采样是指分析仪的采样时钟与被测电路时钟同步，通常必须以被测电路时钟或某些信号作为分析仪的采样时钟才能实现，对分析仪来说这是外时钟，因此，同步采样能保证分析仪按被测系统的节拍工作，获取一系列有意义的状态。这种采用外时钟、用于分析被测系统逻辑状态的分析仪称为逻辑状态分析仪，又叫同步分析仪。外时钟的选择原则是：在所选时钟的跳变沿处，所有被监测信号都应处于有效状态。这也是状态分析仪特殊的地方。

用于采样的外时钟可以是等时间间隔的，也可以是非等时间间隔的。例如，分析计算机程序时，若选取计算机的读信号作为采样时钟，则往往不是等时间间隔的。

同步采样时，可对采样脉冲加以限定，即只有符合限定条件的时钟才能采样，这就增加了逻辑状态分析仪选择数据的能力。这也是逻辑状态分析仪的另一特殊的地方。图 10.6 给出了时钟限定的情况，只有在限定条件下的时钟才是有效时钟。在时钟限定的情况下，采样时钟非等时间间隔的情况就更为常见。

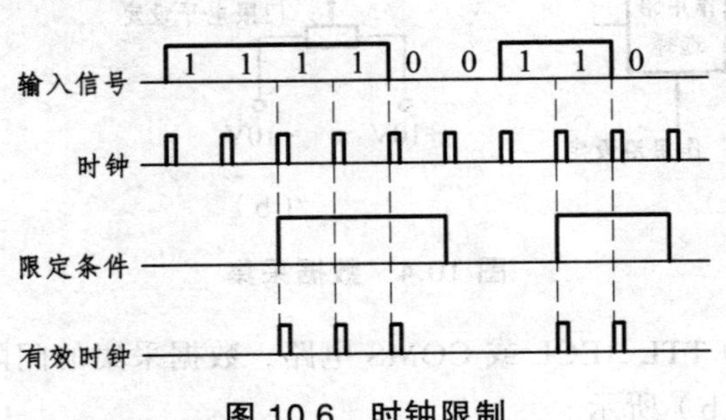


图 10.6 时钟限制

同步采样充分体现了数据域测试的特点，即显示的数据流不是以时间为自变量，而是以事件为自变量，该事件为：采样信号的指定跳变沿出现，同时满足限定条件。

## 2. 逻辑状态分析仪的触发

"触发"源于示波器，逻辑状态分析仪采用数据字触发。一旦触发，则对数据流中对分析有意义的一组数据(即数据块)进行采集并在 CRT 上显示，即在数据流中开一个观察窗口(Window)，这个窗口中的全部数据称为一个跟踪（Trace）。因此，触发用来决定跟踪在数据中的位置。

逻辑状态分析仪常采用"字识别"触发，即将输入的数据字与操作者预置的特定字相比较，若吻合便产生一次触发。特征字（触发字）由仪器面板上的"触发字选择"来设定预置(与事件触发类似)。

逻辑状态分析仪的触发方式很多，但最基本的触发方式有三种，即始端触发、终端触发、延迟触发。

（1）始端触发

始端触发又称为触发开始跟踪。一旦识别到触发字便触发，以被触发时的数据（即触发字）为存储的第一个有效数据，直到存储器存满为止，因而触发字是存储和显示的第一个有效数据，如图 10.7（a）所示。通常，触发字在屏上被加亮显示或反衬显示，以示醒目。

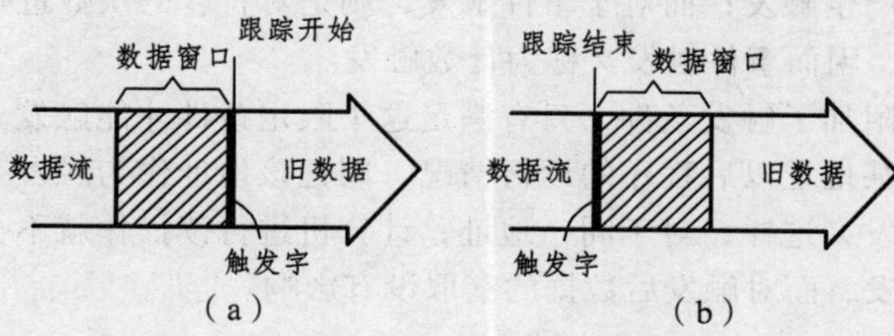


图 10.7 始端触发和终端触发

（2）终端触发

终端触发又称为触发终止跟踪。在触发以前，存储器就以先进先出方式存储数据，当存满后开始在数据流中搜索触发字，与此同时存储器继续以新数据更新旧数据。一旦发现触发字，就立即停止存储有效数据，因而触发字就是存储和显示的最后一个有效数据。可见，终端触发与始端触发刚好相反。终端触发获取的是以前的数据流，当选择出错数据为触发字，则从显示数据中便于分析出错原因。终端触发如图 10.7（b）所示。

（3）延迟触发

延迟触发就是在数据流中搜索到触发字时并不立即进行跟踪，而是经过一定的延迟才跟踪。因此，延迟触发是改变数据窗口与触发字间相对关系的一种触发，它与始、终端触发配合工作，如图 10.8 所示。其中，图（a）为始端触发加延迟，图（b）为终端触发加延迟。

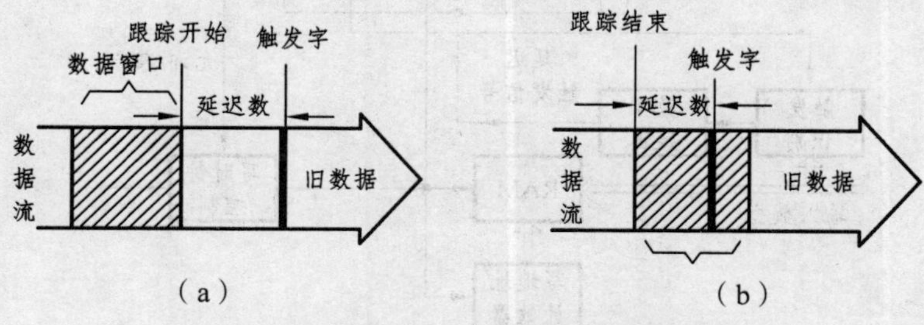


图 10.8 始端、终端触发加延迟

在不改变触发字的情况下，适当改变延迟量便可实现对数据流进行逐段观察。在终端触发时加适量延迟（延迟量不大于存储量），则触发字可位于数据窗口的任意位置，特别是延迟数等于存储量的一半时，触发字将位于数据窗口的中央，这种情况被称为中心触发。可见，终端延迟触发可方便地观测触发前后（或出错前后）的情况。

根据延迟对象的不同，延迟可分为时钟延迟和事件延迟两种。时钟延迟又称为数字延迟，指触发后经过一定的采样时钟才开始或终止存储器存储有效数据，主要用于逐段或逐页观察主程序的运行及测量程序的执行时间。事件延迟是指对触发字或其他特定事件进行延迟，主要用于分析循环及嵌套循环一类的程序。

除以上介绍的基本触发以外，还有序列触发等。序列触发用于检测复杂分支程序，它是一个多级触发，有多个按预定次序排列的触发字，只有当被观察程序按同样的顺序先后满足所有触发条件时才能触发，从而进入跟踪状态。

（4）触发的识别与限定

触发识别由触发识别器来实现。对于字触发，是将输入的数据字与预先设定的触发字进行比较，两者吻合即产生触发；而对于事件触发，则是对符合的次数进行计数，达到预置的计数值时才产生触发，因而事件触发又称为计数触发。

触发限定，是指附加了触发条件，只有满足这个限定条件才能触发。例如，欲了解计算机把数据写入存储器某地址以后程序的运行情况，则把该地址作为触发字，而把写信号作为限定条件进行始端触发，这样，对于同一地址，计算机进行读操作就不会产生触发。触发限定条件只影响是否触发，而对触发后数据的获取没有影响。

### 3. 逻辑状态分析仪的数据存储

分析仪的存储器主要有移位寄存器和随机存取存储器（RAM）两种。移位寄存器式存储器每存入一个新数据，以前存储的数据就移位一次，待存满后最早存入的数据就被移出。随机存储器是按写地址计数器规定的地址向 RAM 中写入数据，每当写时钟到来计数器就加 1，并循环计数，因而存储器存满以后，新数据将旧数据覆盖。因此，两种存储器都是以先入先出方式存储的。

逻辑状态分析仪较多地使用随机存储器，其电路组成框图如图 10.9 所示。分析仪的存储与显示是交替进行的，每当显示结束便会产生复位信号，使存储计数器、开始触发器、终止

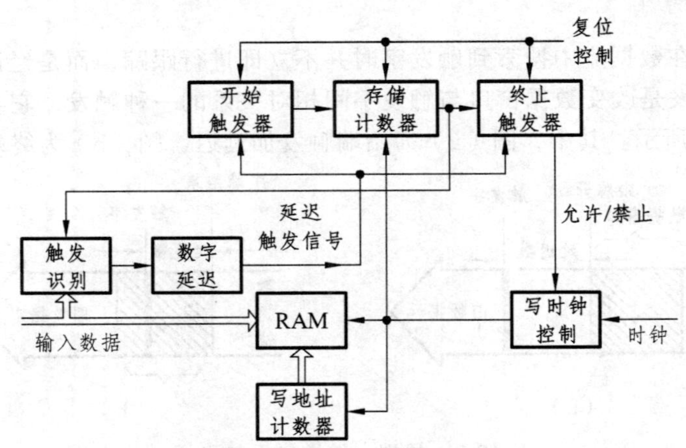


图 10.9　数据存储电路的组成框图

触发器均复位。终止触发器向写时钟发“允许”信号，写时钟控制器的输出写时钟起作用，输入数据按写时钟节拍写入 RAM。但这时存入的数据不一定是有效数据，即将来不一定在 CRT 上显示。要在 CRT 上显示的数据只是数据流中的一个窗口，其位置是由触发方式决定的。

（1）始端触发的数据存储

一旦进入存储阶段，触发识别电路就从输入数据中寻找触发字，当满足条件时就产生触发信号。若采用延迟，则必须经过数字延迟电路才产生延迟触发信号，即为有效触发信号（不用延迟时，视延迟量为零）。有效触发信号加到开始触发器，产生触发，此时存入 RAM 中的数据就是有效数据了。在触发瞬间，开始触发器还命令存储计数器计数，当计满 RAM 的存储容量 $n$ 时，向终止触发器发出信号，终止触发器发“禁止”信号并关掉写时钟。

（2）终端触发的数据存储

与始端触发一样，终端触发也是在复位以后终止触发器向写时钟发“允许”信号，在写时钟作用下开始将数据存入 RAM 中。但终端触发在开始存储数据时并不搜索触发字，而是复位后由触发器启动存储计数器先行计数，当计数达 RAM 的存储容量 $n$ 时才命令触发识别电路搜索触发字，保证只有在 RAM 存满数据时才可能触发。一旦搜索到触发字便产生触发（或延迟后触发）信号，使终止触发器产生“禁止”信号并关掉写时钟，停止存储。

### 4. 逻辑状态分析仪的显示

分析仪在存储结束后便进入显示阶段，将存储的有效数据逐个取出加以显示。尽管触发是随机的，第一个有效数据在存储器的任意一个地址，但 RAM 是循环存储，当存储结束时，最后一个有效数据必然与第一个有效数据靠在一起，因而存储结束时的地址加 1，为读出显示做好了准备。

分析仪一般都采用 CRT 显示。对于逻辑状态分析仪，显示的方式是多种多样的，主要有状态表显示、反汇编显示、比较显示、D/A 显示、映射显示等，但最基本的还是状态表显示。

（1）状态表显示

状态表显示方式是将存储器存的有效数据以各种进制（二、八、十、十六等进制）的数字表格形式显示出来（也有 ASCII 码显示的）。如图 10.10 所示，其中，图（a）是用二进制（BIN）显示一组数据，图（b）是用十六进制（HEX）将数据分成两组进行显示。

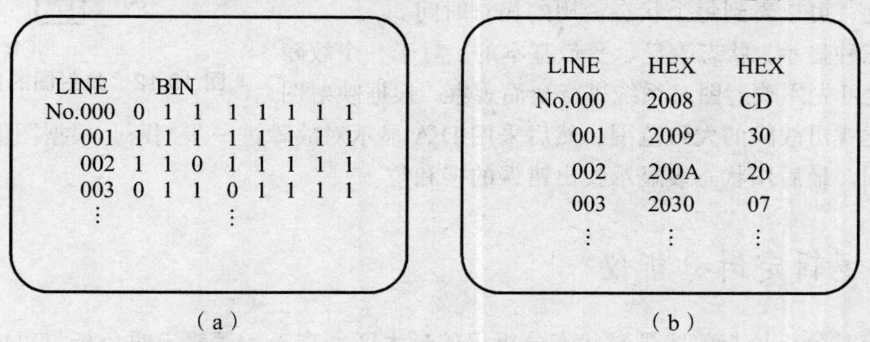


图 10.10　状态表显示

（2）D/A 显示

状态表显示能详细提供被测数据，但不适合于快速、直观地反映较长程序的运行情况，而

D/A 显示则能做到。所谓 D/A 显示，是将被测数据转化为模拟量，并按其顺序在 CRT 上显示其大小，以便宏观分析测量结果。图 10.11 是用 D/A 显示方式观察某一程序执行情况的显示结果，这里的数据是计算机的地址，因而这是一个程序地址（垂直方向）与执行顺序（水平方向）之间的关系图。由图可见，主程序从 2000H 开始执行，执行一段后转去执行一段子程序（地址跳变），然后再返回执行一段主程序后进入循环，最后在返回主程序时出错（偏离正常状态）。

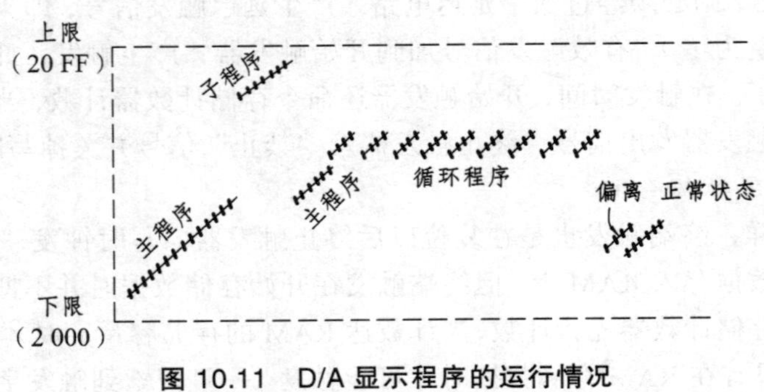


图 10.11 D/A 显示程序的运行情况

D/A 显示时，对故障分析有意义的是那些不连续的地方，因为它们表示程序跳转或偏离正常顺序状态（出错）。

（3）映射图显示

映射图显示是一种比 D/A 显示范围更为广泛的宏观分析数据流的显示方式。它把采集到的每一个数据分成高位和低位，再分别经两个 D/A 变换器转换成模拟量分别驱动 CRT 的 Y 轴和 X 轴偏转，形成显示。在映射图上显示的每一个光点对应一个数据，而不是 D/A 显示的某一位，这是映射显示与 D/A 显示二者间的主要区别。另外，映射图显示屏上的光点与数据一一对应，而状态表显示的是具体数据字，这是映射图显示与状态表显示二者间的另一区别。映射图显示如图 10.12 所示。

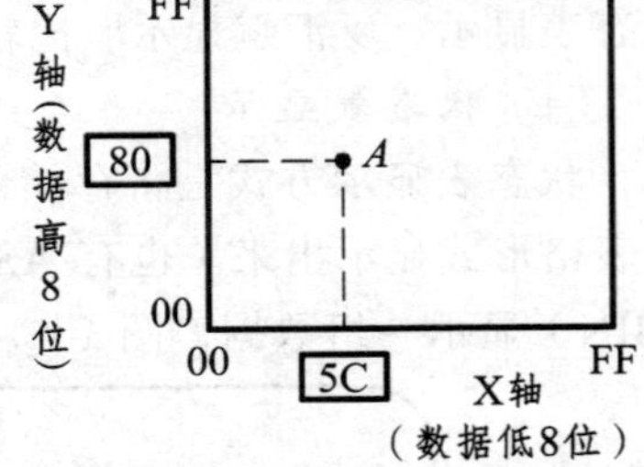


图 10.12 映射图的显示原理

数据字一旦改变（或数据字中某些位改变），屏上光点位置也改变。根据被测数字系统的映射图形特点和映射图变化的情况，很容易判断系统运行是否正常。此外，根据光点的相对亮度，可以看到每个状态占用的相对时间。

上述三种显示，状态表显示是最基本的。对于一个故障系统，一般可先用映射图对系统进行全面观察，根据映射图形状的变化找出故障的大致范围，然后采用 D/A 显示对故障进一步判断，根据图像的不连续性缩小范围，最后用状态表显示找出错误的字和位。

## 三、逻辑定时分析仪

逻辑定时分析仪与前述逻辑状态分析仪的最大区别在于，逻辑定时分析仪以内部时钟的有效沿对被测系统数据进行采样，与被测系统没有同步关系，属异步采样，并以定时图形显示结果。由于逻辑分析仪的基本组成和基本原理是相同的，所以下面介绍逻辑定时分析仪的特殊点。

### 1. 逻辑定时分析仪的异步采样

逻辑定时分析仪采用与被测系统没有同步关系的内部时钟作为采样时钟，因此称为异步采样。例如，HP1630A/D 逻辑分析仪的内部时钟周期在 5 ns ~ 500 ms 范围内，按 1-2-5 序列分 25 挡，以满足多种测量的要求。

异步采样的内部时钟选择要适当，否则 CRT 上显示的波形会严重失真或没有显示。图 10.13 所示为异步采样时钟的选择对采样后波形的影响，如采样时钟周期选得过大，将造成波形严重失真；选得过小则造成内存不够而无显示；当异步采样时钟频率选得与被测系统时钟频率相等时为最佳，选得越接近越好，通常应按被测信号频率或者按最窄待测脉冲频率的 5 ~ 10 倍来选择异步采样时钟频率。

需要注意的是，异步采样是在内部时钟的有效沿对被测系统数据进行采样的，因此逻辑定时分析仪能分辨的最小时间不会优于采样时钟周期 $T_s$，如图 10.14 所示。其产生原因是，使用状态分析仪的开机时间是随机的，因而内部的采样时钟与被测信号间的关系也是随机的，但时钟有效沿采样的结果就有一个误差 $T_0$，对于给定存储容量的分析仪，这就是不能分辨的区域。因此，分辨率越高，所选的时钟频率就越高，对于给定存储容量的分析仪，这就使被跟踪的数据被限制在一段很窄的时间范围内，捕获信号流的范围也就越小。

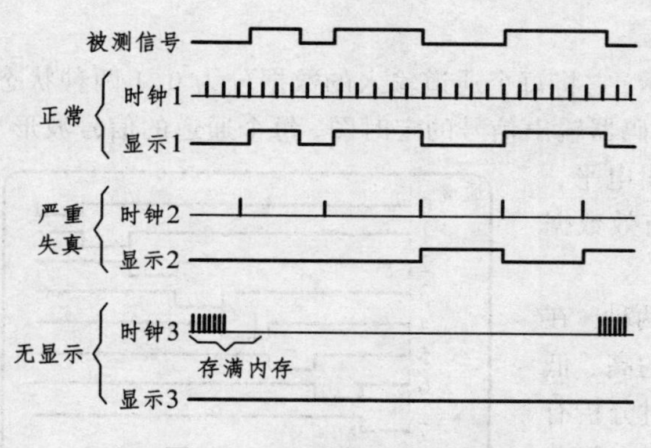


图 10.13 异步时钟的选择

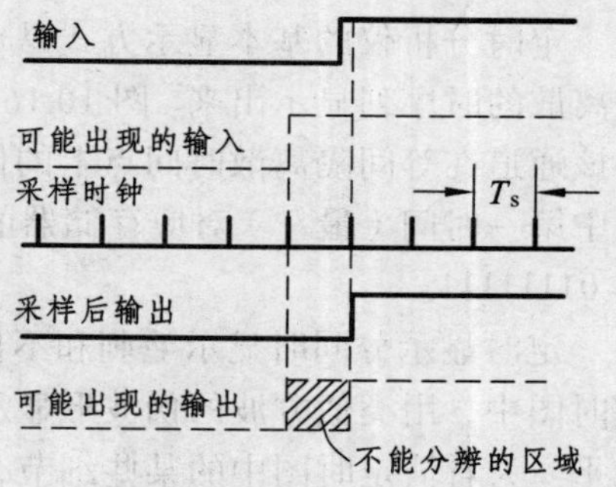


图 10.14 逻辑定时分析仪的分辨率

### 2. 逻辑定时分析仪的触发

逻辑定时分析仪常采用触发字触发，也可采用始端、终端触发或加一定的延迟。由于状态分析仪主要用于分析软件，多采用地址、数据等 8 位或 8 位的整数倍数据作为触发字。在定时分析仪中，因常用于分析硬件，观察信号的数目不定，因此触发字往往只有几位甚至一位。例如，欲观测计算机中断申请后各信号间的关系，则可只对触发字中对应中断申请的那一位来设定，其余各位不予理睬（用“×”表示）。

此外，定时分析仪具有毛刺触发功能。毛刺，在数字系统中指持续时间小于采样周期的窄脉冲，它通常由外界干扰或各路信号经过不同路径时延迟时间的不同及各信号时间关系配合不好等原因造成。毛刺触发，是设定某路或某几路一旦在被观测信号中出现毛刺信号时即触发。这样，定时分析仪必须长时间监视被测电路，一旦出现所关心的毛刺信号就触发，捕捉当时的情况，以分析毛刺的原因及影响。毛刺触发也可与触发字配合使用。

对于异步采样，由于采样时刻可能在任意时刻，因一些瞬态响应、器件延时的微小差别及信号中存在毛刺等，就可能造成瞬间满足触发条件，若恰在此时采样，就会误触发。对此，定时分析仪采用异步持续时间滤波电路（即触发滤波电路），只有触发信号大于要求的异步持续时间才是有效触发信号。当满足触发字要求，同时又满足触发信号的异步持续时间要求时，才能有效触发，避免了误触发的发生。

### 3. 逻辑定时分析仪的毛刺检测

定时分析仪可检测毛刺，这与前述的毛刺触发是不同的。通过提高采样频率来增加时间分辨力，可检测毛刺。但因毛刺持续时间极小，采样频率不可能提得极高，这种方式不但困难，也不经济。定时分析仪采用在每个输入通道上加毛刺检测电路的方法，将毛刺检测出来并加以存储。若需要，则在显示时对毛刺予以加亮显示，如图 10.15 所示，其中图（a）是采样时钟，图（b）是一路被测信号，图（c）是未加毛刺检测时的显示，图（d）是加毛刺检测时的显示。

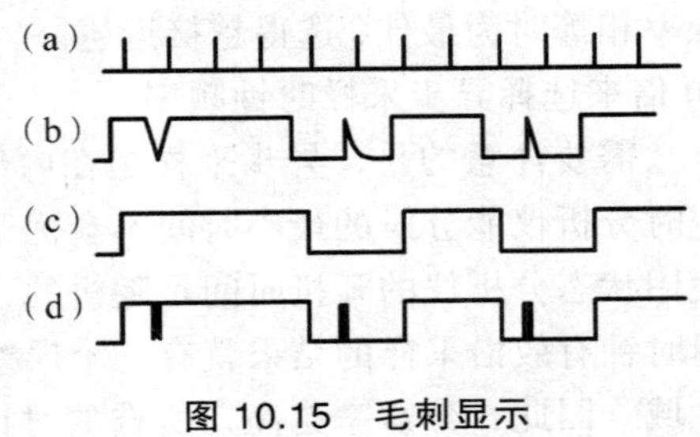


图 10.15 毛刺显示

### 4. 逻辑定时分析仪的显示

定时分析仪的基本显示方式是定时图显示，它将每个通道输入的数据分为 0、1 两种状态，按离散的时序列显示出来。图 10.16 为一个译码器输出信号的定时图，每个通道的信号波形反映该通道在等间隔离散时间点上的信号的逻辑电平，图中第一时间（最左）对应存储器的第一个有效数据字 01111111。

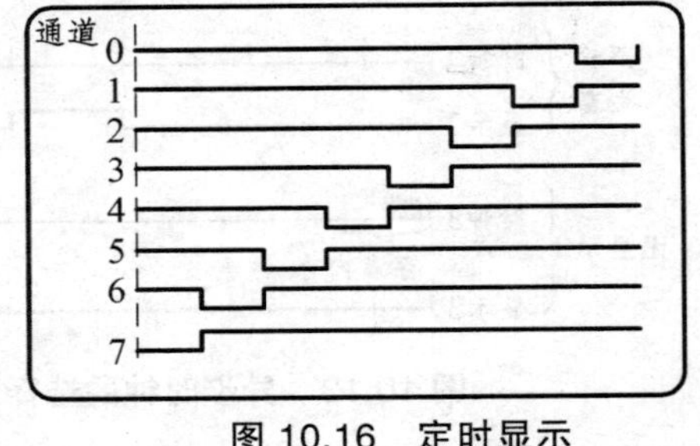


图 10.16 定时显示

定时显示分同时显示毛刺和不显示毛刺两种。在定时图中，用类似方波的伪波形显示采样值的高、低电平。为看清定时图中的某些细节，多数定时分析有局部放大功能，如用加亮区选择图形的 1/10 在全屏幕上显示，或将存储区中的内容选择一部分在全屏幕上显示。有的定时分析仪还可用屏幕的上半部显示整个存储区，下半部显示放大了的部分内容，这很像示波器显示中的双扫描显示。

应注意，定时分析仪的采样时钟是等时间间隔的，即时钟数与时间成正比，因此显示的图形反映采样逻辑电平值与时间的关系。为保证采样时钟等时间间隔出现，定时分析仪允许触发限定而不允许时钟限定，这与状态分析仪是不同的。

## 第三节 逻辑分析仪的应用

逻辑分析仪是数域测试中最典型、最重要的工具，在数字系统、计算机、智能仪器及微机化产品中应用日益普遍。由于逻辑分析仪发展迅速，功能扩展层出不穷，因此应用的方法和范围都在不断更新。

# 一、逻辑状态分析仪的应用

逻辑状态分析仪最主要的用途是分析计算机软件，它是跟踪、调试程序及处理软件故障的有力工具，也可在剖析微机化产品时用它来显示软件及其运行情况。

### 1. 使用状态分析仪应注意的问题

① 应了解被测数字系统的工作情况，以便选择的采样外时钟在指定跳变沿处被监测的所有信号都处于有效状态。

② 对采样时钟可采用限定条件，以达到挑选数据的目的。

③ 正确选择触发字。因状态分析仪主要用于软件分析，因此常采用计算机的地址或数据线上的特定数据作为触发字。不一定用一个完整的数据字作为触发字，有时触发字中个别位不用时可用“×”代替，这表明该位为“0”或“1”均可，并不是表示该位不接收信号，这实际上是扩大了触发字的范围。

④ 根据分析任务及分析工作的具体步骤选择合适的显示方式。宏观分析时采用映射图显示方式及 D/A 显示方式，具体分析被测系统实际运行情况时采用状态表显示方式。状态表显示应按地址、数据、控制信号分组，并分别以十六进制、十进制、二进制数予以显示。对于具有两套存储器的分析仪，一个存标准数据，另一个存测量数据，应采用比较方式显示，即将被观测数据不断地与标准数据比较，从而迅速发现错误，并在 CRT 上显示出测量结果与比较结果。

⑤ 状态分析仪检测的最小脉冲宽度和最高工作频率。由于被测系统总存在储能元件或分布电抗，数据需要经过一定时间才能稳定，同时数据经过不同路径的延迟也不相同，为可靠采样被测信号电平，要求在采样时钟作用沿之前数据必须有提前建立的时间 $t_d$，在采样时钟沿作用后数据还要保持 $t_h$ 时间。因此，状态分析仪能检测的最小脉冲宽度为

$$T_{min} = t_d + t_h$$

因而状态分析仪的最高工作频率为

$$f_{max} = \frac{1}{t_d + t_h}$$

要求具有一定的数据建立时间和保持时间，这是状态分析仪的又一特殊地方（在状态分析仪的同步采样中已介绍了两个特殊地方）。

### 2. 逻辑状态分析仪的应用

例如，用状态分析仪分析计算机软件，我们主要应考虑的原则是：第一，应选择好输入，如测 8031 访问外部数据存储器，就应把外存的地址和数据作为逻辑状态分析仪的输入；第二，要选择合适的同步采样时钟，如监测 8031 访问外部数据存储器，通过分析 8031CPU 对外部数据存储器读、写过程的操作时序可知，在 $\overline{RD}$、$\overline{WR}$ 的上升沿处地址线和数据线上的信号都是有效的，而 8031 的时钟却不能保证这一点，应选 $\overline{RD}$、$\overline{WR}$ 相“与”的结果作为逻辑状态分析仪的外部同步采样脉冲；第三，选择好逻辑状态分析仪的工作状态和工作参数，列出清

单进行清单设置，内容包括选择时钟沿、触发方式、延迟量、触发字、显示方式、正逻辑还是负逻辑，等等。上述原则只是初步的，实际中需要考虑的问题还有许多，这里不一一介绍。

## 二、逻辑定时分析仪的应用

逻辑定时分析仪的应用特点和应用范围与状态分析仪有不少差别，即使对兼有状态分析和定时分析两种功能的逻辑分析仪做定时分析时也是如此。逻辑定时分析仪较多地用于硬件分析，特别是常用于控制信号、I/O 信号及硬件电路中其他信号的异步定时分析和毛刺检测。

### 1. 使用逻辑定时分析仪应注意的问题

① 采用内时钟异步采样，不能使用时钟限定或其他方式删去部分时钟，因为定时图的横坐标代表一系列等时间间隔的离散点。

② 采样时钟频率选择要适当，一般选被测频率或相当于最窄脉冲的 5 ~ 10 倍的频率。

③ 提高分辨率，根本的办法是减小采样时钟周期 $T_s$，但受到定时分析仪最高工作频率以及与内存容量相关联的观测范围的限制。一般适当选择分辨率，既满足分辨力的要求又考虑观测范围的要求。理想的解决办法是采用瞬变存储方式，它只在信号逻辑电平发生变化时才进行采样存储，而在两次状态变化间隔中只记录时钟的数目，从而能用较少的内存容量完整地保存每个采样时钟点上的状态信息，显示时能在屏上恢复成相当于等时间间隔存储的定时图。

此外，在触发选择等方面，都应合理进行选择。

### 2. 逻辑定时分析仪的应用

逻辑定时分析仪主要用于硬件电路测试，比如观测毛刺对硬件电路的影响，还可用于观测计算机外部设备的取数时间等。下面以观测毛刺为例做简单介绍。

图 10.17（a）是一个有故障的存储器电路，其故障现象是读出的数据与存入的数据有时不一致，属电路硬件故障。用逻辑定时分析仪观测，将加在 RAM 的写时钟和由地址计数器产生的 4 位地址共 5 条线作为分析的信号输入，触发字的选择很灵活，当选 0000 地址为触发字，采用终端触发并加一定延时，使地址在 CRT 的左部。适当调整采样周期，使定时图的显示疏密得当并易于分辨，如图 10.17（b）所示。

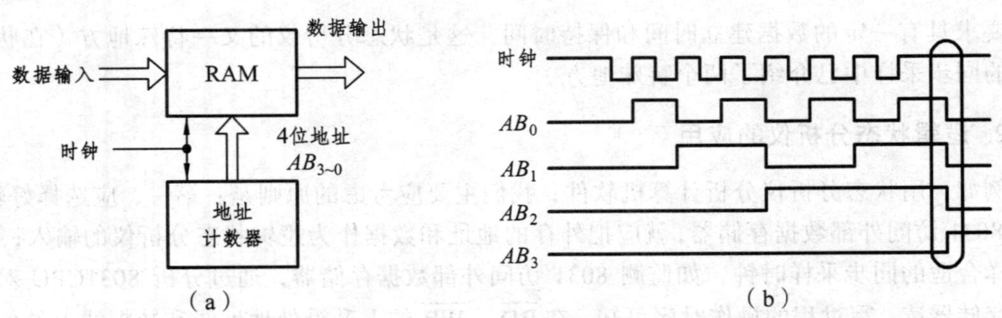


图 10.17 故障电路的 RAM 框图和需测量的有关信号

由图 10.17（b）可见，写时钟是间断出现的，它由电路工作情况决定。在写时钟作用下地址计数器进行计数，输出不同的地址供 RAM 使用。图 10.17（b）左部的逻辑关系都是正常的，但右部的写时钟未作用时，地址计数器仍在计数翻转，这在逻辑上是不合常规的，这种不按要求出现的写入，必然破坏正常的写入、读出序列。在没有时钟跳变沿的情况下出现地址计数器误动作，原因可能与毛刺有关。因此，令逻辑定时分析仪工作在毛刺显示状态（即在 CRT 上显示的 GLITCH DISPLAY 后面填 ON），得到图 10.18 所示波形。

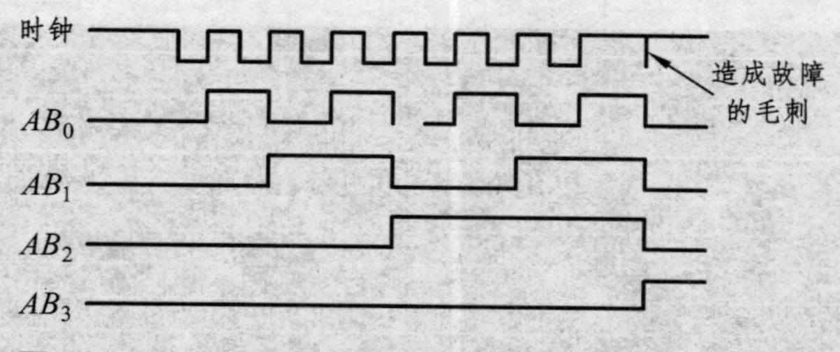


**图 10.18 用毛刺显示找到地址计数器误动作的原因**

由图 10.18 可知，在地址计数器误动作瞬间，时钟电路出现毛刺。

通过上述分析可以看出，逻辑分析仪对于数字系统以及计算机及微机化产品的研制、生产和维修、分析是非常有用的工具。

### 3. 逻辑分析仪在实验中的应用

随着技术发展的要求，带单片机的嵌入式系统在电子电路开发中的比重越来越大，以下用逻辑分析仪在开发单片机系统的应用来介绍如何可以快速地使用逻辑分析仪。

（1）硬件系统

通过测量流水灯实验板为例来说明逻辑分析仪 LA1032 的使用。流水灯实验板原理图如图 10.19 所示。单片机 P89LPC913 通过 SPI 接口控制 74HC164，使 LED1 ~ LED8 亮灭。设置 CH0 ~ CH11 十二个测量点，如图 10.19 中的标有 ⟋ 图标的地方。

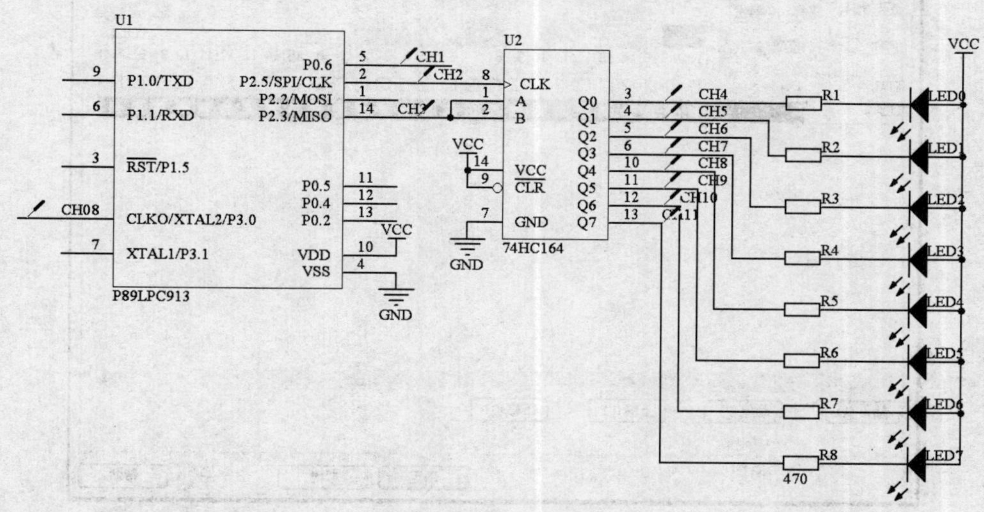


**图 10.19 流水灯原理图**

使用 USB 电缆连接逻辑分析仪和 PC 机，打开逻辑分析仪软件，界面如图 10.20 所示。

注意观察设备是否在线，图 10.20 右下角中红框位置，只有设备在线才可以正常使用。

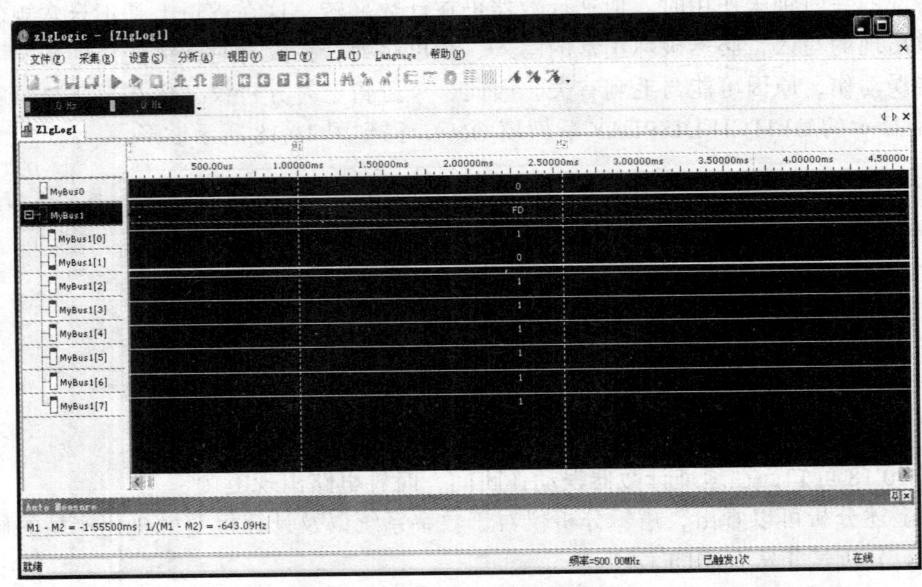


图 10.20　逻辑分析仪软件界面

（2）总线测量

- 步骤 1　把逻辑分析仪 PODA CH4～CH11，连接到 74HC164 的 Q0～Q7 测量引脚。点击【设置】→【总线/信号】，点击【插入】按钮，添加 LED 测量总线，如图 10.21 所示。点击【确定】按钮。

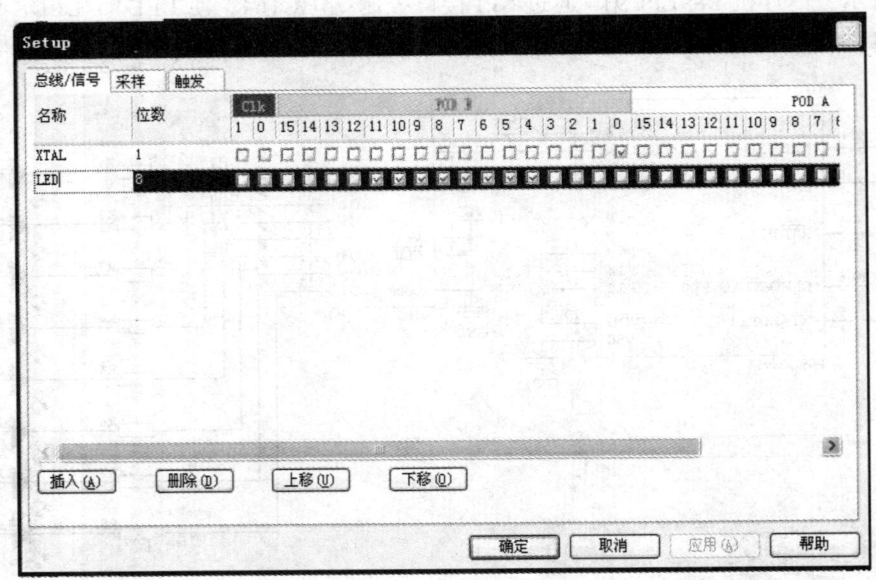


图 10.21　添加 LED 总线

- 步骤 2　点击工具栏中的▶（单次启动）按钮，逻辑分析仪的测量结果如图 10.22 所示。

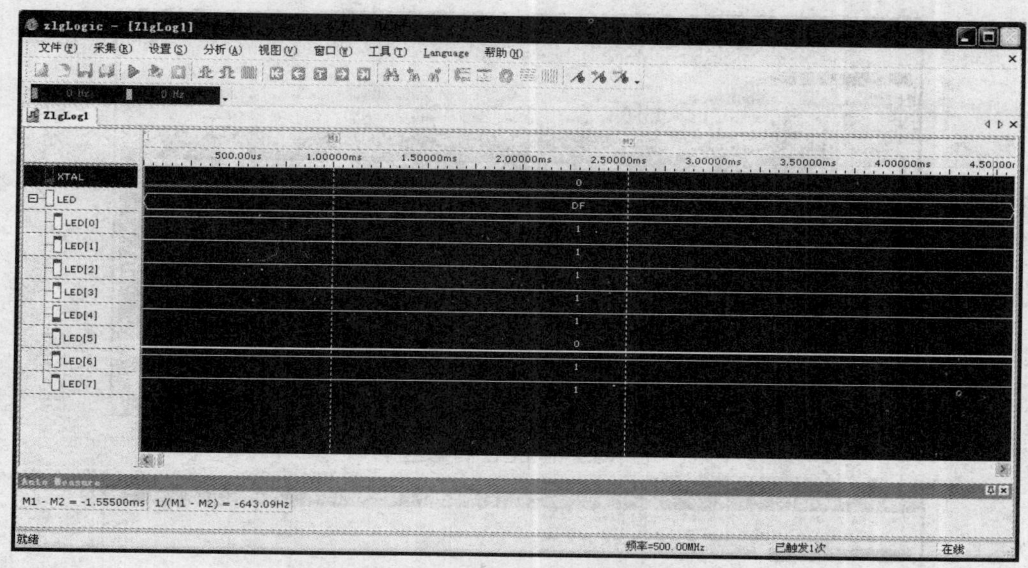

图 10.22 XTAL 与 LED 测量结果

• 步骤 3 因为 XTAL 的频率比 LED 的频率高得多，难以与 LED 信号一起观察，为了便于观测 LED 总线，需要通过【总线/设置】对话框把 XTAL 信号删除，只保留 LED 信号，操作方法如以上删除 MyBus0。因为 LA 系列逻辑分析仪具有动态采集功能，对于低频信号的采集，测量时间会变得很长。为了可以更快地观察结果，可以点击工具栏中的▣，把存储容量设置为 2K，如图 10.23 所示。

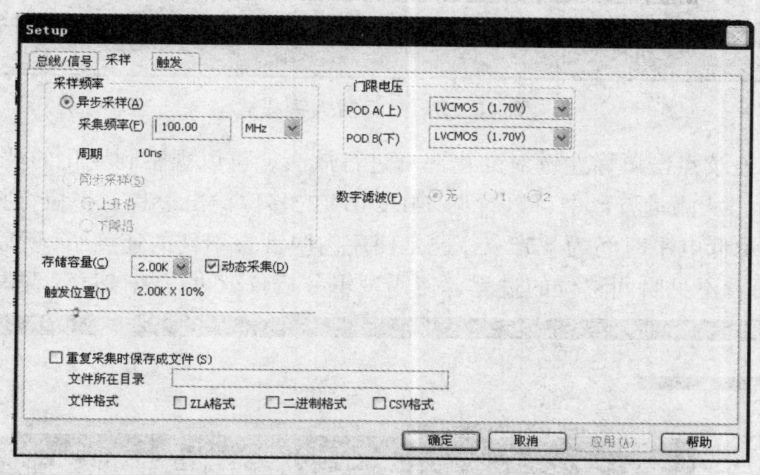

图 10.23 更改存储容量

• 步骤 4 点击工具栏中▶（单次启动）按钮，进行 LED 信号的单独测量。逻辑分析仪的测量结果如图 10.24 所示。这次可以看见 LED 流水灯操作的完整波形了，因为 LED 是共阳连接，所以当逻辑分析仪测量结果为 0 时 LED 亮。

• 步骤 5 在图 10.24 中发现每次数据稳定前都有一些毛刺变化，如图中红线框住的地方。把鼠标移到波形变化的地方，按下键盘【Ctrl】按键，鼠标将变成（鼠标进行放大镜模式，这时点击鼠标左键为放大，点击鼠标右键为缩小），如图 10.25 所示。

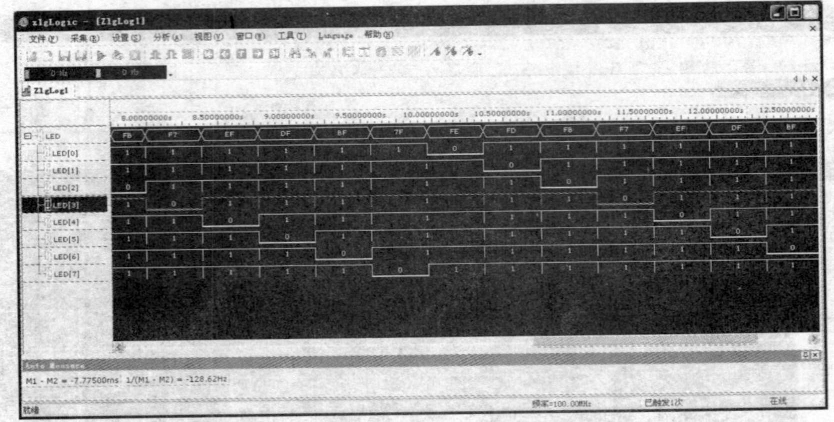

图 10.24 LED 测量结果

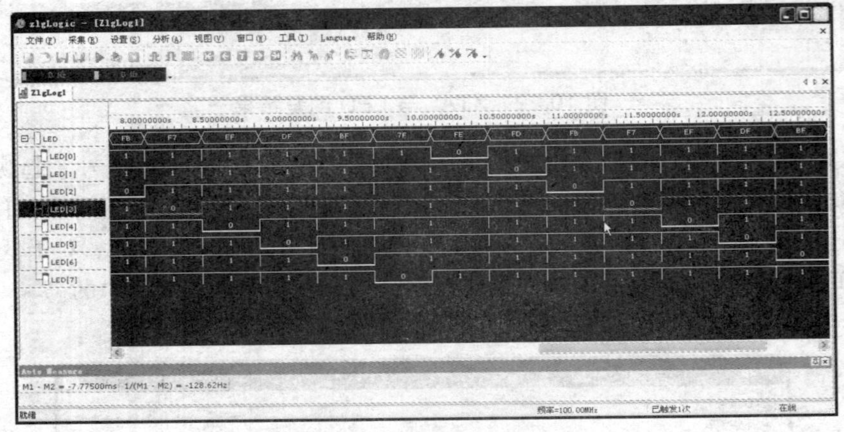

图 10.25 鼠标放大镜模式

• 步骤 6 连续点击鼠标左键对变化部分进行放大，可以观察到变化的波形的实际情况，如图 10.26 所示。从测量波形中可以看见 74HC164 的移位输出过程，把鼠标指向其中一个低电平上，自动提示低电平时间为 4.77 μs，这是使用肉眼观察不到的速度了，所以只能看见 LED 在不断地移动而看不见瞬间移位的过程，使用逻辑分析仪就可以把该过程看得清清楚楚了。

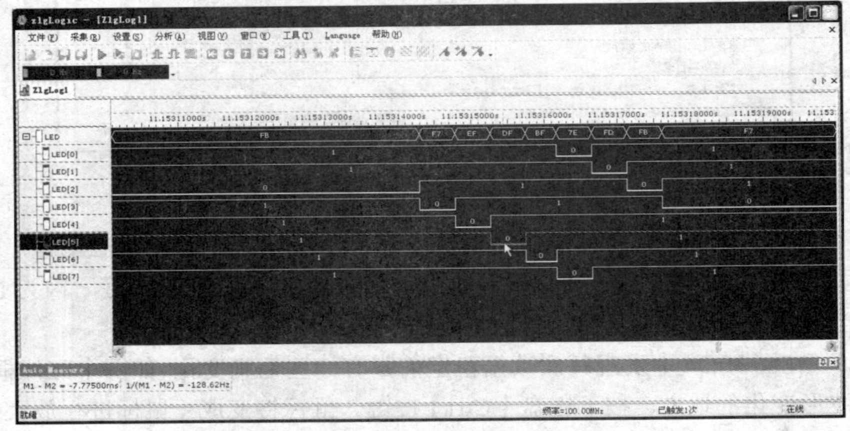

图 10.26 74HC164 移位波形

（3）SPI 测量

• 步骤 1　完成测量 74HC164 的输出，接下来对 74HC164 的输入进行测量。观察 74HC164 的输入与输出的关系。74HC164 是串行移位芯片，并不是标准的 SPI 接口芯片，为了便于观察，驱动 LED 的 74HC164 是单片机使用模拟 SPI 接口进行控制。P89LPC913 的 P2.5 作为 SPI 的 CLK（时钟信号），P2.3 作为 SPI 的 DATO（数据输出信号），当时钟信号为上升沿时传输数据。P0.6 作为 SPI 输出的 CS（片选信号），当 CS 为低时表示正在传输 SPI 数据。把 CS、CLK、DATO 分别连接到 PODA 的 CH1、CH2、CH3 上。点击菜单中的【设置】→【总线/信号】，添加总线 CS、CLK、DATO，如图 10.27 所示，点击【确定】按钮。

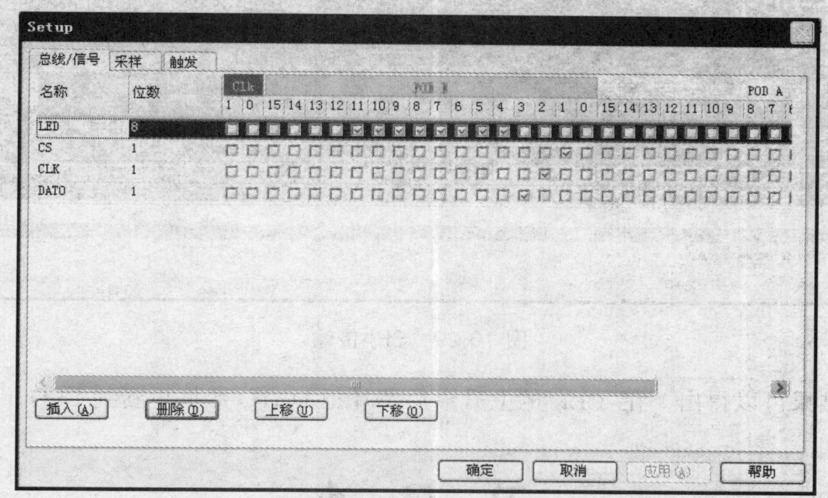


图 10.27　添加 SPI 总线

• 步骤 2　点击工具栏中（单次启动）按钮，进行 SPI 输入与 LED 信号关系的测量。测量结束后，点击工具栏中（缩小到全屏）按钮，可以观察到全部测量结果，如图 10.28 所示。

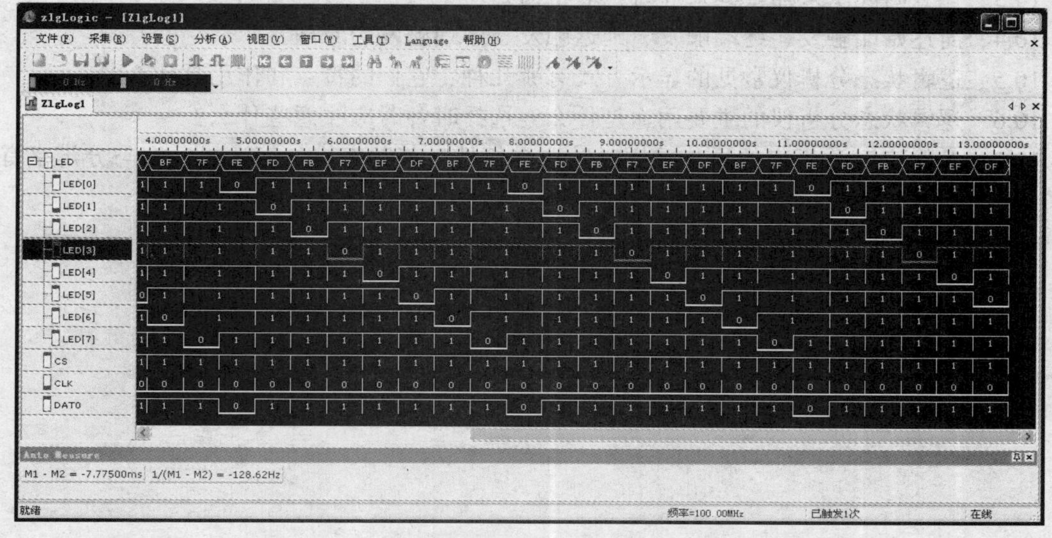


图 10.28　SPI 传输测量全屏

• 步骤 3 选择 LED 从 0xFE 到 0xFD 变化之间进行放大，观察 SPI 传输与 LED 的关系，如图 10.29 所示。

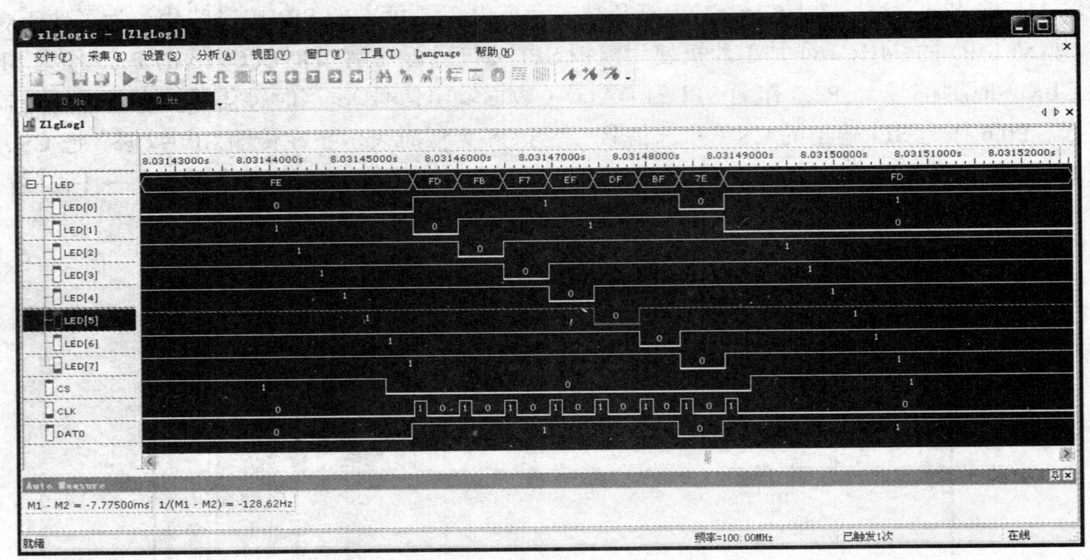

图 10.29 SPI 传输

从测量结果可以得出，在 CLK 的上升沿后芯片把 DATO 数据更新到 LED 上。

## 习 题 十

10.1 逻辑分析仪的触发与示波器的触发有何不同?

10.2 逻辑分析仪显示的波形为何被称为伪波形?

10.3 什么叫同步采样? 其采样时钟取自何处?

10.4 简述始端触发、终端触发、延迟触发、序列触发的原理。

10.5 逻辑状态分析仪常见的显示方式有哪几种? 它们的特点和作用是什么?

10.6 逻辑状态分析仪的主要用途是什么? 选择时钟时应注意些什么?

10.7 逻辑定时分析仪的异步采样时钟取自何处? 其频率应如何选择? 它与分辨率有何关系?

10.8 逻辑定时分析仪如何检测毛刺?

10.9 指出逻辑定时分析仪的显示特点及主要用途。

# 第十一章　微机在电测试技术中的应用

## 第一节　概　述

科学技术的飞速发展带来了电子技术的日新月异，计算机与电测试技术的结合，使测试技术和测试设备无论在测量原理和方法方面，还是在仪器设计、仪器性能、仪器使用与维修等方面，都发生了巨大变化。主要表现在测试仪器的智能化、测试系统的自动化及虚拟化三个方面。

### 一、测试仪器的智能化

随着科学技术和生产的发展，测量任务越来越庞大复杂，对测量的速度和准确度的要求越来越高，对测量仪器的功能和性能要求也越来越高。计算机技术为解决上述问题提供了重要条件。利用计算机的记忆、存储、数学运算、逻辑判断、指令识别及控制等功能，生产出了微机化仪器和自动测试系统，满足了现代测试中量大、复杂、高准确度等要求。

所谓微机化仪器（Microcomputer Based Instruments），主要包括智能仪器和个人仪器。

智能仪器至少有一个（乃至数个）微处理器或微计算机，以计算机的软、硬件为核心，使仪器测量部分与微机部分相互融合，从而使性能明显提高、功能扩大，大多数智能仪器具有自动转换量程、自动校准、自动检测、自动保护和进行数据处理等功能，同时配有通用接口，以便多台仪器组合构成自动测试系统（单台智能仪器的功能毕竟是有限的）。

个人仪器（Personal Instruments）于 1982 年由美国西北仪器系统（NWIS，Northwest Instrument Systems）公司首推出来，又称为个人计算机仪器（PC Instruments）。它是仪器与标准计算机的紧密结合，由硬件和软件两部分组成，其硬件为插件（模块）式，每个插件可插入个人计算机总线扩展槽内或专门的插件板、插件箱内，实现资源共享，将硬件减少到最低程度。在一台计算机内可插入不同模块，实现一机多用，不但降低成本，而且仪器模块不会影响个人计算机的原有功能，同时计算机的软件技术可用于测量领域，形成新的测量算法、测量原理和测量方法，赋予仪器更强的功能和更高的“智能”。

### 二、测试系统的自动化

测试系统是指与测量工作有关的整体，包括被测对象、测试手段、测试结果处理机构、测试辅助装置与器材、测试环境、测试人员等。传统的测试系统是以测试人员为核心的手动系统，随着科学技术的发展才逐步实现了测试系统的自动化，即在人工参与最少的情况下，能自动进行测量、数据处理，并以适当的方式显示或输出测试结果，这样的系统称为自动测试系统（Automatic Test System）。

自动测试系统的研制可以追溯到 20 世纪 50 年代甚至更早一些，但是直到 20 世纪 60 年代采用电子计算机之后，才真正构成比较完善的自动测试系统，因此，它是电子测量技术与电子计算机紧密结合的产物，就其发展过程而论，大体可分为三代：

第一代自动测试系统已采用计算机控制，与传统的电子测量仪器相比，在性能和功能方面都有发展，如自动数据采集系统、自动分析系统等。这些系统有些至今仍在应用，它们能完成大量的测试任务，承担繁重的数据分析、运算工作，快速准确地给出测试结果，但是没有解决仪器之间、仪器与计算机之间的接口标准化问题，需要系统组建者自行解决，因而系统比较复杂，成本高，适应性不强，主要用于专用测试。

第二代自动测试系统应用了标准化接口母线（Interface Bus），使测试系统中的各设备可按积木形式连接起来，因而组成系统时不必自己设计接口电路，更改和增加测试内容也很灵活、方便，当使用完毕后拆散容易，拆散后的计算机及其他设备又可移作他用，显示了很大的优越性，因此得到广泛应用。标准化接口母线有很多种，如 GPIB、CAMAC、RS-232、RS-422、RS-485、STD、IBMPC、VIX 和 S-100 等，但自动测试系统中应用最广的是 GPIB。第二代自动测试系统中的计算机主要完成控制、数据处理、逻辑判断等任务，计算机没有充分发挥作用。

第三代自动测试系统是在第一、二代的基础上进一步发展起来的。在第一、二代自动测试系统中，电子计算机主要是对系统起控制的作用，并完成某些数据处理工作，计算机的作用没有得到充分发挥，其整个系统和它的工作过程基本上是对人工测试的模拟。第三代自动测试系统则是把电子计算机与测试系统更紧密地结合起来，以大量的软件代替硬件，以一种新的理念组成系统，特别是直接用计算机产生激励信号和完成测试功能，这展示了仪器发展的新方向。但是，这种测试系统还处在发展阶段，存在工作频率不高等缺点，因而被大量应用的还是第二代自动测试系统。

### 三、测试的虚拟化

虚拟化也就是仿真模拟化，由计算机及相关软件来实现，包括虚拟仪器和虚拟测试（实验）两个方面。虚拟仪器是在计算机上模拟常见的各种仪器，它以软件为核心，用软件实现硬件功能，配以适当外设电路，完成各种测试任务。虚拟仪器实际就是第三代自动测试系统。虚拟测试就是在计算机上实现常见的电子测量，是一种现代的先进模拟实验技术，是科技工作者和从事测试的工作人员熟悉掌握电测试技术的模拟手段和重要方法之一。虽然虚拟测试不能代替实际测试，不具有实际测试的意义，但反映了计算机在测试技术中的应用。

## 第二节　微机化仪器的典型功能

由于计算机具有运算、判断、记忆和控制功能，使微机化仪器的性能和功能得到了很大的改善和提高，其典型功能有下述几种。

## 一、零漂的消除

微机化仪器通常通过模拟电子电路实现信号的拾取和放大，因而不可避免地存在零漂（时漂和温漂），并转化为标度漂移。微机化仪器可通过计算机的运算功能和控制功能方便地实现零漂（标度漂移）的清除。

图 11.1 为消除漂移的原理框图。图中 $U_i$ 为被测输入电压，$U_R$ 为校准标度的基准电压，$U_{os}$ 为信息获取部分折算到输入端的等效漂移电压。

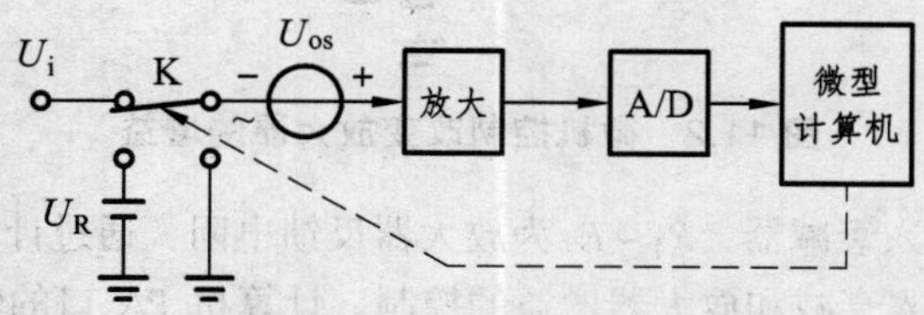


**图 11.1　消除漂移的原理框图**

在计算机控制下，K 首先接地，测试系统的漂移，计算机获得的测试值为

$$N_1 = KAU_{os} \tag{11.1}$$

式中，$K$ 为 A/D 转换系数，$A$ 为放大器增益。

然后在计算机控制下 K 接 $U_R$，测试基准电压，计算机获得的测量值为

$$N_2 = KA(U_R + U_{os}) \tag{11.2}$$

最后在计算机控制下 K 接 $U_i$，测试输入电压，计算机获得的测量值为

$$N_3 = KA(U_i + U_{os}) \tag{11.3}$$

计算机对三次测量值进行计算，可得

$$N = \frac{N_3 - N_1}{N_2 - N_1} = \frac{U_i}{U_R} \tag{11.4}$$

即被测电压　　$U_i = NU_R$　　(11.5)

可见，只要保持 $U_R$ 稳定就可以从根本上消除零漂或标度漂移，微机化仪器就是按式(11.4)编程实现标度的自动校正的。

## 二、通过自动增益变换扩展量程

为扩大测量范围，仪器一般都是多量程的，并通过人工选择衰减器来实现，也可通过改变放大器增益来实现。微机化仪器一般是通过计算机控制放大器增益来实现量程的控制，如图 11.2 所示。

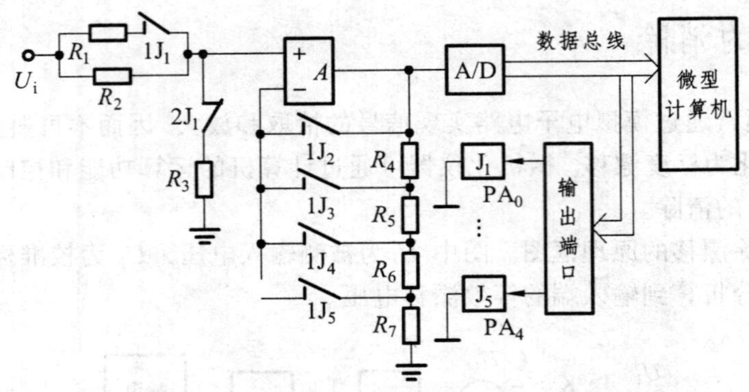


**图 11.2 微机控制改变放大器的增益**

图中，$R_1 \sim R_3$ 构成输入衰减器，$R_4 \sim R_7$ 为放大器反馈电阻，通过计算机控制继电器 $J_1 \sim J_5$ 不同的开闭组合，实现对输入衰减和放大器增益的控制。计算机 PA 口的输出控制继电器 $J_1 \sim J_5$ 的开闭。$J_1$ 由 $PA_0$ 控制，当 $PA_0 = 1$ 时，$J_1$ 吸合，则 $J_1$ 的常开触点 $1J_1$ 闭合，而常闭触点 $2J_1$ 断开。其他继电器类推。自动切换量程是由最大量程开始，逐级比较，直到切换到合适的量程为止。

## 三、测量结果的线性化

线性系统是人们所期望的，因为可以保证在整个测量范围内具有相同的灵敏度及其他优点。但仪器系统的模拟部分总存在一定的非线性，用补偿电路进行补偿也只能达到近似线性，且电路复杂。而微机化仪器可充分发挥计算机的程序功能，用软件实现非线性校正，不但简化了硬件结构，而且降低了成本。其线性化的方法有一维查表法、线性插值法和计算法。

一维查表法适合于不同的线性化要求。它首先建立一个被测量值的表，首项值等于被测量值下限对应的 A/D 转换值，末项值等于被测量值上限对应的 A/D 转换值，其间按等值间隔递增。求被测量值的过程是一个查表过程，将被测量经 A/D 转换的值与表中关键字从小到大相比较，当转换值小于关键字就继续比较，直至很接近或等于关键字时，查表结束。这种方法的缺点是，当测量范围增大或精度提高时，表格容量增大，占用的存储单元多，查表速度就会降低。解决办法是采用数字式函数变换器，即在 RAM 内存储线性化函数表，将经 A/D 转换的值作为 ROM 的地址，从而得到对应 ROM 中的线性化后的值，这种方法可使查表过程大为简化。

线性插值法采用分段直线段来逼近非线性曲线，用表格存放折线的转折点，用经 A/D 转换的值查得表格所处的区间，然后采用直线方程进行线性内插计算出线性化后的值。实际上它是查表法与计算法的结合。

计算法适合于可用函数方程描述的非线性特征，不需要事先在存储器中建立表格，可直接用计算法计算出被测值。但此法的速度慢。

## 四、动态测试

由于微型计算机的指令周期、存储器的存取时间和 A/D 转换时间等已减小到纳秒级，因此，微机化仪器可以在计算机控制下通过高速 A/D 转换对动态信号进行快速采集、记录和处理，从而实现动态测量。

## 五、测量数据的自动分析处理

利用计算机的强大功能，可方便地对测量数据进行各种处理，常应用于以下几个方面。

### 1. 回归分析

测量中经常涉及两个变量的函数关系，由于各种随机因素的干扰影响，这种关系往往不能直接用测量数据进行精确计算，必须多次测量，用最小二乘法进行数据处理，这样就降低了随机因素的影响，提高了测试精度，这就是回归分析。微机化仪器利用计算机编程可方便地进行回归分析。

### 2. 测量数据的筛选

对同一被测量进行多次重复测量，因随机因素干扰是离散的，利用计算机进行统计分析，非常容易判断出“坏值”并予以剔除（参见第一章内容），这也是微机化仪器的优点之一。

### 3. 数字滤波

这里讲的数字滤波器指的是统计滤波器，可以消除随机噪声的影响，又称为数字平滑滤波。数字平滑滤波的方法很多，各有特点，根据需要而定。数字平滑滤波可分为两大类：时域平滑滤波和频域平滑滤波。下面介绍时域平滑滤波常用的两种方法。

（1）中值滤波

对被测参数在一个测量周期内连续多次测量，将其数据按大小排序，取其中间值为测量结果，这就是中值滤波。中值滤波对消除脉冲干扰较为有效。

（2）算术平均值滤波

对于多次测量值，以算术平均值作为测量结果，这就是算术平均值滤波。算术平均值滤波对消除随机干扰极为有效。微机化仪器根据算术平均值的定义（参见第一章）来编程，可方便地获得算术平均值。

对于混有随机噪声的被测信号可采用移动加权平均滤波。设权系数为 $W_i$，而移动下限和上限为 $L$、$V$，则加权移动平均表达式为

$$\overline{x}_k = \frac{\sum_{i=-L}^{V} W_i x_{k+i}}{\sum_{i=-L}^{V} W_i} \tag{11.6}$$

式中，加权系数由最小二乘法求得。最常用的移动加权平均滤波取五点，这时 $L=2$，$V=2$，$W_{-2}=1$，$W_{-1}=4$，$W_0=6$，$W_1=4$，$W_2=1$。若采样数为 $x_1$，$x_2$，…，$x_k$，…，$x_n$，则对 $x_6$ 进行五点移动加权平滑滤波时有

$$\overline{x}_6 = \frac{1}{16}(x_4 + 4x_5 + 6x_6 + 4x_7 + x_8)$$

同理，对 $x_9$ 平滑处理为

$$\overline{x}_9 = \frac{1}{16}(x_7 + 4x_8 + 6x_9 + 4x_{10} + x_{11})$$

### 4. 数值计算

微机化仪器利用其运算功能可实现一些常见的数据处理，如周期转换成频率、频率推算转速以及测量结果量纲的换算等。

## 六、故障诊断

微机化仪器的故障自动检测功能保证了仪器工作的可靠性，给仪器的使用和维修带来了极大的方便。

### 1. 自　检

自检，就是仪器对自备的各个软件、硬件进行全面的周期性测试，主要有以下三种：

① 开机自检。每当接通电源（开机）或是清零复位时，仪器就进行一次自检。主要是检测显示是否正常、插件是否插入等。

② 周期性自检。仪器在工作过程中，定时插入自检操作。它不影响仪器的正常运行，只有出故障报警时使用者才知道内部在自检。

③ 键控自检。仪器面板上设有“自检”按键，由操作人员控制启动自检程序才进行自检。

自检过程中，当发现故障，显示器就显示出故障代号，也可通过音响报警。

### 2. 检测硬件

检测的硬件主要有 ROM、RAM、总线、插件等。仪器自检的项目越多，使用和维修就越方便，但相应的硬件和软件也就越复杂。

（1）检测 ROM

这是自检中首先要进行的检测，因为 ROM 中存放的是程序或数据。通常采用奇校验法检查。在将程序写入 ROM 时，保留最后一个字节作校验字，用于校验。

（2）检测 RAM

对 RAM 的检测需在未存入信息前进行，采用步进法。先对 RAM 各单元写 0，然后从始地址到末地址依次读出，检查是否为 0。再以同样的方法写 1 并检查读出是否为 1。通过两次的写和读比较检查便可以判断 RAM 是否正常。

（3）检测总线

由于总线通常经缓冲器与各插件、输入/输出器件相连，则检测总线需外加锁存器。只要对这些锁存器进行写入和读出操作，并将二者进行比较就可判断总线是否有故障。自检时应使总线每条线依次为 1、其余为 0，然后再依次为 0、其余为 1，CPU 将经总线写入锁存器的值和从锁存器读出的值进行比较，若相同则总线无故障。

（4）检测插件

主要从检查插件是否插入和能否正常工作两方面进行。测量时必须对插件进行寻址，而被寻址的插件又必须向微机发出应答信号，以表明它已接受寻址。利用应答信号是否出现，便可判断插件是否插入和是否正常。

### 3. 检测软件

检测软件大多都是循环进行的，在循环之间插入自检子程序，经多次测量循环就可完成全部自检项目。

## 第三节　智能仪器

智能仪器是微型计算机在测试领域中应用最广泛的一种形式，现代测试仪器之所以称之为智能仪器，是因为它应用了微型计算机，具有一定的人工智能，因此，在科技和生产的各个领域得到越来越广泛的应用。

### 一、智能仪器的组成

智能仪器的原理和结构各不相同，但其基本组成形式大同小异。图 11.3 所示为智能仪器的基本组成框图，它主要由微型计算机（或微处理器）、测试功能电路、通用接口三部分组成。

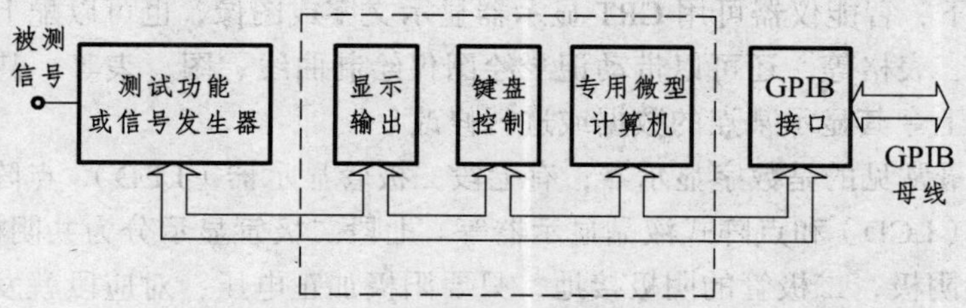


图 11.3　智能仪器的组成框图

微机是智能仪器的核心，各种信息的传递和对功能电路的控制，可通过微机总线来实现。键盘控制和显示输出可作为微机的一部分，对它们的管理也与普通微型计算机类似，因而智能仪器与带有外设的微机很相似。接口采用标准接口母线系统 IEEE-488（即 GPIB）。下面从结构和性能两个方面进一步加以介绍。

#### 1. 结构特点

（1）键盘操作

键盘由若干微动开关组成，其结构采用微机控制的矩阵式键盘，如图 11.4 所示。为简单说明问题，图中给出了一个 3 行 3 列的 9 键矩阵。计算机通常用扫描的方法来识别矩阵式键盘，并采用数据总线或地址总线通过输出接口向键盘各行发送一定电位，同时通过输入接口读取各列的电位，通过输出和读入来判断键盘是否按下。为判断所按下的键，计算机轮流给每行发送低电位（通地），根据输出的行和输入的列准确无误地判断出所按下的键。

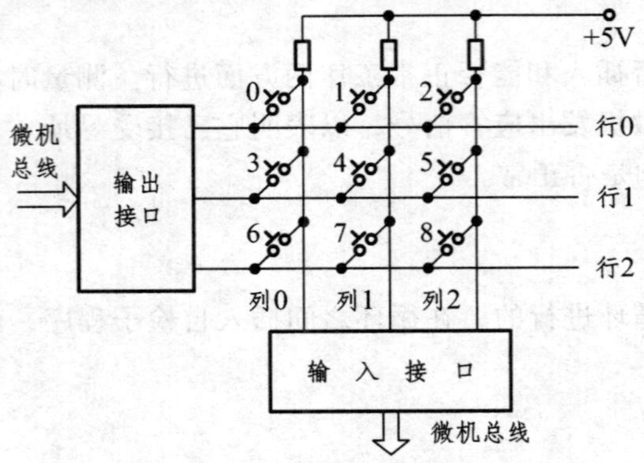


图 11.4 矩阵式键盘结构

键盘一般分为功能键和数字键两类，在计算机管理和控制下工作，用来选择仪器的功能和量程等。只有当按下某一按键时，才启动一种特定操作，这种操作是由事先编排的程序所决定的。键盘除直接输入数据或指令在相应程序软件的控制下完成所规定的仪器功能外，还可以通过键盘编程，更灵活地满足使用者的需求。除了一键对应一定功能或操作的单义键外，为了尽可能减少按键数，常常采用复用键，即一键二用或一键多用。

（2）母线结构

智能仪器内部通过总线互连，对外通过标准接口，用标准接口母线（常用 GPIB，即 IEEE-488 接口母线）与其他仪器相连。

（3）多形式输出

在微机控制下，智能仪器可用 CRT 显示器显示文字或图像，也可以配上小型打印机打印输出文字、数据、表格等，还可以带动记录绘图仪绘制曲线、图、表等，甚至可利用光笔在 CRT 显示的曲线上令其显示某点的数据或进行修改。

智能仪器中最常见的是数字显示器，有七段二极管显示器（LED）、点阵式 LED 显示器、液晶数码显示器（LCD）和点阵式液晶显示器等。七段二极管显示分为共阴极和共阳极两种。图 11.5 所示是共阴极，二极管的阴极接地，只要阳极加正电压，对应段就发光。例如，欲显示数字“0”，发光二极管 *a*、*b*、*c*、*d*、*e*、*f* 应发光，对应段码为 0111111，十六进制为 3FH。把该段码存入某个地址 $A_0$，并利用同样的方法将欲显示的数字 1～9 对应段码存入地址 $A_1$～$A_9$，构成“一张表格”。在需要显示某个数字时，计算机就访问相应地址，读出相应段码，驱动发光二极管显示。

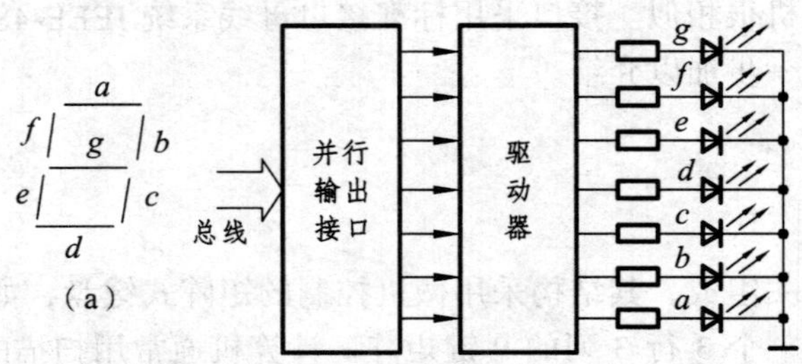


图 11.5 微机控制七段数码显示

（4）硬件电路简单

微机控制下的测试功能电路，比传统的模拟式测试电路简单得多。例如，以数字式滤波器代替了模拟式滤波器，以软件与简单硬件电路的配合实现了高精度的 A/D、D/A 转换；误差修正；扩展某些元件的线性工作范围；降低或消除元件的漂移和噪声；等等。通过计算机的控制，有些硬件功能可由软件来实现，使电路简化，性能更佳。

**2. 性能特点**

（1）实现高度自动化

智能仪器在微型计算机的控制下，可实现自动选量程、自动校准、自动选择和调整测试点及仪器工作状态、自动诊断仪器内部故障并自动进行保护等，从而减轻了操作人员的工作强度，甚至非技术人员也能操作较复杂的电子设备。当操作有误时，智能仪器会自动报警，必要时仪器还可以告知操作误差之所在和如何改正。

（2）实现一机多能

一般智能仪器都具有多种功能，除直接测量功能外，还可以借助于计算机功能对测量数据进行检查、运算、分析和处理等，间接得到其他量，使功能得以扩展。例如，一台智能示波器，不但具有传统示波器的功能，还可以利用平均技术从噪声中取出信号，并可以对信号进行快速傅里叶变换（FFT），将时域信号变换成频域信号。

（3）提高测量性能

智能仪器的优点之一就是测量精度高。因微机的作用，在较短时间内可进行多次重复测量，然后进行数据处理，减少了随机误差的影响；也可实现自动校准，以减少系统误差的影响；增加测量的次数，可以减少 ±1 个字量化误差的影响。可见，测量精度大为提高。

## 二、智能仪器的应用

为了对智能仪器有一个较具体的认识，下面介绍几个应用实例。

**1. 微机化数字存储示波器**

（1）组　成

微机化数字存储示波器的原理如图 11.6 所示。它包括控制、取样存储、读出显示三大部分，由数据总线、地址总线、控制总线来将他们连成一个有机整体。

控制部分由 CPU、RAM、ROM、键盘等组成，其作用是实现智能控制。取样存储部分又称为取样通道，由采样保持、A/D 转换、I/O 口等组成，作用是将被测波形转换成数字量存入存储器中。显示部分除示波器通用的那部分外，还有 I/O、D/A 等环节，以实现对被测信号的复现。

（2）原　理

数字存储示波器的工作原理分两步，第一步是取样存储（写入），第二步是读出显示。

① 取样存储。

在触发信号的作用下以及在 X 通道的控制下（或由计算机控制，如图 11.6 中虚线所示）产生取样脉冲，被测信号被取样保持电路所采样，然后经 A/D 转换成数字量，再依次存入 RAM 之中，且每个地址的内存只存一个数据，这一过程如图 11.7 所示。通过取样存储，便把被测信号记忆下来了。存储器中的数据是送到 Y 轴的，而存储器的地址（也可用一计数器计的数字）则是送到 X 轴的。

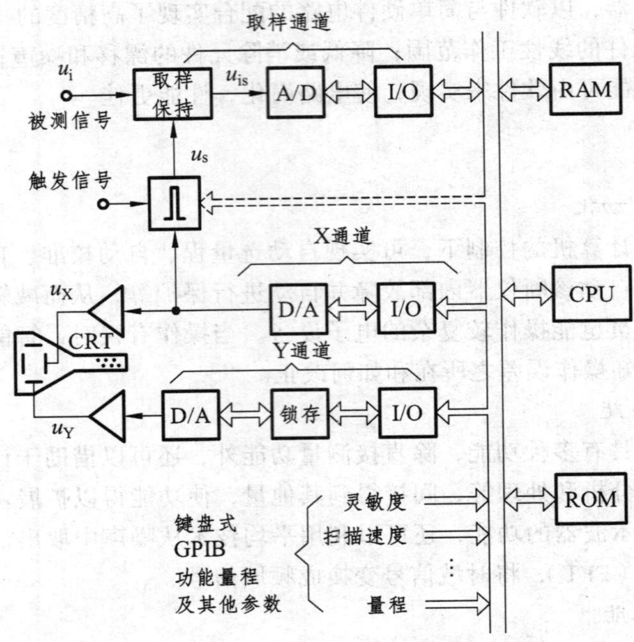


图 11.6 数字存储示波器的原理框图

② 读出显示。

在读出显示时，存储器的地址经 X 通道的 D/A 转换成线性扫描信号，而存储器中的数据经 Y 通道的 D/A 转换重新恢复还原成被测模拟信号，然后由 CRT 进行显示，这一过程如图 11.8 所示。

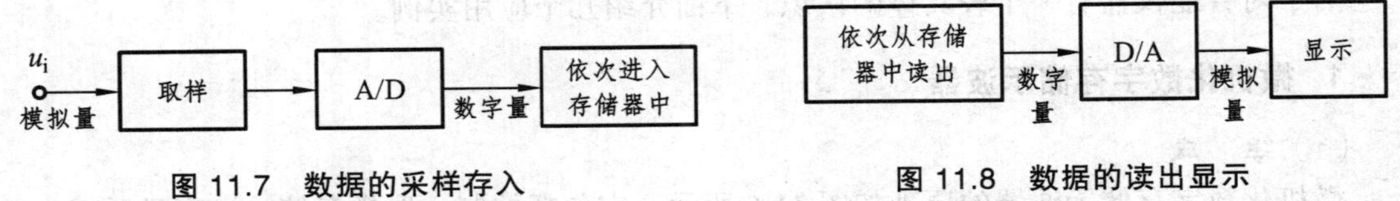


图 11.7 数据的采样存入

图 11.8 数据的读出显示

以观测正弦波为例，图 11.9 给出了数字存储示波器的取样和存储过程，而图 11.10 则给出了数字存储示波器的读出和显示过程。由图可见，扫描信号是线性上升的阶梯信号，$u_Y$ 也是与取样值成正比的阶梯信号，则 CRT 上显示不连续的亮点。当取样点足够多时，亮点是连续的。测试波形显示的点数与 RAM 的容量有关，一般为 256、512、1 024 等。CRT 的显示长度 $x$ 是一定的，一般为 10 cm。因此，计算机根据设定的扫描速度、显示长度 $x$ 和显示点数 $n$，就可以计算出取样速度，并通过计算机来控制取样脉冲形成电路。例如，$x = 10.24$ cm，$n = 1024$，设定扫描速度为 2 ms/cm，则取样速度为 50 点/ms。

数字存储示波器的取样存储和读出显示速度都是可以任意选择的。它可以高速存入、低速读出，也可以低速存入、高速读出，使用十分灵活方便。前者适合于测高频信号，后者适合于测低频信号。即使在观测甚低频信号时，数字存储示波器也不会像通用示波器那样因余辉时间不够而出现波形闪烁。

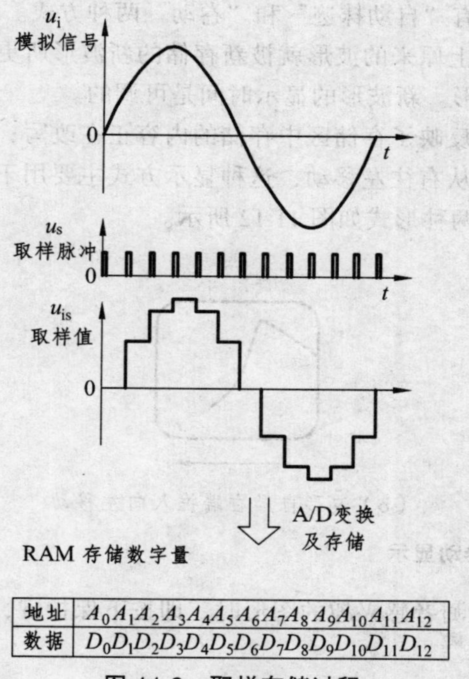


**图 11.9　取样存储过程**

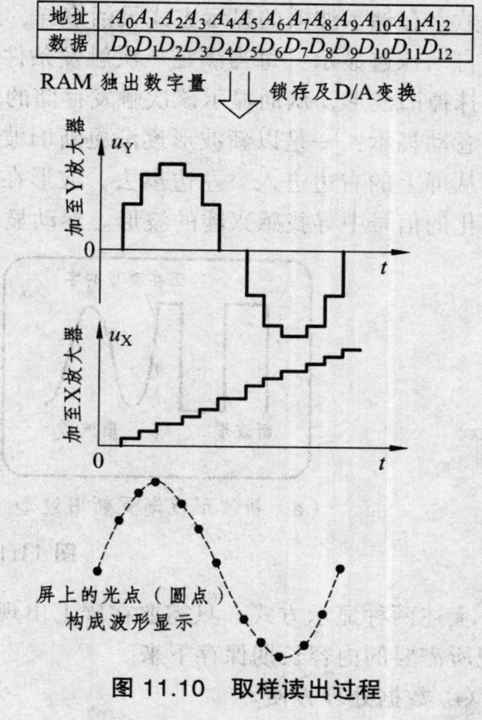


**图 11.10　取样读出过程**

（3）特　点

① 可以长期存储波形。

在不停电的条件下可以长期存储波形，并通过保护实现存储器只读出不写入，从而可用来进行经常性的比较。特别是微机化存储示波器往往是多通道的，可以利用其中一个通道来存储标准或参考波形并加以保护，其他通道用来观测需要检查比较的信号。

② 可进行负延迟。

利用预延迟（负延迟）可观测到触发点前后的信号情况，这是数字存储示波器最有用的特点之一。因为数字存储示波器的触发点只是一个存储的参考点，而不一定是取样、存储的第一个点。当采用负延迟时，不论是否有触发信号，取样变换而得的数字量不断存入存储区，且存满后不断以新数据刷新旧数据。若需要屏上显示的波形是触发点前后的波形各占一部分，则计数器应从触发点开始按延迟量从零开始计数，计满延迟量就停止存储，由于它是将整个存储区的数据读出后进行显示的，其结果是触发前和触发后的波形均显示在屏上。为保证触发后的波形显示在最后边，由计算机记下触发后所存数据的最后一个数据的存储地址，然后加 1 便得到存储的首地址（因为存储器是以新刷旧循环存储的），并从首地址读出进行显示。

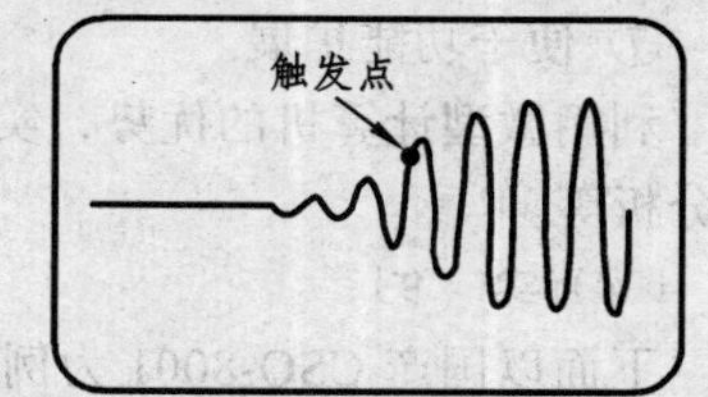


**图 11.11　数字存储示波器的负延迟**

图 11.11 所示为利用数字存储示波器的负延迟特性观察振荡器的起振过程。利用负延迟将触发点选择在起振和稳定振幅之间的某一值，便可观察到起振到稳振的全过程。由此可见，当利用故障信号形成触发信号时，能恰好保护故障发生前后的现场，便于进行故障分析。

③ 多方式显示。

数字存储示波器的显示方式灵活多样，通常有“自动抹迹”和“卷动”两种方式。

自动抹迹显示：每当满足一次触发条件，屏上原来的波形就被新存储的新波形所更新，自动抹掉旧波形，从而显示该次触发存储的新波形。新波形的显示时间是可调的。

卷动显示：一是以新波形逐渐更新旧波形，反映了存储区中存储的内容正在改写；二是波形从屏上的右边进入、左边离去，波形在屏上从右往左移动，这种显示方式主要用于在缓慢变化的信号中寻找感兴趣的波形。卷动显示的两种形式如图 11.12 所示。

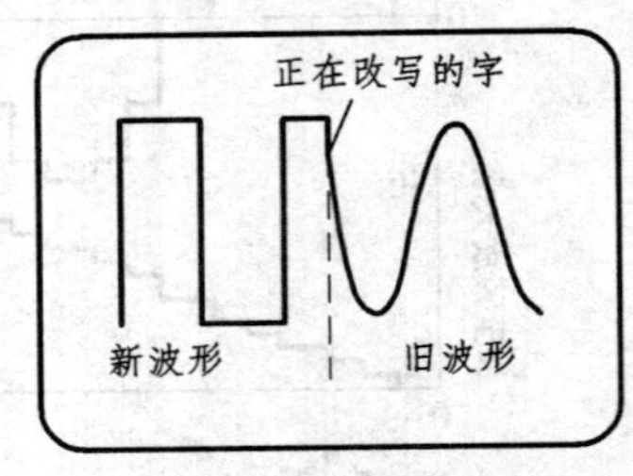

（a）新波形逐渐更新旧波形

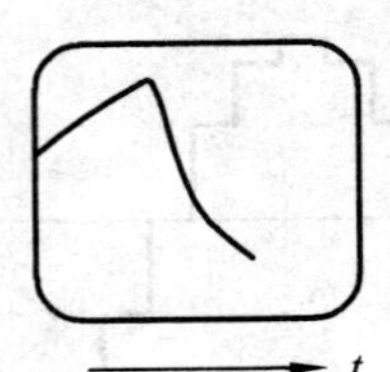

（b）波形自屏右端推入向左移动

**图 11.12 卷动显示**

上述两种显示方式，只需要在屏上出现了观测者感兴趣的图形时，即按下保护键，就可以把所需要的内容长期保存下来。

④ 数据处理方便。

由于是对波形进行数字存储，因此计算机可方便地进行各种数据的处理分析。例如，计算存储波形的各种参数；波形数据的预处理（重复信号的平均、单次信号的平滑等）以滤除噪声，提高信噪比；信号波形的显示处理（包络显示、峰值显示、矢量显示和余辉显示等），以突出信号波形的特定信息；数字信号的分析处理（脉冲参数测试、数字内插与拟合、FFT 等）。

⑤ 便于程控和多方式输出。

数字示波器由微机管理，便于经通用接口母线接受程序管理，存储区中存储的数据也便于经各种接口以各种方式输出。例如，经 GPIB 或 RS-232 接口母线与绘图仪、打印机等联机，进行数据输出，接受程序控制，实现遥控、遥测等。

⑥ 便于观测单次或缓慢信号。

因为能存储，则只要对波形进行一次取样存储，就可长期保存，多次显示，且取样存储和读出显示的速度可改变。因此，捕捉和显示单次瞬变和缓慢信号是很方便的，这在非电量测试中（如地震、材料变形等）应用广泛。

⑦ 便于功能扩展。

利用微型计算机的优势，实现 FFT 功能，从而可得频域特性，并能进行失真度分析和调制分析等。

（4）实 例

下面以国产 CSQ-8001 为例对数字存储示波器做简单介绍。

CSQ-8001 的原理框图如图 11.13 所示。它采用微处理器 8085 控制，RAM 采用 2114 芯片，ROM 采用 2708 芯片。10 个接口芯片中，只有 8255 是双向的，而 8212 是单向的。8212 接口芯片的特点是编程容易、速度快。在硬件电路中，电子开关的作用是将波形、字符、阶梯波组合起来送至示波管进行显示。

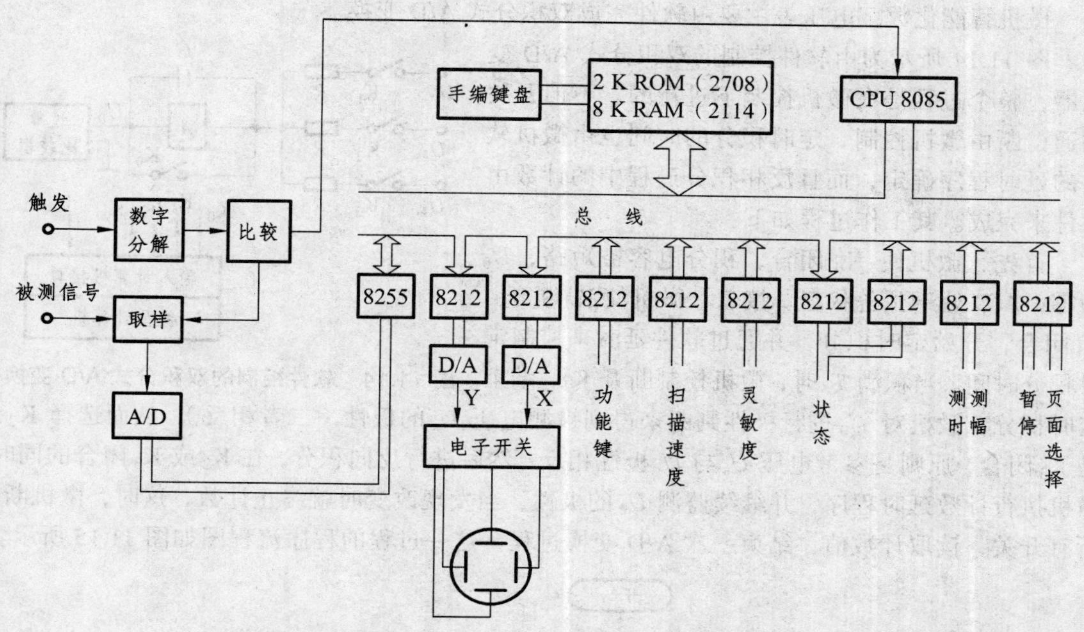


图 11.13 CSQ-8001 型数字存储示波器的原理框图

CSQ-8001 型数字示波器有如下主要功能：

① 相加。两个波形存入两页，相加后存入一页，然后显示，实现波形相加。

② 取平均值。将重复波形的每个波形各存一页，然后取平均值存入一页中，再进行显示。这一功能在测试雷达反射、电缆反射时是非常有用的。

③ 手编程。操作者在清零后键入自编程序，仪器启动后便可执行。例如，键入一个函数程序，示波器就可作为函数发生器使用。

此外，它还具有多种显示功能：一是重复显示，即存满一页，就显示一页，如此循环，在双通道均用时，一页中二信号各存半页，像双踪示波器那样进行显示；二是冻结显示，执行暂停操作，被测信号不存在时将存入内容重复显示；三是八线显示，将 1 ~ 8 页内所存的波形“同时”显示在屏上，类似于八踪示波器。此外，还可进行页面转移。

### 2. 微机智能化数字电压表

微机智能化数字电压表主要有两方面特点：一是自动校正（校零点和读数点），使准确度和长期稳定性好，增强对环境的适应能力；二是对数字电压表的各部分进行实时控制。下面介绍微机智能化数字电压表的自动校准和对 A/D 变换的控制原理。

（1）自动校准

利用微机的存储功能和计算功能，可随时将输入放大器的因温度、时间等因素造成的零点漂移和放大器增益变化产生的误差测量出来，存入存储器中，测量时自动扣除误差进行修正，从而将零漂、增益变化这类系统误差消除。为了使修正值准确，仪器内设置基准电源和精密分压器，并将其置于恒温槽中，以保持长期稳定。

（2）微机控制 A/D 变换

微机智能化数字电压表主要由软件完成双积分式 A/D 变换。

图 11.14 所示为由软件控制的双积分式 A/D 变换器，整个过程是在微机控制下进行的。不但开关的通、断由微机控制，定时积分的时间也由微机软件的延时程序确定，而且反相积分过程中的计数由软件来完成。其工作过程如下：

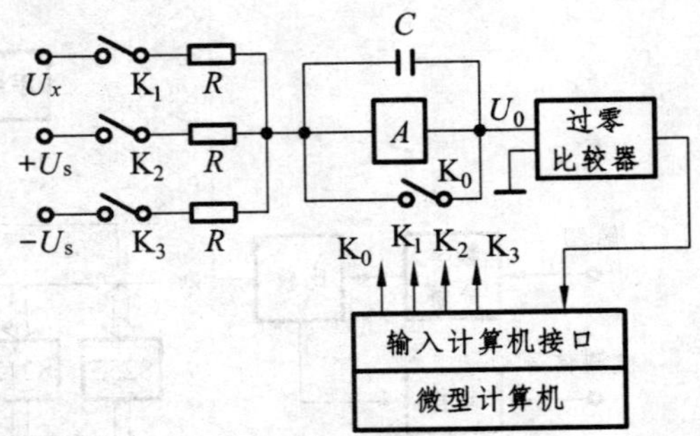


图 11.14 软件控制的双积分式 A/D 变换器

首先，微机使 $K_0$ 闭合，积分电容被短路，$U_0$ 为零，A/D 处于预备状态。接着，微机使 $K_0$ 断开、$K_1$ 闭合，开始定时积分，并通过软件延时来控制定时积分时间。当积满 $T_1$ 时，微机控制断开 $K_1$，结束定时积分，微机对 $U_0$ 进行极性判断来得到被测电压 $U_x$ 的极性（二者相反），从而选择 $K_2$ 还是 $K_3$ 闭合，原则是参考电压 $U_s$ 与 $U_x$ 极性相反，然后进行反向积分，在 $K_2$ 或 $K_3$ 闭合的同时，微机执行计数延时程序，并继续监测 $U_0$ 的极性，当发现改变时就终止计数，这时，微机断开所有开关，读取计数值，结束一次 A/D 变换过程。这一过程的程序流程图如图 11.15 所示。

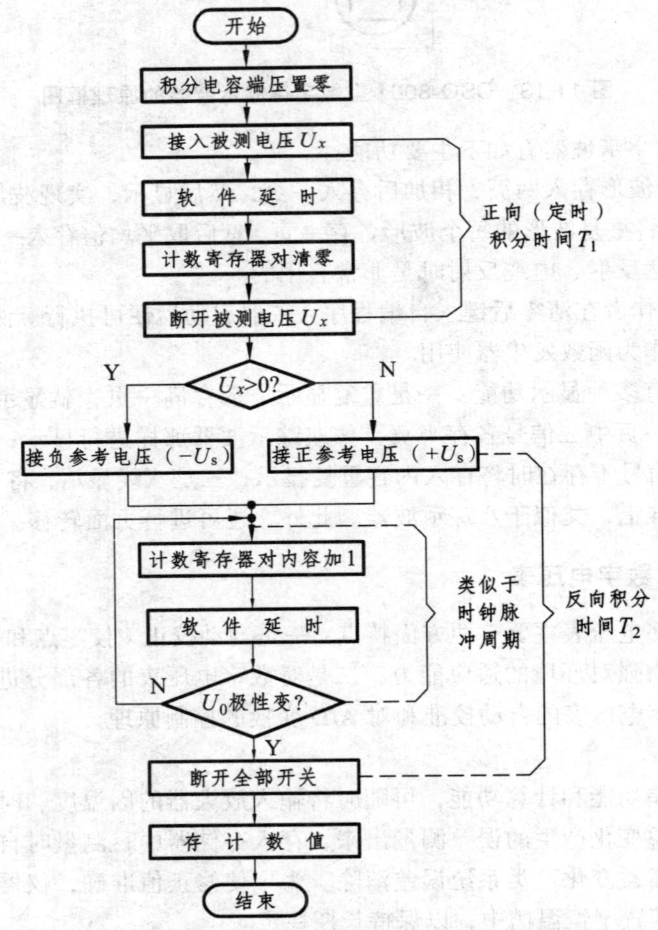


图 11.15 软件控制双积分式 A/D 变换的程序流程

另外，微机智能化数字电压表由微机来控制 ADC 单片的工作。ADC 单片是集成电路发展的结果，它在微机控制下使用非常方便。

### 3. 微机化智能信号源

信号源，是电测试技术中不可缺少的供给性仪器，可为测量提供必要的、满足一定要求的电源。它主要分为三类，即正弦波信号发生器、函数信号发生器和脉冲信号发生器。

目前，高稳定的信号源几乎都毫不例外地采用频率合成技术。利用微机进行频率合成主要有两种：一是微机可控直接数字频率合成，二是微机可控小数分频锁相环。

（1）微机可控直接数字频率合成

直接数字频率合成（DDFS）具有频率切换速度快、频率分辨率高、频率和相位易于控制等优点，加上大规模集成电路和微机技术的飞速发展，因而前景十分广阔。

DDFS 的基本原理可用图 11.16 来说明。这里假设合成波形为正弦波。

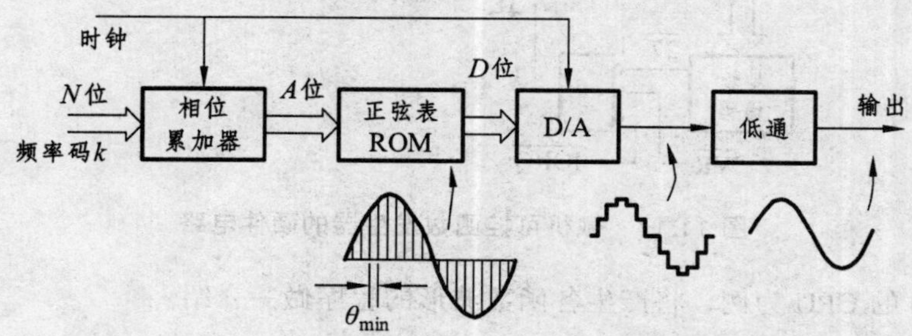


图 11.16　DDFS 的原理框图

首先，把正弦波的一个周期（即 2π 弧度）分成尽可能小的间隔点。若用 $A$ 位二进制数表示，则分成 $2^A$ 个间隔点，即最小相位间隔为

$$\theta_{\min}=\frac{2\pi}{2^A} \tag{11.7}$$

计算出相应点的正弦函数值，并用 $D$ 位二进制数来表示，存入 ROM 中，构成一个正弦表。

在频率合成过程中，相位累加器把频率码（频率调节数）变成相位取样值，其取样间隔为 $\Delta\theta=n\theta_{\min}$，$n=1，2，3，\cdots$ 在时钟（基准频率）的控制下，相位累加器的相位以 $\Delta\theta$ 增量递增，其输出为 $A$ 位的相位数据，对 ROM 寻址，即在相位取样点上从正弦表中读出正弦函数值（为 $D$ 位），经 D/A 变换器变换成量化的阶梯正弦波，再经低通滤波器滤波，最后得到平滑的正弦波电压。分析可知输出的正弦频率为

$$f=k\frac{f_c}{2^N} \tag{11.8}$$

式中，$f_c$ 为时钟频率；$k$ 为设置的频率码；$N$ 为频率码的位数。

由式（11.8）可知：① 只要根据需要由微机系统的键盘来设置频率码 $k$，便可对 DDFS 的频率进行控制（调节）；② 因时钟频率 $f_c$ 是高稳定的定值，因此所得正弦波的频率是非常准确而稳定的。

（2）微机可控函数信号发生器

其硬件原理电路如图 11.17 所示。CPU 的数据以锁存器作为输出端口，用地址 27H（也可用其他）来识别，其输出数据由 D/A 转换器转换成模拟信号，然后经过缓冲器输出。为了提高其带负载能力，可在其后接一功放电路。图中的 $\overline{WR}$ 为 I/O 写指令的输入端，$\overline{IORQ}$ 为 CPU 与 I/O 交换数据用的输入端。

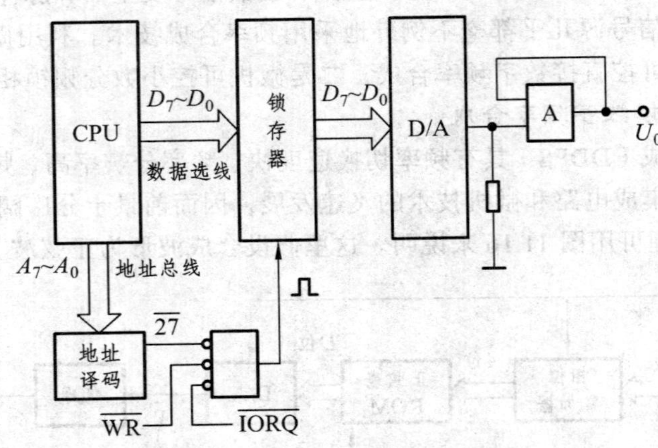


图 11.17 微机可控函数发生器的硬件电路

我们以 Z80 的 CPU 为例，将产生各函数波形的程序做一介绍。

① 产生方波。

产生方波是很简单的，只是将低限数字量送去进行 D/A 转换，延时一定时间后，再将高限数字量进行 D/A 转换，也进行延时，如此重复，便可得到方波信号。当改变延时的长短，便可改变方波信号的频率；当改变高、低限的数字时，便可改变方波信号的幅度。其程序如下：

```
        ORG     2000H          ；起始
STAR:   LD      A，10H         ；置输出低电平
        OUT     (27H)，A
        CALL    DELAY          ；调延时子程序
        LD      A，OCEH        ；置输出高电平
        OUT     (27H)，A       ；A→通道
        CALL    DELAY
        JR      START          ；转 START
```

上述程序的延时子程序没有给出。很容易理解，若输出低电平的延时时间很长，而输出高电平的延时时间很短，则输出的波形必然为脉冲波。

② 产生锯齿波。

锯齿波是一个线性变化的电压，当电压升高到一定值便回到起点重新开始，如此重复。程序如下：

```
        ORG     2200H
STAR：XOR       A                ；A←0
LOOP：INC       A                ；A←A+1
        OUT     （27H），A        ；A→通道
        JP      LOOP
```

循环程序使电压由零增加到最大电压，中间分 256 个小台阶，宏观来看，近似为一个线性增加的电压。每循环一次加法器加 1，加到 FFH 再加 1 便为零，开始下一个周期，如此重复。

锯齿波的幅度调节原则上应由后接放大器来完成，因为 8 位（二进制）微机最大只能到 256 个台阶，在程序上改变电压幅值，势必减少台阶数，从而影响线性。当用 16 位或 32 位计算机时则大为改善。频率的改变，可在“JP LOOP”前加调用延时子程序来实现。根据程序运行时间可计算出最高频率（无延时情况），若微机时钟周期为 500 ns，按程序可计算出最高频率为 312.5 Hz，可见它适合于产生低频锯齿波信号。

由于它产生的电压信号从最大立刻变到最小，几乎不存在回程时间，因此可以得到理想的锯齿波电压。

③ 产生三角波。

三角波与锯齿波的不同之处在于，它的回程时间与正程时间相同。其程序如下：

```
        ORG   2500H
START：XOR   A
 LOOP1：INC   A
LOOP2：OUT   （27H），A
        INC   A
        JR    NZ，LOOP2
        DEC   A
LOOP3：DEC   A
        OUT   （27H），A
        JR    NZ， LOOP3
        JR    LOOP1
```

上述程序也可以算出最高频率。若要调节频率，也可调用延时子程序来实现。

以上给出了产生三种波形的简单程序。对于正弦波也可以采用前述正弦函数表的方法来产生。如果要使上述几种波形都产生，则只要将几种程序组合在一起，由功能键来选择即可。尽管程序是以 Z80 给出的，但程序流程是相同的，采用单片机或其他计算机只是程序的语言不同而已。

## 第四节 个人仪器

个人仪器采用插入式结构把个人计算机与仪器组合在一起，因而能完全利用计算机的软、硬件资源，提高通用性，并大大降低了成本。正因为如此，自 1982 年美国西北仪器系统（NWIS）公司推出第一台个人仪器以来，如今已有相当数量的智能仪器生产厂商加入这个行列，使之得到了快速的发展。

## 一、个人仪器的组成

由于个人仪器是个人计算机和仪器的组件（或模块）式结构，因此，可以把插入式组件视为计算机的外部设备，其个人仪器的测试功能也就可看成是计算机的功能扩展了。它的组成方式主要有三种，如图 11.18 所示。

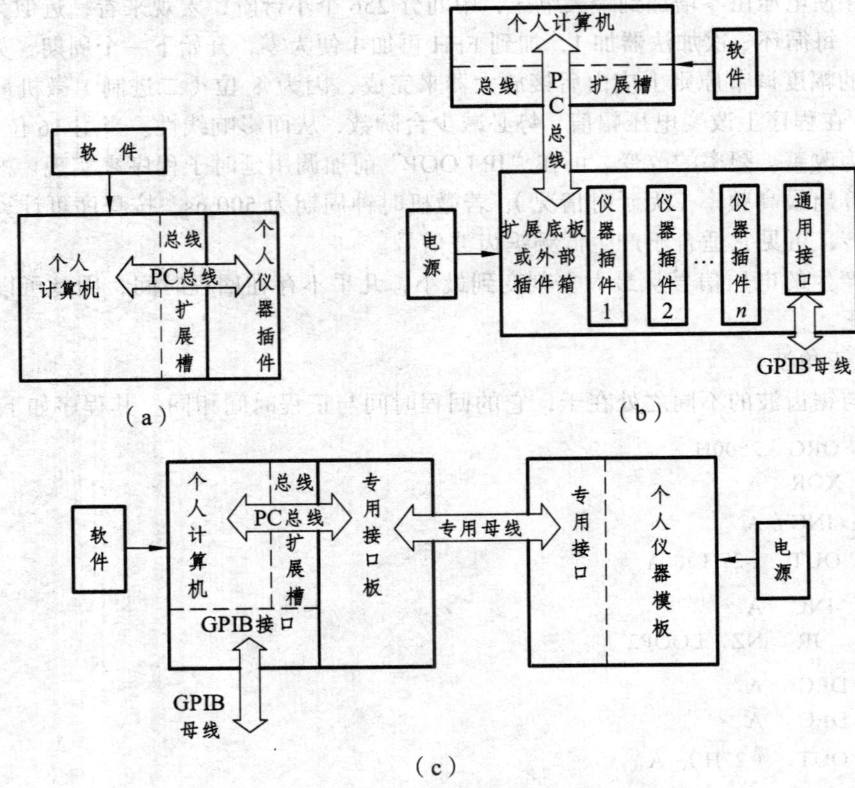


**图 11.18　个人仪器的组成原理**

早期的个人仪器是将个人仪器插件直接插入个人计算机的总线扩展槽内，其优点是简单方便，但负载能力有限，测试功能受限。这种组成结构如图 11.18（a）所示。

1984 年以后出现了多功能个人仪器系统。它采用能使 PC 总线扩展出来的扩展底板（或是外接插件箱），可以插多个插件，加上采用单独电源向插入仪器供电，使其功能大为扩展；同时还可配置标准通用接口，从而便于形成真正的仪器系统，如图 11.18（b）所示。

图 11.18（c）所示的是 1986 年后出现的一种个人仪器系统，它采用专用母线将个人计算机和个人仪器连接起来。这种个人仪器系统的功能更强，适应不同的传递要求。

## 二、个人仪器的优点

个人仪器的优点表现在：

① 使用方便。因为个人仪器不但可以利用个人计算机的系统软件，而且可以利用厂家开

发的仪器专用软件，所以给仪器的使用提供很多方便。设计者为使用者精心设计的功能开关，以及用户可通过触摸屏幕或移动鼠标及少量按键来输入数据、控制仪器功能等，使得仪器的操作更加简单、明确。再加上用户也可以自定义一些测试功能或编写某些需要的用户程序，使设备利用率很高。

② 成本低。它比智能仪器减少了微处理机、显示器、键盘等，同时计算机软件还可以代替仪器的某些硬件功能。所以，个人仪器的成本低，通常比相应的智能仪器低 1/3 ~ 1/10，甚至更低。另外，个人仪器的计算机在不测量时可作他用。

③ 研制容易。因个人计算机是成熟的，功能完善，所以研制个人仪器时，可以把精力集中在个人仪器插件和仪器的专用软件上，从而使研制周期大大缩短。

此外，个人仪器容易构成自动测试系统。由于个人仪器可通过扩展底板、外部插件箱或专用接口板组合在一起，非常容易形成个人仪器系统。在我国，已早有产品问世，在一台个人计算机上开发了如多波形程控信号源（函数发生器）、40 MHz 取样示波器、16 通道逻辑分析仪、数据采集系统、扫频仪和快速傅里叶变换等。

另外，一台大型计算机主机还可以与多台廉价的个人计算机连接成终端计算机网络，其中每台个人计算机可以和多种个人仪器配合，使之利用计算机资源构成大型测试系统，完成庞大复杂的测试任务。

## 三、个人仪器的插入式组件

插入式组件由两部分组成：一是测试信号或测试功能部分（在 PC 机密切配合下才能工作），二是 GPIB 接口。由于微处理器芯片的价格大幅度下降，为了设计、控制、管理方便，插入式组件也采用了微处理器来完成测试功能。图 11.19 所示为数字多用表组件的部分框图。

测试功能部分用一片微处理器对 A/D 变换进行控制，并把从 PC 机收到的控制信号存入量程与模式锁存器中，以便控制多用表的量程和功能。非易失性存储器用来存储测量中的标准或定标常数。A/D 控制微处理器从 A/D 变换器读取数据、状态信息，并校正了偏移和增益后，才把数据送往主计算机。

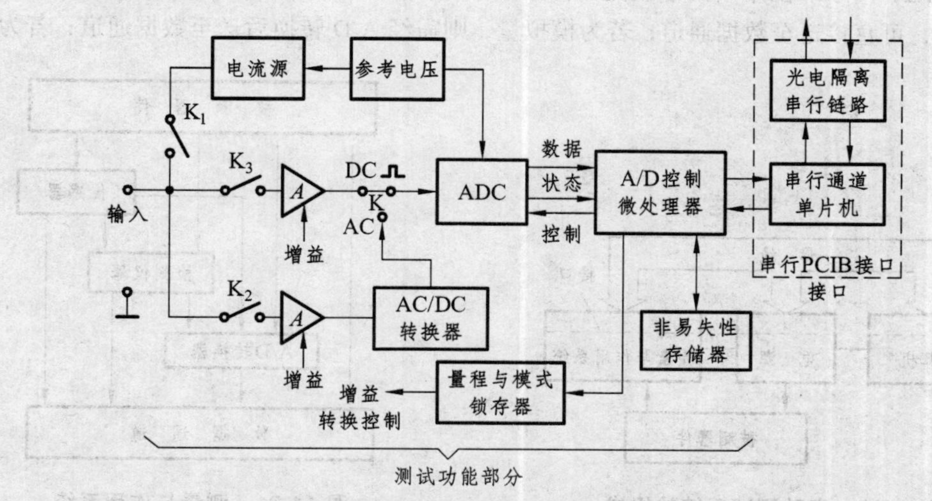


图 11.19 PC 数字多用表组件的部分框图

测量功能的转换是通过三个可控开关实现的。如图 11.19 所示，$K_3$闭合测直流电压；$K_2$闭合测交流电压，这时 A/D 转换器将交流有效值转换成直流；$K_1$及$K_3$均闭合时测量电阻，这时电流源供给恒定电流流过被测电阻，通过测电阻上的电压获得电阻值。这三种测量都需要开关的配合。量程的转换通过可程控的放大器实现。

数字电压表组件与 PC 机采用串行口通信，由单片微型计算机管理。通道部分还采用光电隔离，使组件与主计算机及 GPIB 分开。

总的看来，整个 PC 数字多用表所用的组件只相当于智能数字多用表中的模拟部分，可见个人仪器的优越性之所在。

## 第五节　自动测试系统

自动测试系统是随着科学技术和生产的发展应运而生并发展起来的，适合于大量重复性测试、快速测试、高可靠性测试、复杂测试、操作人员难于接近的测试等场合，已经经历了三个发展阶段，但第三代自动测试系统还在发展之中，存在诸如工作频率不够高等缺点，目前广为应用的还是第二代自动测试系统。

### 一、自动测试系统的组成

第二代自动测试系统的组成框图如图 11.20 所示，除电源和被测器件外，系统主要由计算机、测量与作用系统、接口与母线系统三大部分组成。

被测器件即测试对象，它提供测试者所需要的信息。

计算机常常是小型或微型机，是系统的控制者，向受控者发送信息，其控制作用需要通过测量与作用系统配合来完成。

测量与作用系统包括测量仪器、传感器、A/D 与 D/A 转换器以及可控开关等多种设备或部件，如图 11.21 所示。图中给出了被测器件向数据通道传递信息的方式，若被测器件给出的信息为数字量，可直接送至数据通道；若为模拟量，则需经 A/D 转换后送至数据通道；若为非电

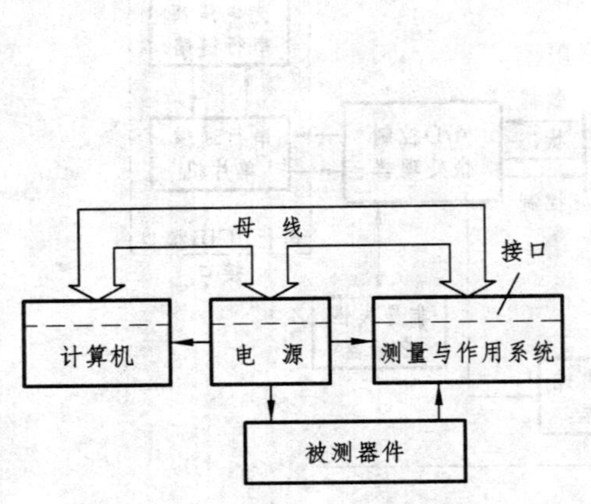

图 11.20　自动测试系统的组成

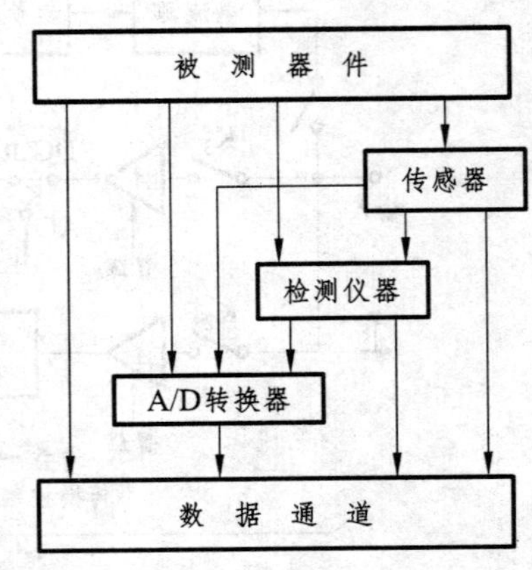

图 11.21　测量与作用系统

量，还需经传感器转换成电量；若要求检测被测器件时，还需用测量仪器先检测，然后将再检测信息进行处理。计算机经 D/A 转换器向受控对象发送信息，对测量与作用系统进行控制。

标准化的接口与母线系统，是第二代自动测试系统的主要标志。它的建立提供了一种有效的通信联系方式，使测试系统各部分之间能进行确定方式的信息传递。

## 二、GPIB 接口母线系统

### 1. 概 述

接口母线系统有多种类型，但应用最广的是通用接口母线系统，它的常用符号为 GPIB（General Purpose Interface Bus），是 20 世纪 70 年代由美国 HP（Hewlett Packard）公司首先推出的，定名为 HP-IB，之后即被美国电气与电子工程师学会（IEEE）及国际电工委员会（IEC）接受，并正式颁布了标准文件。这套系统在美国常被称为 IEEE-488 或 HP-IB，而欧洲和日、俄常称它为 GPIB、IEC-IB 或 IEC-625。尽管名称不同，其内容基本一样，只是 IEC-625 比 IEEE-488 标准多一条地线。为提高通用性，有些公司生产了转换插头，使这两种标准的产品能够兼容。

GPIB 接口母线系统的特点表现在：① 采用比特（bit）并行、拜特（byte）串行方式传送信号，便于计算机控制；② 通用性强，对被连接的仪器设备没有什么苛求，结构简单，操作灵活方便，体积小，价格便宜。正因为如此，GPIB 被世界各国广泛承认和采用。我国也将此定为国标，于 1986 年 1 月 1 日正式实施。

GPIB 接口母线系统的应用甚广，除应用于电子测量的自动测试系统外，在自动控制、电视、宇航、数据交换系统、通信、计算机、雷达、导航、医疗保健、环境保护和核物理等领域内都得到了应用。有无这种母线系统，成为衡量现代化先进电子仪器的标志之一。

GPIB 接口母线系统的作用，实质上就是协调系统中“控者”、“讲者”、“听者”的工作。“控者”应能发出接口消息，以令其某个器件为“讲者”或“听者”，或令其去执行某种特定动作；“讲者”应能根据接口消息，向另一器件发出器件消息，这就是“讲”；“听者”应根据接口消息接收另一器件发来的器件消息，这就是“听”。系统应保证在任何时刻只允许有一个讲者在讲，并确保该讲的器件一定要讲，不该讲的一定不讲；该听的一定听到，不该听的则不听。这种协调动作靠三线挂钩技术来完成，通过发挥接口功能和母线作用才得以实现，可见接口母线的重要和实现标准化的必要。母线专供传送信息，实际是一条多芯无源电缆线；接口由各种逻辑电路组成，用于对信息的发送、接收、编码或译码等。

此外，还有几种接口母线系统，例如，CAMAC 系统（也称为 IEEE-583），又称为计算机辅助测量与控制接口系统，用在核物理电子测量中；RS-232 系统，是一种比特串行接口系统，其传输距离较远，用于通信和数据传输；HP-IL 是便携式接口系统，用手持计算机控制，便于现场测试和维修。微机系统还常使用 S-100 总线接口。在测试仪器中应用 VXI 母线，为模块式仪器组成系统提供了方便，这将在后面予以介绍。

### 2. GPIB 接口母线系统的基本特性

该系统有如下几点特性：

① 采用母线式连接，母线由 16 条信号构成，可互连若干个器件组成一个自动测试系统，其系统中器件数目达 15 个之多。

② 互连电缆的传递距离可达 20 m（是各器件间的总距离）。

③ 数据传送采用并行比特（bit）、串行字节拜特（byte）双向异步方式，最大数据速率不超过 1 兆字节/秒。异步传送方式使接口系统有广泛的适应性，不论是低速或高速器件，都能适应工作，而且能将高速和低速器件接在同一系统中工作。

④ 消息（或信息）采用负逻辑，低电平（≤ +0.8 V）为“1”，即“真态”；高电平（≥ +2 V）为“0”，即“假态”。

⑤ 一般一个系统中只有一个发送各种控制信息和数据处理的控制器。若有多个，则同一时间里只有一个起作用，其他处于空闲状态。

⑥ 有较好的兼容性和灵活性。

⑦ 适合于电气干扰较小的实验室或其他测试环境。

### 3. GPIB 接口母线的功能

自动测试系统中各器件与接口系统间的每一种相互作用都形成一种接口功能，它们由各器件内的接口逻辑电路来实现。IEEE-488（即 GPIB）接口系统共设置了 10 种接口功能，形成接口功能集，它是接口系统的核心，也是自动测试系统运行时的关键功能。现分述如下。

（1）源挂钩功能（符号 SH）

它赋予器件保证正确发送多线信息的能力，与其他器件内的受者功能一起，共同进行三线联锁挂钩，以保证每一条多线消息的异步传送。

（2）受者挂钩功能（AH）

使器件能保证正确接收多线消息的能力。

（3）讲者或扩大讲者功能（T 或 ET）

它可将器件的程控数据、测试数据或状态字节等经接口系统发送给其他器件，但只有被寻址为讲者（或扩大讲者）的那一个器件在发送消息时才存在这种能力，具有这一功能的器件必须同时具有源功能（源挂钩功能）。

（4）听者或扩大听者（L 或 EL）

它使器件在接口系统上接收来自讲者或控者的多线消息，且只在受者功能被激励时才存在。

（5）控者功能（C）

可使器件通过接口向其他器件发送各种接口消息，或对各器件进行点名，以确定哪一器件提出了服务请求。这一功能只有起控制者作用的器件才具备。

（6）服务请求功能（SR）

它赋予器件请求控制者异步服务的能力。

（7）远地/本地功能（RL）

它可使器件在远地和本地两输入消息中任选一个。

（8）并行点名（查询）功能（PP）

控制者为了定期检查，并获得各器件的工作状态，向各器件发出并行点名的消息，以解决快速查询问题，它本身也是一种服务方式。

（9）器件触发功能（DT）

使器件被启动。

（10）器件清除功能（DC）

将控制者发出的清除命令变成清除信号，使器件恢复到起始状态。

对每种具体器件来说，并不一定需要全部配制上述 10 种接口功能，而常常只需要根据情况选配其中几种，这在器件说明书中会给出。

对于 IEEE-488 的每个接口功能应具有的能力、作用及不同状态间的变迁条件等，均用状态图进行描述。这是一种既严格、准确，又清晰、直观的方法，它在设计和应用中都是极为有用的。前述 10 种功能的设计是比较周密而严谨的，能将世界上不同厂家生产的仪器方便地联系在一起。

### 4. GPIB 系统的组成

GPIB 接口系统的母线是一条 24 芯无源电缆线，有 16 条信号线，8 条逻辑地线及屏蔽线，而 16 条信号线又分为三组。GPIB 还要多一条地线。图 11.22 所示为接口系统的组成。

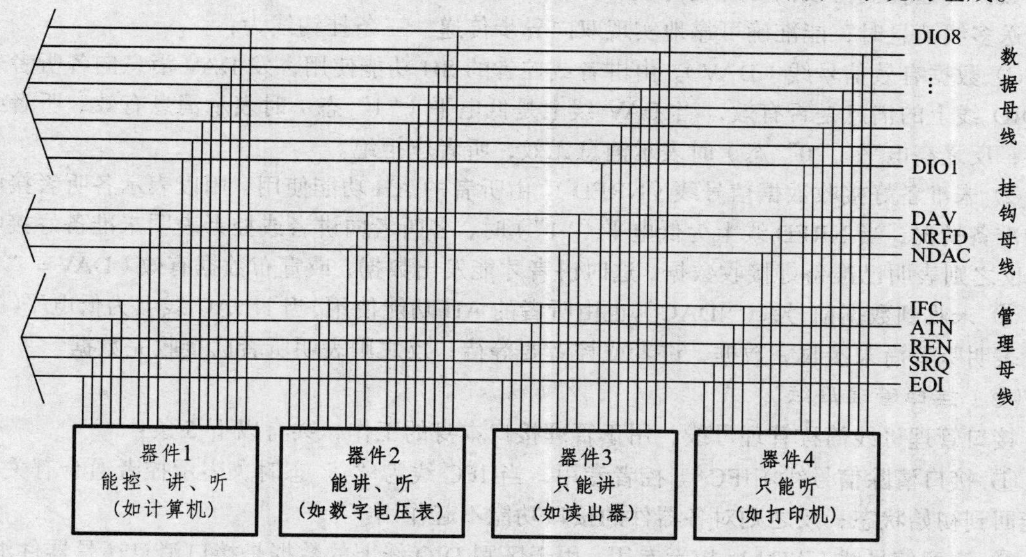


图 11.22　GPIB 系统的组成

图中画出了 4 种器件。控者一般由计算机（大多为微型计算机）担任，它除管理接口系统外，还要向系统内各有关器件交换测量数据等消息，因此具有能控、能讲、能听的功能；另一类器件要能讲能听，如数字电压表，作为听者能接收控者发来的程控指令，作为讲者能把测得的电压值读给诸如打印机和绘图仪一类器件听；第三类器件是只能听的器件，如打印机和绘图仪，只需要接收控者发来的程控指令和电压表一类讲者器件发来的测试数据；还有一类是只需要讲的器件，如纸带读出机。

系统中各器件都有各自的功能，是可以单独使用的仪器设备，只有配了接口后才能接入自动测试系统中。

接口（图 11.22 中没有给出）分为两部分：第一部分为标准接口（即一次接口或初级接口），它完成与设备本身性能无关的、各设备接口都要或多或少执行的、有共性的任务，在控、讲、听等十种接口功能中任选；第二部分接口是随装置而变化的，没有统一标准，常称为二次接口或次级接口，其功用是将原仪器的手动开关、旋钮、按键等改成电调和电控，按控者的程控指令进行操作，这样在通过一次接口收到操作指令时，二次接口就可以执行仪器功能、波段、量程、衰减等的调节和转换，可见，二次接口与设备的特性密切相关，由仪器厂家根据一次接口的统一标准自行设计。因此，我们讨论接口母线系统时，只重点讨论一次接口。

在 24 条母线中，用于传输消息的 16 条信号线在各种标准中都是完全相同的（另 8 条逻辑地线及屏蔽线对系统功能没有多大影响），分为下述三组：

（1）数据输入输出母线

数据线 DIO1 ~ DIO8 共 8 条，用于传递系统内的多线消息。自动测试系统中，多位消息都采用编码形式传递，常采用 ISO646 国际 7 位字符编码，相当于美国的 ASCII 码。控者发出的各种指令、地址及各器件间传递的数据等，都以编码形式在数据线上传送。

（2）数据传送控制母线

数据传送控制母线简称挂钩母线，共三条，通过它们的挂钩作用，使系统在利用数据母线传送多线消息时，能准确可靠地实现双向异步传递。三条挂钩线为：

① 数据有效信号线（DAV）。由讲者或控者的 SH 功能使用，发 DAV 消息向各听者表示诸 DIO 线上的消息是否有效，当 DAV 线上是低电平（“1”态）时表示消息有效，听者必须接收；反之高电平（“0”态）时表示消息无效，听者应拒绝。

② 未准备好接收数据信号线（NRFD）。由听者的 AH 功能使用，用以表示各听者接收数据的准备情况，当 NRFD 线上为低电平（“1”）时，各听者向讲者或控者表明未准备好接收数据；反之则表明已准备好接收数据，这时讲者才能发出数据，或宣布数据有效（DAV = “1”）。

③ 未收到数据信号线（NDAC）。也由听者的 AH 功能使用，当 NDAC 线上为低电平（“1”）时，表明听者尚未接收完数据，讲者或控者要等待；反之则表明听者已接收完数据。

（3）接口管理母线

接口管理母线简称管理母线，用于管理接口本身的工作，共有以下 5 条：

① 接口清除信号线（IFC）。控者专用，当 IFC 线为“1”态时，表示控者通令有关接口功能回到初始状态；反之则对各器件的接口功能不起作用。

② 注意信号线（ATN）。控者专用，用于区别 DIO 线上的数据是接口消息还是器件消息，当 ATN 线为“1”态时，表示 DIO 线上为接口消息，即是控者发出的通令、指令、地址等，所有器件都必须听，只有控者讲；反之，则表示 DIO 线上为器件消息，受命为听者的器件必须接收，其他器件不准接收。

③ 远程可能信号线（REN）。由控者专用，控者使 REN 线为“1”态，配合 ATN 线，使器件可接受远地程控（即遥控）。

④ 服务请求线（SRQ）。为系统内配制有 SR 功能的所有器件公用，当其中之一令 SRQ 线为“1”态时，表示它向控者提出服务请求，即说明本器件出现了控者意料之外的情况，要求控者中断当前的工作，同时由请求者变为讲者，并报告情况，控者对此必须响应。

⑤ 结束与识别信号线（EOI）。由控者使用，与 ATN 线配合起两个作用：一是 EOI 线为“1”态且 ATN 线也为“1”态，表示控者执行并行点名，以识别哪些器件提出了服务请求；二是 EOI 线为“1”态而 ATN 线为“0”态，表示讲者已发完数据，即一串消息字节已结束。

### 5. GPIB 系统中消息的传递

自动测试系统中，每个器件通过母线经接口连接在一起。这种连接由插头、插座来实现，母线两端都装有插头和插座，其插座在插头的背部并叠装在一起，每个器件（仪器）上也都有插座(通常在仪器后面板上)。我国采用 24 线母线插座，从装置背后正常位置看去如图 11.23 所示，各引脚对应的信号线如表 11.1 所示，其中 Gnd（$n$）表示第 $n$ 脚所接信号线的地回路。

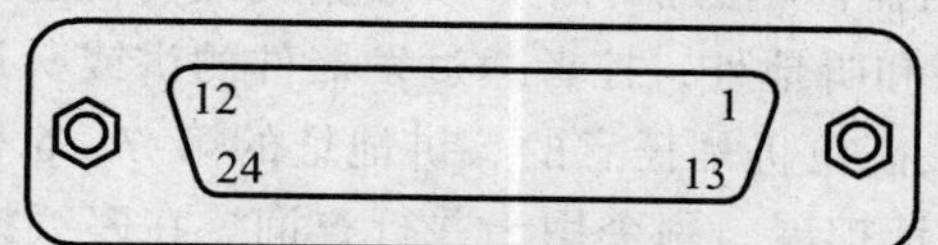


图 11.23 GPIB24 线母线插座

表 11.1 24 线母线插座各引脚对应的信号线

| 引脚 | 信号线 | 引脚 | 信号线 | 引脚 | 信号线 |
|---|---|---|---|---|---|
| 1 | DIO1 | 9 | IFC | 17 | REN |
| 2 | DIO2 | 10 | SRQ | 18 | Gnd（6） |
| 3 | DIO3 | 11 | ATN | 19 | Gnd（7） |
| 4 | DIO4 | 12 | 屏蔽 | 20 | Gnd（8） |
| 5 | EOI | 13 | DIO5 | 21 | Gnd（9） |
| 6 | DAV | 14 | DIO6 | 22 | Gnd（10） |
| 7 | NRFD | 15 | DIO7 | 23 | Gnd（11） |
| 8 | NDAC | 16 | DIO8 | 24 | 逻辑地线 |

（1）GPIB 系统中消息的分类

系统中传递着各种消息。

按用途和作用范围分，有接口消息和器件消息。接口消息只能用于管理接口本身的工作，只能引起接口功能状态的变迁。器件消息与器件功能密切相关，虽通过接口系统传递，但只能被器件的功能接受利用。

按传送消息所需信号线数目分，有单线消息和多线消息。单线消息经系统单线传递，如器件的服务请求消息。系统可在同一时刻上传递多个单线消息。多线消息由 8 条数据线以编码形式传递，因此在同一时刻只能传递一个多线消息。单线消息和多线消息可同时传递。

按传送距离分，有本地消息和远地消息。本地消息在同一器件内的接口功能与器件功能之间传递，用三个小写英文字母表示，如 pon 表示电源接通（power on）。远地消息通过接口母线在器件间传递，用三个大写英文字母表示，如 SRQ 表示服务请求。

按能否保证被接收分，有主动消息和被动消息。主动消息能确保被接收，如服务请求，只要有一器件向 SRQ 线发送低电平（即“1”状态），SRQ 线就被嵌位在低电平，其他器件发高电平（即“0”态）表示没有请求，不起作用，确保了这一器件的 SRQ 消息被接收。反之，则有被动消息。

（2）多线接口消息

多线接口消息由控者发出，用于接口系统的管理，主要有通令、专令和地址三种，其次还有副地址和副令。通令，它是控者向系统内所有器件发出的命令，所有接收该通令能力的器件都必须接收并遵照执行，8 条数据线的最高位是任意的（用“×”表示），而第 7、6、5 位为 001，其余 4 位才是通令的内容。专令，是控者向已经被寻址为听者的一个或数个器件发出的命令，未被寻址的器件不必执行，8 条数据线最高位也是任意的，但第 7、6、5 位为 000。地址主要是讲地址和听地址，控者通过发器件的讲或听地址（称寻址）命令它们为讲者或听者，8 条数据线最高位仍是任意的，讲地址的第 7、6 位为 10，听地址的第 7、6 位则为 01。副地址用于地址扩展，副令用于并行查询。在多线接口消息中，最高位都是任意的。

（3）多线器件消息

多线器件消息主要有以下几种：

① 程控数据　也称为程控指令，由控者来确定仪器的测量功能和指挥仪器操作的消息。当器件被寻址为听者时，该器件就可接收程控指令，进而完成测试任务。应注意，该指令虽由控者发出，但它是器件消息，用于指挥器件工作。这时控者是以讲者功能发出的，而非控者功能。

② 测量数据　是测试中获得的数据，需要送给计算机处理或传递给有关器件，经编码后在发送方讲者功能与接收方听者功能间传送。

③ 状态数据　是反映器件内部状态的数据，由字节的不同位表示仪器是否请求控者为它服务及表示器件功能的工作情况。对于器件请求控者为它服务，只要系统中有一台或多台器件有请求服务，SRQ 线就被“拉”低（即“1”态），服务请求为“真”。由于只有一根 SRQ 线，控者不知道是哪些器件在请求，就进行串行查询。控者先发通令“串行查询可能”，然后依次发送有关器件的讲地址，被寻址器件对查询做出回答，这个回答用一个字节表示，它就是状态数据。8 条数据线的第 7 位为 1，表示“是我请求服务”，否则为 0，而其他各位表示器件的状态。对于器件功能的工作情况，不同器件的状态数据的有关位有不同的涵义，例如，HP3325A 函数发生器以数据线第 4 位为 1 表示仪器发生了系统故障不能工作，而以第 1 位为 1 表示程控语句有错，等等。

④ 显示数据　通常指可借助显示器、打印机、记录仪等来显示而又往往需要对其进行人工解释的输入、输出数据。可以是事先产生的、为便于操作者而又显示出来的数据。基本与测量数据类似。

对于上述多线消息，除状态数据外都是编码传送的。接口消息的编码是统一的，采用国际标准 7 位字符码，即 ASCII 码。器件消息编码因器件功能千变万化，没有统一的规定，但优选码仍是 ASCII 码。

### 6. 三线挂钩技术

三线挂钩技术，就是利用三条挂钩母线上的消息控制源与受者传递消息的每一过程。在一般情况下，源者就是讲者，受者就是听者，但在控者向讲者或听者发送程控数据或是经控者处理过的数据，以及控者为讲者或听者寻址时，控者便是源，讲者或听者就成了受者。三线挂钩的时序如图 11.24 所示。

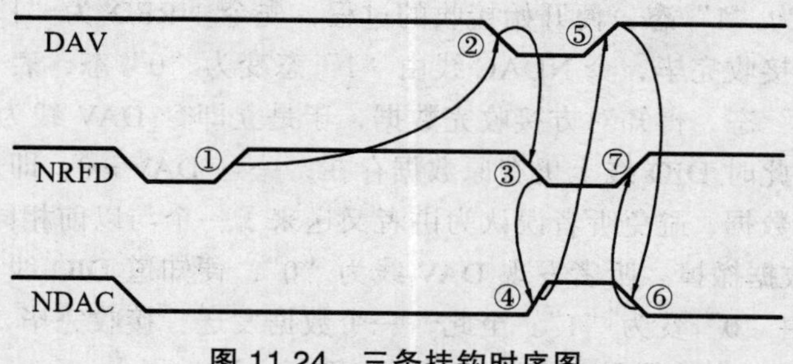


图 11.24　三条挂钩时序图

三线挂钩过程如图 11.25 所示，可简述如下：

当系统的某个器件受命发送数据时，它就成了讲者，与此同时，在它们的接口电路内便开始一个源挂钩过程；而受命接收数据的器件就成了听者，同时在它的接口电路内便开始一个受者挂钩过程。讲者首先检查挂钩线是否工作正常，可否进行发送数据，如有异常，停止工作，如正常即开始挂钩过程，将欲发送的数据放在 DIO 线上。受者方面，先检查自身是否已准备好接收数据，如未准备好，继续等待，如准备好，即令 NRFD 线为“0”态，即表明“我已准备就绪，可以接收数据”。在讲者方面，一旦发现 NRFD 线为“0”态，便知对方准备好，

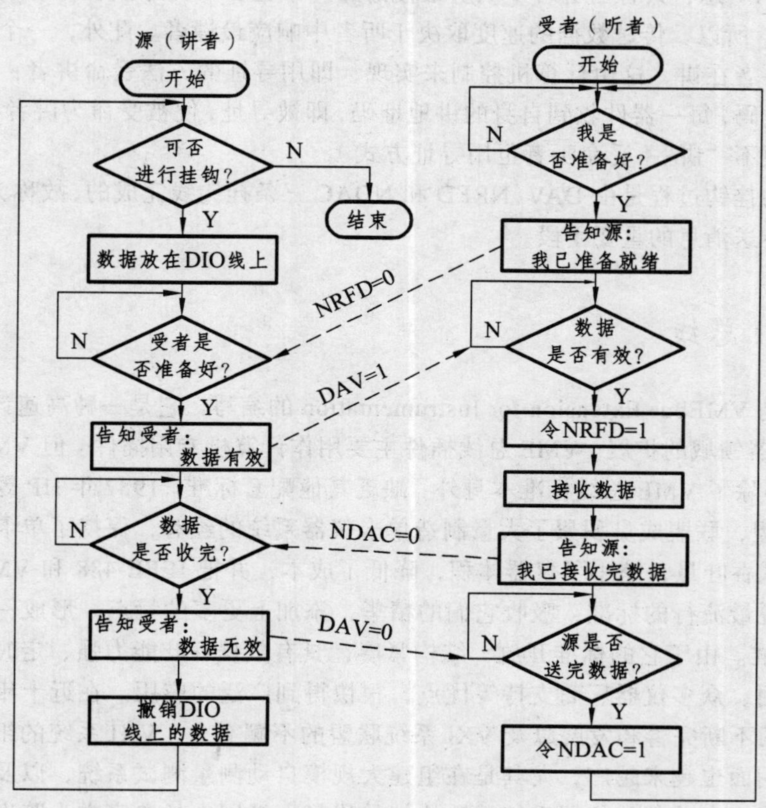


图 11.25　三线挂钩的过程

于是令 DAV 线为“1”态（此前为“0”态），通知对方“DIO 线上为有效数据，请接收”。听者一旦发现 DAV 线为“1”态，便开始接收的过程，先令 NRFD 为“1”态，随即开始接收 DIO 线上的数据，当接收完毕，令 NDAC 线由“1”态变为“0”态，表示接受完数据。讲者发现 NDAC 线为“0”态，得知对方接收完数据，于是立即令 DAV 线为“0”态，表示 DIO 线上数据无效，尽管此时 DIO 线上仍有原数据存在，一旦 DAV = 0，即表明这些数据不是讲者现在要送出的有效数据，避免听者误认为讲者又送来了一个与以前相同的有效数据。随后，讲者把 DIO 线上的数据撤掉。听者发现 DAV 线为“0”，便知道 DIO 线上无可接收的有效数据，即令 NDAC 线由“0”变为“1”。至此，一个数据发送、接收完毕，NDAC 和 NRFD 线均为“1”态，若有另一个数据需要传递时，则又重复上述过程。

可见，每传送一个数据，都要经过双方你问我答，我问你答，这样反复交换意见的互相挂钩过程，使传送过程非常可靠。即使讲者讲得很快，它也一定要等听者做好准备之后才把有效数据送出，并且一定要等听者确实接收完毕才把这个数据从 DIO 线上撤掉。这样，尽管听者的响应速度较慢，也能确保接收到该接收的数据。因此，利用三线挂钩技术实现异步传递消息的方式，可以做到讲者和听者在发送和接收速度上的协调。

在一个系统中，可能有几个听者，此时各接口电路中的 NRFD 和 NDAC 线都要分别完成“或”运算，只要其中任何一个已受命的听者未准备好接收（或未接收完毕），NRFD（或 NDAC 线）就仍处于“1”态，只有当听者中响应最慢的那一个也已准备好接收，NRFD（或 NDAC）才变为“0”态。所以，传送数据的速度取决于听者中响应最慢者。此外，一个系统中某一时刻只能有一个讲者在讲，这由计算机控制来实现，即用寻址的方法受命讲者：为各器件都分配不同的讲地址码，每一器件收到自身的讲地址码，即被寻址，便被受命为讲者，并开始“讲”，若不被寻址，便不“讲”（受命听者也用寻址方式）。

以上所述的挂钩过程是由 DAV、NRFD 和 NDAC 三条挂钩线完成的，故称为“三线挂钩”，它是确保异步传送消息的重要手段。

## 三、VXI 总线

VXI 总线是 VMEbus Extension for Instrumentation 的缩写，它是一种高速计算机总线——VME 总线在仪器领域的扩展。VME 总线插件主要用作计算机专用插件。但 VME 总线存在最致命的弱点，即除了 VME 总线标准本身外，缺乏其他配套标准。1987 年 HP 等五家公司成立了 VXI 总线联盟，联盟成员积累了大量制造单卡仪器系统的经验，保持了单卡仪器系统的优点，提高了测试吞吐量，缩小了仪器体积，降低了成本，并把 IEEE-488 和 VME 总线看成是两种对仪器来说最流行的标准，吸收它们的精华，添加上更多的特点，形成一种新的标准，即 VXI 总线标准。由于它的标准开放，结构紧凑，具有数据吞吐能力强、定时和同步精确、模块可重复利用、众多仪器厂商支持等优点，很快得到广泛的应用。在近十年时间内，随着 VXI 总线规范的不断完善和发展以及 VXI 系统联盟的不懈努力，VXI 系统的组建和使用越来越方便，其应用面也越来越广，尤其是在组建大规模自动测量测试系统，以及对速度、精度要求较高的场合，有着其他仪器系统无法比拟的优势，被国内外专家誉为跨世纪仪器总线、划时代技术成果、自动测试的第三次革命。

### 1. VXI 硬件的结构

VXI 是一套硬件非常规范的系统，它规定了设备的尺寸、结构、电气指标等重要参数，同时也规定了设备间的一些低层的通信协议。一个 VXI 系统，包括主机架和连接外部设备的缆线等外设以及相应的软件。主机架上集成了 0 槽（slot 0）控制接口和 VXI 设备，最多达 13 个插槽（slot），最左端是 0 槽。0 槽是一个特殊的插槽，必须接专用的 slot 0 设备，该插槽发送的信号包括时钟、中断以及负责整个系统的背板管理。0 槽控制器可以内置于主机架中，也可以通过接口连接到远端的计算机上。一般 VXI 设备可占据一个或多个插槽。框架和 VXI 设备的尺寸由 VXI 标准所规范，分为 A、B、C、D 四种，尺寸依次增大。

VXI 使用与 VME 总线相同的地址和数据信号格式传递信息，但 VXI 增加了设备时钟和同步信号流（streamline）总线。系统的总线包括 MODID（Module Indentification）模块确认总线、TTL 和 ECL 触发总线、一个 10 MHz 的时钟、用于传输模拟信号的 Analog Sum 总线，还有局部总线，用于槽间数据传递，以节约系统的带宽。

每一个 VXI 设备由 VXI 系统用一个 64 字节的地址唯一确定。VXI 设备包括基于寄存器（Register based）和基于消息（Message based）两类。对于基于寄存器的设备，VXI 采用低级的二进制信号来传递信息；对于基于消息的设备，VXI 定义了一套类似于 IEEE-488 协议的 WSP（World Serial Protocol）协议，用于规范这类设备的通信。

VXI 设备间的连接方式可采用基于 VXI 的内制 CPU 方式、GPIB 到 VXI 转换的方式和 MXI 方式三类，可以保证 VXI 支持网络操作，因而 VXI 设备可以和各类计算机平台连接成一个实时分析系统。

### 2. VXI 总线的特点

VXI 总线联盟要解决：高速通信，易于组合，同时还定义一个明确的环境，使不同仪器制造商的产品能够很好地组合在一起工作。在 VXI 总线标准中采用了 IEEE-488 的“基于信息的器件（Message-Based Device）”，它们很容易组成系统，并易于用 ASCII 字符在高层次上进行通信。VXI 总线规范把“基于寄存器的器件（Register-Based Devices）”定义为与 VME 总线器件相类似的器件，它可以实现高速数据通信。

总线联盟定义所有的 VXI 总线主机架必须标明它们能提供多大的功率和冷却能力，而所有的 VXI 总线模块必须标明它们需要多大的功率和冷却能力；此外，模块之间所允许的传导和辐射干扰大小也有严格的限制。这些可便于用户配置一个应用系统。

VXI 总线系统必须完成两个特殊的功能：第一是 0 槽功能，用于背面板的管理；第二是资源管理。当 VXI 总线系统接通电源或复位时，资源管理程序将各种模块配置处于正常工作状态。一旦开始正常运行，资源管理程序不再参与 VXI 总线系统的工作。VXI 总线标准提高了测试系统的速度和灵活性，也降低了产品的“寿命周期”成本。

VXI 总线是一种真正的开放标准。到目前为止，已有 200 多家不同的仪器制造商接受 VXI 的标准，并且已有相当数量的单卡式仪器投放市场。这么多供货商环境保证了用户在 VXI 总线产品方面的投资会长久得到保护。由于 VXI 总线是一种开放标准，用户可以方便地利用这个标准化体系结构的所有优点设计自己的专用模块。另外，背面板的引出线和通信、功率和冷却能力、电气干扰极限等也有明确的规定。总之，VXI 总线技术规范对用户是完全开放的，保证用户在尽可能短的时间内设计出自己的专用系统。

VXI 总线具有高速传输能力。VXI 总线背面板的理论数据传输速率最高可达 40 MB/s。由于 VXI 总线是在 VME 总线的基础上产生的，可共享存储器体系与背面板上的多个微处理器通信，同时有多级优先管理的中断处理能力，提高了测试系统数据的吞吐量。

### 3. 即插即用标准

即插即用（VXIplug&play，简称 VPP）标准的重要作用是为了保证仪器间的通用性。一般的标准甚至包括 VXI 标准都只解决了仪器的硬件规范问题，即它只在仪器通信管理和驱动程序上取得了一致，而在系统层面的兼容上未达成共识。这显然不利于 VXI 产品的发展，因为软件不能很好地兼容，妨碍了由不同厂家生产的不同模块构成测试系统。1993 年 9 月成立的 VXIplug&play 联盟所制定的 VXIplug&play 标准，在 VXI 的基础上规范了软件和整个仪器体系，从而确保了不同 VXI 系统间的通用性。

VXIplug&play 标准由一系列 VPP-X 规范组成，分别规定了 VXI 系统的不同层次。VXIplug&play 标准将典型的软件分为四个不同层次。最底层是 I/O 层，其 I/O 软件驱动程序用于 VXI 控制器、VXI 设备之间的通信；第二层是设备驱动层，非常规范，使开发者不必了解设备的细节就能开发通用的程序；第三层是应用开发环境层，用来开发 VXI 设备；最高一层是用户层，实现虚拟仪器的功能，如仪器测试、设备控制等应用过程。VXIplug&play 标准强调了 VXI 系统的框架、各级应用软件及接口，以保证仪器系统的通用与高效。

VXI 是吸收以往的工业总线标准的长处而发展起来的一套高性能的硬件总线标准，而 VXIplug&play 则将操作系统、应用软件与 VXI 硬件结合起来，标准化了整个 VXI 系统。

## 四、自动测试系统的应用

以采用标准化接口母线为特征的自动测试系统，其组成可繁可简，形式和功能也多种多样。但基本组成应包括计算机、可程控的电子仪器和一些外围设备，并采用标准化接口母线将其连接起来。图 11.26 所示为某自动测试系统的组成框图。

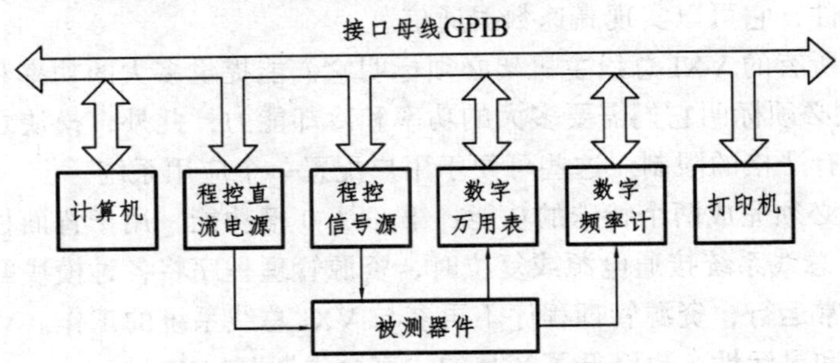


图 11.26 某自动测试系统的组成

图示仪器系统中所有仪器和装置都是程控的，且各器件和标准化接口母线兼容。系统受计算机控制，每一器件都要预先规定好各自的地址码，用 GPIB 接口母线将各器件连接成一个整体。计算机主要作为系统的控者，也可作为讲者或听者，在测试中可完成寻址、发出管理命令、对各器件编程、进行数据处理、安排测试顺序等多项任务。系统中的直流电源和信号源都是程控的，只能作为受控的听者，向被测器件提供激励信号。数字万用表和数字频率计是程控仪器，既可作为听者，又可作为讲者，用于测试被测器件，并输出测量结果。打印机只作为听者，对各器件送来的数据进行打印记录。

系统的工作方式有多种，例如，由计算机对各器件进行程控，并对被测器件的某些电参数进行测量，测得的结果又送回计算机加以处理，然后将数据打印记录下来。完成这一测量工作，系统在计算机控制下应按如下顺序动作：

① 控者发出“接口清除”命令，使接口系统恢复到初始状态，准备开始工作。

② 控者发出“器件清除”命令，使各器件恢复到初始状态或某一指定状态。

③ 控者发出直流电源的听地址码，直流电源响应，被命为听者，随后计算机向听者传送程控数据，使直流电源向被测器件提供某一指定的直流电压。

④ 控者发出“不听”命令，直流电源不再受命，控制者随即发出信号源的听地址码，信号源受命为听者，然后计算机发出程控数据，令信号源为被测器件提供某种设定的交流激励信号。

⑤ 参照步骤④的做法，直到本次测量所需的各器件都听取了程控数据为止，然后发出“不听”命令。

⑥ 控制发出某仪器（如频率计）的讲地址码，数字频率计响应，受命为讲者；控者又发出另一听地址码（如计算机），使听者做好从母线听取数据的准备。

⑦ 受命为讲者的数字频率计在取得一个测量数据后，经母线向听者（计算机）送出，计算机听取这一数据后，即按软件规定的程序完成数据处理。

⑧ 控者发出打印机的听地址码，随即打印机作为听者将接收其处理好的测量数据，并完成打印机的记录动作。

以上只是概要地介绍了一个较为简单的自动测试系统，读者由此可以加深对自动测试系统的理解。

## 第六节 虚拟仪器

### 一、概 述

虚拟仪器作为自动测试系统的第三代，由于具有许多独特的优点，往往单独归为一类。

电子技术的迅速发展从客观上要求测试仪器向自动化及柔性化方向发展，而且计算机硬件技术的发展促使测试仪器向自动化发展，从而产生了虚拟仪器。虚拟仪器的起源可以追溯到 20 世纪 70 年代，那时计算机测控系统在国防、航天等领域已经有了相当的发展。1986 年美国国家仪器公司（NI）提出了虚拟仪器 VI（Virtual Instrument）的概念，这种集计算机技术、通信技术和测量技术于一体的模块化仪器很快便在世界范围内得到了认同与应用，这体现了仪器仪表技术发展的一种趋势。

所谓虚拟仪器 VI 是指具有虚拟仪器面板的个人计算机，它由通用计算机、模块化功能硬件和控制专用软件组成。在虚拟仪器系统中，运用计算机灵活强大的软件代替传统的某些部件，用人的智力资源代替许多物质资源，其本质上是利用 PC 机强大的运算能力、图形环境和在线帮助功能，来建立具有良好人机交互性能的虚拟仪器面板，完成对仪器的控制、数据分析与显示，通过一组软件和硬件，实现完全由用户自己定义、适合不同应用环境和对象的各种功能，形成既有普通仪器的基本功能，又有一般仪器所没有的特殊功能的高挡低价的新型仪器。在虚拟仪器系统中，硬件仅仅是解决信号的输入和输出问题以及是软件赖以生存、运行的物理环境，软件才是整个仪器的核心，完成对硬件的管理和仪器功能的实现。使用者只要通过调整或修改仪器的软件，便可方便地改变或增减仪器系统的功能与规模，甚至仪器的性质，完全打破了传统仪器由厂家定义，用户无法改变的模式，给用户一个充分发挥自己才能和想象力的空间。

虚拟仪器的出现是仪器发展史上的一场革命，代表着仪器发展的最新方向和潮流，是信息技术的一个重要领域，对科学技术的发展和工业生产将产生不可估量的影响。经过二十多年的发展，使 VI 技术本身的内涵不断丰富，外延不断扩展，目前已发展成为具有 GPIB、PC-DAQ（Data Acquisition）、VXI 和 PXI 四种标准体系结构的开发技术，可广泛应用于电子测量、振动分析、声学分析、故障诊断、航天航空、军事工程、电力工程、机械工程、建筑工程、铁路交通、地质勘探、生物医疗、教学及科研等诸多方面。

## 二、虚拟仪器的结构及特点

### 1. 虚拟仪器的结构

如果将仪器功能划分成不同的通用模块，那么对任何一台智能类仪器，按最基本的形式可分解成以下三个主要模块：

① 输入。进行信号调理并将输入模拟信号转换成数字形式以便处理。

② 输出。将量化的数据转化成模拟信号并进行必要的信号调理。

③ 数据处理。通常一个微处理器或一台数字信号处理器（DSP）可使仪器按要求完成一定功能。

将具有一种或多种功能的通用模块组建起来，就可构成任何一种仪器。虚拟仪器就是利用通用的仪器硬件平台，调用不同的测试软件构成的仪器。例如，一台频谱分析仪包括一个硬件输入部分和一个数据处理部分；一台任意波形发生器包括硬件输出部分和一个数据处理部分。

### 2. 虚拟仪器的特点

虚拟仪器与传统仪器相比有许多特殊点，如表 11.2 所示。

**表 11.2 虚拟仪器与传统仪器的比较**

| 传统仪器 | 虚拟仪器 |
|---|---|
| 功能由仪器厂商定义 | 功能由用户自己定义 |
| 与其他仪器设备的连接十分有限 | 面向应用的系统结构，可方便地与网络、外设及其他应用连接 |
| 图形界面小，人工读数，信息量小 | 展开全文字化图形界面，计算机读数及分析处理 |
| 数据无法编辑 | 数据可编辑、存储、打印 |
| 硬件是关键部分 | 软件是关键部分 |
| 价格昂贵 | 价格低廉（是传统仪器的 1/5~1/10） |
| 系统封闭、功能固定、扩展性低 | 基于计算机技术开放的功能模块可构成多种仪器 |
| 技术更新慢（周期为 5~10 年） | 技术更新快（周期为 1~2 年） |
| 开发和维护费用高 | 基于软件体系结构，大大节约开发维护费用 |

### 3. 虚拟仪器的优点

虚拟仪器的优点表现在：

① 测量精度高，可重复性好。嵌入式数据处理器允许建立某些功能的数学模型，如 FFT 和数字滤波器等，因此就不再需要随时间可能漂移、需要定期校准的分立式模拟硬件。

② 测量速度高。测量输入信号的多个特性（如电平、频率和上升时间），只需一个量化的数据块，就可由数据处理器计算出来。这种将多种测试结合在一起的办法，缩短了测量时间。而在传统仪器系统中，必须把信号连接到多台仪器上去测量各个参数，不但费时，还受电缆长度、阻抗、仪器校准和修正因子等的影响。

③ 开关、电缆减少。由于所有信号具有一个公用的量化通道，故允许各种测量使用同一校准和修正因子。这样，复杂的开关矩阵和信号电缆就能减少，信号不必切换到多个仪器上。

④ 系统组建时间缩短。所有通用软件模块支持相同的共用硬件平台，当测试系统要增加一个新的功能时，只需要增加软件来执行新的功能或增加一个通用软件模块来扩展系统的测量范围。

⑤ 测量功能易于扩展。由于仪器功能可由用户产生，它不再是深藏于硬件之中不可改变的。为提高测试系统的性能，可以方便地加入一个通用软件模块或更换一个软件模块，而不需要购买一个全新的系统。当不需要时，计算机仍可单独作计算机使用。

## 三、虚拟仪器的分类

虚拟仪器的发展随着微机的发展和采用 I/O 接口设备总线方式的不同，可分为五种类型。

### 1. PC 总线——插卡式的虚拟仪器

这种方式借助于插入计算机的数据采集卡（DAQ 卡）与专用的软件（如 DASP 与 LabVIEW）相组合，完成测试任务。它充分利用计算机的总线、机箱、电源及软件资源，但关键还取决于 A/D 转换技术。这种仪器的缺点是 PC 机机箱内部的噪声电平较高，插槽数目不多，插槽尺寸较小，机箱内无屏蔽。由于价格最便宜，且个人计算机数量庞大，因此用途很广泛。

### 2. 并行口式的虚拟仪器

它是最新发展起来的可连接到计算机并行口的测试装置，它把硬件集成在一个采集盒里或一个探头内，软件装在计算机上，通常可以完成各种虚拟仪器的功能，典型的有 COINV 公司的 INV306 和 LINK 公司的 DOS-21xx 系列数字示波器。其最大优点是可以与笔记本电脑相连，方便野外作业，又可与台式 PC 机相连，实现台式和便携式两用。

### 3. GPIB 总线方式的虚拟仪器

GPIB 技术是 IEEE-488 标准的虚拟仪器早期的发展阶段，它的出现使电子测量由独立的单台手工操作向大规模自动测试系统发展。

### 4. VXI 总线方式的虚拟仪器

VXI 总线是一种高速计算机总线 —— VME 总线在 VI 领域的扩展，它具有稳定的电源、强有力的冷却能力和严格的屏蔽。由于它具有标准开放、结构紧凑、数据吞吐能力强、定时和同步精确、模块可重复利用、众多仪器厂家支持的优点，很快得到广泛的应用。然而，组建 VXI 总线要求有机箱、零槽管理器及嵌入式控制器，造价比较高。

### 5. PXI 总线方式的虚拟仪器

PXI 总线方式是 NI 公司于 1997 年 9 月 1 日发布的一种全新的、开放性、模块化仪器总线规范，它在 PCI 总线内核技术上增加了成熟的技术规范和要求形成的，增加了多板同步触发总线和参考时钟、精确定时的星形触发总线以及用作相邻模块的高速通信的局部总线。PXI 有 PXI 机箱，具有高度可扩展性，有 8 个扩展槽（台式 PCI 系统只有 3 ~ 4 个扩展槽），通过使用 PCI-PCI 桥接器，可扩展到 256 个扩展槽。台式 PC 的性价比优势和 PCI 总线面向仪器领域的扩展优势结合起来，将形成未来虚拟仪器平台的主流。

## 四、虚拟仪器的系统组成

虚拟仪器的系统组成如图 11.27 所示。它包括计算机、虚拟仪器软件、硬件接口或测控仪器。硬件接口包括数据采集卡、IEEE-488 接口（GPIB）卡、串并口、插卡仪器、VXI 控制器以及其他接口卡。

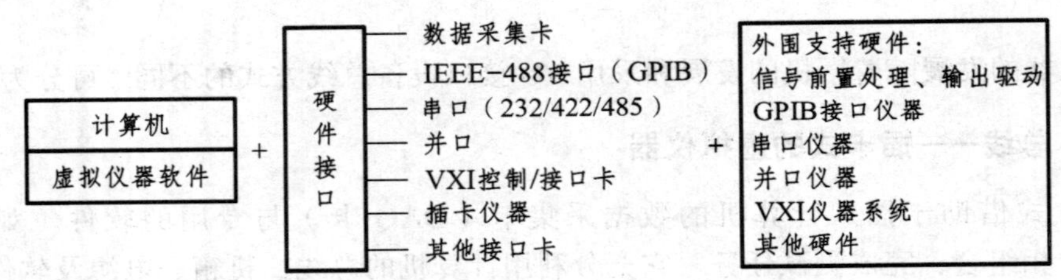


**图 11.27 虚拟仪器系统的组成**

虚拟仪器最常用的接口形式是数据采集卡，它具有灵活、成本低的特点，其功能是将现场数据采集到计算机，或将计算机数据输出给受控对象。用数据采集卡配以计算机平台和虚拟仪器软件，便可构造出数字存储万用表、信号发生器、示波器、动态信号分析仪等各种测量和控制仪器。

许多中高档仪器配有串口/并口、GPIB（IEEE-488）通信口。串口 RS-232 只能用作单台仪器与计算机的连接，且计算机控制性能差。GPIB 是仪器系统的互连总线规范，速度可达 1 MB/s。通过 GPIB 接口卡、串口/并口实现仪器与计算机互连、仪器间相互通信，从而组成由多台仪器构成的自动测试系统。应用虚拟仪器技术加入更多的数据分析处理，可灵活地扩展仪器功能，充分发挥现有仪器的潜力，并能更好地排除误差和提高测试效率。例如，将一台 HP54501A 示波器波形输入计算机后，对数据进行频谱分析或数字滤波，便扩展为实时频谱分析或动态信号处理器。用户可以充分利用仪器通信口，避免了不必要的仪器购置，节省了开支。

虚拟仪器最引人注目的应用是 VXI 自动测试仪器系统。VXI 仪器系统是将若干仪器模块插入具有 VXI 总线的机箱内，仪器模块没有操作和显示面板，仪器系统必须由计算机来控制和显示。VXI 将仪器和仪器、仪器和计算机更紧密地联系在一起，综合了数据采集卡和台式仪器的优点，代表着今后仪器系统的发展方向。VXI 的开放结构、即插即用（VXIplug&play）、虚拟仪器软件体系（VISA）等规范使得用户在组建 VXI 系统时可以不必局限于一家厂商的产品，允许根据自己的要求自由选购各仪器厂商的特长仪器模块，从而达到系统最优化。VXI 的优点还包括便于组建自动测试系统，系统容易升级，数据传输率高，空间体积小而紧凑，尤其适合于像星载、车载、机载、生产线、计量等大规模自动检测系统，因此 VXI 在军工和其他行业的大工厂得到了广泛应用。

插卡仪器是指带计算机总线接口的专用插卡，例如，由数据信号处理板（DSP）、网卡、传真卡和传真软件构成的“虚拟传真机”早已被广泛应用，其性能和灵活性超过了传统的台式传真机，而且其价格远远低于台式传真机。

虚拟仪器软件由用户编制，可以采用各种编程软件，如 C++、BASIC 等。目前较优秀的编程平台为图形编程语言，它使科研和工作人员可以摆脱对专业编程人员的依赖，并且大大减轻他们的编程负担。值得推荐的是美国 NI 公司的 LabVIEW 虚拟仪器编程平台。LabVIEW 采用全图形化编程，使得每个对编程语句不熟的工作人员都可以快速“画”出仪器面板，“画”出自己的程序。LabVIEW 在国内外用得很广，目前世界上近百个主要大厂商，包括 HP、Tektronix、Fluke、Philips 等，为千余种仪器提供了 LabVIEW 驱动程序，这些仪器可以在 LabVIEW 平台下直接工作，进一步减轻了科研和工作人员的工作量。

## 五、虚拟仪器的软件开发平台

构成和使用虚拟仪器的关键就是应用软件。应用软件主要有几个目的：① 与仪器硬件的高级接口；② 虚拟仪器的用户界面；③ 集成的开发环境；④ 仪器数据库。

### 1. LabVIEW 软件开发平台

由美国国家仪器（NI）公司研发的虚拟仪器开发平台 LabVIEW（Laboratory Virtual Instrument Engineering Workbench）是一种基于图形开发、调试和运行程序的集成化环境，它实现了真正的虚拟仪器概念。自 1986 年问世以来，版本不断翻新升级，从 LabVIEW 2.0 到目前的 LabVIEW 2011（发布于 2011 年 8 月）已达二十余种。它作为目前国际上唯一的编译型图形化编程语言，把复杂、烦琐、费时的语言编程简化成用菜单或图标提示的方法选择功能（图形），并用线条把各种功能（图形）连接起来，成为一种简单的图形编程方式。在这个平台上，各个领域的工程师和科学家们都可通过定义和连接代表各种功能模块的图标方便迅速地建立高水平的应用程序。它面向的是工程应用技术人员，而不是编程专家。

LabVIEW 具有以下功能：

① LabVIEW 使用可视化技术建立人机界面。针对测试和过程控制领域，提供了大量的仪器面板中的控制对象，如表头、旋钮、图表等。用户还可以通过控制编辑器将现有的控制对象修改成适合自己工作领域的控制对象。

② LabVIEW 使用图标表示功能模块，把繁杂、费时的语言编程简化成用菜单或图标提

示的方法选择功能（图形），并用线条把各种功能（图形）连接起来的简单图形编程方式。图标间的连线表示在各功能模块间传递的数据，使用被大多数工程师和科学家所熟悉的数据流程图式的语言书写程序源代码，这样使得编程过程与思维过程非常近似。

③ LabVIEW 中的程序查错不需要事先编译，只要存在语法错误，鼠标一按就可完成程序自动查错，可以快速地查出错误的类型、原因以及错误的准确位置。这个特性在程序较大的情况下尤其让人感到方便。

④ LabVIEW 提供程序调试功能，用户可以在源代码中设置断点，单步执行源代码，在源代码中的数据流连线上设置探针，在程序运行过程中观察数据流的变化。在数据流程图中以较慢的速度运行程序，根据连线上显示的数据检查程序运行的逻辑状态。

⑤ LabVIEW 继承了传统的编程语言中的结构化和模块化编程的优点，这对于建立复杂的应用程序和代码的可重用性来说是至关重要的。

⑥ LabVIEW 采用编译方式运行 32/64 位应用程序，这就解决了其他解释方式运行程序的图形化编程平台造成运行程序速度慢的问题。

⑦ LabVIEW 支持多种系统平台。在 Macintosh Power Macintosh HP-UX、SunSPARC、Windows 和 Windows NT 等系统平台上都可以提供相应版本的 LabVIEW，并且在任何一个平台上开发的 LabVIEW 应用程序都可移植到其他平台上。

⑧ LabVIEW 提供动态链接库（DLL）接口和属性节点（CIN），使用户有能力在 LabVIEW 平台上使用其他软件编译的模块，因此，LabVIEW 是一个开放式的开发平台，用户能够在该平台上使用其他软件开发平台生成的模块。

⑨ LabVIEW 提供了大量的函数库供用户直接调用。从基本的数学函数、字符串处理函数、数组运算函数和文件 I/O 函数（驱动前述 5 种总线的 I/O 接口设备），到高级数字信号处理系统及数值分析函数；从底层的 VXI 仪器、数据采集和总线接口硬件的驱动程序，到世界各大仪器厂商的 GPIB 仪器的驱动程序，LabVIEW 都有现成的模块帮助用户方便迅速地组建自己的系统。

LabVIEW 的应用领域：

① 测试测量。LabVIEW 最初就是为测试测量而设计的，因而测试测量也就是现在 LabVIEW 最广泛的应用领域。经过多年发展至今，大多数主流测试仪器、数据采集设备都拥有专门的 LabVIEW 驱动程序，可以非常便捷的控制硬件设备。

② 控制。控制是与测试相关度非常高的领域，从测试领域起家的 LabVIEW 自然首先拓展至控制领域。LabVIEW 拥有专门用于控制领域的模块 LabVIEWDSC。除此之外，工业控制领域常用的设备、数据线等通常也都带有相应的 LabVIEW 驱动程序。

③ 仿真。LabVIEW 包含多种多样的数学运算函数，特别适合进行模拟、仿真、原型设计等工作。在设计机电设备之前，可在计算机上用 LabVIEW 搭建仿真原型，验证设计的合理性，找到潜在的问题；在高教领域，可用来软件模拟，进行实践教学。

④ 儿童教育。漂亮的图形外观易吸引儿童的注意力，比文本更容易被儿童接受和理解。对于没有任何计算机知识的儿童而言，可把 LabVIEW 理解成一种特殊的“积木”。

⑤ 快速开发。根统计，完成一个功能类似的大型应用软件，熟练的 LabVIEW 程序员所需的开发时间，大概只是熟练 C 程序员所需时间的 1/5 左右。所以，如果项目开发时间紧张，应该优先考虑使用 LabVIEW，以缩短开发时间。

对于 LabVIEW 应用于测试测量，它的基本程序单位是一个 VI（Virtual Instrument）。对于简单的测试任务，可以由一个 VI 完成；而复杂的测试应用可以通过 VI 之间的层次调用结构来完成，高层功能的 VI 可调用一个或多个低层特殊功能的 VI，各层 VI 之间的关系如图 11.28 所示。可见 LabVIEW 中的 VI 相当于常规语言中的程序模块，通过它实现了软件重用。

面板是用户进行测试时的主要输入输出界面，用户通过 Controls 菜单在面板上选择控制及显示机制，从而完成被测试设置及结果显示，其中控制包括各种类型的输入，如数字输入、布尔输入、字符串输入等，显示包括各种类型的输出，如图形、表格等。各个 VI 的建立、存取、关闭等管理操作也均由面板上的命令菜单完成。

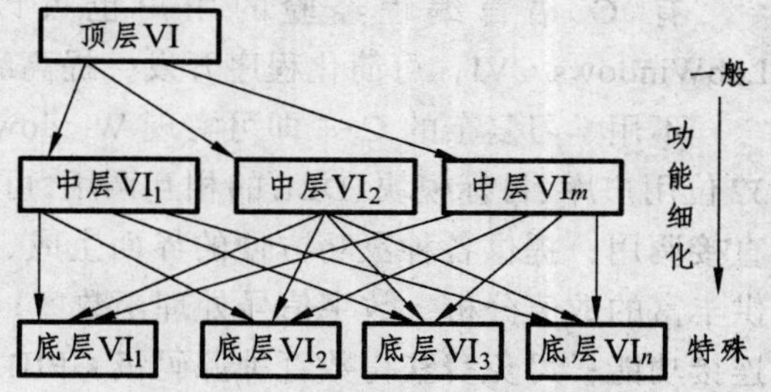


图 11.28　VI 之间的层次调用结构

LabVIEW 中每一个 VI 均由面板（Front Panel）和框图（Block Diagram）两部分组成，如表 11.3 所示。

表 11.3　LabVIEW 的基本程序单位

| 面板（Front Panel） | 框图（Block Diagram） |
|---|---|
| 通过 Controls 定义输入输出 | 通过 Functions 完成图形编程 |
| 数字型 | 程序结构与常量 |
| 布尔型 | 算术与逻辑函数 |
| 字符串与表格 | 三角与对数函数 |
| 选择列表 | 比较函数 |
| 数组与图形 | 类型转换函数 |
| 路径与文件表示符 | 串操作 |
| 等等 | 数组操作 |
| | 文件操作 |
| | 对话框操作 |
| | 与其他代码接口 |
| | 与仪器设备接口 |
| | 等等 |

框图是测试人员根据测试方案及测试步骤进行测试编程的界面。

用户可以通过 Function 选项选择不同的图形化程序模块，组成相应的测试逻辑。这里的 Function 选项不仅包含了一般语言的基本要素，如算术及逻辑函数、数组及串操作等，而且还包括了大量与文件输入输出、数据采集、GPIB 及串口控制有关的专用程序模块。

一般而言，LabVIEW 的编程环境有两种运行状态，即编辑状态（Edit）和执行状态（Run）。在编辑状态下，测试人员可以创建自己的 VI，并对其面板和框图进行编辑、修改。在执行状态下，测试人员可以动态调试程序，观察数据流程，并运行 VI 进行测试。这样，LabVIEW 就为测试的开发及执行提供了统一的平台环境。

### 2. LabWindows/CVI 软件开发平台

有 C 语言编程经验的用户也可以使用 NI 公司的另一种虚拟仪器开发平台 LabWindows/CVI，可简化程序开发，提高编程速度。LabWindows/CVI 具有以下主要特点：

不用学习复杂的 C++ 即可实现 Windows95/NT/3.1 下的编程；同标准 C/C++兼容，可实现 32 位用户库、目标模块、DLL 的相互调用；可直接生成 32 位 DLL，生成的 DLL 也可被 LabVIEW 直接调用；提供各种灵巧方便的界面生成、编程、调试工具，使得编程、调试轻松自如；提供丰富的数值分析、数字信号处理函数库；提供 GPIB、VXI、RS-232、数据采集板卡及网络连接功能；可免费获得数百种源码级 GPIB、VXI、RS-232 仪器驱动程序。

NI 公司 2009 年 12 月推出的 LabWindows/CVI 2009，是最新版本的 ANSI C 开发环境，用于构建可靠的测试与测量解决方案。它支持包括可连接 LabVIEW FPGA 的 C 接口在内的 PC 新技术，能够实现与基于现场可编程门阵列（FPGA）的硬件、微软 Windows 7 和 64 位操作系统的连接，以简化开发和部署 LabWindows/CVI 的应用程序。

NI 公司还有一种软件工具 Component Works，可以加载在 Visual BASIC 下，同样能使 Visual BASIC 成为功能强大的虚拟仪器开发平台。

## 六、虚拟仪器技术的应用

虚拟仪器技术的优势在于可由用户定义自己的专用仪器系统，且功能灵活，很容易构建，所以应用面极为广泛。尤其是在科研、开发、检测、计量、测控等领域已有很多成功的应用。下面介绍几个比较典型的应用实例。

### 1. 汽车发动机检测系统

利用虚拟仪器技术构建的汽车发动机检测系统，用于汽车发动机的出厂检测，主要检测发动机的功率特性、负荷特性等，如图 11.29 所示。

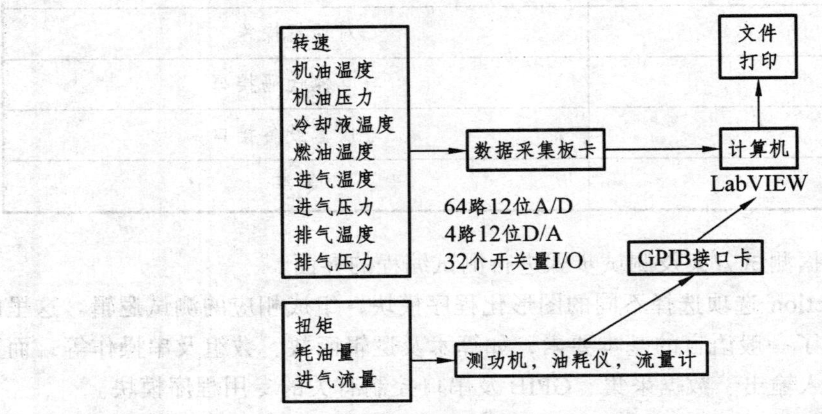


图 11.29 利用虚拟仪器技术构建的汽车发动机检测系统

以前这项检测是采用DOS下的C语言开发程序，经过很多年的工作，开发出来的检测系统的功能、操作界面、使用的方便程度等都不尽如人意。采用了虚拟仪器技术以后，利用虚拟仪器开发平台LabVIEW，把整个系统移植到LabVIEW下，大大增强和拓展了性能，操作界面也更美观。移植后的系统检测时间大大减少，检测控制也更方便。一台发动机检测完后，最终还能打印出完整的测试报告。

**2. 陶瓷产品的检验**

可用基于PC的虚拟仪器来实现声学测试自动化，并用此来检验陶瓷产品的完好性。因为陶瓷的自然共鸣频率与该部件上的裂缝大小成反比，技术人员只要轻轻敲打被测部件，用压电传感器将共鸣声转换为电信号，由虚拟仪器采集该信号，并进行傅里叶变换，再应用软件计算出陶瓷试件的共鸣频率和衰减因子，与预先设定的极限进行比较，最后由仪器通知技术人员这个部件是否合格。

此外，PC机虚拟仪器还可用于电视机显像管生产线，用来测量显像管的曲线图，并与参照文件中的数据比较，如果屏幕超过容差就要舍弃，从而保证显像管的质量。普通仪器测量一百多个测试点的数据绝非易事，需要很长时间，但用虚拟仪器只需要一秒钟。

虚拟仪器技术在科研、产品开发、产品在线检测、电力系统监控等领域已有大量成功的应用实例。可以预见，随着计算机技术的快速发展，虚拟仪器技术必将在更多、更广的领域里得到普及。

## 第七节　虚拟测试

近年来随着计算机技术的飞速发展，虚拟测试作为一种新兴的模拟测试技术迅速崛起，它利用仿真软件在计算机上完成测试，像EWB、PSpice等软件，是国际上应用非常广泛的优秀软件。其优点是采用图形界面操作、简单易掌握、真实准确，几乎可实现所有硬件电路的功能。因此，我们对PSpice软件做一简要介绍。

PSpice是一个电路通用分析软件，主要是对电路进行模拟和仿真。该软件的前身是SPICE，由美国加州大学伯克莱分校于1972年研制出来，1975年便推出正式实用化版本SPICE2G，1988年被定为美国国家标准。1984年Microsim公司推出了基于SPICE的微机版本PSpice（Personal-SPICE），此后各种版本的SPICE不断问世，功能也越来越强。进入20世纪90年代，随着计算机软件的飞速发展，特别是Windows操作系统的广泛流行，PSpice又出现了可在Windows环境下运行的5.1、6.1、6.2、8.0等版本，也称为窗口版，采用图形输入方式，操作界面更加直观，分析功能更强，元器件参数库及宏模型库也更加丰富。1998年1月，著名的EDA公司、OrCAD公司与开发PSpice软件的Microsim公司实现强强联合，于1998年11月推出最新版本OrCAD/PSpice9。

OrCAD/PSpice9可模拟6类常用电路元件：基本无源元件，如电阻、电容、电感、传输线等；常用半导体器件，如二极管、双极晶体管、结型场效应管、MOS管等；独立电压源和独立电流源；各种受控电压源、受控电流源和受控开关；基本数字电路单元，如门电路、传输门、触发器、可编程逻辑阵列等；常用单元电路，如运算放大电路、555定时器等。

OrCAD/PSpice9 可分析的电路特性有 6 类 15 种：直流分析，包括静态工作点、直流灵敏度、直流传输特性、直流特性扫描分析；交流分析，包括频率特性、噪声特性分析；瞬态分析，包括瞬态响应分析、傅里叶分析；参数扫描，包括温度特性分析、参数扫描分析；统计分析，包括蒙托卡诺分析、最坏情况分析；逻辑模拟，包括逻辑模拟、D/A 混合模拟、最坏情况时序分析。

OrCAD/PSpice9 除 PSpice A/D 核心软件外，还有 5 个配套软件：电路生成软件（Capture），以人机交互方式在屏幕上绘制电路图；激励信号编辑软件（StemEd），以人机交互方式生成电路模拟中需要的激励信号源，如脉冲、调幅正弦、调频、指数、分段线性和逻辑模拟中需要的时钟、总线等信号；模型参数提取软件（ModelEd），以提取厂家器件的数据信息，生成模拟所需的模型参数；波形显示和分析模块（Probe），功能是将分析结果用图形显示出来，有“示波器”之称；优化程序（Optimizer），以自动调整元器件的参数设计值，使电路特性得到改善，实现电路的优化设计。

关于 OrCAD/PSpice9 的应用举例，读者可参见相关书籍。

## 习 题 十 一

11.1 简述智能仪器、个人仪器及自动化测试系统三者的区别与联系。

11.2 微机化仪器有哪些主要典型功能？

11.3 在测试领域，计算机能否完全取代测试硬件模拟电子电路？为什么？

11.4 数字存储示波器有哪些特点？

11.5 计算机控制 A/D 变换中，双积分式 A/D 变换有哪些是由软件实现的？

11.6 简述自动测试系统的组成及各部分起的作用。

11.7 试说明 GPIB 接口系统中母线的组成。

11.8 对 GPIB 系统的单线消息和多线消息组成进行小结。

11.9 试说明“三线挂钩”的过程。

11.10 虚拟仪器有哪些特点？并指出最流行的软件开发平台。

# 参 考 文 献

[1] 范泽良，王永奇. 电子测量与仪器[M]. 北京：清华大学出版社，2010.
[2] 刘世安，田瑞利，等. 电子测量技术[M]. 北京：电子工业出版社，2010.
[3] 孙中献，等. 电子测量[M]. 北京：科学出版社，2007.
[4] 古天祥，等. 电子测量技术[M]. 北京：机械工业出版社，2009.
[5] 张虹. 电子测量技术[M]. 北京：北京航空航天大学出版社，2009.
[6] 姚庆锋. 电子测量技术[M]. 北京：中国科学技术大学出版社，2009.
[7] 陈立周. 电气测量[M]. 北京：机械工业出版社，2009.
[8] 贾民平. 测试技术[M]. 北京：高等教育出版社，2009.
[9] 徐科军，马修水，李晓林. 传感器与检测技术[M]. 2 版. 北京：电子工业出版社，2008.
[10] 周继明，江世明. 传感技术与应用[M]. 长沙：中南大学出版社，2009.
[11] 赵玉刚，邱东. 传感器基础[M]. 北京：中国林业出版社，2006.
[12] 张洪润，张亚凡，邓洪敏. 传感器原理及应用[M]. 北京：清华大学出版社，2008.
[13] 申忠如，郭福田，丁晖. 现代测试技术与系统设计[M]. 2 版. 西安：西安交通大学出版社，2009.
[14] 蒋焕文，孙续. 电子测量[M]. 2 版. 北京：中国计量出版社，1988.
[15] 张乃国. 电子测量技术[M]. 北京：人民邮电出版社，1985.
[16] 古天祥，王厚军，习友宝. 电子测量原理[M]. 北京：机械工业出版社，2006.
[17] 何文兴，等. 常用电子仪器的原理、使用和维护[M]. 北京：冶金工业出版社，1979.
[18] 傅维潭. 电磁测量[M]. 北京：中央广播电视大学出版社，1985.
[19] 王川. 电子仪器与测量技术[M]. 北京：北京邮电大学出版社，2008.
[20] 宋俊寿. 仪器接口技术及自动测控系统[M]. 重庆：重庆大学出版社，1991.
[21] 王祁. 智能仪器设计基础[M]. 北京：机械工业出版社，2010.
[22] 徐爱卿. 单片微型计算机及其应用[M]. 北京：北京航空航天大学出版社，2010.
[23] 常向阳，等. 常用智能仪器的原理与使用[M]. 北京：电子工业出版社，1993.
[24] 雷霖. 微机自动检测[M]. 成都：电子科技大学出版社，1998.
[25] 祝常红. 数据采集与处理技术[M]. 北京：电子工业出版社，2008.
[26] 费业泰. 误差理论与数据处理[M]. 3 版. 北京：机械工业出版社，2005.
[27] 徐科军. 电气测试技术[M]. 北京：电子工业出版社，2008.
[28] 吴兴惠，王彩君. 传感器与信号处理[M]. 北京：电子工业出版社，1998.
[29] 严钟豪，等. 非电量电测技术[M]. 2 版. 北京：机械工业出版社，2010.
[30] 刘君华，等. 虚拟仪器图形化编程语言 LabVIEW 教程[M]. 西安：西安电子科技大学出版社，2001.